よくわかる物理

物体の運動の基本

速さ・速度・加速度
等加速度直線運動
自由落下・放物運動
摩擦のある運動

飯出良朗

文芸社

初めに

　本当のことを白状しますと、私には、昔から大いに苦手とするものが２つありました。それは、水泳と物理です。水泳については、私の生家が川から山をずうっと登って行った山の中腹の窪地にあり、たまに、川に行って泳ごうとすると、鼻から水を吸い込んでしまい、脳天にズシーンとくる苦しみを幾度か味わったため、水をおっかないものと思っていたからです。それに、小・中・高の各校ともプールはありませんでした。ですから、泳げる人のことを大変うらやましく思っていました。

　それでは、物理の方はどうなのかと言いますと、高校では、ちゃんと（確か５単位の）授業がありました。ただ、私には、よく理解できなかったのです。

　私は、信じられないほど、山奥の村で生まれ育ちました。学校の授業は、町場のそれとは、比べものにならないほど遅れていたのではあるまいかと思われます。特に国語の読解力は非常に低かったために、一字一句たりともおろそかにすることができず、しかも硬い表現をされている高校物理教科書など、私の頭は受け付けなかったのです。質量と重さの違い、密度と比重との違いを始めとして、圧力などの定義や、いろいろな単位についても、ほとんど理解していなかったのです。そういうわけですから、高校の物理の授業は、私にとっては、いわゆる、砂上に楼閣を築こうとしているようなものだったのです。気持だけがあせり、ただ、いらいらするばかりでした。そのうちに居眠りの続く日々となりました。自分の無能がくやしいとは思っていました。私が物理ぎらいになった第一の元凶は、「物体の運動」のところだったのです。

その後、長い間、私にとって、水泳と物理は癪の種であり続けました。それで、定年退職してから、それらを少しなりとも解消しようとしました。

　地獄に行って、血の海に投げ込まれても、浮いていられるように、また、閻魔様の前で、鬼に金棒でどう突きまわされながら、物体の運動の勉強を無理矢理させられなくてもすむように、生きているうちに、水泳教室に通ったり、「物体の運動の基本」を、自分で勉強し直すことにしました。そうすると、今まで自分には到底できないことだと思っていたことであっても、本気を出して取り組めば、何とか少しはできるようになるものだということがわかりました。

　そして、自分が、やっとこさっとこ理解することができた或る事を、自分と同じように苦手としている他の人に対して説明するときには、大変わかりやすい説明をすることができると思うのです。それは何故かと言いますと、苦手とする人というものは、その事の「どこが、どう、わかりにくいものなのか」ということを、説明者自身がよく心得ているからです。つまり、やっとこさっとこ理解することができた人は、自分の体験からして、説明の急所を知っているのです。このことが、本書を出版する理由です。とにかく、「わかりやすいこと」を主眼としました。物理を得意とされる方々から見れば、何と滑稽な本だと思われるかも知れません。しかし、私は本気で書きました。こういう本が世の中にあってもよいと思ったからです。

　物体の運動のところを特に苦手とする高校生を主対象としていますが、中学生諸君や、かつて物体の運動の学習で悩まされた大人の方々の自信の取り戻しとしてもお読みいただけるものと思っております。「あゝ、そういうことか。」と納得いただけるならば幸いです。人の名前や地名

などは、ただ単に覚えればよいわけですが、理屈(りくつ)のからんだことは、その理屈を理解した上で覚えることが必要です。物理は、その代表格ではないでしょうか。

　基本をしっかり身につければ、あとは自分の力でより高いものを目指して学習を進めることができます。若い諸君には、特にそれを期待します。

　本書の作成に際しましては、巻末に掲(かか)げました御書を篤(とく)と参考にさせていただきましたので、ここに厚く御礼申し上げますと共に、誤りがありましたら御教授賜わりますれば幸甚に存じます。

　最後になりましたが、文芸社第一編集部の片山航様に大変お世話いただきましたことに対し、また印刷原版作製担当の有限会社マーリンクレインの皆様には、種々の書体の文字や記号で大変ご苦労をおかけしたことに対し、厚く御礼申し上げます。

2013年1月

飯出良朗

よくわかる物理 物体の運動の基本 ○ 目次

初めに ……………………………………………………………… 3

[物体の運動] ─────────────── 11

1. 物体の運動 …………………………………………………… 11
   (1) 運動と静止
   (2) 物体の運動の基準(きじゅん)
   (3) 4つの基本的な運動

2. 速さ ………………………………………………………… 14
   (1) 速さとは
   (2) 速さの単位

3. 平均の速さ ………………………………………………… 24
   (1) 平均の速さとは
   (2) 単位○○当たりの△△
   (3) 直線運動における物体の時刻と位置

4. 瞬間(しゅんかん)の速さ ……………………………………… 44

5. 等速運動 …………………………………………………… 54
   (1) 等速運動
   (2) 等速直線運動
   (3) 時刻と時間

6. 速度（その1）……………………………………………… 66
   (1) 速さと速度
   (2) ベクトルについて

7. 直線上の位置の表わし方 …………………………………… 89
　　(1) 数直線
8. 変位 …………………………………………………………… 92
9. 速度（その2） ……………………………………………… 100
　　(1) 速度とは
　　(2) 速度と速さ
　　(3) 等しい速度
　　(4) 方向と向き
　　(5) 速度の分解
　　(6) 速度ベクトルの直交成分（ちょっこうせいぶん）
　　(7) 速度の合成と分解
10. 相対速度 …………………………………………………… 131
　　(1) 運動の基準物体
　　(2) 相対運動
　　(3) 相対速度
　　(4) 一直線上での相対速度
　　(5) 2つの物体の速度が一直線上にない場合の相対速度
11. 加速度 ……………………………………………………… 142
　　(1) 加速度（かそくど）とは
　　(2) 加速度と力
12. 直線運動の加速度 ………………………………………… 151
　　(1) 平均の加速度
　　(2) 瞬間の加速度
　　(3) 加速度の単位
　　(4) 直線運動の公式に代入するときのベクトル量の表示方法

(5) 加速度の単位〔再掲〕

(6) 瞬間の加速度〔図示〕

(7) 再び、加速度について

13. 等加速度直線運動 ……………………………………… 185

　　(1) 等加速度直線運動とは

　　(2) 等加速度直線運動の加速度

　　(3) 等加速度直線運動の速度

　　(4) 等加速度直線運動の詳しい図示

　　(5) 等加速度直線運動の公式

　　(6) 等加速度直線運動に関する問題の解法

14. ニュートンの運動の3法則 …………………………… 286

　　(1) 慣性の法則（運動の第1法則）

　　(2) 運動の法則（運動の第2法則）

　　(3) 作用・反作用の法則（運動の第3法則）

15. 万有引力 ………………………………………………… 301

16. 重力加速度 g …………………………………………… 304

　　(1) g とは

　　(2) 1〔kgw〕とは（重量キログラム(またはキログラム重)）

17. 自由落下 ………………………………………………… 310

　　(1) 自由落下とは

　　(2) 自由落下の公式

18. 鉛直投射 ………………………………………………… 333

　　(1) 鉛直投げ下ろし

　　(2) 鉛直投げ上げ

19. 滑らかな斜面上の落下運動 ……………………………………… 362
20. 水平投射(すいへいとうしゃ) ……………………………………………………………… 376
　　(1) 水平投射
　　(2) 水平投射の平面座標上での考え方
21. 斜方投射(しゃほうとうしゃ) ……………………………………………………………… 390
22. 摩擦力(まさつりょく)の働く面上での物体の運動 ……………………………… 409
　　(1) 摩擦力とは
　　(2) 静止摩擦力
　　(3) 最大静止摩擦力と垂直抗力(すいちょくこうりょく)
　　(4) 粗(あら)い斜面(しゃめん)上の物体
　　(5) 摩擦角 θ_m
　　(6) 動摩擦力
　　(7) 摩擦力が働く面上での物体の運動
　　(8) 摩擦力が働く斜面上での物体の運動

[予備知識] ——————————————————— 445

1. 分数の計算 …………………………………………………………… 445
　　(1) 普通の割り算について
　　(2) 分数の意味
　　(3) 分数のたし算と引き算
　　(4) 分数の掛(か)け算
　　(5) 分数の割り算

2. 比例式 ……………………………………………………… 458
   (1) 比例(ひれい)とは
   (2) 比(ひ)
   (3) 割合(わりあい)の表わし方
   (4) 比例式
3. 物理量とその単位 ………………………………………… 467
   (1) 物理量
4. SI(エスアイ)(国際単位系) ……………………………………………… 469
5. 式の変形のしかた ………………………………………… 477
6. 等式の性質 ………………………………………………… 478
7. 特別な角(30°, 45°, 60°)の三角関数の値 …………… 480
8. 単位の換算のしかた ……………………………………… 484
9. 量記号 ……………………………………………………… 494

参考図書 ………………………………………………………… 495

終りに …………………………………………………………… 497

索 引(さくいん) …………………………………………………………… 513

物体の運動

　物体の運動と力の関係についての学問は「力学」と呼ばれ、これを基礎として物理学が発展してきたと言われているので、ここでは、物体の運動の基本的な部分を学習します。そして、これこそが物理をきらいにしてしまう元凶とも言い得る部分なので、詳しく述べることにします。

1. 物体の運動

(1) 運動と静止
　「運動」とは、「時間がたつと共に物体の位置が変化する現象」のことをいう。
　例えば、人が歩いている状態、自動車が走っている状態、ボールが飛んでいる状態などは、物体が運動している状態である。
　これに対して、「時間がたっても物体の位置が変わらないこと」を「静止」という。
　物体の運動を理解するためには、まず、速さ、速度、加速度、力などについて理解しておくことが必要である。

(2) 物体の運動の基準
　物体がどんな運動をするかということを表わすためには、「何（これが基準）に対する運動であるか」、即ち、「どんな立場（これが基準）から

見た運動であるか」ということを明示することが大切である。

　地球上における運動は普通、地面を基準にすることが多い。つまり、地面は動かないものとして、静止した地面から見た物体の運動を考えることが多い。

　いま、歩道に立って車道を眺めているA君の前を一台の自動車（B車）が40〔km/h〕のスピードで、また、別の自動車（C車）が50〔km/h〕のスピードで、同じ方向・向きに走っていたとする。

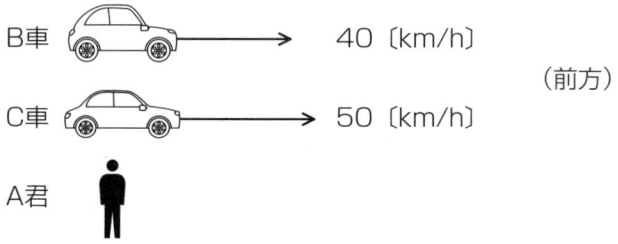

　このときA君から見れば、B車及びC車は、それぞれ40〔km/h〕及び50〔km/h〕で前方に向かって走っていることになる。これは静止しているA君を基準にしているからである。しかし、この運動も基準のとり方によっては、同じ場面であるにもかかわらず、ちがって見えるようになる。例えば、運動しているB車に乗っている人から見ると（即ち、この動いている人を基準にとると）、C車は前方へ10〔km/h〕のスピードで走っているように見えるし、また、A君が後方へ40〔km/h〕のスピードで動いているように見える。そしてまた、C車に乗っている人から見れば、B車は後方へ10〔km/h〕で動いているように見えるし、A君が50〔km/h〕で後方へ動いているように見える。このように同じ運動をしている物体であっても、それを「見る人の立場」によって、即ち、「運動の基準のとり方」によって、「見え方」が変わって

くる。従って、運動を表わすには、何に対する運動であるのか即ち、「どんな立場から見た運動であるのか」ということを明確にしておかなければならない。

普通、地球上の物体の運動は、地面を基準にとって表わすことが多い。

そして、運動する物体の「位置」や「時刻」を表わすには、出発点を位置の基準として「原点O̅(オー)」とし、その原点Oを時刻の基準として、「時刻0(ゼロ)〔s(秒)〕」とすることが多い。

（3）4つの基本的な運動

①直線運動（まっすぐな運動）

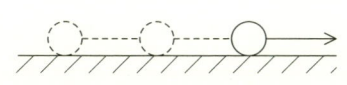

②方向が変わる運動

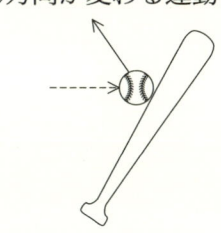

③速さが変わる運動

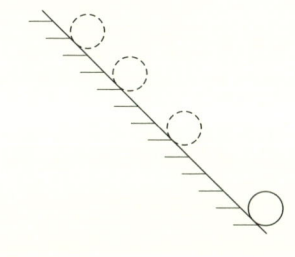

④往復する運動

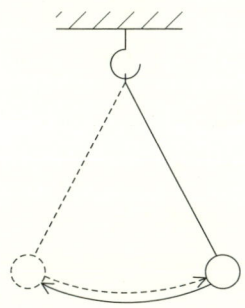

㊟実際には、これらの運動がいろいろに組み合わさっている場合が多い。

2. 速さ

(1) 速さとは

　いま、A君とB君の2人が、或る道を歩いた場合について考えてみる。2人は同地点を同時に出発して、同じ方向で同じ向きに歩いたものとする。しかもその道は、どこまでもまっすぐであり、A君はA君としての全く同じ歩調で歩き、また、A君とは異なる歩調ではあるが、B君はB君として全く同じ歩調で歩いたものとする。

　そして、このときA君は2時間かかって10〔km〕歩き、B君は3時間かかって12〔km〕歩いたものとする。

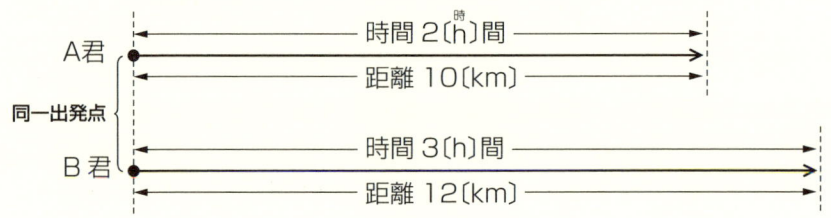

　すると、2人がそれぞれ「1〔h〕間当たりに歩いた距離」は、次のようである。

A君は、$\dfrac{10〔km〕}{2〔h〕} = 5 \dfrac{〔km〕}{〔h〕} = 5$ 〔km/h〕（キロメートル毎時）

B君は、$\dfrac{12〔km〕}{3〔h〕} = 4 \dfrac{〔km〕}{〔h〕} = 4$ 〔km/h〕

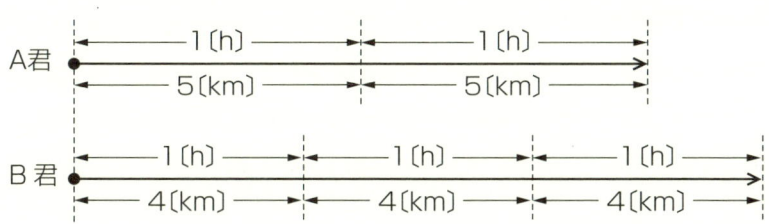

つまり、「1時間当たりに歩いた距離」が大きかったのは、A君の方であったということになる。このように、

「物体㋐が単位時間㋑当たりに移動した距離㋒」

のことを「速さ」という。

㋐物体……実際に形のある物のこと。
　　　　　物理では、人も物体として扱う。
㋑単位時間……1秒間、1分間、1日間、1年間などのこと。
㋒移動した距離……これのことを「運動した距離」とか、「進んだ距離」などと言っても全く同じことを意味する。
　　　　　「距離」とは、「2つの場所の離れ方の大きさ」のことであって、それは、直線または曲線に沿って測った「長さ」のことをいう。

速さとは、単位時間当たりの移動距離。

この「速さ」という語を使って表現すれば、A君の歩いた速さは、B君の歩いた速さよりも速かったということである。

一般に、物体が d〔km〕移動するのに、t〔h〕間かかったときには、この物体の運動の速さは、

$$\frac{d\,\text{〔km〕}}{t\,\text{〔h〕}} = \frac{d}{t}\,\text{〔km/h〕}$$

であると表わされる。

なぜならば、
$\begin{cases} t \text{〔h〕で} d \text{〔km〕移動したのであるから、} \\ 1 \text{〔h〕当たりでは} x \text{〔km〕移動したと置けば、} \end{cases}$
これらの比例関係から比例式を書くと、

$$t \text{〔h〕} : 1 \text{〔h〕} = d \text{〔km〕} : x \text{〔km〕}$$

比例式では、外項の積＝内項の積であることから、

$$t \text{〔h〕} \times x \text{〔km〕} = 1 \text{〔h〕} \times d \text{〔km〕}$$

この式の両辺を t 〔h〕で割って、左辺には x 〔km〕だけが残るような式になおすと、

$$\frac{\cancel{t \text{〔h〕}} \times x \text{〔km〕}}{\cancel{t \text{〔h〕}}} = \frac{1 \text{〔h〕} \times d \text{〔km〕}}{t \text{〔h〕}}$$

$$\therefore \ x \text{〔km〕} = \frac{d}{t} \text{〔km〕}$$

となる。つまり、1〔h〕当たりでは $\frac{d}{t}$ 〔km〕移動したということになるから、このときの速さ（即ち、1〔h〕間当たりの移動距離〔km〕）は、

$$\frac{\frac{d}{t} \text{〔km〕}}{1 \text{〔h〕}} = \frac{d}{t} \text{〔km/h〕}$$

ということであるから、前出の式と一致する。

A君は2〔h〕間で10〔km〕移動し、

B君は3〔h〕間で12〔km〕移動したから、

A、B両君の歩いた速さは、次のように計算される。

速さ $= \dfrac{\text{移動距離}}{\text{所要時間}}$ ということから、

A君が歩いた（平均の）速さは、$\dfrac{10 \,(\text{km})}{2 \,(\text{h})} = 5 \,\overset{\text{キロメートル毎時}}{(\text{km/h})}$、

B君が歩いた（平均の）速さは、$\dfrac{12 \,(\text{km})}{3 \,(\text{h})} = 4 \,(\text{km/h})$

となる。

（参考） 5 〔km/h〕の意味

5 〔km/h〕とは、5 〔km〕/1 〔h〕のことである。そしてこれは、次のような意味を表わす。

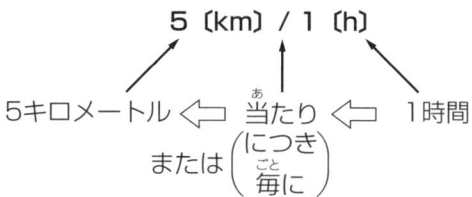

即ち、「1時間当たり5キロメートル」という速さを意味するものである。

(以上（参考）終り)

以上のように、t 〔h〕間に d 〔km〕移動したときの物体の運動の速さ v 〔km/h〕は、

$$\text{速さ } v \,(\text{km/h}) = \frac{\text{移動距離 } d \,(\text{km})}{\text{その移動に要した時間 } t \,(\text{h})}$$

である。この関係を覚えるのには、もっと簡潔に、

速さ＝$\frac{距離}{時間}$　と覚えればよい（覚えなくても、前述の比例関係を利用して自分で導くこともできる）。

また、これを量記号の式で書くと、

$$v = \frac{d}{t} \qquad \cdots\cdots\cdots\cdots （式1）$$

そして、（式1）を変形すると、

$t = \frac{d}{v}$　　これは、移動距離と速さとから所要時間㋤を求める式。

㋤所要時間……ここでは、その移動に要した時間 t のこと。

また、$d = v \times t$　　これは、速さと所要時間とから、移動距離を求める式。

（参考）　式の変形

　今、上で行ったような式の変形のしかたは、次のことを参考にして行えばよい。（P.477 参照）

　$2 = \frac{6}{3}$　を変形すると、$3 = \frac{6}{2}$　また　$6 = 2 \times 3$

（以上（参考）終り）

これまで速さについて述べてきたが、それらは実は「平均の速さ」のことを言っている。

　物体が運動しているときに、実際には物体の動きは、速くなったり、遅くなったりして、その速さは一定していない場合がほとんどである。従って、その複雑な物体の動きをいちいち解明することは至難(しなん)の業(わざ)であ

る。そこで、物体が「出発点から到着点まで一定の速さで運動を続けているものと見なしたときの速さ」のことを「平均の速さ」というのである。これは、物体の運動の速さが、速くなろうが、遅くなろうが、あるいは途中で一時停止することなどがあろうとも、とにかく、今考えている運動する区間における、それらの動きの速さを平均した値のことをいうのである。

　この平均の速さに対して、「瞬間の速さ」という速さもある。例えば、自動車や電車などのスピードメーターの針がその時々に指し示す速さがそれである。即ち、「瞬間の速さ」とは、「その瞬間に物体が持っている速さ」のことである。そのことに関するくわしいことは、後で述べることにして、ここでは瞬間の速さにやや近い速さについて少し述べてみる。今、或る物体が、時間 0.00102 秒の間に距離が 148 メートル進んだとする。このときの速さを表示するのには、148〔m〕/0.00102〔s〕と書いても、何かよくわからない。それで、その速さが実際に続いた時間は、わずか 0.00102 秒間だけであったのであるが、「もしも、それと同じ速さが単位時間である 1 秒間続いた場合を仮に想定すれば、これだけの距離進むはずである」という表示のしかたにした方が、わかりやすい。そういうわけで、たとえ、瞬間的な速さであっても、例えば、1 秒間という長い単位時間当たりに進む移動距離で速さという物理量を表現することにしているのである。

　そこで、この 0.00102 秒間に 148 メートル移動したときの速さを、単位時間である 1 秒間当たりの移動距離に換算してみると、

$$148〔m〕/0.00102〔s〕 = \frac{148〔m〕}{0.00102〔s〕}$$

この式の右辺の分子と分母を両方とも 0.00102 で割ってもこの右辺の分数の値は変わらない（例 $\dfrac{5}{3} = \dfrac{5 \div 3}{3 \div 3} = \dfrac{5 \div 3}{1} = 5 \div 3 = \dfrac{5}{3}$ のように分数の値は変わらない）から、

$$\dfrac{148 \,(\mathrm{m}) \div 0.00102}{0.00102 \,(\mathrm{s}) \div 0.00102} = \dfrac{148 \,(\mathrm{m}) \div 0.00102}{1 \,(\mathrm{s})}$$
$$= \dfrac{145098 \,(\mathrm{m})}{1 \,(\mathrm{s})} \fallingdotseq \dfrac{145 \,(\mathrm{km})}{1 \,(\mathrm{s})} = 145 \,(\mathrm{km/s})$$

となり、この速さは、プロ野球の投手が投げる直球の速さぐらいの速さである。

　さて、速さという物理量は、「大きさ」だけ持っているが、「方向」は持たない量である。このような量のことを「スカラー量」と呼ぶ。今、次図のように、物体が運動して、その位置を点Aから点Bまで変えるときに①・②・③のような3つの異なる経路㋐を通る場合について考える。

　㋐経路……物体が実際に通って行った道。

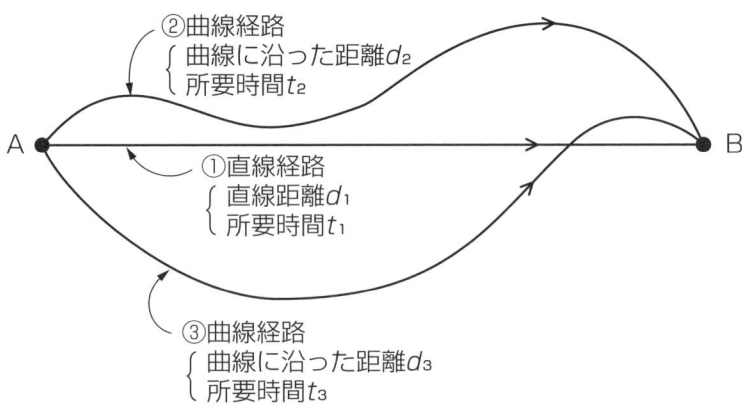

②曲線経路
　曲線に沿った距離 d_2
　所要時間 t_2

①直線経路
　直線距離 d_1
　所要時間 t_1

③曲線経路
　曲線に沿った距離 d_3
　所要時間 t_3

このときの各経路を通った場合の物体の運動の速さは、次のようである。

①の場合の速さは $\dfrac{d_1}{t_1}$　　②の場合の速さは $\dfrac{d_2}{t_2}$

③の場合の速さは $\dfrac{d_3}{t_3}$

このように「速さ」は、進む方向がどのように変化しようともかまわず、実際に通った道の長さを所要時間で割って得られた値である。

（2）速さの単位

物体の運動の速さは、前述のように、

$$速さ = \frac{（移動）距離}{（所要）時間}$$

である。従って、それと連関（れんかん）している「速さの単位」は、

$$\boxed{速さの単位 = \frac{距離の単位}{時間の単位}}$$

という形であることは当然である。

この形の単位は沢山（たくさん）考えることができる。

$\dfrac{[km]}{[h]}$ （これは、[km/h] と書いてもよい。以下同様。）

$\dfrac{[km]}{[s]}$ = [km/s]、$\dfrac{[km]}{[min]}$ = [km/min]（分）、$\dfrac{[m]}{[s]}$ = [m/s]、

[m/min]、[m/h]、[mm/year]（ミリメートル毎年）、その他沢山ある。

しかし、よく使われる速さの単位は、[km/h]（キロメートル毎時）や [m/s]（メートル毎秒） などである。

SI（国際単位系）では、基本単位として、長さ（距離）は〔m〕、時間は〔s〕を使うことに定めているから、その通りに表わすと、速さの単位は〔m/s〕を使うことになる。

　尚、単位のすぐ前に付けるキロ、センチ、ミリなどの語は、接頭語と呼ばれるもので、次のような意味を持つ。

　　キロ……その直後に書かれた単位の1000倍の大きさを表わす。
　　　　　（例）1〔km〕= 1000〔m〕、1〔kg〕= 1000〔g〕

　　センチ……その直後に書かれた単位の$\frac{1}{100}$（倍）の大きさを表わす。

　　　　　（例）1〔cm〕= $\frac{1}{100}$〔m〕= 0.01〔m〕

　　　　　　　1〔cg〕= $\frac{1}{100}$〔g〕= 0.01〔g〕

　　ミリ……その直後に書かれた単位の$\frac{1}{1000}$（倍）の大きさを表わす。

　　　　　（例）1〔mm〕= $\frac{1}{1000}$〔m〕= 0.001〔m〕

つまり、〔mm〕という単位の
　　　　　　　　　　　　左側のmは接頭語の「ミリ」であり、
　　　　　　　　　　　　右側のmは単位の「メートル」である。
従って、〔mm〕は「ミリメートル」と読む。

　㊟単位は〔　〕などで囲んで書かなければならないということはないが、本書では、単位であることを、はっきりわかるようにするために、〔m〕、〔kg〕などのように〔　〕を付けることにする。

　時間の単位は、〔s〕のほかに〔min〕、〔h〕、〔day〕などの使用も

SI で認められている。

SI 基本単位の〔m〕と〔s〕とを組み合わせて得られる速さの単位〔m/s〕のような単位は基本単位に対して「組立単位」と呼ばれる。尚、基本単位を使った組立単位だけで、すべての単位を表わそうとすると、複雑で何の単位であるのか、わかりにくいものもあるので、SI では、「特別な名称と記号を持つ SI 組立単位」というものを使ってよいことになっている。例えば、基本単位を組み合わせた力の組立単位は、〔kg・m/s^2〕であるが、これは、特別な名称と記号を持つ SI 組立単位では〔N〕の一語で簡潔に表わしてしまうのである。また同様に圧力の単位〔kg/(m・s^2)〕のことを〔Pa〕の一語で表示してしまうことにしているのである。

速さの単位の特別なものとして、従来から使われているものに、次のものがある。

〔kt〕……船の速さを表わす単位。

1〔kt〕は 1〔海里／h〕のこと。1 海里は 1852〔m〕。

〔mach〕……航空機の速さを表わす単位。

1〔mach〕は、音速（＝ 340〔m/s〕）と等しい速さのこと。「マッハ 2」と言うと、680〔m/s〕という速さ。

3. 平均の速さ

(1) 平均の速さ$\bar{v}$（ブイバーと読む）とは

　物体が運動しているときの速さは一定していない場合が多く、速さが時刻と共に変わるのが普通である。速さが一定しているかのように目には見えても、こまかく調べてみれば時々刻々と、わずかずつ変化していることが多い。例えば、私達が道路を歩いている場合にもその速さは刻々と変化しており、一定ではない。自動車や電車の走っている速さも同様である。

　前述のA君が2時間で10キロメートル歩いた場合にも、出発点から到着点まで、全く一定の速さで歩くことなど不可能なことである。途中で遅速のちがいが常にあり、あるいは休憩もしたかも知れない。そして初めの1時間で6キロメートル歩き、あとの1時間には4キロメートルしか歩かなかったのかも知れない。しかし、2時間かかって10キロメートル歩いたという事実から、このとき歩いた速さを平均してみれば、1時間当たり5キロメートルの割合で歩いた速さになるので、これを「平均の速さ」というのである。

$$\text{歩いた平均の速さ} = \frac{\text{歩いた距離}}{\text{歩いた時間}} = \frac{10\,[\text{km}]}{2\,[\text{h}]} = 5\,[\text{km/h}]$$

ということである。

　　㊟歩いた時間には、立ち止まったりした時間も含まれる。

　つまり、「平均の速さ」とは、「今考えている時間内においては、常に同じ速さで物体が運動（即ち、移動）していたものと仮定したときの速さのこと」をいうのである。

例えば、東北新幹線が、東京―青森間の距離 713.7km を 3 時間 20 分で走るというから、この電車の平均の速さは、713.7km ÷ 3 時間 20 分 ＝ 713.7 ÷ $3\frac{1}{3}$ ≒ 214〔km/h〕ということになる。これは、途中の駅での停車や、その前後の遅く走っているときもすべて含めて、平均して 1 時間当たり 214 キロメートル移動する速さであることを表わすものである。

$$\text{平均の速さ}\bar{v} = \frac{\text{移動距離}\,d}{\text{所要時間}\,t}、\text{即ち、}\bar{v} = \frac{d}{t} \quad \cdots\cdots(\text{式 1})'$$

この（式 1）′を変形すると、

$t = \dfrac{d}{\bar{v}}$ ……これは、距離と速さとから、時間を求める式

$d = \bar{v} \times t$ ……これは、速さと時間とから、距離を求める式

つまり、d、t、$\bar{v}$ の 3 つのうちのどれか 2 つがわかれば、残りの 1 つは計算によって求めることができるということである。

(参考 1) 秒速、分速、時速

　速さとは、「単位時間当たりの移動距離のこと」をいうから、その単位時間なるものを 1〔s〕にとるか、1〔min〕にとるか、あるいは 1〔h〕にとるかによって、その呼び方は、それぞれ「秒速」、「分速」あるいは「時速」と呼ばれる。

(例) 10〔m/s〕……秒速 10 メートル
　　 4〔km/h〕……時速 4 キロメートル

(参考 2) 速さと速度

　速さは、物体が運動するときの動きの大きさだけ考えて、動く方向（及び向き）は考えない物理量である。

しかし、物体が実際に運動する場合には、動きの大きさと、動きの方向とを同時に考えなければならない場合がほとんどである。そこで、この運動の大きさと方向の両方を持つ物理量のことを「速度(そくど)」といい、これと「速さ」とは区別して使うことに、物理ではなっている。
　即ち、「速度の大きさ」だけ考えるものが「速さ」である。
　　㊟私達の日常生活では、速さも、速度も、ごちゃ混ぜにして同じような意味として使っているが、物理ではきちんと区別して使う。
　速さ、質量、時間、温度、移動距離などの物理量は大きさだけ持っていて、方向（及び向き）は持っていないので、これらは、まとめて「スカラー量」と呼ぶ。これに対して、大きさと方向の両方を持つ物理量である速度、力、変位などのことを「ベクトル量」と呼ぶ。
　「或る物体が東向きに 10〔m/s〕の『速さ』で運動している」と言えば、この物体の『速度』は「東西方向の東向きで、10〔m/s〕の大きさ」ということである。
　　㊟「東向きに」と言えば、これは当然、「方向は東西方向であって、その向きは東向き」ということである。南北方向で東向きなどということはあり得ないし、また「東西方向で西向きに」のことを「東向きに」とは言わない。

（参考３）速度を矢印(やじるし)で表現する

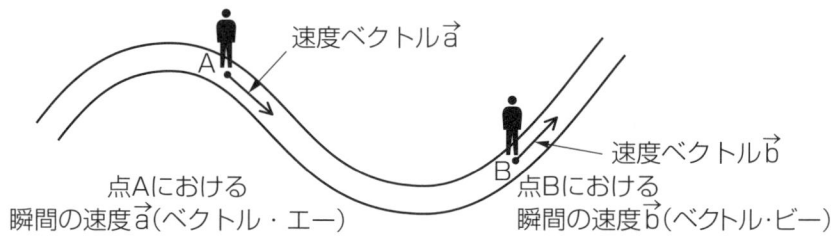

上図のように人が道路を歩いており、点Aを通ったときの瞬間の速度を矢印で表現することができる。この矢印のことを「速度ベクトル」という。そして、この矢印の長さで「速度の大きさ（即ち、「速さ」）を表わし、矢印の方向及び向きで、「速度の方向及び向き」を表わす。

　この図では、速度ベクトル$\vec{a}$と$\vec{b}$とは、長さが等しいから、この人が点Aを通るときの「速度の大きさ（速さ）」と点Bを通るときの「速度の大きさ（速さ）」は等しい。しかし、点Aを通るときの「方向」と点Bを通るときの「方向」とが異なるから、点Aと点Bとを通るときのそれぞれの「速度」は異なる。つまり、たとえ速さが等しくても、速度は異なるのである。

　2つの速度のうち、速度の大きさ（即ち速さ）、速度の方向、速度の向きのどれか1つでも異なれば、それら2つの速度は互いに異なる速度である、ということである。

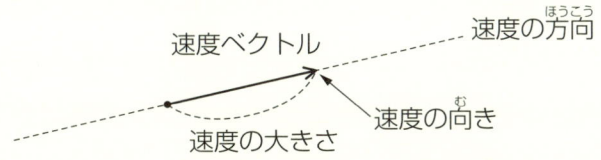

（参考4）「単位時間当たりの」移動距離を求める際に「移動距離÷時間」とするわけ

（例1）同じ種類のまんじゅう10個の値段が800円であるとき、単位個数（即ち、1個）当たりの値段x円を求める。

　このx円を求める計算は、私達が日常よく行っていることで、800円÷10個＝80円/個と直ちに求めることができる。そして、これは実は、次の比例関係から計算しているのである。その比例式は、次のようである。

$$10 個 : 800 円 = 1 個 : x 円$$

比例式においては、「外項の積＝内項の積」という関係があるから、

$$10 個 \times x 円 = 800 円 \times 1 個$$

等式の両辺を同じ数で割っても、やはり等式が成り立つので、この等式の両辺を10個で割ると、左辺には求めたい x 円だけを残すことができるので、

$$\frac{10 個 \times x 円}{10 個} = \frac{800 円 \times 1 個}{10 個}$$

$$\therefore x 円 = \frac{800 円 \times 1}{10} = 80 円$$

x 円というのは、まんじゅう1個当たりの値段であったから「x 円/1個」のことであり、これは x〔円/個〕と書いてもよい。

このことは、次のことを意味する。

> 全体の値段÷全体の個数＝単位個数(1個)当たりの値段

(例2) 5秒間で30メートル移動する物体は、1秒間（単位時間）当たり、何メートル移動することになるか。

このことを知るには、上の（例1）と全く同様に考えて、

$$30 〔m〕 \div 5 〔s〕 = \frac{30 〔m〕}{5 〔s〕} = \frac{30}{5} \times \frac{〔m〕}{〔s〕} = 6 〔m/s〕$$

即ち、1秒間当たり6メートル移動するということになる。

これは、

> 全体の距離÷全体の時間＝$\dfrac{\text{全体の距離}}{\text{全体の時間}}$
> ＝単位時間当たりの移動距離

という計算をしたことである。つまり、これが「速さ」という物理量を求める式である。

(例 3)「密度」とは、「単位体積当たりの質量」のことをいうから、いま、体積 20〔mL〕(ミリリットル)の金の質量が 386〔g〕ということであれば、このことから金の密度は、

$$\text{密度} = \frac{\text{全体の質量}}{\text{全体の体積}} = \text{単位体積（1〔mL〕当たりの質量）}$$

$$= \frac{386\,[\text{g}]}{20\,[\text{mL}]} = 19.3\,[\text{g/mL}]\,(\text{グラム毎ミリリットル})$$

即ち、金の密度は 1〔mL〕(ミリリットル)当たり 19.3〔g〕(グラム)であるということになる。

(例 4)「圧力」とは、「面の単位面積当たりを垂直(すいちょく)に押す力」のことである。

いま、容器の中に水が入っており、その容器の底面の面積が 100〔cm²〕であり、全体の水の重さ（即ち、水に働いている重力の大きさ）が 2000〔gw〕(グラム重)であるとき、この容器の底面が水から受けている圧力は、いくらかというと、

$$\text{圧力} = \text{面の単位面積当たりを垂直に押す力} = \frac{\text{全体の力}}{\text{全体の面積}}$$
$$(1\text{cm}^2)$$

$$= \frac{2000\,[\text{gw}]}{100\,[\text{cm}^2]} = 20\,[\text{gw/cm}^2]\,(\text{グラム重毎平方センチメートル})$$

ということになり、1〔cm²〕（即ち、単位面積）当たり、垂直に押す力は 20〔gw〕ということである。

もちろん、20〔gw/cm²〕とは、(20〔gw〕) / (1〔cm²〕) のことであって、分母には、1 が省略されて書かれていないのである。

(2) 単位○○当たりの△△

　以上のことから次のことがわかる。
「単位○○当たりの△△を□□という」　　　　………（A）
のように表現されている事柄(ことがら)を式として書き表わすには、

$$\boxed{\;\square\square = \frac{\triangle\triangle}{\bigcirc\bigcirc}\;}$$　　　　………（B）

という形の式に書き表わせばよい。
　例えば、前述の（例2）のように、
「単位時間当たりの移動距離を速さという」
という文章は「速さという語句の定義」である。この文章を（A）と比べてみると、

　　　○○は（所要）時間 ⎫
　　　△△は移動距離　　 ⎬ に相当する。
　　　□□は速さ　　　　 ⎭

　そこで、これを（B）の形の式に書き表わしてみると、

$$速さ = \frac{移動距離}{所要時間}$$

となり、これは、速さを求める式である。
　もちろん、速さ、移動距離、所要時間の3つの物理量のうちのどれか2つがわかれば、残りの1つは、上の式を使って計算で求めることができるわけである。
　例えば、速さと所要時間の2つがわかっていれば、移動距離は、上の式を

　　　移動距離＝速さ×所要時間

と変形して（この変形のしかたは、$2 = \frac{6}{3}$ から $6 = 2 \times 3$ と変形することができるのと全く同じことである）、この式に、既にわかっている速さの値と所要時間の値を代入してやれば、移動距離は計算で求めることができるのである。

　また、（例3）で述べた
「単位体積当たりの質量を密度という」という文章は密度という語句の定義であるが、この文章を（A）と比べてみると、

　　○○は体積 ⎫
　　△△は質量 ⎬ に相当する。
　　□□は密度 ⎭

そこで、この定義の文章を（B）の形の式に書き表わすと、

$$密度 = \frac{質量}{体積}$$

となり、これは密度を求める式である。

　もちろんこのときも、密度、質量、体積の3つの物理量のうち、どれか2つがわかっていれば、残りの1つはこの式を使って計算で求められる。例えば或る物質の密度と質量がわかれば、その体積は、

$密度 = \frac{質量}{体積}$ なる式を変形して、体積 $= \frac{質量}{密度}$ とし、（このときの変形は、$2 = \frac{6}{3}$ から $3 = \frac{6}{2}$ と変形するのと全く同じこと）、質量と密度のところに、わかっている値を代入すれば体積が求められる。

　更に（例4）の圧力についても、その定義は、
「（或る面の）単位面積当たりを垂直に押す力を圧力という。」ということであるから、この文章を（B）と比べてみると、○○は面積、△△は

力、□□は圧力にそれぞれ相当するから、圧力＝$\frac{力}{面積}$という式を直ちに書くことができる。

そして、以上のようなことは、まんじゅう1個の値段を計算するときの方法と全く同様な考え方でよいということである。

このように、「単位○○当たりの△△を□□という」と定義される語句のような速さ、速度、加速度、密度、圧力などを求める式の形はどれもみな

□□＝$\frac{△△}{○○}$と表わされるのだということである。

従って、これらの「語句の定義」を、きちっと知っていれば、それらを求めるための式は自分ですぐに導くことができるので、語句の定義は正確に覚えておくことが必要である。

(以上（参考）終り)

(平均の速さを求める例題)

　自動車で180〔km〕の距離を移動するのに3時間かかった。

(i) このときの速さ（平均の速さ）は何〔km/h〕か。

(ii) この速さを〔m/s〕単位で表わせ。

(解答) (i) 平均の速さ＝$\frac{移動した距離}{移動にかかった時間}$

$= \frac{180〔km〕}{3〔h〕} = 60$〔km/h〕

(答) 60〔km/h〕

(ii) 60〔km/h〕 = 60〔km〕/1〔h〕 = $\frac{60〔km〕}{1〔h〕}$

$= \frac{60 \times 1〔km〕}{1〔h〕} = 60 \times \frac{1〔km〕}{1〔h〕} = 60 \times \frac{1000〔m〕}{3600〔s〕}$

$\fallingdotseq 17 \left[\frac{m}{s}\right] = 17$〔m/s〕

(答) 17〔m/s〕

3. 平均の速さ

（参考）単位の換算方法

（例題1）時速50キロメートルは、秒速何メートルか。

（即ち、50〔km/h〕＝ x〔m/s〕の x を求める。）

ただし、小数点以下2桁目まで計算して、その最後の桁を四捨五入し、小数点以下1桁目までの数値で答えよ。

（解）　50〔km/h〕＝ x〔m/s〕

　　　　　　↑　　　　　↑
　　　換算前の単位　換算後の単位

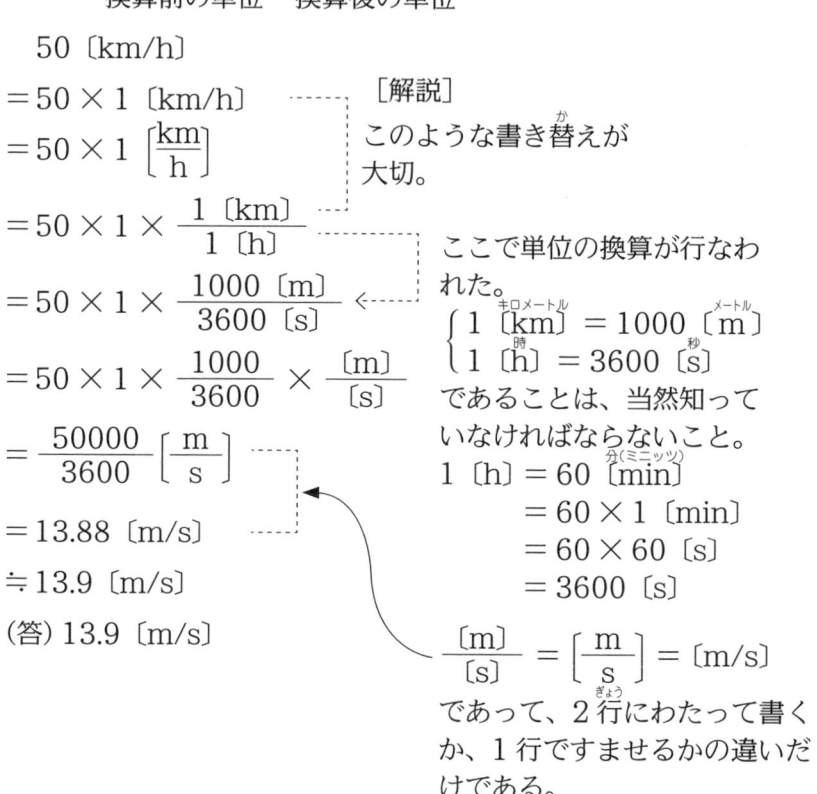

50〔km/h〕
$= 50 \times 1$〔km/h〕
$= 50 \times 1 \left[\dfrac{km}{h}\right]$
$= 50 \times 1 \times \dfrac{1 〔km〕}{1 〔h〕}$
$= 50 \times 1 \times \dfrac{1000 〔m〕}{3600 〔s〕}$
$= 50 \times 1 \times \dfrac{1000}{3600} \times \dfrac{〔m〕}{〔s〕}$
$= \dfrac{50000}{3600} \left[\dfrac{m}{s}\right]$
$= 13.88$〔m/s〕
$\fallingdotseq 13.9$〔m/s〕

（答）13.9〔m/s〕

［解説］
このような書き替えが大切。

ここで単位の換算が行なわれた。
$\begin{cases} 1 〔km〕 = 1000 〔m〕 \\ 1 〔h〕 = 3600 〔s〕 \end{cases}$
であることは、当然知っていなければならないこと。
1〔h〕= 60〔min〕
　　　= 60 × 1〔min〕
　　　= 60 × 60〔s〕
　　　= 3600〔s〕

$\dfrac{〔m〕}{〔s〕} = \left[\dfrac{m}{s}\right] = 〔m/s〕$

であって、2行にわたって書くか、1行ですませるかの違いだけである。

(例題2) 金の密度は 19.3 〔g/cm³〕(グラム毎立方センチメートル) である。これを 〔kg/m³〕(キログラム毎立方メートル) 単位に換算せよ。

㊟密度(みつど)とは、「単位体積当(あ)たりの質量」のことをいう。

(解) 19.3 〔g/cm³〕= x 〔kg/m³〕の x を求めたいわけである。

$\quad$ 19.3 〔g/cm³〕 ← これを、このように書き直(なお)すことが大切。

$= 19.3 \times 1$ 〔g/cm³〕

$= 19.3 \times 1 \dfrac{〔g〕}{〔cm^3〕}$

$= 19.3 \times 1 \times \dfrac{1 〔g〕}{1 〔cm^3〕}$

$= 19.3 \times 1 \times \dfrac{\dfrac{1}{1000}〔kg〕}{\dfrac{1}{1000000}〔m^3〕}$

$= 19.3 \times 1 \times \dfrac{1}{1000} \div \dfrac{1}{1000000} \left[\dfrac{kg}{m^3}\right]$

$= 19.3 \times 1 \times \dfrac{1}{1000} \times \dfrac{1000000}{1} \left[\dfrac{kg}{m^3}\right]$

$= \dfrac{19.3 \times 1 \times 1 \times 1000000}{1000 \times 1} \left[\dfrac{kg}{m^3}\right]$

$= 19300$ 〔kg/m³〕

(答) 19300 〔kg/m³〕

[解説]

ここで単位の換算が行なわれた。

$\begin{cases} 1 〔g〕= \dfrac{1}{1000} 〔kg〕 \\ 1 〔cm^3〕= \dfrac{1}{1000000} 〔m^3〕\end{cases}$

であることは、自分ですぐできなければならないことである。即ち、

$\begin{cases} 1 〔kg〕= 1000 〔g〕 \\ x 〔kg〕= \quad 1 〔g〕 \end{cases}$

とおくと、

$1 : x = 1000 : 1$

$\therefore x = \dfrac{1}{1000}$

$$\left(\begin{array}{l}\text{または } 1.93 \times 10^4 \text{ [kg/m}^3\text{]} \\ \text{と書く。}\end{array}\right)$$

㊟金の密度が 19300 [kg/m³] であるということは、金が体積で 1 [m³] であるときには、その質量は 19300 [kg] = 19.3 [t̂] であるということを表わす。つまり、金は同体積の水の 19.3 倍の質量をもつ（もし同じ場所で重さを測れば、その重さも 19.3 倍ということである）。

（以上（参考）終り）

また、
1 [m³] =
  1 [m]×1 [m]×1 [m]
= 100 [cm]×100 [cm]
  ×100 [cm]
= 100×100×100×[cm]
  ×[cm]×[cm]
= 1000000 [cm³]
  百万

従って、
$$\begin{cases} 1\,[\text{m}^3] = 1000000\,[\text{cm}^3] \\ x\,[\text{m}^3] = 1\,[\text{cm}^3] \end{cases}$$
とおくと、
 $1 : x = 1000000 : 1$
 $\therefore x = \dfrac{1}{1000000}$

つまり
 $1\,[\text{cm}^3] = \dfrac{1}{1000000}\,[\text{m}^3]$
  （百万分の 1）

(例題 2) 1 時間に 4km ずつの割合で進むと、3 時間では何 km 進むことになるか。

(解答)「1 時間に 4km の割合で進む」ということは、(平均の) 速さのことを言っている。つまり $\bar{v} = 4$ 〔km/h〕ということである。そこで、式 $\bar{v} = \dfrac{d}{t}$ に $\bar{v} = 4$ 〔km/h〕、$t = 3$ 〔h〕、求める進む距離 d 〔km〕を代入すると、

$$4 \text{〔km/h〕} = \dfrac{d \text{〔km〕}}{3 \text{〔h〕}} \quad \therefore d \text{〔km〕} = 4 \text{〔km/h〕} \times 3 \text{〔h〕}$$
$$= 12 \text{〔km〕}$$

(答) 12 〔km〕

(別解) $\begin{cases} 1 \text{時間当たり } 4\text{km 進むとき、それでは、} \\ 3 \text{時間では何 km 進むか。} \end{cases}$

ということであるから、このとき進む距離 $x$km は、時間に比例するから、比例式をたてると、

$$1 \text{時間} : 4\text{km} = 3 \text{時間} : d\,\text{km}$$
$$\therefore 1 \times d = 4 \times 3 \quad \therefore d = 12$$

(答) 12km

(例題 3) 出発地点から目的地までは、200 〔km〕の距離があるときに、平均の速さ 50 〔km/h〕で行くと、何 〔h〕間かかるか。

(解答) 平均の速さ $\bar{v} = \dfrac{\text{移動した距離 } d}{\text{移動に要した時間 } t}$

であるから、この式を変形すると、($2 = \dfrac{6}{3}$ を $3 = \dfrac{6}{2}$ と変形するのと同様に)

$$\text{移動に要する時間 } t \text{〔h〕} = \dfrac{d \text{〔km〕}}{\bar{v} \text{〔km/h〕}} = \dfrac{200 \text{〔km〕}}{50 \text{〔km/h〕}}$$

$$= \frac{200}{50} \times \left[\frac{\text{km}}{\text{km/h}}\right] = 4 \ [\text{h}] \hspace{2cm} (答) 4 時間$$

(例題 4) 或る人が 8 [km] の距離の道を一定の速さで歩いたら 2 [h] 間かかった。このことについて、次の問いに答えよ。ただし、小数点以下 2 桁目まで計算し、その最後の桁を 4 捨 5 入して答えよ。

(i) 時速は何 [km/h] か。
(ii) 分速は何 [m/min] か。
(iii) 秒速は何 [m/s] か。

(解答)(i) 時速というのは、上の問題(i)の中の単位 [km/h] を見てもわかる通り、「1 時間当たりの移動距離」のことであるから、式 $\bar{v} = \dfrac{\ell}{t}$ を適用して、

$$(平均の)時速 = \frac{8 \ [\text{km}]}{2 \ [\text{h}]} = 4 \ [\text{km/h}] \hspace{1cm} (答) 4[\text{km/h}]$$

(ii) 4 [km/h] を [m/min]（メーターパーミニッツ）単位に換算すればよいから、

$$4 \ [\text{km/h}] = 4 \times 1 \ [\text{km/h}] = 4 \times \frac{1 \ [\text{km}]}{1 \ [\text{h}]}$$

$$= 4 \times \frac{1000 \ [\text{m}]}{60 \ [\text{min}]} = 4 \times \frac{1000}{60} \times \left[\frac{\text{m}}{\text{min}}\right]$$

$$= 66.66 \ [\text{m/min}] \fallingdotseq 66.7 \ [\text{m/min}] \hspace{1cm} (答) 66.7 \ [\text{m/min}]$$

(iii) 4 [km/h] を [m/s]（メーターパーセカンド）単位に換算すればよいから、

$$4 \ [\text{km/h}] = 4 \times 1 \ [\text{km/h}] = 4 \times \frac{1 \ [\text{km}]}{1 \ [\text{h}]}$$

$$= 4 \times \frac{1000 \ [\text{m}]}{3600 \ [\text{s}]} = 4 \times \frac{1000}{3600} = \left[\frac{\text{m}}{\text{s}}\right] = 1.11 \ [\text{m/s}]$$

$$\fallingdotseq 1.1 \ [\text{m/s}] \hspace{3cm} (答) 1.1 \ [\text{m/s}]$$

㊟ただ単に時速はいくらかというだけの問いであって、距離については具体的な単位を示さずに問われた場合には、それに答える単位は、分母だけ〔h〕の〔km/h〕、〔m/h〕、〔cm/h〕、〔mm/h〕、〔ft/h〕（フィート毎時）、〔in/h〕（インチ毎時）などのどの単位を使って答えても、まちがいとはならない。

(問題) ① 100〔m〕を走るのに 16〔s〕かかったときの、平均の速さは何〔m/s〕か。
② A 駅発 9 : 00 の電車が、そこから 552 キロメートルの距離にある B 駅に 12 : 00 に到着した。この電車の平均の速さは何〔km/h〕であったか。
③ 平均の速さ 4〔km/h〕で歩いたとき、1 時間 40 分で歩いた距離は何〔km〕か。
④ 片道 10〔km〕の道を往復連続して歩いた。このとき行きの速さは 5〔km/h〕で、帰りの速さは 4〔km/h〕であった。このことについて次の問いに答えよ。
　(i) 往復に要した時間は何〔h〕か。
　(ii) 往復の全体について、平均の速さは何〔km/h〕か。
(解答) ① 平均の速さは、単位時間当たりの移動距離であるから、移動距離を時間で割ればよい。

$$\frac{100〔m〕}{16〔s〕} = 6.25〔m/s〕$$　　　　　(答) 6.25〔m/s〕

②このとき要した時間は $12:00 - 9:00 = 3$ 〔h〕間である。従って、この電車の平均の速さ $\bar{v}$ 〔km/h〕は、

$$\bar{v} = \frac{552 \text{〔km〕}}{3 \text{〔h〕}} = 184 \text{〔km/h〕} \qquad \text{(答)} 184 \text{〔km/h〕}$$

③距離 d 〔km〕 ＝ 平均の速さ $\bar{v}$ 〔km/h〕× 時間 t 〔h〕

ここで、時間 $t = 1$ 時間 40 分 $= 1$ 〔h〕$+ \dfrac{40}{60}$ 〔h〕

$$= \frac{60+40}{60} \text{〔h〕} = \frac{100}{60} \text{〔h〕} = \frac{5}{3} \text{〔h〕}$$

ゆえに d 〔km〕 $= 4$ 〔km/h〕$\times \dfrac{5}{3}$ 〔h〕$= \dfrac{20}{3}$ 〔km〕

$\qquad\qquad\quad \fallingdotseq 6.7$ 〔km〕 $\qquad\qquad$ (答) 6.7 〔km〕

注 40 〔min〕(ミニッツ) を 〔h〕(アワー) 単位に直すには次のようにする。

$\left. \begin{array}{l} 60 \text{〔min〕} = 1 \text{〔h〕} \\ 40 \text{〔min〕} = x \text{〔h〕} \end{array} \right\}$ ということから、

$\qquad 60 : 1 = 40 : x$

$\qquad \therefore 60 \times x = 1 \times 40 \qquad \therefore x = \dfrac{40}{60}$ 〔h〕

④ (ⅰ) $\bar{v} = \dfrac{d}{t}$ を変形すると、$t = \dfrac{d}{\bar{v}}$ となるので、

行きに要した時間 $\quad t_1 = \dfrac{10 \text{〔km〕}}{5 \text{〔km/h〕}} = 2$ 〔h〕

帰りに要した時間 $\quad t_2 = \dfrac{10 \text{〔km〕}}{4 \text{〔km/h〕}} = 2.5$ 〔h〕

よって往復に要した時間 $= t_1 + t_2 = 2$ 〔h〕$+ 2.5$ 〔h〕

$\qquad\qquad\qquad\qquad = 4.5$ 〔h〕 $\qquad\qquad$ (答) 4.5 〔h〕

(ii) 往復で移動した距離は 10〔km〕+ 10〔km〕= 20〔km〕
また、往復に要した時間は 4.5〔h〕であるから、
全体についての平均の速さ = $\dfrac{20〔km〕}{4.5〔h〕}$ ≒ 4.4〔km/h〕

(答) 4.4〔km/h〕

(3) 直線運動㋤における物体の時刻と位置

　㋤直線運動……物体がまっすぐに移動する運動。
　　　　（例）まっすぐな線路の上を走っている電車の運動は、
　　　　　　　ほぼ直線運動である。
　㋵時刻……時の流れの中における或る瞬間の時点。
　　時間……或る時刻から別の時刻までの間。

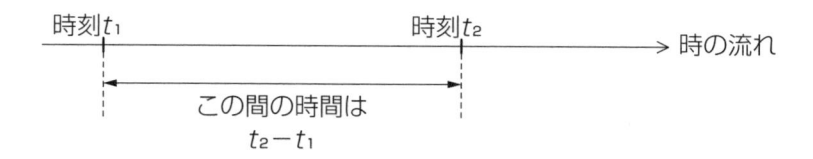

```
   時刻t₁              時刻t₂
───┬──────────────────┬──────→ 時の流れ
   │←── この間の時間は ──→│
              t₂−t₁
```

　前述の (1) では、物体が直線運動をする場合でも、また、曲がりくねった運動をする場合であっても、どちらにもあてはまる場合の物体の運動の「速さ」について学習した。

　今度は、直線運動だけの場合について、物体が存在する位置と時刻を座標㋖を取り入れて考えることにする。

　㋖座標……点の位置を表わすのに使ういくつかの数の組のことを座標という。

(i) 直線上の点の座標

　基準を示す点 O（これを原点といい、0 を目盛る）の両側にそれぞれ正の数、負の数を目盛った直線を「数直線」という。この「数直線

上の点Pの位置を、その点に対応する目盛りで表わしたもの」を「点Pの座標」という。

```
                          原点
                   Q       O                P
数直線  ├──┼──┼──┼──┼──┼──┼──┼──┤
       −4 −3 −2 −1   0  +1 +2 +3 +4
```

点Pの座標は＋3であり、これをP(3)と書く。
点Qの座標は−2であり、これをQ(−2)と書く。
＋の符号は省略して書かないことが多い。

㊟これまでは、物体の運動による移動距離として、d（これは距離 distance の頭文字）という量記号を使ってきたが、今後は、物体の直線運動がx軸上で行なわれるものと見なして考えるので、物体が原点Oから「どちら向きに、どれだけの距離の位置」に存在しているのか、ということを表わす量としてx軸上の座標の値「x」を使うこととする。

(ii) 平面上の点の座標

平面を、原点Oにおいて直角に交わる縦と横の2つの数直線で4つの部分（第1象限〜第4象限）に分け、平面上の点の位置がわかるようにしたものを「座標平面」という。そして、その横の数直線をx

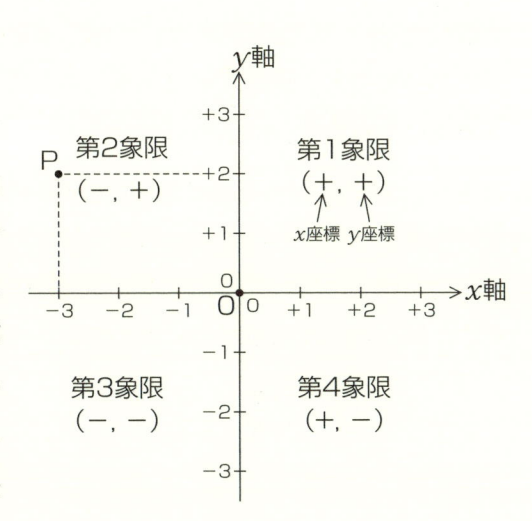

軸（横軸）、縦の数直線をy軸（縦軸）という。座標平面上の点の位置を「2つの数の組」で表わしたものを、その点の座標という。

前図で点Pからそれぞれx軸、y軸におろした垂線と、それらの軸との交点の目盛りを、それぞれ点Pの「x座標」、「y座標」という。従って点Pのx座標は－3、y座標は2（これは＋2のこと）である。そして、この点Pの座標をP（－3, 2）と書く。

　　注　（ , ）の中は（x座標, y座標）であり、原点Oの座標は
　　　（0, 0）、x軸上の座標は$y=0$、y軸上の座標は$x=0$である。

いま、「物体が直線運動」をするとき、その直線をx軸とし、物体の進む向きをx軸の正の向きと決めたとする。そして、x軸上に位置の基準となる原点Oを決めて、Oの位置を0とし、Oから物体までの距離をx座標で表わすことにする。また、時刻の基準もOとし、その時刻を0とする。このようにして、「物体の位置は各時刻におけるx座標で示す」ことにする。

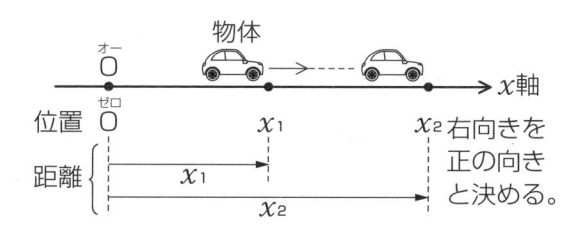

つまり、時刻（これを記号tで表わす）がt_1のときの物体の位置（これをxで表わす）をx_1、（その後に測ったときの）時刻t_2のときの物体の位置をx_2とする。このt_1からt_2までの間に物体が移動した距離は(x_2-x_1)であり、これだけの移動に要した時間は(t_2-t_1)ということになる。従って、この間の物体の平均の速さ$\bar{v}$（ブイバー）は、

　　　平均の速さ $= \dfrac{距離}{時間}$　即ち、

$$\bar{v} = \frac{x_2 - x_1}{t_2 - t_1} \qquad \cdots\cdots\cdots (式2)$$

と表わすことができる。

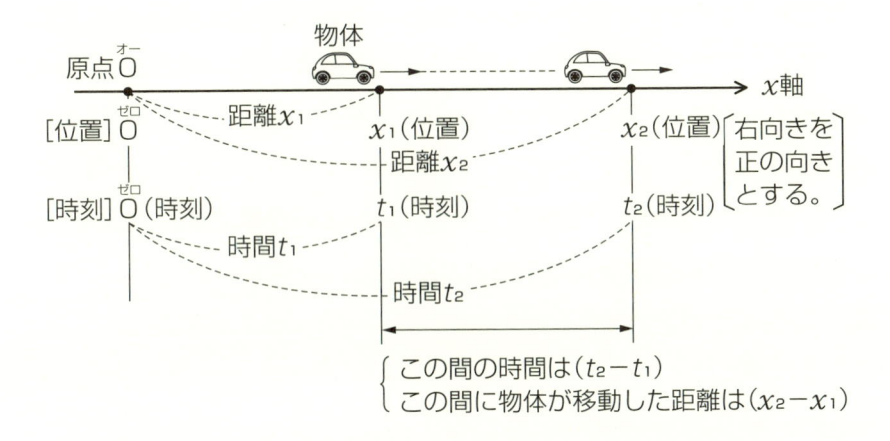

```
原点O(オー)       物体
[位置] O(ゼロ) ---- 距離x₁ ---- x₁(位置) ---- x₂(位置)  →x軸
                    ---- 距離x₂ ----
[時刻] O(ゼロ)(時刻) ---- t₁(時刻) ---- t₂(時刻)   右向きを
                                                    正の向き
                    ---- 時間t₁ ----                 とする。
                    ---- 時間t₂ ----
```

{ この間の時間は($t_2 - t_1$)
{ この間に物体が移動した距離は($x_2 - x_1$)

㊟物体の進む向きを x 軸の正の向きと決めたから、t_2 が t_1 より大きいときには、x_2 は x_1 よりも大きい。

尚、このときの物体の移動距離 $x_2 - x_1 = \Delta x$(デルタエックス) とおき、その移動に要した時間 $t_2 - t_1 = \Delta t$(デルタティー) とおくと、平均の速さ $\bar{v}$ は、

$$\bar{v} = \frac{x_2 - x_1}{t_2 - t_1} = \frac{\Delta x}{\Delta t} \qquad \cdots\cdots\cdots (式2)'$$

と書ける。

㊟ Δx の Δ(デルタ) は、「変化した量」であることを表わす記号として使われている。

4. 瞬間の速さv

　今まで述べてきたように、物体の運動の平均の速さというものは、「平均の速さ＝距離÷時間」で表わされることがわかった。例えば、或る自動車が10秒間に150メートル走ったとき、その10秒間という時間内の平均の速さは150〔m〕÷10〔s〕＝15〔m/s〕である。ところで、1秒間に15メートルの割合で走ったと言っても、或る1秒間と別の1秒間にそれぞれ走った距離は実際には異なるかも知れない。要するにそれらを全部平均すると15〔m/s〕という速さになるということである。

　それでは、この自動車の「或る瞬間における速さ」というものは、どうすればわかるのだろうか。それを知るためには、自動車がもっとずっと短い時間Δt（例えば$\Delta t = 0.01$秒間）内に走った距離Δxを測って、$\frac{\Delta x}{\Delta t}$の値を求めれば、瞬間的な速さに近いものとなる。しかし、それでもまだ、本当の瞬間の速さであるとは言えない。

〈注意〉瞬間の速さが10〔m/s〕であると言ったとき、これは、「その時刻」あるいは、「その位置」での瞬間的な速さがそれなのであって、「もしもその速さが仮りに1〔s〕間続くものと仮定すれば10メートル進むはずの速さだという意味」である。実際にその速さが必ずしも1秒間続いて10メートル進んだという意味ではない。従って、10〔m/s〕という瞬間の速さが0.00001秒しか続かなかった場合であっても、その時点での瞬間の速さは10〔m/s〕であると表現するのであるから注意を要する。　　　　　　　　　　　　（以上〈注意〉終り）

さて、物体の運動が「等速運動」の場合には、どうかというと、このときの瞬間の速さはどの時刻のときにも常に同じであるから、「瞬間の速さと平均の速さは同じ」である。

例えば、瞬間の速さが常に 10〔m/s〕である等速運動を $v-t$ （ブイ ティー）図に描くと次図のようになる。

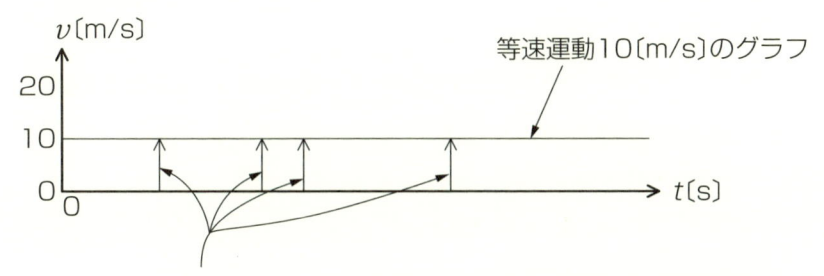

v〔m/s〕
20
10
0
等速運動10〔m/s〕のグラフ
t〔s〕

10〔m/s〕という速さが、どの時刻においても変わることなく、また、どの2つの時刻の間の平均の速さもみな10〔m/s〕で等しい。
つまり、瞬間の速さと平均の速さが等しい。

次に、瞬間の速さについて、グラフ上で考えてみることにする。

物体は今、一直線上を運動しているものとする。そしてこの一直線を「x 軸にとり」、x 軸上に原点 O（オー）を定め、O（オー）から測った物体の位置を x 座標で表わすことにする。物体は運動しているので、時刻 t が変われば物体の位置 x も変わってくる。即ち x は t の関数㊉である。

㊉関数……伴って変わる2つの量 t と x があって、t の値を1つ決めると、それにつれて x の値もただ1つ決まるとき、x は t の関数であるという。

そこで、x を縦軸に、t を横軸にとって、x を t の関数として図示することにする。

いま、或る物体の運動の時刻 t と物体の位置 x との関係が $x = t^2$ という関数で表わされるとき、各時刻 t〔s〕に対応する位置 x〔m〕は次表のようである。（時刻 t および位置 x は原点 O̅ を 0̅ として、そこから測ったものであるとする。）

時刻 t〔s〕	0	1	2	3	4	5	⋯
位置 x〔m〕	0	1	4	9	16	25	⋯

このときの x-t 図を描くと右図のようになる。

このグラフをもとにして、(時刻) $t = 2$〔s〕のときの、この物体の瞬間の速さはどのように表わされるものなのかということを考えてみることにする。（そのために、上のグラフを後で拡大して描くことにする。）

ここで、$t = 2$〔s〕から $t = 5$〔s〕までの平均の速さ $\bar{v}_{2 \sim 5}$ を計算すると、

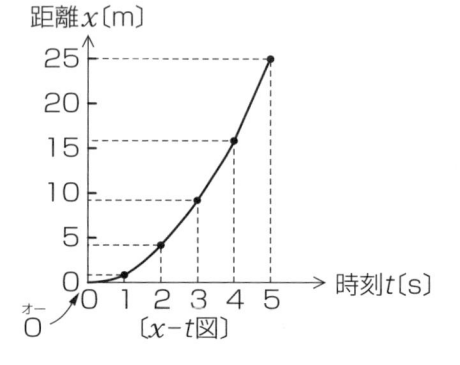

(式2) の $\bar{v} = \dfrac{x_2 - x_1}{t_2 - t_1}$ において、$t_1 = 2$〔s〕、$t_2 = 5$〔s〕、$x_1 = 4$〔m〕、$x_2 = 25$〔m〕であるから、これらを代入して、

$$\bar{v}_{2 \sim 5} = \frac{25 - 4}{5 - 2} = \frac{21}{3} = 7 \text{〔m/s〕} \qquad \cdots\cdots\text{○い}$$

となる。

同様に、$t = 2$〔s〕から $t = 4$〔s〕までの間の平均の速さ $\bar{v}_{2 \sim 4}$ は、

$$\bar{v}_{2 \sim 4} = \frac{16 - 4}{4 - 2} = \frac{12}{2} = 6 \text{〔m/s〕} \qquad \cdots\cdots\text{○ろ}$$

また、$t=2$ 〔s〕から $t=3$ 〔s〕までの間の平均の速さ $\bar{v}_{2\sim3}$ は、

$$\bar{v}_{2\sim3} = \frac{9-4}{3-2} = \frac{5}{1} = 5 \text{ 〔m/s〕}$$ ………は

更に、$t=1$ 〔s〕から $t=2$ 〔s〕までの間の平均の速さ

$$\bar{v}_{1\sim2} = \frac{4-1}{2-1} = 3 \text{ 〔m/s〕}$$ ………に

である。

さて、先程の x–t 図を拡大して描いたものが次頁の〔速さが変化するときの x–t 図〕である。

この図の x–t 線上の2点 A$(2, 4)$、B$(5, 25)$ を通る直線 AB の傾き $\dfrac{\text{BC}}{\text{AC}} = \dfrac{25-4}{5-2} = \dfrac{21}{3} = 7$ となって、これは上述のいの時刻 2 〔s〕から時刻 5 〔s〕までの間の平均の速さ 7 〔m/s〕と同じものである。つまり、点 A の時刻から点 B の時刻までの間の平均の速さは、この2点 A、B を通る「直線の傾き」に等しいことがわかる。

そこで点 A はそのままで、点 B を x–t 線上を、その曲線に沿って点 A に向かって点 B′、B″、……とだんだん点 A に近付けて行くと、直線 AB′ の傾きは $\dfrac{\text{B′D}}{\text{AD}} = \dfrac{16-4}{4-2} = 6$ となり、この 6 〔m/s〕が時刻 2 〔s〕から 4 〔s〕までの間の 2 秒間の平均の速さで、ろの 6 〔m/s〕に等しい。また直線 AB″ の傾きは $\dfrac{\text{B″E}}{\text{AE}} = \dfrac{9-4}{3-2} = 5$ となり、この 5 〔m/s〕が $t=2$ 〔s〕から $t=3$ 〔s〕までの平均の速さで、はの 5 〔m/s〕に等しいことがわかる。

そして更に点Bを点Aに限りなく近付けて行き、

t=2におけるx-t線への接線

この接線の傾き$=\dfrac{CZ}{AC}$の値が、$t=2$〔s〕における瞬間の速さ。

［速さが変化するときのx-t図］

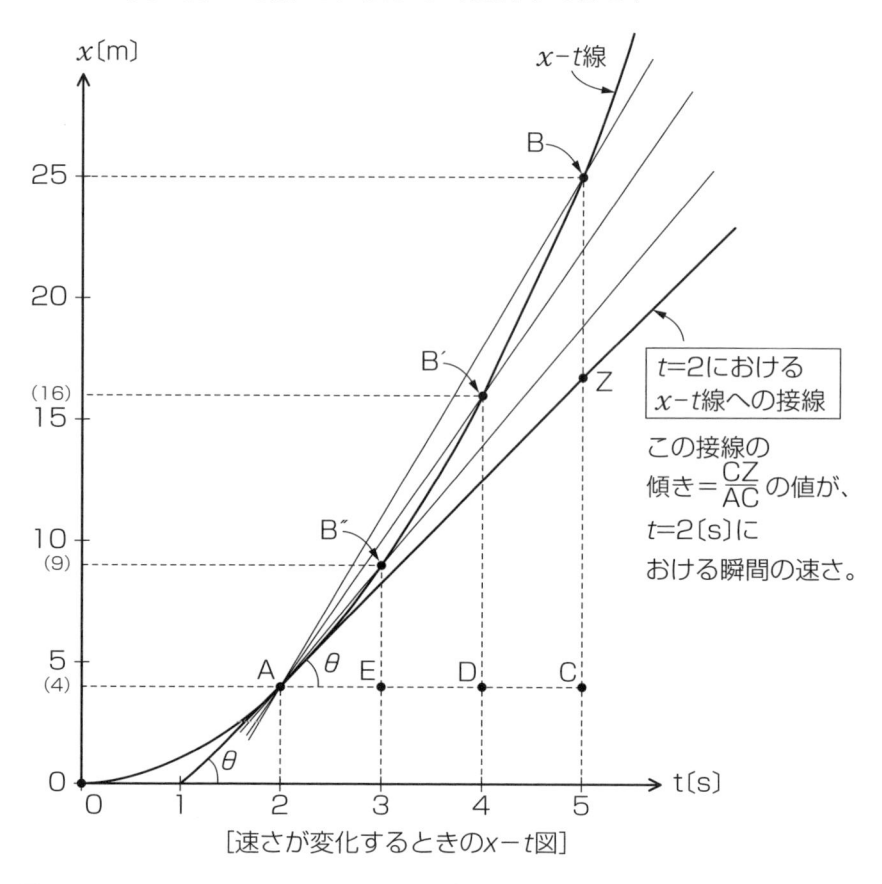

> 図についての説明
> 「(時刻)$t=2$〔s〕における瞬間の速さ」は、「点Aで$x-t$線に引いた接線AZの傾き$\tan\theta=\dfrac{ZC}{AC}$に等しい」。ここで$\dfrac{ZC}{AC}=\dfrac{16-4〔\mathrm{m}〕}{5-2〔\mathrm{s}〕}=4$〔m/s〕であるから、時刻$t=2$〔s〕における、この物体の「瞬間の速さ」は4〔m/s〕である。

4. 瞬間の速さ v

遂に点Bが点Aと一致してしまったときには、点Aを通る直線は、もはや点A（これは点Bでもある）の1点以外には、x-t線と交わる点は存在しない。つまり、その直線は、点Aにおけるx-t線への接線㊉ AZ となる。

㊉接線……「曲線と、ただ1点だけを共有する直線のこと」を、その曲線の接線という。

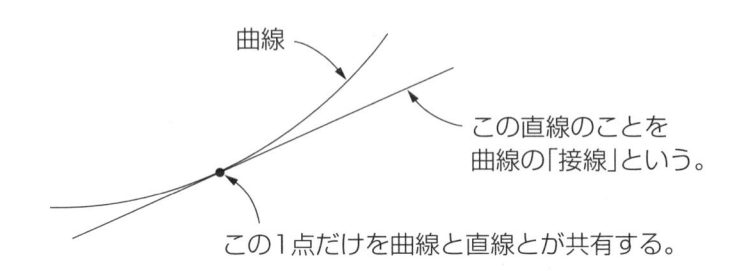

曲線

この直線のことを曲線の「接線」という。

この1点だけを曲線と直線とが共有する。

そうすると、この接線 AZ の傾き $\dfrac{ZC}{AC}$ は、もはや平均の速さではなくなる。なぜならば、点Aという1点における速さなので平均できるはずはなく、従って平均の速さと呼べるものではないからである。

つまり、この接線 AZ の傾きは、（時刻）$t = 2$〔s〕における（あるいは、点Aにおける、といってもよい）「瞬間の速さ」と呼ばれるものである。

即ち、このことは、(式2)′の平均の速さ $\bar{v} = \dfrac{x_2 - x_1}{t_2 - t_1} = \dfrac{\Delta x}{\Delta t}$ において、Δt(デルタティー)を限りなく 0(ゼロ)に近付けて行ったときの $\dfrac{\Delta x}{\Delta t}$ の値のことであり、これを $\lim\limits_{\Delta t \to 0} \dfrac{\Delta x}{\Delta t}$ と書く。これが接線 AZ の傾きに等しく、物体の運動の「瞬間の速さ」を表わすものである。

(注) $\lim_{\Delta t \to 0} \dfrac{\Delta x}{\Delta t}$

読み方は「Δt(デルタ・ティー)を0(ゼロ)に近づけたときの$\dfrac{\Delta x}{\Delta t}$の極限」。

意味は「Δtを限りなく0に近づけたときの$\dfrac{\Delta x}{\Delta t}$の値」。つまり、極限(limit リミット)とは、時刻t_2を時刻t_1に近づけて行って、もうそれ以上、t_1とt_2との間隔をせばめても$\dfrac{\Delta x}{\Delta t}$の値が、ほとんど変化しなくなる場合のことを指す。

前述の図〔速さが変化するときのx-t図〕において、x-t線への、時刻$t=2$〔s〕における(即ち、点Aにおける)接線AZの傾き $\dfrac{\text{CZ}}{\text{AC}} = \dfrac{16-4}{5-2} = \dfrac{12}{3} = 4$〔m/s〕が$t=2$〔s〕のときの、物体の「瞬間の速さ」である。

　　　　瞬間の速さ $v = \lim_{\Delta t \to 0} \dfrac{\Delta x}{\Delta t}$ 　　　　……… (式3)

(参考1) $x = t^2$ という関数のときの時刻tにおける瞬間の速さを求める。

$x = t^2$ なので、次図のように、

$\begin{cases} \text{時刻}\,t\,\text{のとき}\,x_1 = t^2 \\ \text{時刻}\,t + \Delta t\,\text{のとき}\,x_2 = (t + \Delta t)^2 \end{cases}$

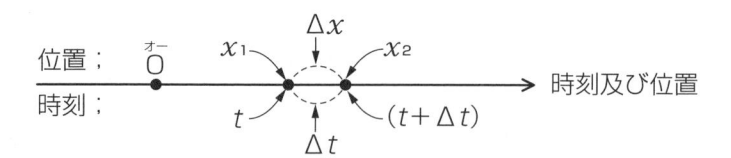

位置；$\overset{\text{オー}}{0}$　x_1　Δx　x_2　　　　時刻及び位置
時刻；　　　　t　Δt　$(t+\Delta t)$

であるから、$\dfrac{\Delta x}{\Delta t} = \dfrac{x_2 - x_1}{\Delta t} = \dfrac{(t+\Delta t)^2 - t^2}{\Delta t}$

$\qquad\qquad = \dfrac{t^2 + 2t\Delta t + \Delta t^2 - t^2}{\Delta t} = \dfrac{2t\Delta t + \Delta t^2}{\Delta t}$

$\qquad\qquad = \dfrac{\Delta t(2t + \Delta t)}{\Delta t} = 2t + \Delta t$

即ち、$\dfrac{\Delta x}{\Delta t} = 2t + \Delta t$ となる。

そしてこの Δt を限りなく $\underset{\text{ゼロ}}{0}$ に近付けたときの $\dfrac{\Delta x}{\Delta t}$ の極限値（即ち、「時刻 t における瞬間の速さ」）は、$2t + \Delta t$ の Δt を $\underset{\text{ゼロ}}{0}$ とした値であるから $2t$ となる。つまり、$\lim\limits_{\Delta t \to 0} \dfrac{\Delta x}{\Delta t} = 2t$ となるということである。

ここで一例として、もし $t = 2$ 〔s〕における物体の瞬間の速さは、いくらかというと、$2t$ の t に 2 〔s〕を代入して、$2t = 2 \times 2 = 4$ 即ち、時刻 2 〔s〕における物体の瞬間の速さは 4 〔m/s〕ということである。またもし、時刻 3 〔s〕における瞬間の速さであれば、$2t = 2 \times 3 = 6$ ということから 6 〔m/s〕である。

㊟時刻 2 〔s〕とか 3 〔s〕といっているのは、原点 $\underset{\text{オー}}{O}$ を基準の時刻 $\underset{\text{ゼロ}}{0}$ 〔s〕として、そこから測り始めた時刻のことである。

(参考2) 48頁の図で、$t = 2$ 〔s〕における物体の瞬間の速さを表わすものは、「点A（このとき $t = 2$ 〔s〕）における x-t 線への接線の傾き」であったが、それでは他の時刻における瞬間の速さはどうなのかというと次のようである。例えば $t = 5$ 〔s〕における物体の瞬間の速さは（あるいは位置 $x = 25$ 〔m〕の地点における物体の瞬間の速さは、と言ってもよい）、点B（このとき $t = 5$ 〔s〕）における x-t 線への接線を引き、その直線の傾きを求めればよい。その傾きの数値〔m/s〕が $t = 5$ 〔s〕における瞬間の速さである。その他の時刻における物体の瞬間の速さも同様にして求めることができる。

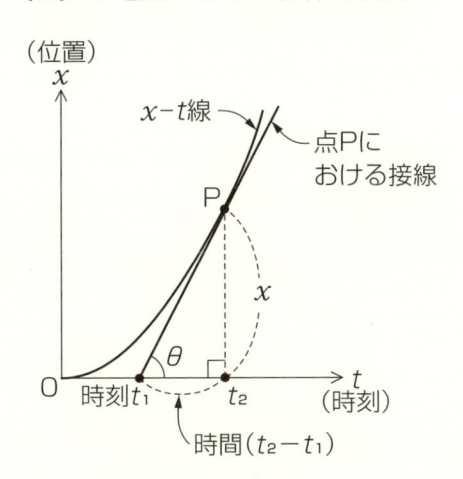

前頁の図の時刻 t_2 における瞬間の速さは、点P（このときの時刻が t_2）において x–t 線に接する接線を引き、その傾き $\dfrac{x}{t_2 - t_1}$ を求めればよい。

そして、この $\dfrac{x}{t_2 - t_1} = \tan \theta$ でもあるから角度 θ がわかれば $\tan \theta$ の値（これが瞬間の速さ）は、三角関数表（数学の教科書などにのっている）から知ることができる。

（参考３）前に述べたように等速直線運動では、平均の速さと瞬間の速さとが等しい。

そこでいま、速さが変化する運動の場合について、或る点における瞬間の速さを実験によって求める方法について述べる。

右図のような滑らかな斜面をころがる球を斜面上の点Pで、速さを変えずに方向だけを水平方向に変えてやると、球は点Pにおける瞬間の速さを保ったまま水平面上を等速直線運動をするようになる。これは、後で述べる慣性の法則によって説明されるもので、運動している物体に外部から力が加わらなければ、その物体は、いつまでもそのまま等速直

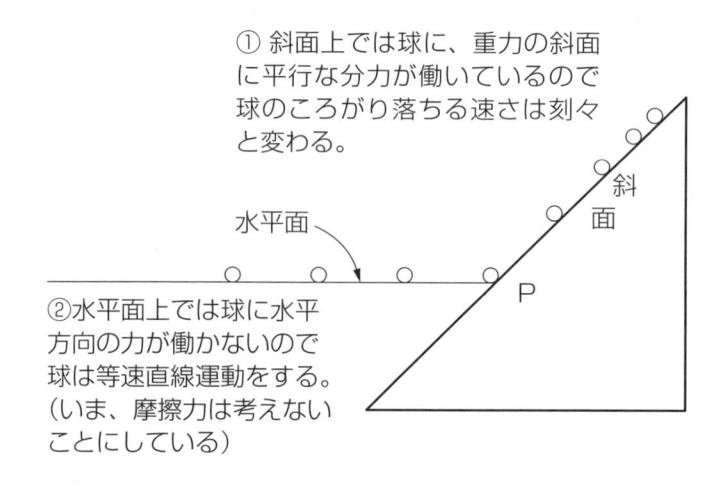

① 斜面上では球に、重力の斜面に平行な分力が働いているので球のころがり落ちる速さは刻々と変わる。

水平面

②水平面上では球に水平方向の力が働かないので球は等速直線運動をする。（いま、摩擦力は考えないことにしている）

斜面

P

線運動を続けるからである。
　㊟水平の方向には、重力が働いていない。
　このときの水平面上における球の平均の速さは測定できるので、この平均の速さが斜面上の点Pにおける瞬間の速さに等しいから、このような実験によって斜面上における任意(にんい)(思うまま)の点における球の瞬間の速さを知ることができる。　　　　　　　（以上（参考）終り）

5. 等速運動

　物体の瞬間の速さがいつも一定（同じ）であるとき、その物体は「等速運動」をしているという。

（1）等速運動

　物体の運動において、「瞬間の速さが常に一定（同じ）」であるとき、この物体は「等速運動」をしているという。

　このとき、瞬間の速さがいつも同じなのであるから、この運動の任意の区間、即ち、運動のどこでもかまわず思い通りに取り上げた区間における速さの平均値である「平均の速さ」は当然、各「瞬間の速さ」に等しい。

$$平均の速さ\ \bar{v} = 瞬間の速さ\ v\ （等速運動の場合）$$

$$= \frac{移動した距離\ \ell}{移動に要した時間\ t}$$

即ち　$\bar{v} = v = \dfrac{\ell}{t}$　　∴　$t = \dfrac{\ell}{\bar{v}}$　　また、$\ell = \bar{v} \times t$

（例題1）或る電車が 80〔km/h〕という一定の速さで走っているものとする。この電車は 5〔min〕の間に何〔km〕進むか。

（解答）一定の速さで走っていれば、進む距離は時間に比例するから、求める値を x〔km〕とすれば、

　　80〔km〕：1〔h〕　＝ x〔km〕：5〔min〕

ここで、時間の単位を〔min〕（分。ミニッツ）に統一すると

　　80〔km〕：60〔min〕＝ x〔km〕：5〔min〕

$$\therefore \ 60\,[\text{min}] \times x\,[\text{km}] = 80\,[\text{km}] \times 5\,[\text{min}]$$

$$\therefore \ x\,[\text{km}] = \frac{80\,[\text{km}] \times 5\,[\text{min}]}{60\,[\text{min}]}$$

$$\fallingdotseq 6.7\,[\text{km}]$$

(答) 6.7 [km]

(例題 2) 或る人が 4 [km/h] という一定の速さで歩いているものとすると、300 [m] 進むのに何 [min] 間かかるか。

(解答) 一定の速さで歩いていれば、進む距離は時間に比例するから、求める時間を x [min] とすれば、

4 [km] = 4000 [m]、1 [h] = 60 [min] であるから、

4000 [m] : 60 [min] = 300 [m] : x [min]

$$x\,[\text{min}] = \frac{60\,[\text{min}] \times 300\,[\text{m}]}{4000\,[\text{m}]}$$

$$= 4.5\,[\text{min}]$$

(答) 4.5 [min]

㊟ 4.5 [min] とは 4 分 30 秒のこと。

(2) 等速直線運動

物体が「一直線上を一定の速さ」で移動する運動のことを「等速直線運動」という。

（参考）等速運動、等速直線運動、等速度運動

運動＼大きさと方向・向き	速さ（速度の大きさ）	方向と向き
等速運動	一定	直線運動、曲線運動、また、向きがどのように変わろうともかまわない。
等速度運動または等速直線運動	一定	一直線上の運動で、速さも方向・向きともに一定。

㊟等速直線運動をしている物体が一定の速さを保ったままで、向きだけを逆向きに変えるということは不可能である。なぜならば、逆向きになるためには、必ず一旦静止（このときの速さ＝0）しなければならず、一定の速さを保つことはできないからである。従って等速直線運動は、一定の速さで、一定の方向の「同じ向き」のままで進む運動である。また、等速度運動は速度（即ち、速さ、方向も向きも同時に持っている量）が一定で変わることのない運動であるから、等速直線運動と同じものである。つまり、「等速直線運動」のことを「等速度運動」ともいうのである。

(以上（参考）終り)

　いま、電車が一直線の線路上を、20〔m/s〕の一定の速さで走っているものとする（実際、厳密に、このような等速直線運動を続けることは不可能であるが、ここでは、それが可能であるものと仮定して考えることにする）。

　このとき、電車のスピードメーターの針は常に72〔km/h〕（これが

20〔m/s〕)の目盛りを指している。即ち、瞬間の速さが常に20〔m/s〕ということである。そしてこの瞬間の速さの平均値である平均の速さも20〔m/s〕となるので瞬間の速さと平均の速さとが等しい。

さて、この電車が走っている一直線をx軸にとり、x軸上に時刻及び電車の位置の基準とする原点$\overset{オー}{O}$を定め、点$\overset{オー}{O}$を位置$x = \overset{ゼロ}{0}$、時刻$t = \overset{ゼロ}{0}$とする。そして、x軸の右向きを正(+)の向きと決める。

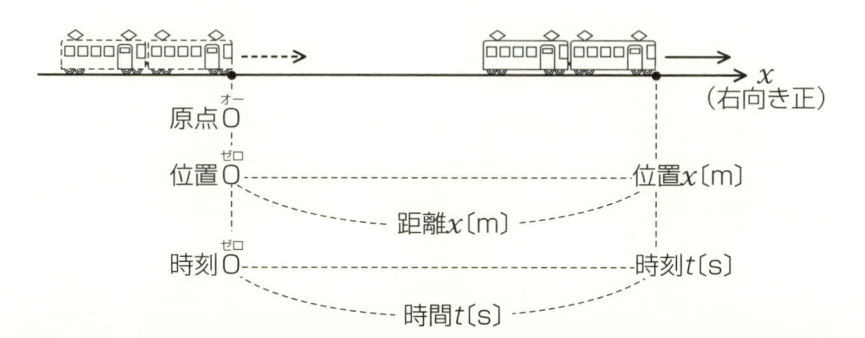

そこで、このときの時刻t〔s〕と移動距離x〔m〕との関係を表にしてみると次のようになる。

時刻〔s〕	0	1	2	3	4	5	6	7	…	t
距離〔m〕	0	20	40	60	80	100	120	140	…	x

この関係を横軸に時刻tをとり、縦軸に移動距離xをとってグラフ(x-t図)に表わしてみると次のようになる。

位置-時刻

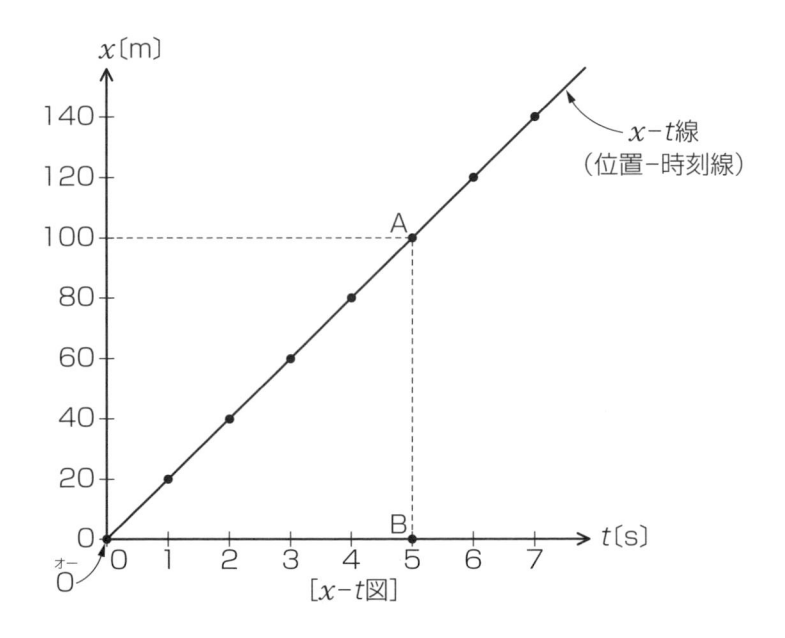

[x-t図]

このように等速直線運動における時刻 t と移動距離 x（あるいは、時間 t と位置 x といってもよい）の対応点を線で結ぶと、「原点 O を通る直線」となる。そして、この直線（x-t 線）の傾きを求めてみると、

$$傾き = \frac{AB}{OB} = \frac{100}{5} = 20 \,[m/s]$$

となり、「x-t 線の傾きは、電車の速さに等しい」ことがわかる。つまり、

等速直線運動の速さは、x-t 線の傾きに等しい。

そして、前頁の t と x との関係の表からもわかるように移動距離 x は時間 t に比例する。

つまり、t が 2 倍になれば x も 2 倍になり、t が 3 倍になれば x も 3 倍になり、t が n 倍になれば x も n 倍になる。

5. 等速運動

以上のように等速直線運動では、速さ v [m/s] がいつも一定であるから、時間と移動距離の関係は次のようである。

速さが v [m/s] の物体は、

1 [s] 間に v [m] 移動する。
2 [s] 間には v [m] ×2 移動する。
3 [s] 間には v [m] ×3 移動する。
 ⋮
t [s] 間には「v [m] ×t」移動する。

この「v [m] ×t」という移動距離を x [m] と置けば、

$$x = v \times t \qquad \cdots\cdots\cdots (式4)$$

と書くことができる。そしてこの（式4）は $\ell = \bar{v} \times t$ と同じような内容の式であるが、$\ell = \bar{v} \times t$ の $\bar{v}$ は平均の速さだけについて言ったものであるのに対し、この（式4）の v は平均の速さと瞬間の速さのどちらについても成り立つものである。なぜならば、いまここで考えているのは等速直線運動の場合についてであり、このとき、平均の速さと瞬間の速さとは等しいからである。

この式 $x = v \times t$ は、等速ということから v が一定の数値（定数）であるから、x が t に比例する関係を表わしている。従って、t を横軸にとり、x を縦軸にとって t と x の関係をグラフに描くと、原点を通る直線となる。

この直線の傾きが v（即ち $v = \dfrac{x_1}{t_1}$）

尚、等速直線運動は、その言葉通り、速さがいつも同じなのであるから、時刻が進んで行っ

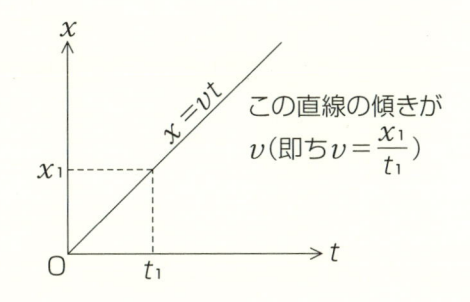

59

ても、速さは変わらない。そこで、いま、時刻 t 〔s〕を横軸にとり、縦軸には今度は速さ v 〔m/s〕をとって、t と v の関係を描くと、前述の電車の場合には次のようになる。

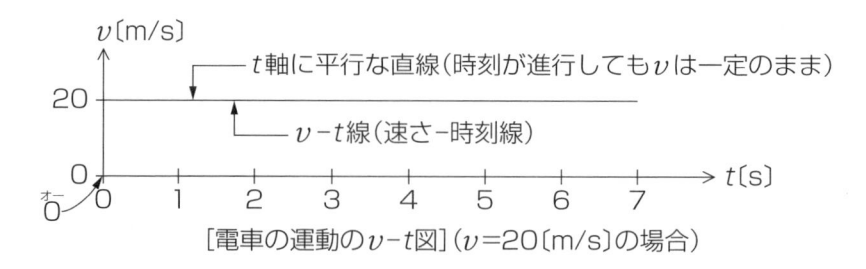

v〔m/s〕
20 ── t 軸に平行な直線（時刻が進行しても v は一定のまま）
   ── $v-t$ 線（速さ-時刻線）
0 1 2 3 4 5 6 7 → t〔s〕

［電車の運動の $v-t$ 図］（$v=20$〔m/s〕の場合）

この $v-t$ 図で、$v-t$ 線、t 軸、或る時刻から上げた垂線によって囲まれる長方形の面積を求めるような計算、即ち、次図の斜線部の縦の目盛りと横の目盛りとを掛け合わせたもの、

$$v \times t = 20 \text{〔m/s〕} \times 5 \text{〔s〕} = 100 \text{〔m〕} (= x)$$

は、時刻 $t=0$〔s〕から時刻 $t=5$〔s〕までの5〔s〕間に電車が進んだ（移動した）距離に等しい。

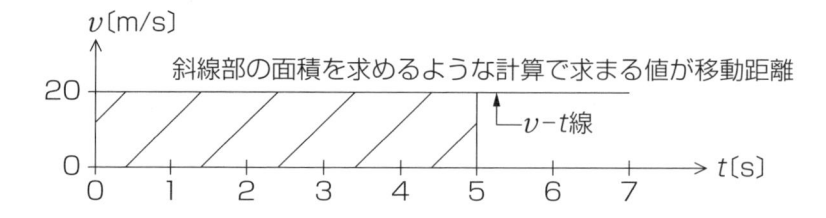

v〔m/s〕
20 斜線部の面積を求めるような計算で求まる値が移動距離
                              ── $v-t$ 線
0 1 2 3 4 5 6 7 → t〔s〕

つまり、$v-t$ 図から、物体の移動距離 x〔m〕を求めることができるのである。もし、$t_1=2$〔s〕から、$t_2=6$〔s〕までの4〔s〕間に電車が進む距離は20〔m/s〕×4〔s〕=80〔m〕というぐあいに、面積を求めるのと同じような計算をすることによって物体の移動距離を求めることができるのである。

このことは、当然なことである。なぜならば $v \times t$ の計算をしたのであるから、これは（式4）の $x = v \times t$ の右辺に相当する計算をしたのであるから、その値は左辺の x（移動距離）に等しいはずである。

> 等速直線運動の v-t 図において、v-t 線と t 軸と v 軸及び或る時刻 t から上げた垂線とで囲まれた長方形の部分について、その「面積」を求めるときと同じ計算をすれば、その値が、「物体が時刻 0〔s〕から時刻 t〔s〕までの t〔s〕間に移動した距離」を表わすものである。

（3）時刻と時間

1. 時刻とは

時の流れの中における或る1つの瞬間の時を表わすもの。

次の（1）〜（3）のような表現に使われる。

(1) 今現在の実際の時を示す。

　（例）「今」と言った今が西暦2007年11月2日の午前6時31分5秒であるなど、世界の約束によって決められている実際の時。

(2) 或る特定の日時とは限らず、要するに、その日のうちの0時から24時までの或る時を示す。

　（例）東海道新幹線光○○号の東京駅発車時刻は○○時○○分の予定である、など。

(3) 物理でよく使う表現であるが、物体の運動について考える場合に、或る時点を時刻 0 であると決めて、そのときから測り始めた時を示す。

　（例）物体が一直線上を運動している場合には、この直線を x 軸と見

61

なすことによって、時刻と位置の基準とする原点$\overset{オー}{O}$（ここを$\overset{ゼロ}{0}$とする）を決めれば、物体の存在する位置はx座標で示し、また、そのときの時刻もx軸上に示すことができる。

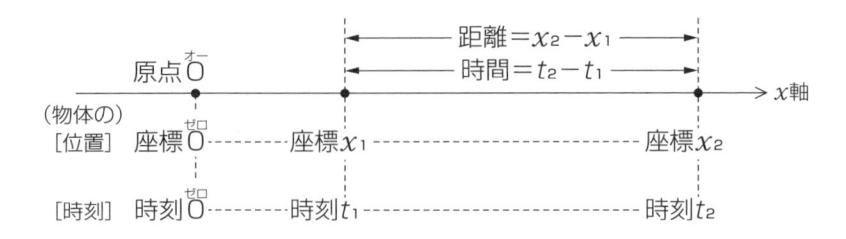

```
                    ├──── 距離＝x₂－x₁ ────┤
                    ├──── 時間＝t₂－t₁ ────┤
      原点 Ō
──────●─────────────●─────────────────────●──────→ x軸
(物体の)
[位置] 座標 0̄ ┄┄┄┄ 座標 x₁ ┄┄┄┄┄┄┄┄┄┄┄┄ 座標 x₂

[時刻] 時刻 0̄ ┄┄┄┄ 時刻 t₁ ┄┄┄┄┄┄┄┄┄┄┄┄ 時刻 t₂
```

2. 時間とは

或る時刻から別の或る時刻までの間(あいだ)を表わすもの。

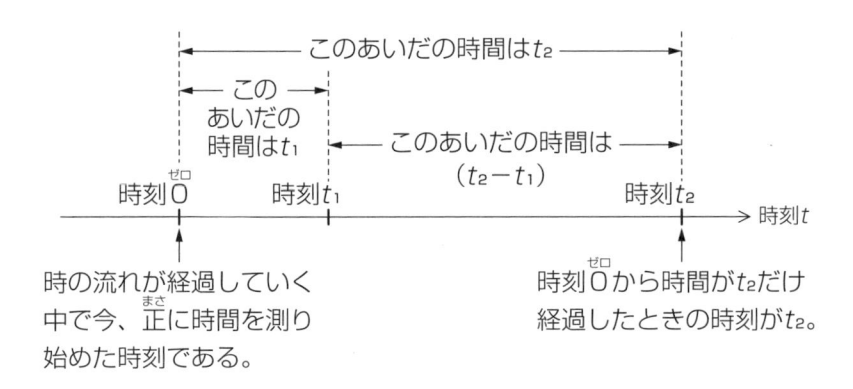

時の流れが経過していく中で今、正(まさ)に時間を測り始めた時刻である。

時刻$\overset{ゼロ}{0}$から時間がt_2だけ経過したときの時刻がt_2。

（以上（参考）終り）

5. 等速運動

(問題) ① 物体が一直線上を運動しているとき、時刻 t と位置 x との関係を調べ、その結果をグラフに描いたところ次図にようになった。これについて次問に答えよ。

(i) 物体のこの運動の呼び名は何というか。

(ii) この物体の瞬間の速さは何〔m/s〕か。また、平均の速さはいくらか。

(iii) この物体がこのままの運動を続けたとき、時刻 $t = 10$〔s〕までの移動距離は何〔m〕か。

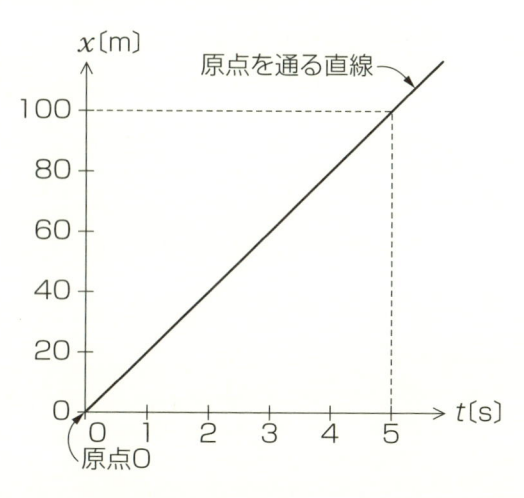

② A市からB市までの20〔km〕の距離を自動車で走ったら30〔min〕かかった。この自動車の平均の速さは、何〔km/h〕であったか。

③ 時速50キロメートルの速さを、秒速〔m/s〕単位に換算せよ。

④ 電車が10〔min〕間当たり30〔km〕の割合の速さで走り続けると、1〔h〕間では何〔km〕走るか。

(解答) ① (i) グラフが原点を通る直線であるから、移動距離が時間に比例するので、等速直線運動である。　(答) 等速直線運動

(ii) 等速直線運動であるから、どの時刻における瞬間の速さもみな等しく、それら瞬間の速さと、平均の速さが等しい。その速さ＝移動距離÷時間＝$x \div t$ であり、その値は、この直線の傾きに等しい。グ

ラフから読み取ると、時刻 $t = 0$ 〔s〕から時刻 $t = 5$ 〔s〕までの 5 〔s〕間の時間のあいだに、物体は一直線上を位置 $x = 0$ 〔m〕から位置 $x = 100$ 〔m〕までの距離 100 〔m〕だけ移動したから、

$$速さ = 100 \text{〔m〕} \div 5 \text{〔s〕} = 20 \text{〔m/s〕}$$

となり、これが、この物体の瞬間の速さであるとともに平均の速さでもある。　　　（答）瞬間の速さ、平均の速さともに 20 〔m/s〕

(iii) 同じ速さのままで 10 〔s〕間運動するのであるから、

$$移動距離 x = 速さ v \times 時間 t$$
$$= 20 \text{〔m/s〕} \times 10 \text{〔s〕} = 200 \text{〔m〕}$$

（答）200 〔m〕

② 平均の速さ $\bar{v}$ （ブイバー）$= \dfrac{移動距離 x}{移動に要した時間 t} = \dfrac{20 \text{〔km〕}}{30 \text{〔min〕}}$

$= \dfrac{20 \text{〔km〕}}{\dfrac{30}{60} \text{〔h〕}} = 20 \times \dfrac{60}{30} \times \text{〔km/h〕}$

$= 40$ 〔km/h〕　　　　　　　（答）40 〔km/h〕

㊟ 30 分間しか走っていないのに、時速 40 キロメートルというのは、おかしいような気もするが、速さというのは、単位時間当たりどれだけの距離を移動するはずだという割合で表わすものなのだから、実際には 30 分間しか走ってはいなくても、それと同じ速さで、もしも 1 時間（これは単位時間の 1 つ）走ったとすれば 40 〔km〕走るはずの速さであるよ、という意味である。

③ 時速 50 キロメートルというのは、書き直せば 50 〔km/h〕のことであるから、これを〔m/s〕単位に換算すればよい。

$$50 \text{ [km/h]} = 50 \times \frac{\text{[km]}}{\text{[h]}} = 50 \times \frac{1 \text{ [km]}}{1 \text{ [h]}}$$
$$= 50 \times \frac{1000 \text{ [m]}}{60 \times 60 \text{ [s]}} = 50 \times \frac{1000}{3600} \left[\frac{\text{m}}{\text{s}}\right]$$
$$= 13.88 \text{ [m/s]} \fallingdotseq 13.9 \text{ [m/s]} \qquad \text{(答)} 13.9 \text{ [m/s]}$$

④ 1 [h] = 60 [min] であり、走る距離 x [km] は速さ $\bar{v}$ [km/min] に比例するから、

$$10 \text{ [min]} : 60 \text{ [min]} = 30 \text{ [km]} : x \text{ [km]}$$
$$\therefore 10 \text{ [min]} \times x \text{ [km]} = 60 \text{ [min]} \times 30 \text{ [km]}$$
$$\therefore x \text{ [km]} = \frac{60 \text{ [min]} \times 30 \text{ [km]}}{10 \text{ [min]}}$$
$$= 180 \text{ [km]} \qquad \text{(答)} 180 \text{ [km]}$$

6. 速度（その1）

（1）速さと速度

「速さ」は、「大きさ」だけをもつ量でスカラーである。これに対して「速度」は、「大きさ」と同時に「方向・向き」をも、もつ量で、ベクトルである。

　つまり、速度とは、「速さ」と「方向・向き」とをもつ量のことをいう。

　　㊟「速度の大きさ」が「速さ」である。

例えば、速さ 50〔km/h〕と言えば、これは、どちらの方向・向きであろうともいっさいかまわず、要するに単位時間当たりに進む距離（長さ）を言っているのである。

これに対して、「東向きに 50〔km/h〕」と言えば、これは、東西の方向で東向きという、いわゆる「方向」と、50〔km/h〕という「大きさ」とを同時に持つ量であるから、これは「速度」である。

このように、速度のうちの方向・向きは考えないで、「速度の大きさ」だけを考えた量が「速さ」である。

　　㊟普通「速さ」と言えば、それは「瞬間の速さ」を意味する。

（2）ベクトルについて

1. ベクトルとは

　速度や力などのように「大きさ」とともに「方向（向きも含めて）」をあわせてもつ物理量のことを、「ベクトル」または「ベクトル量」という。

　これに対して、質量、長さ（距離）、温度などのように、「大きさ」だ

けをもっていて、方向（向き）をもっていない物理量のことを「スカラー」または「スカラー量」という。

　注　後程述べるが、物体が一直線上を運動する場合に、その一直線を x 軸にとって＋の向きや－の向きを考えることが多いが、そうすることによって、速度の「大きさ」を表わす数値に「＋や－の符号」を付けることによって「方向（向き）」を同時に示すことができるからである。このときの「＋や－の符号」は、速度というベクトルの「向きを表わすためのもの」である。

　ところで、スカラーである温度にも、－10〔℃〕などのように、－の符号を付けて表わしたりするが、このときの－符号は向きを示すものではない。

　もっとも、アルコール温度計など、どこかに掛けておいて使うものでは、0〔℃〕よりも上側を指しているときが＋で、下側を指しているときは－の温度であるから、温度も向きをもっているのではないかと理屈をつけることもできるが、この－は向きを示すものではなくて氷点下を示すものである。温度には「東向きの温度」などというものはないことからもわかる。

さて、温度や質量などのスカラーは、「単位の何倍であるか」という「数値×単位」というもの（これは、物理量の大きさを表わすもの）を示すだけで、それらの物理量を完全に表現することができる。例えば、質量であれば 5〔kg〕と言っただけで、はっきりとわかることができる。

ところが、速度や力などのベクトルでは、「数値×単位」だけでは、はっきりと完全に表現することはできない。例えば、自動車が「東向きに 50〔km/h〕の速度で走っている」場合と「西向きに 50〔km/h〕の速度で走っている」場合とでは大違いである。従って、物体の速度を

表現するときには、その「大きさ」とともにその「方向（向き）」をも示さないと、はっきりと完全に表現したものとはならないのである。

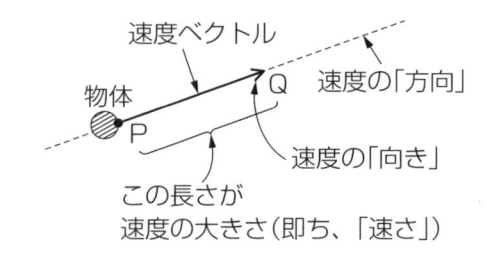

　このように、ベクトルは「大きさ」と「方向（向き）」とをあわせもつ物理量であるから、ベクトルを表現するには、「矢印」を使用すると、わかりやすく、はっきり表示することができるので矢印が多用される。

　例えば、物体の速度を表わす場合には、上図のように物体の「速度の大きさ（これを『速さ』という）」を線分PQの長さで表わし、「速度の向き」を、その線分㋐に付けた矢印で表わすことができる。このように描かれた矢のことを「速度ベクトル」という。

　　㋐線分……直線上に2点をとると、それら2点の間に存在する「直線の一部分」のことを「線分」という。

　（参考）直線……両側へ限りなく延びたまっすぐな線。
　　　　　半直線…直線を2つの部分に分けると、一方には端があるが、他方には限りなく延びたまっすぐな線が2つ得られる。この2つのそれぞれを「半直線」という。
　　　　　つまり、｛直線
　　　　　　　　　　半直線
　　　　　　　　　　線分

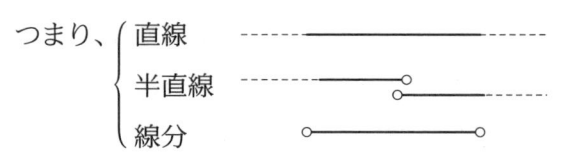

㊟速度の大きさを表示するための線分の長さ（即ち、矢の長さ）を描くとき、大体の長さの矢で描いてしまうことが多い。しかしきっちりとした長さで描かなければならないときもあり、そのときは、例えば、1〔m/s〕という速度の大きさを縮尺して、5〔mm〕の長さの矢で描くことに約束した場合には、8〔m/s〕の速度の大きさは 5〔mm〕× 8 ＝ 40〔mm〕の長さの矢で描かなければならないことになる。

つまり、実際の長さ（距離）を図示するのではなくて、縮尺_{しゅくしゃく}または拡大した矢印の長さで図示すればよいのである。

2. ベクトルの記号

右図のようにベクトルの向きが「PからQへ向かう」ときは記号$\overrightarrow{PQ}$と書き表わし、逆に「QからPに向かう」ときには$\overrightarrow{QP}$と表わす。このほかにも、ベクトルであることを書き表わすには$\vec{F}$、$\vec{a}$、$\vec{b}$などのような表わし方をする。つまり、このような書き方をしてあれば、それは「大きさ」と「方向（向き）」をもっているベクトルを表わしているものである。

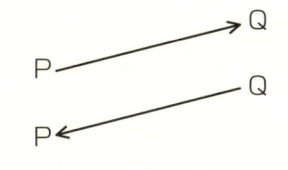

これに対して、もし、ただ単にFとか、または$|F|$（これは、Fの絶対値）のように書いてあれば、それは、ベクトルの「大きさだけ」を表わすものである。

3. 等しいベクトル

ベクトルは大きさと方向（向き）によって決まる量であるから、2つのベクトル$\vec{a}$と$\vec{b}$が「同じ大きさ」で「同じ方向（向き）」であるときには、それら2つのベクトルは「等しい」という。そして、$\vec{a}$と$\vec{b}$が等しいことを$\vec{a} = \vec{b}$と表わす。

例えば、右図の３つのベクトル $\vec{a}$、$\vec{b}$、$\vec{c}$ は、どれもみな大きさが同じで、方向（向き）も同じであるから、これら３つのベクトルは等しいものである。即ち、$\vec{a} = \vec{b} = \vec{c}$ である。そのわけは、次のようなことから、そう言えるのである。

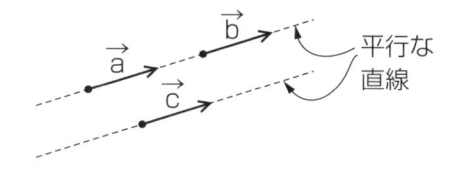

　いま、右図のように、△ABC を平行移動㋐して、△A′B′C′ としたときには、３点 A, B, C が、この平行移動によってそれぞれ A′, B′, C′ に移ることになるのであるが、この移動が一体どのような平行移動なのかということを表わすには、この平行移動の大きさと方向（向き）を示すただ１つのベクトル $\overrightarrow{PQ}$ で表わすことができるからである。つまり３つのベクトル $\overrightarrow{AA′}$、$\overrightarrow{BB′}$、$\overrightarrow{CC′}$ はどれもみな、ベクトル $\overrightarrow{PQ}$ に等しいことになる。

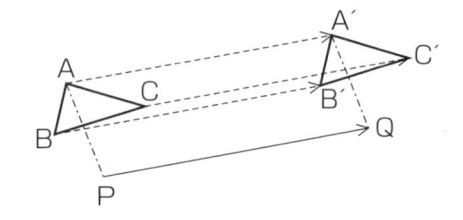

　㋐平行移動……図形全体を或る方向に一定の距離だけずらすこと。

4. 力のベクトル表示

　力はベクトルの１種であるから、ここで、ベクトルに慣れるために、力のベクトル表示を学ぶこととする。

①力の合成と合力

　２つ以上の力を加え合わせて、１つの力で表わすことができる。次図のように、２人で１つの物体を同じ方向で同じ向きに引張るとき、A は 20〔kgw〕の力で、B は 10〔kgw〕の力で引けば、２人の力を合わせると、20 ＋ 10 ＝ 30 となるので、合わせた力は 30〔kgw〕と

いう1つの力で表わしてもよいはずである。

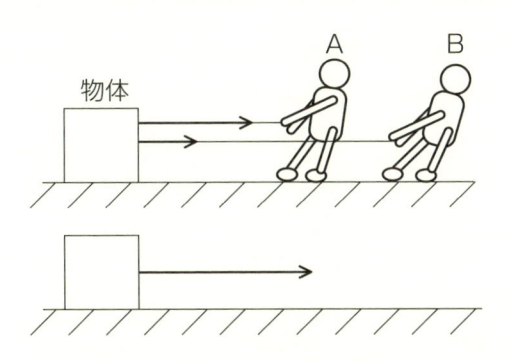

Aが引く力は20〔kgw〕
Bが引く力は10〔kgw〕

AとBの2人で引く力を加え合わせると30〔kgw〕

このように、1つの物体に2つ以上の力が働いているときに、これらの力を加え合わせた力を求めることを「力の合成」といい、力の合成によって得られた力のことを「合力」という。

②合力の求め方

力は、大きさだけでなく向き（方向と向きの両方の意味）を持つ量であることを考慮して、次のように合力を求める。

(i) 一直線上にある同じ向きの2つの力の合力は、2つの力をそのまま加え合わせた力である。

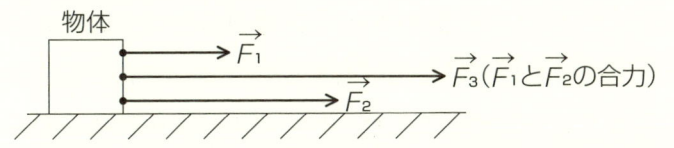

$\vec{F_3}$（$\vec{F_1}$と$\vec{F_2}$の合力）

㊟図をわかりやすくするために、一直線上にある力を少し、ずらして描いてある。本当は下図の意味である。以下同様とする。

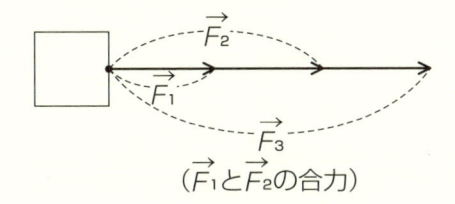

$\vec{F_3}$
（$\vec{F_1}$と$\vec{F_2}$の合力）

(ii) 一直線上にある反対向きの2つの力の合力は、大きい方の力から小さい方の力を引いた大きさで、向きは大きい方の力と同じ向きである。

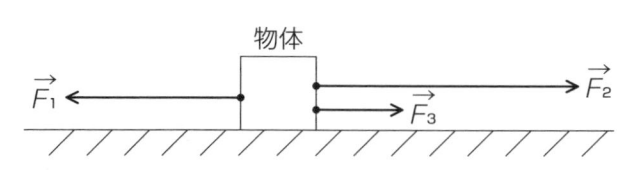

$\vec{F_1}$と$\vec{F_2}$の合力が$\vec{F_3}$で、その大きさはF_2-F_1で向きは大きい方の力F_2と同じ向き。

(iii) 一直線上にない2つの力の合力

　ベニヤ板に白紙を張り付け、その紙上で、1本のつる巻きばねの一端を釘で固定する。このばねの他端に小さな金属製の輪を取り付ける。その輪に2つのばねばかりを次図（A）のように引っ掛けた後、ばねばかりを2方向に引いてばねを適当な長さに伸ばした所で、ばねばかりの取手の部分をそれぞれ釘で固定する。そして、輪の中心の真下の白紙上に鉛筆等で点Pを記す。また、2つのばねばかりについては、それらの指針の位置F_1およびF_2（このF_1とF_2は、ばねばかりがつる巻きばねを引いている力である）を読み取って記録しておく。

　次に、今度は、図（A）の状態から1つのばねばかりを取り去った状態にし、ばねばかり1つだけで再び輪を引いて輪の中心が（A）のときの点Pと一致するまで引いて、図（B）のようにその取手を釘で固定する。そしてそのばねばかりの指針の位置F_3（これも、ばねばかりで引いている力）を読み取って記録する。

6. 速度（その1）

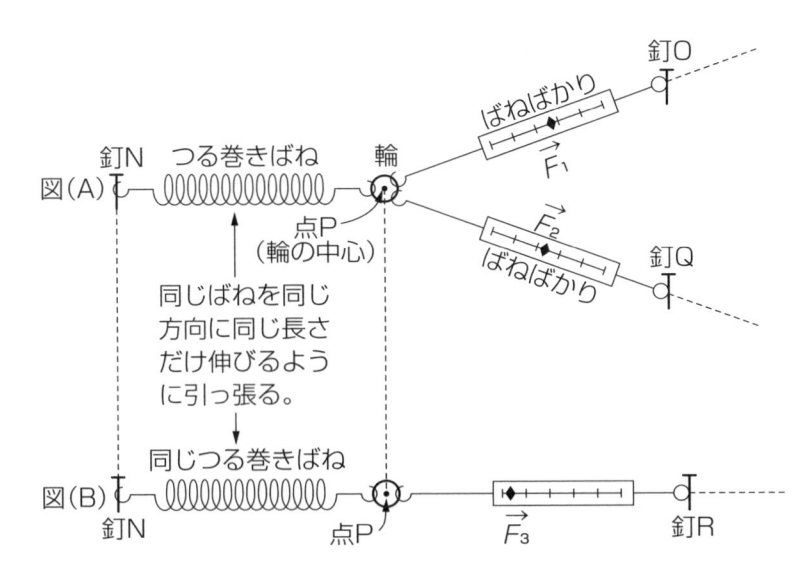

図(A) 釘N つる巻きばね 輪 ばねばかり 釘O
点P（輪の中心） $\vec{F_1}$
同じばねを同じ方向に同じ長さだけ伸びるように引っ張る。 $\vec{F_2}$ 釘Q

図(B) 釘N 同じつる巻きばね 点P $\vec{F_3}$ 釘R

　以上のようにすると、図（A）のときと図（B）のときとで、つる巻きばねの伸びはちょうど同じであるから、(A)のときの$\vec{F_1}$と$\vec{F_2}$の2つの力を合わせたものが(B)のときの$\vec{F_3}$と同じ力であるということになる。即ち、$\vec{F_1}$と$\vec{F_2}$の合力が$\vec{F_3}$である。

　さて、ここで、つる巻きばね、ばねばかり、釘等を取りはずした後、白紙上に残された輪の中心点P、釘穴O、Q、Rなどと、ばねばかりで引いたときの力の大きさF_1、F_2を基にして、次のような作図を白紙上で行ってみる。

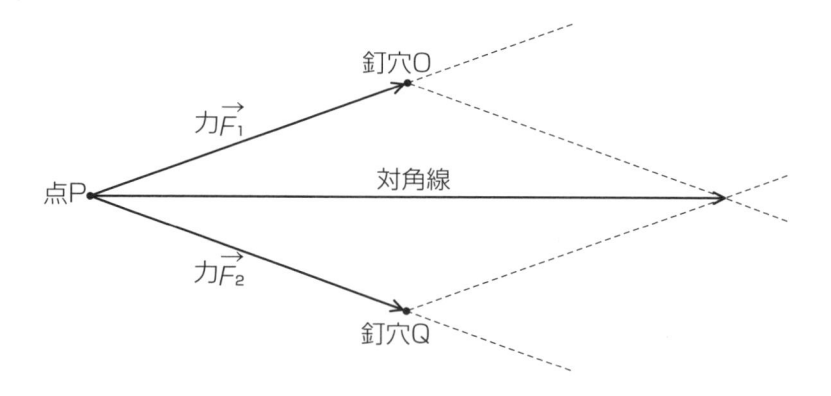

図中のラベル:
- 釘穴O
- 力 $\vec{F_1}$
- 点P
- 対角線
- 力 $\vec{F_2}$
- 釘穴Q

　まず、点Pと釘穴Oとを、また、点Pと釘穴Qとをそれぞれ破線で結ぶ。次に、10〔gw〕の力を長さ1〔cm〕の矢印で表わすことに約束して力$\vec{F_1}$と$\vec{F_2}$を表わす矢印を点Pを始点として破線上に描く。例えば、$\vec{F_1}$の大きさが60〔gw〕であれば、$\vec{F_1}$を表わす矢印は6〔cm〕の長さに描くことになる。そしてこの2つの矢印$\vec{F_1}$と$\vec{F_2}$を「2辺とする平行四辺形」を描く（2本の線分を2辺とする平行四辺形の描き方は後程述べる）。

　ここに作図で得られた「平行四辺形の対角線」の長さと、図（B）の実験で得られたばねばかりの指針の読み値$\vec{F_3}$の大きさを表わす矢印の長さとが一致することがわかる。また、方向も一致することがわかる。従って、「1つの物体に働く2つの力（一直線上にない2力）の合力は、それら2つの力の矢印を2辺とする平行四辺形の対角線で表わされる」。

　以上のように、2つの力の合力、即ち、2つのベクトルの和は、その2つのベクトルを2辺とする平行四辺形の対角線で表わされることが、実験で確認できる。

　そしてまた、この2つのベクトルの和は、次の図㊐のように、ベクトル$\vec{F_1}$の先にベクトル$\vec{F_2}$を平行移動して継ぎたしたときの、$\vec{F_1}$の元

(即ち始点) から $\vec{F_2}$ の先 (即ち終点) に向かうベクトル $\vec{F_3}$ を作図してもよい。その $\vec{F_3}$ が2つのベクトル $\vec{F_1}$、$\vec{F_2}$ の和である。

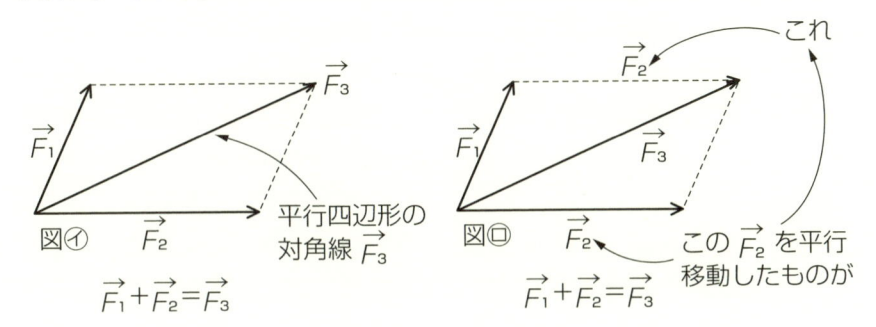

図⑦　平行四辺形の対角線 $\vec{F_3}$
$\vec{F_1} + \vec{F_2} = \vec{F_3}$

図⑪　この $\vec{F_2}$ を平行移動したものが これ
$\vec{F_1} + \vec{F_2} = \vec{F_3}$

(例1)

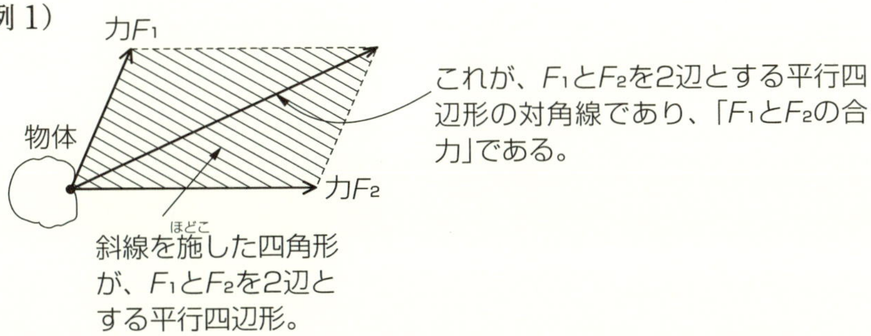

力F_1、力F_2、物体

これが、F_1 と F_2 を2辺とする平行四辺形の対角線であり、「F_1 と F_2 の合力」である。

斜線を施した四角形が、F_1 と F_2 を2辺とする平行四辺形。

(例2)

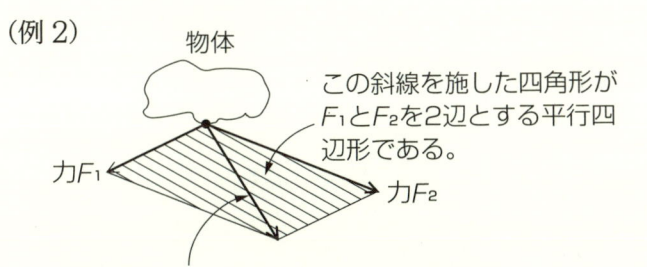

物体、力F_1、力F_2

この斜線を施した四角形が F_1 と F_2 を2辺とする平行四辺形である。

これが F_1 と F_2 を2辺とする平行四辺形の対角線であり、「F_1 と F_2 の合力」である。

5. 2つの力 F_1 と F_2 を2辺とする平行四辺形の描き方

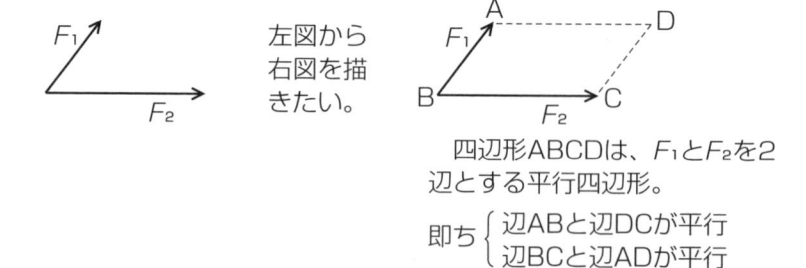

左図から右図を描きたい。

四辺形ABCDは、F_1とF_2を2辺とする平行四辺形。

即ち $\begin{cases} 辺ABと辺DCが平行 \\ 辺BCと辺ADが平行 \end{cases}$

注1 2直線の平行…同じ平面上（例えば、同じ紙の面上）にあって決して交わることのない2つの直線は平行であるという。

注2 平行四辺形……2組の対辺が平行な四辺形のこと。

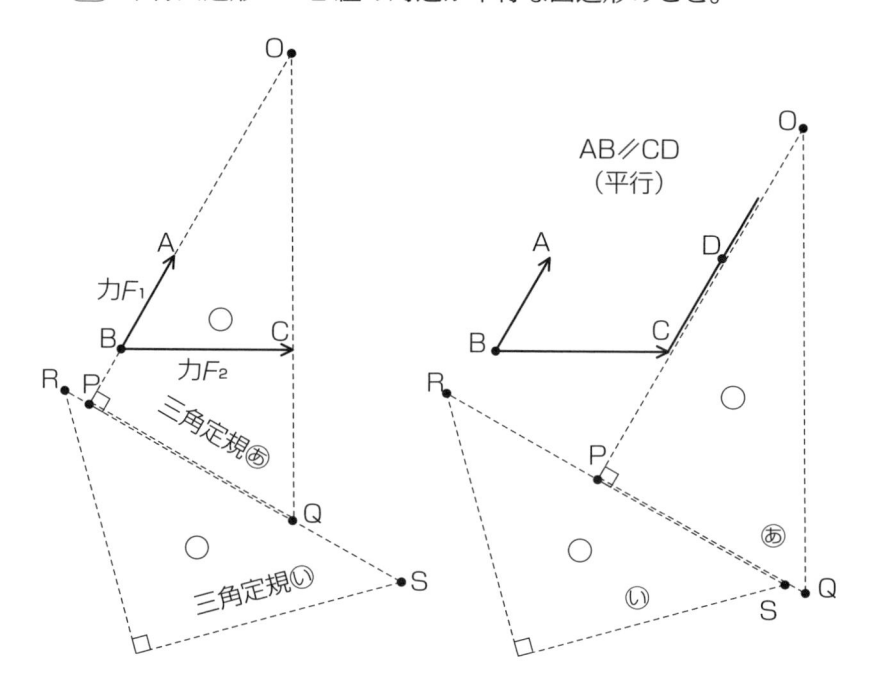

AB∥CD
（平行）

力F_1
力F_2

三角定規あ
三角定規い

6. 速度（その1）

1. 上図のように、三角定規㋐の辺 OP を線分 AB にぴったり合わせ、その㋐を右手で押さえて固定する。
2. 次に三角定規㋑の辺 RS を㋐の辺 PQ に密着させる。
3. 今度は㋑を左手で固定しておき、辺 PQ を辺 RS に沿って右下方に滑らせて行き、㋐の辺 OP が力 F_2 の矢印の先端である点 C に出会う所まで移動する。
4. 点 C から辺 PO に沿って半直線 CD を引けば、CD は AB に平行な線となる。

以上 1～4 と同じような手順で今度は、力 F_2 即ち線分 BC に平行な半直線 AD を引くには次のようにする。

5. 下図のように、まず、三角定規㋐の辺 PO を力 F_2 を表わす線分 BC にぴったりと合わせた後㋐を右手で固定する。

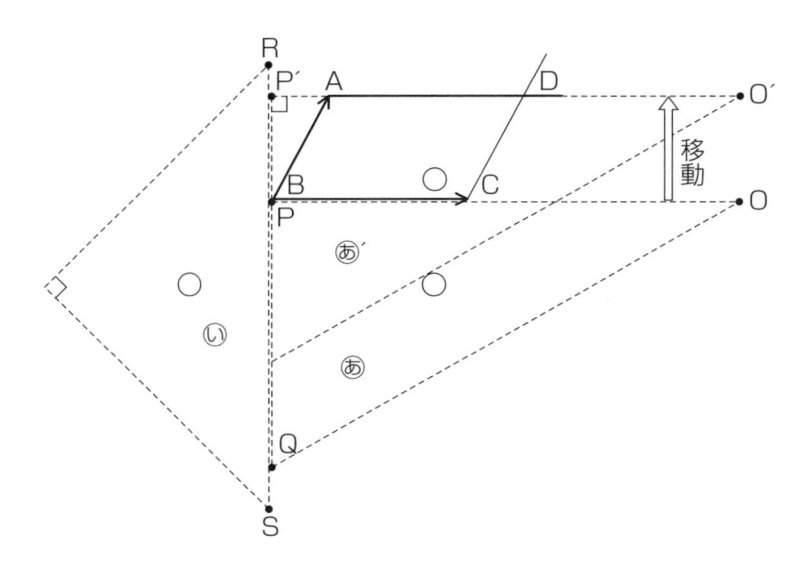

6 三角定規○いの辺RSを○あの辺PQに密着させる。

7 ○いを左手で固定しておき、辺PQを辺RSに沿って上方に滑らせて行き、辺POが力F_1の先端Aに出会うまで移動する。

8 点Aから辺P'O'に沿って半直線ADを引けば、ADはBCに平行な線となる。

ここに得られた四辺形ABCDは、AB∥DC、BC∥ADであるから、「平行四辺形」である。

(以上（参考）終り)

(問題)

① 物体に次図のような力が働いているとき、それらの合力はどちら向きの何〔gw〕の力であるか。

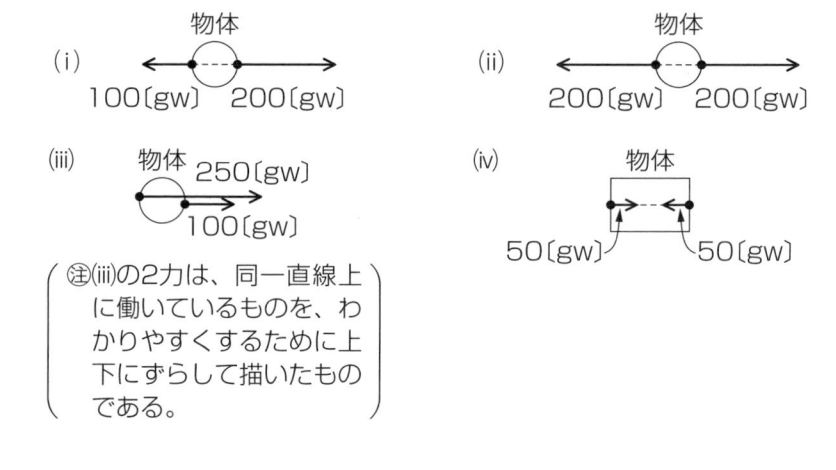

(i) 物体　100〔gw〕　200〔gw〕

(ii) 物体　200〔gw〕　200〔gw〕

(iii) 物体　250〔gw〕　100〔gw〕

（注(iii)の2力は、同一直線上に働いているものを、わかりやすくするために上下にずらして描いたものである。）

(iv) 物体　50〔gw〕　50〔gw〕

② 次図のように点Aに2つの力が働いているとき、それら2力の合力を図示せよ。

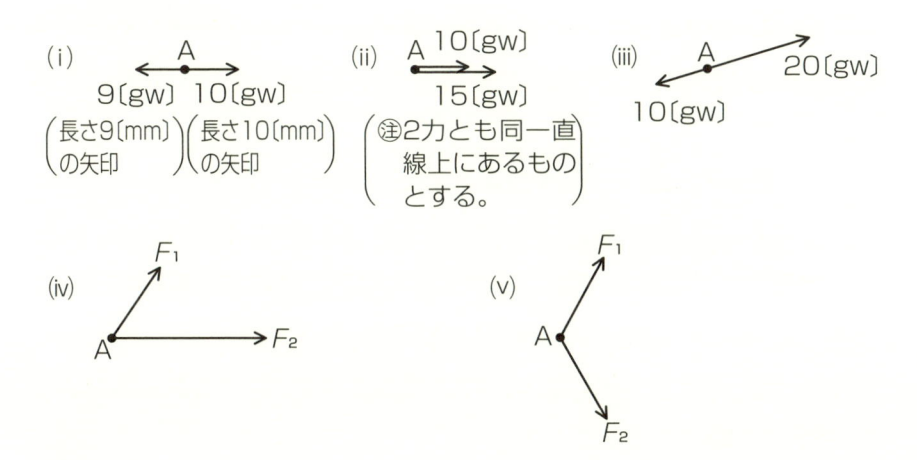

(i)　A　　　　　　　　(ii)　A 10〔gw〕　　　(iii)　A
　9〔gw〕 10〔gw〕　　　　15〔gw〕　　　　　　　　20〔gw〕
（長さ9〔mm〕　長さ10〔mm〕）　（注2力とも同一直　　　10〔gw〕
　の矢印　　の矢印　　　　線上にあるもの
　　　　　　　　　　　　　とする。）

(iv)　　F₁　　　　　　　　(v)　　F₁
　　A　　　→F₂　　　　　　　A
　　　　　　　　　　　　　　　　　F₂

（解答）
① 1つの物体に働いている2つの力が、どの場合もみな一直線上にあるから、次のようになる。
　もし、2つの力が同じ向きの場合には、それら2力の合力の大きさは、2力を加え合わせたものとなり、合力の向きは、それら2力と同じ向きである。
　また、もし、2つの力が反対向きの場合には、それら2力の合力の大きさは、大きい方から小さい方を引いたものとなり、合力の向きは大きい方と同じ向きである。
(i) 2力が反対向きに働いているから、それらの合力の大きさは、大きい方から小さい方を引いて、200〔gw〕－ 100〔gw〕＝ 100〔gw〕となり、この合力の向きは大きい方と同じであるから右向きである。　　　　　　　　　　　（答）右向きの 100〔gw〕の力
(ii) 2力が一直線上にあって、大きさが等しく、向きが反対であるから、

これらの2力は互いに打ち消し合って、力が働いていない場合と同様になってしまう。

$$200 \text{ (gw)} - 200 \text{ (gw)} = 0 \text{ (gw)}$$ 　　（答）合力は $\overset{\text{ゼロ}}{0}$

(iii) 一直線上に同じ向きに働いている2力の合力は加え合わせればよいから、

$$250 \text{ (gw)} + 100 \text{ (gw)} = 350 \text{ (gw)}$$

（答）右向きの 350 (gw) の力

(iv) 一直線上で、大きさの同じ2力が反対向きに働いているから、それらの合力は、一方から他方を引くと、

$$50 \text{ (gw)} - 50 \text{ (gw)} = 0 \text{ (gw)}$$ 　　（答）合力は $\overset{\text{ゼロ}}{0}$

②
(i) 合力は $10 \text{ (gw)} - 9 \text{ (gw)} = 1 \text{ (gw)}$ で右向きの力。

（答）A→
（長さ1 (mm) の矢印）

(ii) 合力は、$10 \text{ (gw)} + 15 \text{ (gw)} = 25 \text{ (gw)}$ で右向きの力。

（答）A————→

(iii) 合力は、$20 \text{ (gw)} - 10 \text{ (gw)} = 10 \text{ (gw)}$ で右斜め上向きの力。

（答）A↗

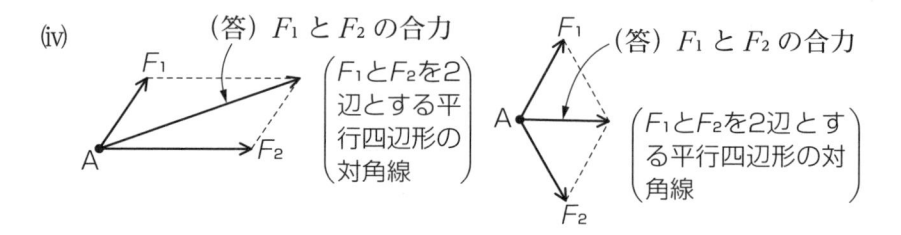

(iv) 　（答）F_1 と F_2 の合力（F_1 と F_2 を2辺とする平行四辺形の対角線）

（答）F_1 と F_2 の合力（F_1 と F_2 を2辺とする平行四辺形の対角線）

6. 力の分解と分力

　力の合成とは逆に、「1つの力と同じ働きをする2つの力を求めること」を「力の分解」という。そして、1つの力を分解して得られる2つの力を、元の力の「分力」という。

　分力の求め方は、元の1つの力を対角線とする平行四辺形を描いたときの2辺が分力のベクトルになる。

　ところで、元の1つの力を対角線とする平行四辺形は、数限りなく、いくつでも描くことができる（下図のように）。しかし、1つの分力の大きさと、その分力が対角線（即ち、元の1つの力）となす角度とを指定すれば、ただ1組（2つの分力から成る）の分力が決まる。

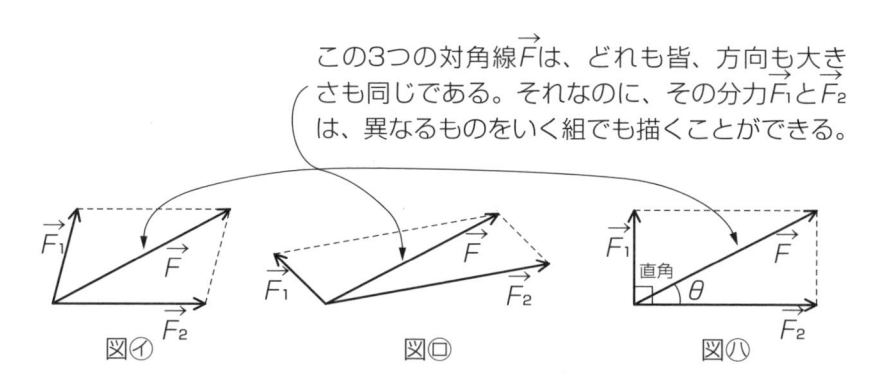

この3つの対角線$\vec{F}$は、どれも皆、方向も大きさも同じである。それなのに、その分力$\vec{F_1}$と$\vec{F_2}$は、異なるものをいく組でも描くことができる。

図㋑　　　図㋺　　　図㋥

　上の3つの平行四辺形は、どれも皆、同じ方向と同じ向きをもつ力のベクトル$\vec{F}$を、元の1つの力（対角線で表わされているもの）として描かれている。従って、それらのそれぞれの$\vec{F_1}$と$\vec{F_2}$は、$\vec{F}$の2つの分力である。このように、元の1つの力$\vec{F}$の2つの分力$\vec{F_1}$と$\vec{F_2}$（この2つで1組）は、大きさと方向の異なる組をいくつでも描くことができる。

　それらのうち、図㋥は、2つの分力$\vec{F_1}$と$\vec{F_2}$とが直角をなすように

分解されたものである。この場合、角 θ を図のようにとれば、2つの分力の「大きさ」F_1 及び F_2 は次式で表わされることになる。

$F_1 = F \cdot \sin \theta$ 及び、$F_2 = F \cdot \cos \theta$

これはなぜかというと、次のようである。

$$\sin \theta = \frac{高さ}{斜辺} = \frac{\vec{F_1} の大きさ}{\vec{F} の大きさ} = \frac{F_1}{F}$$

即ち、$\sin \theta = \frac{F_1}{F}$ から、$F_1 = F \times \sin \theta = F \cdot \sin \theta$

$$\cos \theta = \frac{底辺}{斜辺} = \frac{\vec{F_2} の大きさ}{\vec{F} の大きさ} = \frac{F_2}{F}$$

即ち、$\cos \theta = \frac{F_2}{F}$ から、$F_2 = F \times \cos \theta = F \cdot \cos \theta$

ということである。

　㊟ここでも、式の変形方式として、$2 = \frac{6}{3}$ を変形して $6 = 2 \times 3$ としてよいことが使われている。

7. ベクトルの和

　右図のように図形 f をベクトル $\vec{a}$ で表わされるような平行移動をして、点Pが点Qに移ったとする。そして更に、ベクトル $\vec{b}$ で表わされるような平行移動をして点Qが点Rに移ったとすれば、この2回の平行移動をすることは、点Pが点Rに移るような、ただ1回の平行移動（即ち、ベクトル $\vec{c}$ で表わされるような平行移動）をするのと全く同

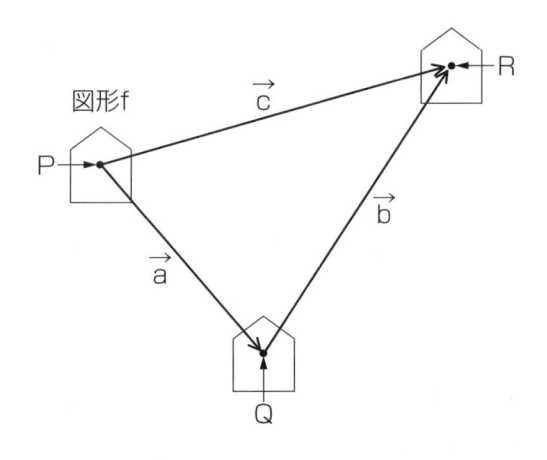

じ結果になる。このことから考えて、2つのベクトル$\vec{a}$と$\vec{b}$の和を次のように決めることにする。

$\vec{a}$を表わす有向線分㋘$\overrightarrow{PQ}$の終点Qを新たな始点㋙として$\vec{b}$を表わす有向線分$\overrightarrow{QR}$を描く。

㋘有向線分……向きを付けた線分。
㋙始点と終点……有向線分$\overrightarrow{PQ}$のPを始点、Qを終点という。

このとき、有向線分$\overrightarrow{PR}$で表わされるベクトル$\vec{c}$を、2つのベクトル「$\vec{a}$と$\vec{b}$の和」といい、

$$\vec{a} + \vec{b} = \vec{c}$$

と表わす。

そこで、右図のように有向線分$\overrightarrow{QR}$を平行移動した有向線分$\overrightarrow{PS}$を描くと、$\overrightarrow{PS}$はベクトル$\vec{b}$に等しく、また四辺形PQRSは平行四辺形㋚である。

㋚平行四辺形……向かい合う2組の辺がそれぞれ平行な四辺形（四角形）。

従って、$\overrightarrow{PQ} + \overrightarrow{QR} = \overrightarrow{PQ} + \overrightarrow{PS} = \vec{a} + \vec{b} = \vec{c}$ である。

よって、次のことが言える。

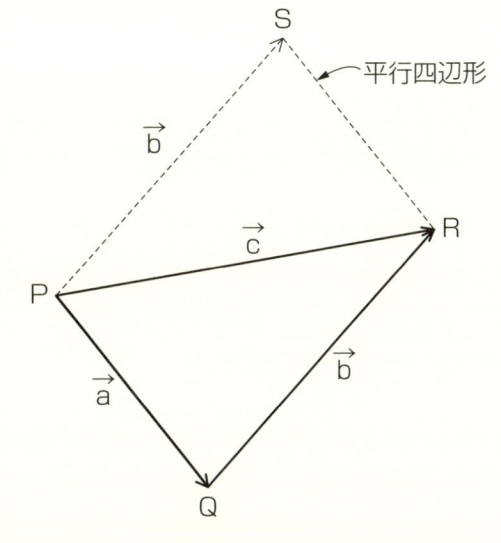

(あ) 1つの点から出ている2つのベクトルの和は、次のようにして求めることができる。

83

$\vec{a}$と$\vec{b}$を2辺とする平行四辺形を描く。その対角線が求める$\vec{a}$と$\vec{b}$の和である。即ち、

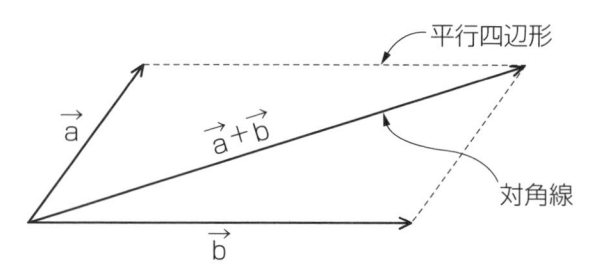

2つのベクトル$\vec{a}, \vec{b}$の和を求めるには、$\vec{a}$と$\vec{b}$を隣り合う2辺とする平行四辺形を描けば、その対角線が$\vec{a}$と$\vec{b}$の和である。

これを「平行四辺形の法則」という。

次に、上の（あ）の特別な場合として、次に述べる（い）と（う）がある。

(い) $\vec{a}, \vec{b}$ともに同じ方向、同じ向きの場合の$\vec{a}$と$\vec{b}$の和

この場合には、$\vec{a}$と$\vec{b}$の和は、$\vec{a}, \vec{b}$と同じ方向、向きであり、その和の大きさは、$\vec{a}$の大きさと$\vec{b}$の大きさの和に等しい。

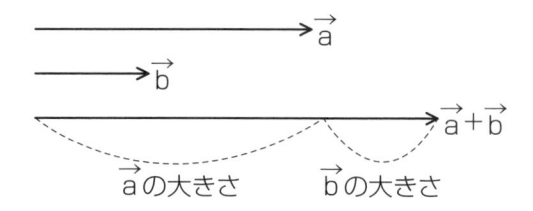

注　$\vec{c} = \vec{a} + \vec{b}$　と書いたとき、ベクトル$\vec{c}$は、ベクトル$\vec{a}$とベクトル$\vec{b}$の「ベクトル和」であるというが、このベクトル和であるベクトル$\vec{c}$は大きさと方向（向き）とを同時に持っている量であるから、ただ単に大きさの和である$|\vec{a}| + |\vec{b}|$だけではなく、同時に方向（向き）をも持っている量である。

右図のように$\vec{a}$と$\vec{b}$とが直角をなしている場合には、それらの「大きさ」の間には次の関係がある。

$$|\vec{c}|^2 = |\vec{a}|^2 + |\vec{b}|^2$$

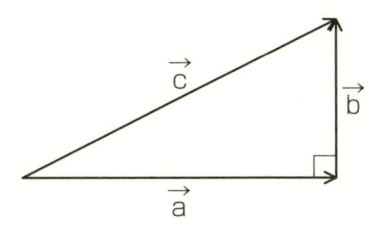

㋚大きさ……ここでは、有向線分の長さのこと。従って、方向と向きは考えていない。つまり、ベクトルの「矢の長さ」のことをベクトルの「大きさ」という。ベクトル$\vec{a}$の大きさを$|\vec{a}|$（即ち、ベクトル$\vec{a}$の絶対値㋛）で表わす。または、矢印を付けずに単にaと書く。

㋛絶対値……数の符号（即ち＋と－）を考えず、数の大きさだけ考えたもののこと。従って、或る数の絶対値とは、その数から符号の＋または－を取り除いた数のことである。

（例）　$|+2| = 2, |-2| = 2$
　　　$|+0.5| = 0.5, |-0.5| = 0.5$

(う) $\vec{a}$と$\vec{b}$が方向は同じであるが、向きが逆の場合

これら2つのベクトルの「和$\vec{c}$の向き」は、$\vec{a}$と$\vec{b}$のうちどちらか大きさの大きい方のベクトルと同じ向きであり、また「和$\vec{c}$の大きさ」は、$\vec{a}$と$\vec{b}$の大きさの差に等しい。

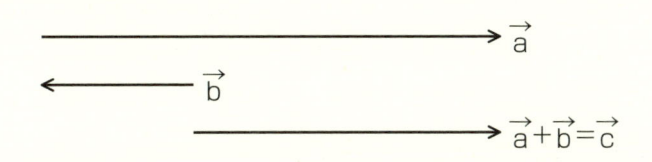

8. ベクトルの差

2つのベクトル $\vec{a}, \vec{b}$ に対して、右図のように
$$\vec{a} = \vec{b} + \vec{c}$$
となるようなベクトル $\vec{c}$ を $\vec{a}$ から $\vec{b}$ を引いた「差」といい、
$$\vec{c} = \vec{a} - \vec{b}$$

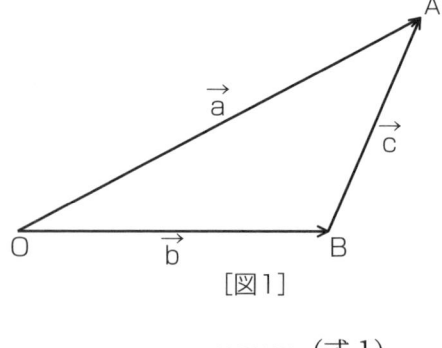

[図1]

……… (式1)

と書く。

例えば、$\vec{a}, \vec{b}$ をそれぞれ $\overrightarrow{OA}$、$\overrightarrow{OB}$ で表わせば、$\vec{a} - \vec{b}$ は $\vec{b}$ の終点 B を始点とし、$\vec{a}$ の終点 A を終点とする有向線分 $\overrightarrow{BA}$ で表わされる。

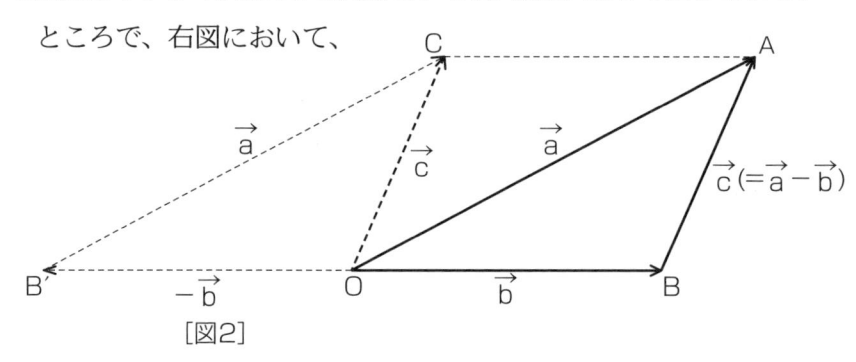

ところで、右図において、

[図2]

$$\vec{a} - \vec{b} = \vec{c} \; (= \overrightarrow{BA} = \overrightarrow{OC} = \overrightarrow{OB'} + \overrightarrow{OA} = \overrightarrow{BO} + \overrightarrow{OA})$$
$$= \overrightarrow{BA} = \overrightarrow{BO} + \overrightarrow{OA} \qquad ……… (式2)$$

となり、この有向線分 $\overrightarrow{BO}$ は、有向線分 $\overrightarrow{OB}$ の向きが B から O へ向かうものを表わすから、この $\overrightarrow{BO}$ は「$\vec{b}$ と大きさが同じで向きが逆のもの」である。このようなベクトルを「$-\vec{b}$」で表わす。

従って、(式2) から、
$$\vec{a} - \vec{b} = \overrightarrow{BO} + \overrightarrow{OA} = \overrightarrow{OB'} + \overrightarrow{B'C} = -\vec{b} + \vec{a} = \vec{a} + (-\vec{b})$$

即ち、$\vec{a} - \vec{b} = \vec{a} + (-\vec{b})$

つまり、「$\vec{b}$を引くということは、$-\vec{b}$を加えることと同じ」である。従って、上の［図2］の破線で描いた$-\vec{b}$と$\vec{a}$を隣り合う2辺とする平行四辺形の対角線が$\vec{c}$に等しい。

ベクトル$\vec{a}$と$\vec{b}$の差$\vec{a} - \vec{b}$は、$\vec{a}$と$(-\vec{b})$の和$\vec{a} + (-\vec{b})$として扱えばよいのである。

右図のような平行四辺形で、隣り合う2辺$\vec{v}_1$と$\vec{v}_2$のそれぞれの大きさv_1とv_2及びそれらの夾角（はさむ角）θとから、対角線$\vec{v}$の大きさvを求める計算は次のようである。

右図の△ADCにおいて、

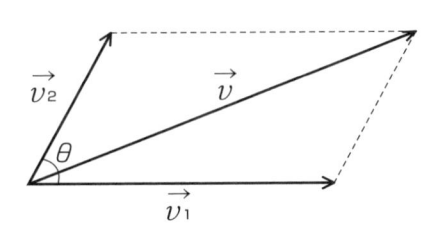

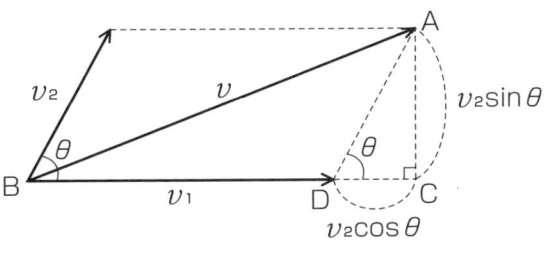

$$\sin\theta = \frac{AC}{AD} = \frac{AC}{v_2}$$

∴ $AC = v_2 \times \sin\theta$

また、$\cos\theta = \dfrac{DC}{AD} = \dfrac{DC}{v_2}$　　∴ $DC = v_2 \times \cos\theta$

であるから、直角三角形ABCについて、三平方の定理をあてはめると、斜辺の2乗＝高さの2乗＋底辺の2乗ということから、

$$AB^2 = AC^2 + BC^2$$

∴ $v^2 = (v_2 \cdot \sin\theta)^2 + (v_1 + v_2 \cdot \cos\theta)^2$

$$= (v_2 \cdot \sin\theta)^2 + v_1{}^2 + 2v_1v_2\cos\theta + (v_2 \cdot \cos\theta)^2$$
$$= v_2{}^2 \cdot \sin^2\theta + v_2{}^2 \cdot \cos^2\theta + v_1{}^2 + 2v_1v_2\cos\theta$$
$$= v_2{}^2(\sin^2\theta + \cos^2\theta) + v_1{}^2 + 2v_1v_2\cos\theta$$
$$= v_2{}^2 \times 1 + v_1{}^2 + 2v_1v_2\cos\theta$$
　　　　↑
　　　　└─($\sin^2\theta + \cos^2\theta = 1$ であるから)

即ち、$v^2 = v_1{}^2 + v_2{}^2 + 2v_1v_2\cos\theta$

∴ $v = \pm\sqrt{v_1{}^2 + v_2{}^2 + 2v_1v_2\cos\theta}$　ここで−は捨てて、

$v = \sqrt{v_1{}^2 + v_2{}^2 + 2v_1v_2\cos\theta}$

(以上 (参考) 終り)

7. 直線上の位置の表わし方

(1) 数直線

　前に直線上の点の位置について簡略に述べておいたが、ここで再びくわしく述べることにする。

　直線上の位置を表示するためには、まず、その直線上に基準となる点（普通これを原点 O と呼ぶ）をただ 1 つだけ決める。すると、その直線上の他の点の位置は、原点 O からどちら向きに、どれだけ離れた位置であるかということで表示することができる。

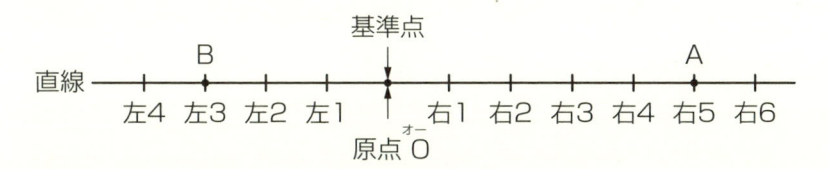

```
                         基準点
              B            ↓              A
直線 ──┼──┼──┼──┼──┼──┼──┼──┼──┼──┼──
     左4 左3 左2 左1   右1 右2 右3 右4 右5 右6
                        原点 O
```

　例えば上図で、点 A や B の位置を表現するには、点 A は、原点 O の右側 5 目盛りの所にあると言い、点 B は、原点 O の左側 3 目盛りの所にあると言えばわかる。そして、このとき原点の右側とか、あるいは左側と言っているのは、原点 O からの「向き」を示しており、また、5 目盛りとか、3 目盛りとか言っているのは、原点 O からの「距離」を示している。しかし、このように表現すると確かに、その位置は、はっきりするが、いちいち、このような表現をするのは、煩わしくて仕方がない。

　そこで、原点 O の両側の目盛りに、次図のような＋, −の符号付きの数値を付記して、次のように呼ぶようにすれば、もっとずっと簡潔に表現することができる。

即ち、　点Aの位置は　＋5、
　　　　点Bの位置は　－3、
というぐあいにである。

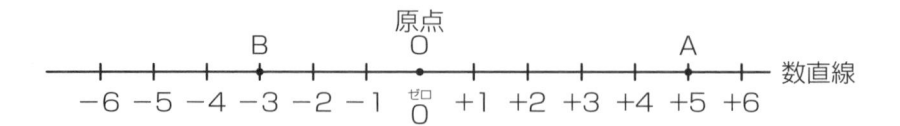

```
         原点
      B   O              A
──┼──┼──┼──┼──┼──┼──●──┼──┼──┼──┼──── 数直線
 -6 -5 -4 -3 -2 -1  0 +1 +2 +3 +4 +5 +6
```

そして、この直線のことを「数直線」と呼ぶ。

　もし、物体が、この数直線の上を運動するものと考える場合には、これらの目盛りの値に、その場合に応じた長さの単位〔m〕,〔cm〕あるいは〔km〕などを付けた量として表わせばよいことになる。例えば、或る物体の運動について、距離の単位を〔m〕で表わして考えている場合には、その物体の位置が「＋5」と求まったときには、その位置は、原点Oから「＋の向きに、5〔m〕の距離」の位置を指すことになるわけである。

注① 数直線上の位置を示す数値（例えば、＋5とか－3など）のことを「座標」という。

注② 物理で、数直線を x 軸であると見なしたとき、その x 軸の右向きを「＋の向き」と決めて計算をすることが多いが、必ずしもそうする必要はなく、左向きを「＋の向き」と決めて計算しても、結果は同じに得られる。

7. 直線上の位置の表わし方

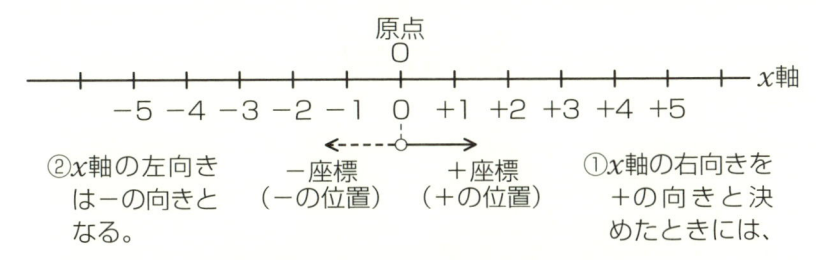

```
                    原点
                     O
──┼──┼──┼──┼──┼──┼──┼──┼──┼──┼──┼── x軸
  -5 -4 -3 -2 -1  0 +1 +2 +3 +4 +5
```

②x軸の左向き　　　－座標　　＋座標　　①x軸の右向きを
はーの向きと　　（－の位置）（＋の位置）　＋の向きと決
なる。　　　　　　　　　　　　　　　　　めたときには、

[x軸の右向きを＋の向きと決めた場合]

このように決めることによって、例えば、一直線上を運動する電車の運動を考えるときに、或る時刻における電車の位置を求めたり、その時刻における電車の速度の向きや加速度の向きを計算で求める際に大変都合がよい。もし、この電車が運動する一直線を x 軸であると見なして考え、その x 軸の右向きを「＋の向き」と自分で決めて計算することにすると、

原点 O よりも { 右側の位置は、＋符号付きの数値で表わし、
　　　　　　　　左側の位置は、－符号付きの数値で表わすことになる。

また、{ 右向きの速度や加速度は、＋符号付きの数値で表わし、
　　　　左向きの速度や加速度は、－符号付きの数値で表わす

ことになる。

㊟速度、加速度については、後で詳述する。

8. 変位㋙

㋙変位……位置の変化のこと。

　物体の運動の様子を知るためには、物体が今どの場所に存在しているのかを、はっきり示すための基準となる点（例えば、x軸上では、この基準点を「原点O」とする）が必要である。

　今、「A君の家はO駅の真東にあり、O駅からの距離が、ちょうど5キロメートルの地点にある」と言えば、O市に住んでいる人達ならば、大概その場所はわかる。この場合のO駅が位置を示すための基準点に相当する。O駅からA君の家まで東西方向の真っ直ぐな道が通っていて、A君がその道を自転車に乗って通行する場合を考える。A君がO駅を出発し、秒速3メートルの、初めから一定の速さで自宅に向かって行くものとすると、出発してから、ちょうど5分後には、A君はO駅から何メートル隔たった場所に居るはずであろうか。それを知るためには、A君は1秒間に3メートルという割合で自転車で走るということから、5分間＝5×60秒＝300秒間で進む距離は、3〔m/s〕×300〔s〕＝900〔m〕ということになり、O駅から真東に距離900メートル隔たった位置（これをB地点とする）に居るはずである。このように、ただ1つB地点が定まるのは、基準点のO駅からの「方向及び向き」と「距離」とが、はっきりしているからである。

　もしも、O駅からは、いくつもの方向の道路が走っていて、A君がどの方向及び向きに走るのかは、わからずに、ただ進む距離だけがわかっているだけならば、A君がB地点に来て居るはずであるとは言いきれない。

このように、「一直線上の位置」を、はっきり正確に示すためには、まず、基準となる点（原点O）を決めて、その「原点Oからの向きと距離」とを、はっきり示す必要がある。次に、その直線上の、原点Oに対して一方の側を正（プラス＋）と呼び、他方の側を負（マイナス－）と呼ぶことにする。そうすれば、「＋または－のどちらかの符号の付いた数値」によって、「原点Oから、その点までの距離」と「原点Oからの向き」の両方を一度に明示することができる。このようにして表示する＋3〔m〕とか－3〔m〕など（あるいは＋3〔cm〕とか－3〔cm〕など）のような「符号と単位を持った数値」のことを、点の座標ということは、前述した通りである。

　そして、この一直線を数学においてよく使うx軸であると見なすと、各点（即ち、各位置）の座標をx_1（例えば、＋3〔m〕のこと）、x_2（例えば、－3〔m〕のこと）、x_3（例えば、＋5〔m〕のこと）、……などと表わすことができる。つまり、物体が「一直線上を運動」する場合には、その運動が「x軸上で起こっている運動であると見なして考える」ことによって、その運動の「向きを＋，－の符号で表示する」ことができるし、また、その運動の「大きさをx軸上の目盛りを使って計算する」ことができるという利点が生ずるのである。

　尚、座標軸上の物体の運動を表現するためには、「時刻と位置の関係を表わすグラフ（x-tグラフ）」を描くと利用価値が高い。つまり、時刻tを横軸にとり、位置xを縦軸にとって時刻と位置との関係をグラフに描くのである。

　例えば次図では、時刻$t＝0$のときには、物体の位置$x＝0$であった。しかし、時刻$t＝0$よりも前の時刻についてはわからない。時刻$t＝0\sim2$〔s〕の間に物体は位置$x＝＋2$〔m〕の点に向かって移動し

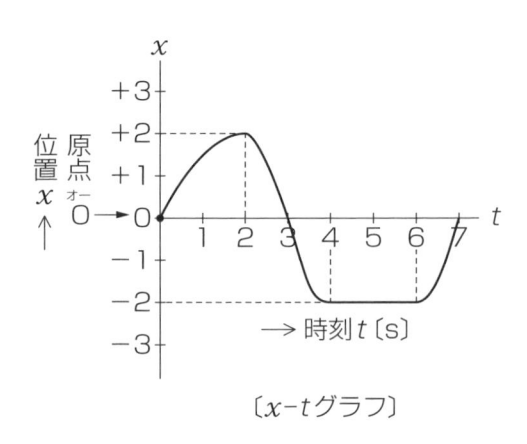

ており、時刻 $t=2$〔s〕のときに位置 $x=2$〔m〕の点に達したことがわかる。次に、運動の向きが逆向きになり、直線（x軸）上を－の向きに向かって進み、時刻 $t=3$〔s〕のとき原点 O を通り、$t=4$〔s〕のとき $x=-2$〔m〕の位置に達し、$t=4$〔s〕～6〔s〕の間は位置が変わらず静止している。そして、$t=6$〔s〕になって再び動き始めて $t=7$〔s〕のとき原点 O に達して、そこでグラフは終る。

以上のようなことを x-t グラフは、表示することができるのである。

さて、物体の運動について考察するときには、「物体の位置の変化」を考えることになる。この「位置の変化」のことを、言葉を縮めて「変位」という。

物体の運動の始めの位置（これを始点という）x_1 から終りの位置（これを終点という）x_2 まで移動したときの変位 d は

> 変位 $d = x_2 - x_1$
> 　　　＝終りの位置の x 座標－始めの位置の x 座標

で表わされる。

　㊟変位とは、物体の運動の始点から終点までの直線距離である。

x 軸は原点 O を境にして＋（正）の向きと－（負）の向きとがあるので、変位 $d = x_2 - x_1$ の値は＋（正）の値になることもあるし、ま

た－（負）の値になることもある。つまり $x_2 > x_1$ であれば変位は＋の値であり、$x_2 < x_1$ であれば、変位は－の値である。

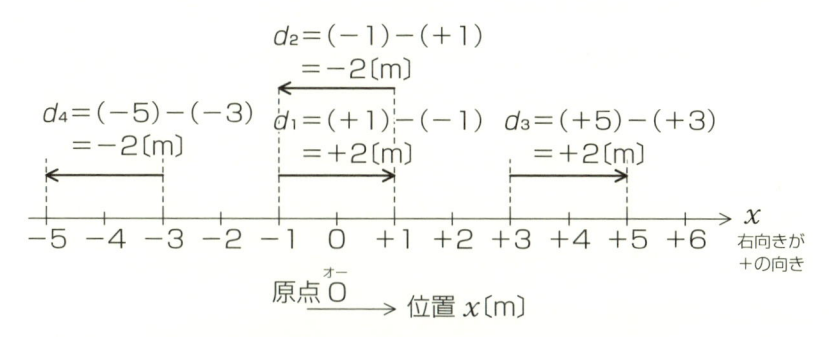

$$d_2 = (-1) - (+1) = -2 \text{ [m]}$$

$$d_4 = (-5) - (-3) = -2 \text{ [m]} \quad d_1 = (+1) - (-1) = +2 \text{ [m]} \quad d_3 = (+5) - (+3) = +2 \text{ [m]}$$

右向きが＋の向き

原点 O（オー） 位置 x [m]

注）d_1～d_4は変位＝（終点の座標）－（始点の座標）
d はdistance（距離）のd

　上図のように「変位dが＋の値であるか、あるいは－の値であるかのちがい」は、位置の変化が「どちら向きに起こっているか」によって決まるものであって、それは、原点に対して＋の側で起こっているとか、－の側で起こっているなどには全く関係ないことである。このことは、上図でd_1やd_2は原点の両側にかけて起こっている変位であるにもかかわらず、d_1の方は＋の値であり、d_2の方は－の値であることを見てもわかることである。即ち、変位の数値に＋符号が付くのか、あるいは－符号が付くのかのちがいは、変位の起こる場所によるのではなくて、変位の起こる向きによって決まるものである。

　上図の矢印（やじるし）は、d_1～d_4のそれぞれの変位「向き」と「大きさ」を示すものである。変位d_1とd_3は＋（正）の向きで大きさも等しいので両者は全く等しい変位である。変位d_2とd_4も、どちらも－（負）の向きで大きさも等しいので、この両者も全く等しい変位であるという。

　以上述べたように、変位は大きさと方向（及び向き）とを同時に持つ

量で、ベクトル量である。そして、変位の大きさとは、始めの位置と終りの位置とを、真っ直ぐな線で結んだ「直線距離」のことをいう（即ち、その運動の始点と終点とを結んだ線分の距離のことを変位の大きさという）。また、変位の向きとは、始めの位置から終りの位置に向かう向きのことであり、その向きが

x軸の $\begin{cases} ＋の向きと同じであれば、変位の向きは＋の向きで、 \\ －の向きと同じであれば、変位の向きは－の向きである。\end{cases}$

　変位の大きさは、右図のように、物体が実際に通った経路の長さのことをいうわけではないので、注意する必要がある。

　ただし、もし、物体が右図のように一直線上を点Aから点Bまで運動する場合には、変位の大きさと実際に移動した距離とは一致する。

　そこで次図のように、物体が一直線上を運動する場合には、その

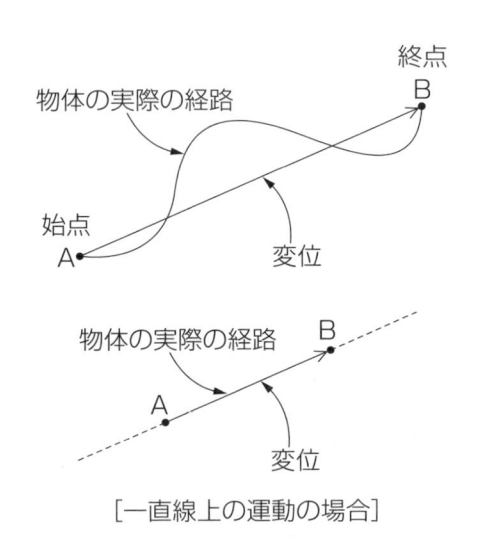

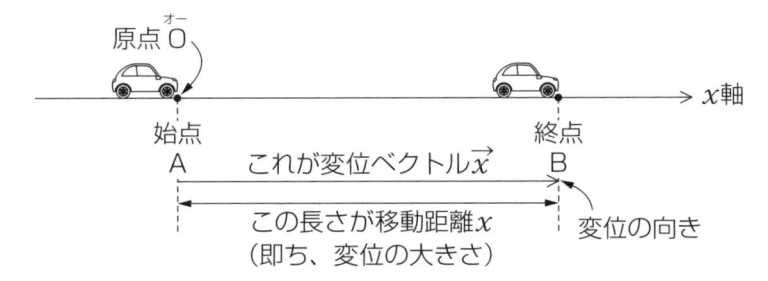

[一直線上の運動の場合]

㊟変位ベクトル……変位を矢印で表わしたもの。

一直線をx軸とし、物体の始めの位置がx軸上の原点Oであったとすれば、原点Oからの変位をベクトルxとおくと、有向線分$\overrightarrow{AB}$が変位ベクトル$\vec{x}$である。即ち、変位ベクトル$\vec{x}$の大きさが移動距離xである。つまり、2点AとBの間の「距離(きょり)」と言えば、それは正（＋）の値であって、負（－）の値はない。しかし、「変位」には、大きさのほかに向きもあるので、どちら向きであるかを示すために＋または－の符号を付けた数値で表わすのである。

例えば、次図のように、物体が2点A,B間を運動する場合には、
① 物体がAからBに向かう運動の場合には、

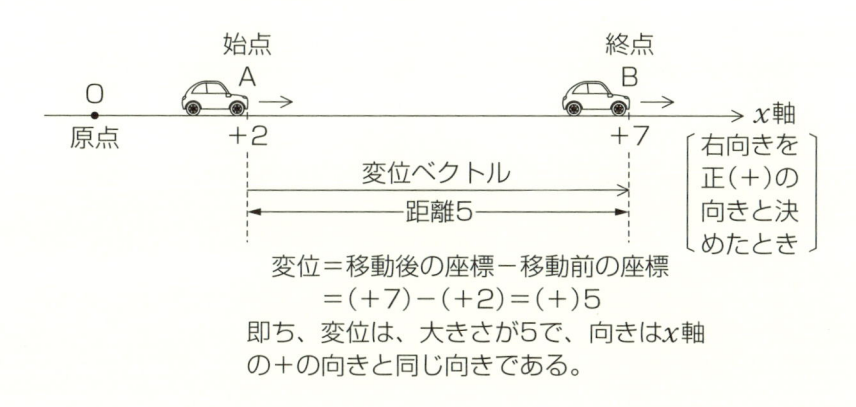

変位＝移動後の座標－移動前の座標
　　　＝(＋7)－(＋2)＝(＋)5
即ち、変位は、大きさが5で、向きはx軸の＋の向きと同じ向きである。

② 物体がBからAに向かう運動の場合

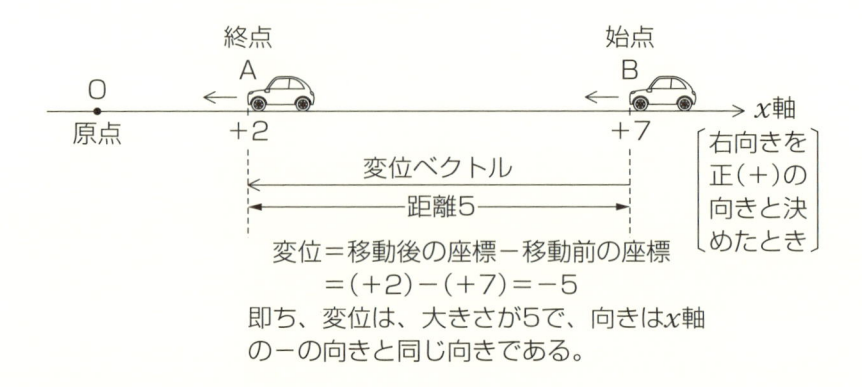

```
       終点                         始点
   O    A                          B
   ●────┤🚗←─────────────────←🚗├────→ x軸
  原点  +2                         +7      ⎡右向きを⎤
       ├────変位ベクトル────────┤      ⎢正(＋)の⎥
       ├──────距離5──────────┤      ⎢向きと決⎥
                                           ⎣めたとき⎦
        変位＝移動後の座標－移動前の座標
            ＝(＋2)－(＋7)＝－5
        即ち、変位は、大きさが5で、向きはx軸
        の－の向きと同じ向きである。
```

以上のように「移動距離」は①、②のどちらも5であるが、「変位」は①の場合には、＋5であり、②の場合には、－5である。このことは次のように言える。

> x軸の＋(正)の「向き」に物体が移動する場合の変位は、＋(正)の符号の付いた数値で表わされ、逆に、x軸の－(負)の「向き」に物体が移動する場合の変位は、－(負)の符号の付いた数値で表わされる。

つまり、一直線上の物体の運動というものは、既に方向（これは、東西の方向とか、上下の方向などという「方向」のことを言っているのであって、東向きとか下向きなどという「向き」のことを言っているのではないことに注意）は、その一直線の方向であると決まっているので、その方向をx軸と見なすことによって、もし、物体の出発点（即ち、その物体の運動の始点）を、x軸上の原点Oにとれば、その後、この物体が運動して終点に達したときの「変位」は、「x座標の値そのもの」で表わされることになるので、大変好都合な表現方法と言えるのである［次図］。

8. 変位

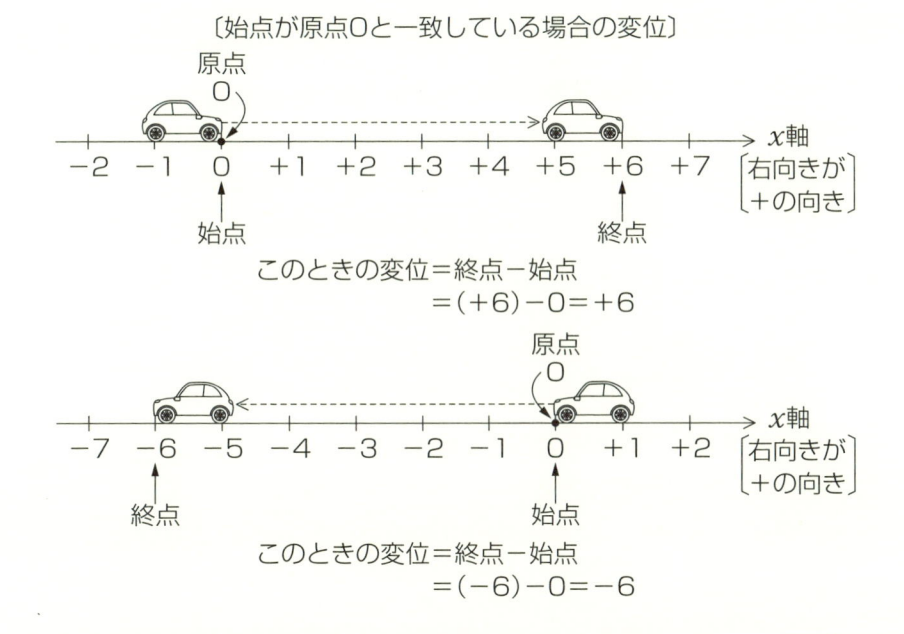

〔始点が原点Oと一致している場合の変位〕

```
        原点
         O
  ────────────────────────────────────→ x軸
  −2  −1   0  +1  +2  +3  +4  +5  +6  +7   右向きが
         始点              終点            ＋の向き
```

このときの変位＝終点−始点
　　　　　　　＝(+6)−0＝+6

```
                        原点
                         O
  ────────────────────────────────────→ x軸
  −7  −6  −5  −4  −3  −2  −1   0  +1  +2   右向きが
      終点                     始点         ＋の向き
```

このときの変位＝終点−始点
　　　　　　　＝(−6)−0＝−6

この2つの図を見て言えることは次のようである。

物体の運動が一直線上で起こる場合には、その一直線を x 軸と見なし、且つ、その物体が初めて存在していた位置（即ち、始点）を x 軸上の原点Oと一致させて考えるならば、その物体が運動した結果生じた「変位」は、その物体が運動によって達した終りの位置（即ち、終点）の「x 座標そのもの」で表わされる。

9. 速度（その2）

(1) 速度とは

「速度」とは、「単位時間当たりの変位」のことをいう。即ち、これを式の形で表わすと、次のようである。

$$速度 = \frac{変位}{時間}$$

ここで、時刻は常に未来に向かって進んでいるから、後の時刻 t_2 から、それよりも前の時刻 t_1 を引いたものである「$t_2 - t_1$」は常に正（＋の値）である。即ち、$t_2 > t_1$ ゆえに $t_2 - t_1 > 0$ ということである。従って、

$速度 = \dfrac{変位}{時間}$ の式の右辺の分母が常に正の数であるが、分子の変位は、大きさと向き（この向きを＋あるいは－の符号で表わす）とを持つベクトル量であるから、$\dfrac{変位}{時間}$ 即ち、速度という量は、大きさと向きを持つベクトル量である。

(2) 速度と速さ

「速さ」とは、「単位時間当たりに実際に移動した距離」のことであって方向は考えない量であるからスカラー量である。これを式の形で書くと、

$$速さ = \frac{距離}{時間}$$

ここで、右辺の分子の距離は、物体が実際に通った経路の長さであって、この長さは常に正の数である。従って、速さは向きを持たず、大き

さだけ持つ量であるから常に正（＋）の値で表わされる。

　速度を表わす量記号は普通$\vec{v}$のように、速さを表わす量記号vの上に小さな矢印（→）を付けて書き、速度がベクトル量であることを表わす（ベクトル・ブイと読む）。

　これに対して、速度の大きさ（即ち、速さ）だけを表わすときには、単にvと書くか、または、$|\vec{v}|$（ベクトル・ブイの絶対値）のように書き表わす。尚、物体の速度の大きさと等しい長さを持ち、物体が進む向きに引いた矢印のことを「速度ベクトル」という［次図］。

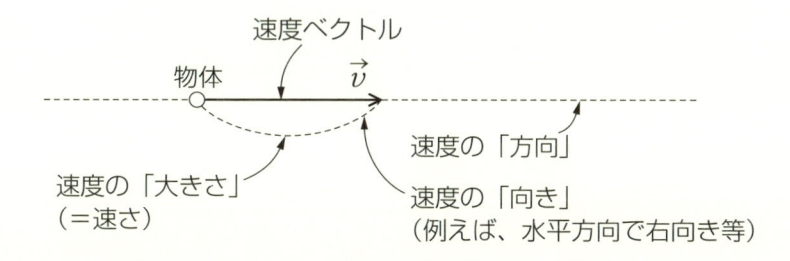

```
                    速度ベクトル
                       ↓
         物体          $\vec{v}$
  - - - - ○————————————→ - - - - - - - -
              ⌣        ↑
             ↑       速度の「方向」
        速度の「大きさ」  速度の「向き」
          （＝速さ）   （例えば、水平方向で右向き等）
```

　今、A君が非常に広い広場の中央から一定の歩調で真っ直ぐに歩くものとする。このとき歩き始めてから1分後にA君が広場のどの地点に達するのかということは、A君がどのくらい速く、どの方向に歩くのかということがわからなければ、その到着地点を予測することはできない。そのような、物体が「どのくらい速く」、そして「どの方向に」進むのか、ということを表わす量のことを物理では、「速度」と呼ぶのである。このときの「どのくらい速く」というのを「速度の大きさ」、そして「どの方向に」進むのかというのを「速度の方向」（または「速度の向き」）という。つまり、速度という物理量は、「大きさ」と「方向」の両方を持つ量であり、ベクトル量である。

　次図のように、物体が一直線上を一定の速度$\vec{v}$で運動している場合に、

次図のように表わすことに決めたとすれば、

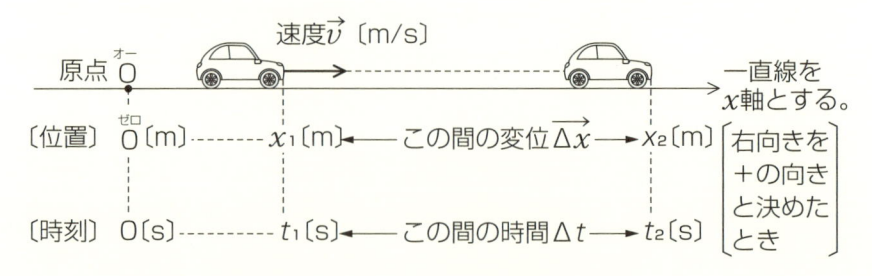

速度 $\vec{v}$〔m/s〕
原点 O ────車──→──────車────→ 一直線を x 軸とする。
〔位置〕 0〔m〕┄┄┄ x_1〔m〕←──この間の変位 $\overrightarrow{\Delta x}$──→ x_2〔m〕 ［右向きを＋の向きと決めたとき］
〔時刻〕 0〔s〕┄┄┄ t_1〔s〕←──この間の時間 Δt──→ t_2〔s〕

ただし、時間 Δt〔s〕$= t_2 - t_1$〔s〕の間における
物体の　変位 $\overrightarrow{\Delta x}$〔m〕$= x_2 - x_1$〔m〕である。

$$\text{速度}\ \vec{v}\ \text{〔m/s〕} = \frac{\overrightarrow{\Delta x}}{\Delta t}\ \left(= \frac{\text{変位}}{\text{時間}}\right) \qquad \cdots\cdots(\text{式}6)$$

である。

　さて、速度 $= \dfrac{\text{変位}}{\text{時間}}$ において、$\dfrac{\text{変位}}{\text{時間}}$ の値が正（＋）となるか負（－）となるかは、分母の時間の値が常に正（＋）であるから、分子の変位の値が正（＋）であるか負（－）であるかによって決まる。

　もし、変位の値が＋の値（これは、変位《即ち、位置の変化》が x 軸の＋の向きに起こったときのことをいう）であるならば、

$$\frac{\text{変位}}{\text{時間}} = \frac{\text{＋の値}}{\text{＋の値}} = \text{＋の値}$$

ということになるから、これは、速度の値が＋の値だということである。そして、速度が＋の値だということは、「速度の向き」が x 軸の＋の向きと同じ向きだ、という意味である。

　これとは逆に、変位が－の値（即ち、変位が x 軸の－の向きに起こったとき）であるならば、

$$速度 = \frac{変位}{時間} = \frac{-の値}{+の値} = -の値$$

となるので、「速度の向き」が x 軸の－の向きと同じ向きだということである。

以上まとめると、次のようである。

　　　　　［変位の値］　［速度の値］　［物体の運動の向き］
(a)　　　　　　＋　‥‥‥‥‥　＋　‥‥‥‥　x 軸の＋の向き
(b)　　　　　　－　‥‥‥‥‥　－　‥‥‥‥　x 軸の－の向き

(a) の例

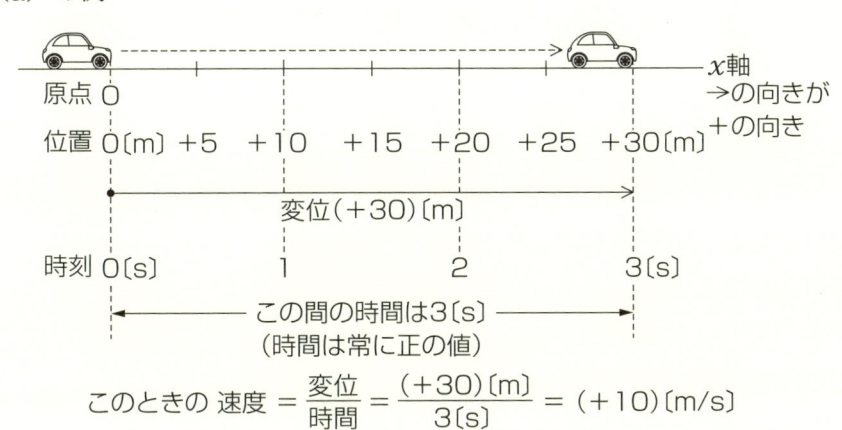

原点 O
→の向きが＋の向き
位置 0[m] +5 +10 +15 +20 +25 +30[m]
変位(+30)[m]
時刻 0[s]　1　2　3[s]
この間の時間は3[s]
（時間は常に正の値）

このときの $速度 = \dfrac{変位}{時間} = \dfrac{(+30)[m]}{3[s]} = (+10)[m/s]$

即ち、速度の大きさ(＝速さ)は10[m/s]であり、速度の向きは＋の向きであるから、これはx軸の＋の向きと同じ向きであることを表わす。

(b) の例

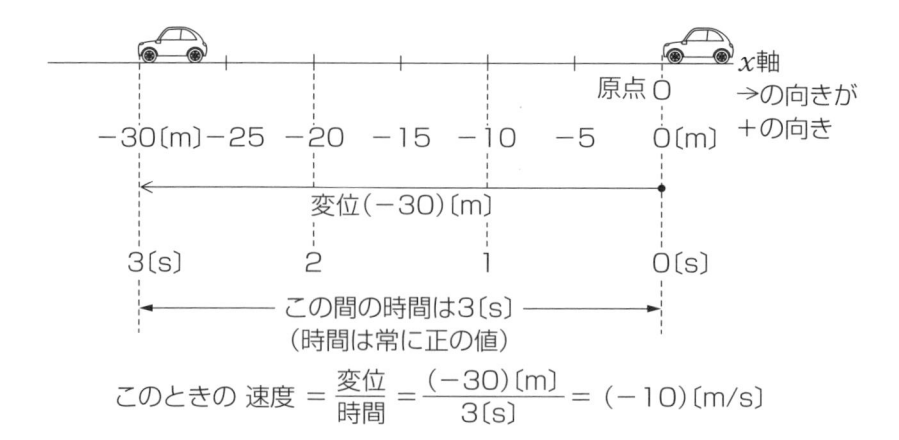

```
      🚗                                    🚗  x軸
 ├─────┼─────┼─────┼─────┼─────┼─────┤      →の向きが
-30[m] -25  -20   -15   -10   -5    0[m]    ＋の向き
                                    原点O
```

変位(−30)[m]

3[s]   2   1   0[s]

この間の時間は3[s]
（時間は常に正の値）

このときの 速度 = 変位/時間 = (−30)[m]/3[s] = (−10)[m/s]

即ち、速度の大きさ（速さ）は10[m/s]で、
速度の向きはx軸の−の向き。

つまり、(a) の例と (b) の例とでは、

速度の大きさは、どちらも10 [m/s] で同じであるが、進む向きが互いに逆なので、速度の方向（向き）を表わす＋，−の符号が異なるのである。

既に何度か述べている語であるが、「速度の大きさ」のことを「速さ」という。物理で言う「速さ」というものは、「物体がどのくらい速く動いているか」という大きさだけを表わすものであって、物体が動く方向及び向きには、かかわらない量である。自動車や電車などのスピードメーターの読み値が正に速さであって、それは、どれだけ速く動いているかは示しているが、進んでいる方向（及び向き）は示していない。

〈注意〉変位及び速度について

1. 変位……物体が運動するとき、運動の始めの位置（即ち、始点）と、運動の終りの位置（即ち、終点）の位置の変化のことを「変位」という。

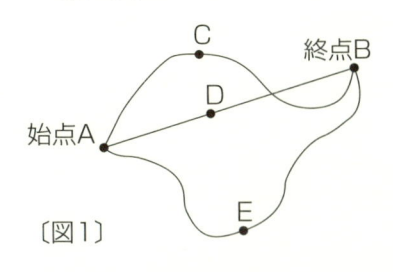

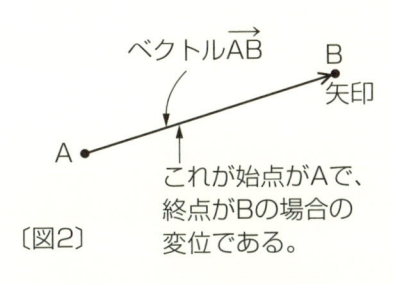

〔図1〕

従って、変位は、始点と終点だけが問題であって、途中の経路や時間は問題にしない。つまり、

変位は始点Aから終点Bまでの直線距離（これを「変位の大きさ」という）と、線分ABの方向（これを「変位の方向」という）を持つ量である。このように、変位は大きさと方向を持つ量であるからベクトル量である。

このような量を変位と呼ぶことに決めたのである。従って、始点がAで終点がBである場合には、物体の移動する経路が〔図1〕のACB, ADB, AEBの、いずれであろうとも、このときの変位は、どれもみな線分ABに矢印を付けたベクトル$\overrightarrow{AB}$で表わされる。そして、このベクトル$\overrightarrow{AB}$のことを「変位ベクトル」という（〔図2〕）。

〔図2〕 ベクトル$\overrightarrow{AB}$　矢印　これが始点がAで、終点がBの場合の変位である。

2. 速度……「単位時間当たりの変位」のことを「速度」という。

即ち、速度 $= \dfrac{変位}{時間}$ である。

速度は、大きさ（速度の大きさが「速さ」）と、方向とを持つ量であるから、ベクトル量である（変位がベクトル量であるから、速度もベクトル量である）。

㊟「速度」と「速さ」は異なる量である。「速度の大きさ」だけを表わすものが「速さ」である。つまり、速さという量は方向を持たない量（スカラー量）である。

$$速さ = \frac{移動した「距離」}{その移動に要した「時間」}$$

即ち、「単位時間当たりの移動距離」が速さである。そして、このときの移動距離は、曲がりくねった経路であれば、その曲がりくねって動いた距離（即ち、長さ）のことである。

いま、次図のように、人が曲がりくねった道を歩いてA地点（始点）からB地点（終点）まで移動した場合を考える。

この人の歩く速度は、A, C, D, Bの各地点での速度ベクトルは、それぞれ$\vec{A}, \vec{C}, \vec{D}, \vec{B}$であったとする。

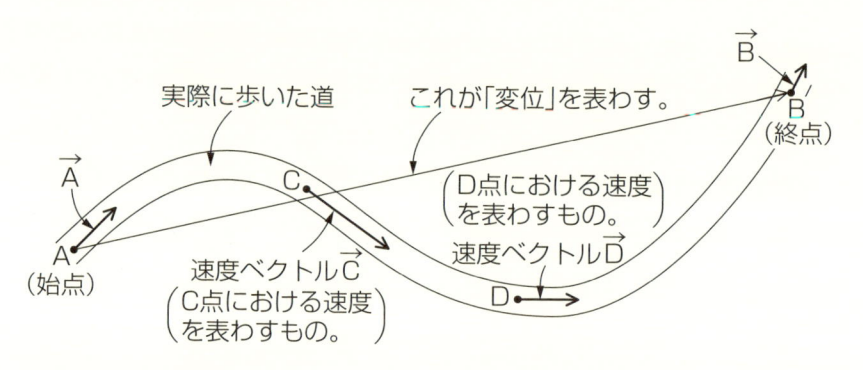

この人が歩いた各地点A, C, D, Bでの「速度」は、みな異なる。それは、速度の方向がみな異なっているからである。たとえ、歩く「速さ」は同じ場合であっても、歩く方向が異なっていれば、歩く「速度」は異なるのである。

速度の大きさ（即ち、速さ）か、速度の方向かのどちらか一方だけでも異なれば、それらの「速度」は異なることになるのである。

(以上〈注意〉終り)

(3) 等しい速度

ベクトルの説明のところでも述べたのであるが、次図のような場合には、時刻や位置は異なってはいても、速度 $\vec{v}_1, \vec{v}_2, \vec{v}_3$ の3者は、速さ（即ち、速度の大きさ）と方向及び向きが同じであるので、これらは「等しい速度」であると見なす約束になっている。

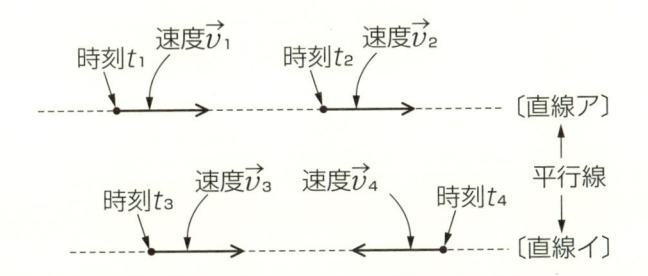

上図で、$\vec{v}_1$ と $\vec{v}_2$ は、ともに同一の[直線ア]上にあって、大きさも方向及び向きも同じであるから、$\vec{v}_1$ と $\vec{v}_2$ は等しい速度である。また、$\vec{v}_3$ は、[直線イ]の上にあるが、この[直線イ]は[直線ア]と平行であるから、これら両直線の方向は同じである。従って、$\vec{v}_3$ は $\vec{v}_1$ や $\vec{v}_2$ と大きさが同じで、方向と向きも同じなので、これら3つの速度は等しいものである。

ところが $\vec{v}_4$ は、$\vec{v}_1, \vec{v}_2, \vec{v}_3$ などと比べたときに、大きさと方向は同じであるが、向きが逆であるので、等しい速度であるとは言えない。つまり、

速さ……$v_1 = v_2 = v_3 = v_4$　であるが、

速度……$\vec{v}_1 = \vec{v}_2 = \vec{v}_3 \neq \vec{v}_4$　である。
注［直線イ］上の速度ベクトル$\vec{v}_4$の矢印であるが、これを記号で書くときに$\overleftarrow{v}_4$と書くかというと、そうではなく、やはり$\vec{v}_4$と書くことに決まっている。

従って、物体が運動中に、速さ・方向・向きのうちのどれか1つでも変化すれば、その物体の「速度」は変化したことになる。

(4) 方向と向き

「方向」という語と「向き」という語は、狭義ケの使い方と広義の使い方とがあるので注意が必要である。

ケ狭義……或る言葉の意味のうち、指す範囲の狭い方の場合である。これに対して広い方の場合の用法を広義という。

1. 狭義の用法

いま、次図のように2個のボールA, Bを水平な東西の一直線上を互いに逆の向きに投げたとする。

西 --------- ← Ⓐ　Ⓑ → --------- 東

このとき、ボールを投げた「方向」は、AもBも共に「東西方向」である。しかし、それらの「向き」は、Aは「西向き」であり、Bは「東向き」である。つまり、Aは東西方向の西向きに投げられ、Bは東西方向の東向きに投げられたわけである。

このように「方向」と「向き」とを、きちんと区別して使い分けるのが、狭義の用法である。

2. 広義の用法

(例1) ボールを「東の方向に」投げた、と言えば、

これは $\begin{cases} 方向は狭義の「東西方向」で、\\ 向きは狭義の「東向き」のこと、\end{cases}$

を言っている。つまり、狭義の方向と向きとを同時に表わす言い方である。

(例2) ボールを「東向きに」投げた、と言えば、

これもまた $\begin{cases} 方向は「東西方向」で\\ 向きが「東向き」のこと\end{cases}$

を表わしている言い方である。

以上のことから「東の方向に」と言ったときと、「東向きに」と言ったときとでは、それらの意味する内容は同じことを言っている。

(例3) 「鉛直上向きに」と言えば、その内容は、

$\begin{cases} 狭義の「方向」は、鉛直（上下）の方向であり、\\ 狭義の「向き」は、上向きであることを言っている。\end{cases}$

従ってこれは、「鉛直方向で上向きに」と同じ意味のことを言っている。

以上のように、「方向」という語と、「向き」という語は、本の著者によっていろいろに使われているので、意味を見きわめることが必要である。

(5) 速度の分解

1つの速度ベクトルを2つ以上の速度ベクトルに置き替えることを「速度の分解」という。

いま、1個のボールを斜め上方に投げ上げた場合、このボールは、例えば、次図のような経路で運動する。

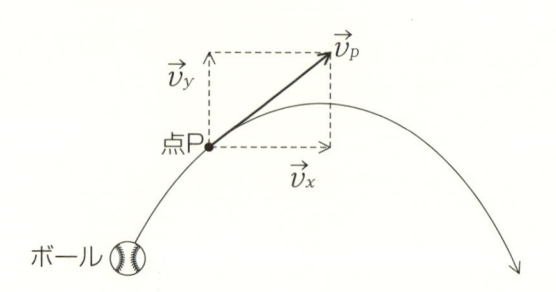

このとき点Pにおけるボールの「速度」をベクトル $\vec{v}_P$ で表わすことにする。そして、もし、このボールの運動を、この紙面の方向、即ち、ボールが飛んでいく真うしろ側の遠く離れた所から見ると、点Pの速度はベクトル $\vec{v}_y$ に見えるし、またもし、ボールの真下の離れた所から見ると、点Pの速度はベクトル $\vec{v}_x$ に見えることになる。

このことは、このボールは、点Pにおいて「x方向」には速度 $\vec{v}_x$ で運動し、同時に「y方向」には速度 $\vec{v}_y$ で運動していると考えてもよいということである。

(6) 速度ベクトルの直交成分

1つの速度ベクトル $\vec{v}$ を直角な2方向であるx方向とy方向とに分解するとき、分解された2方向の速度ベクトルを、その「大きさ」(即ち、スカラー量) だけで表わすと、計算がしやすくなる。

いま、右図のような、x軸とy軸とが直交する座標平面に、速度ベクトル$\vec{v}$があり、このベクトル$\vec{v}$がx軸となす角がθ(シータ)であるとき(即ち、角θは半直線Oxから測った角度である)、

$$\left.\begin{array}{l}v_x = v \times \cos\theta \\ v_y = v \times \sin\theta\end{array}\right\}$$

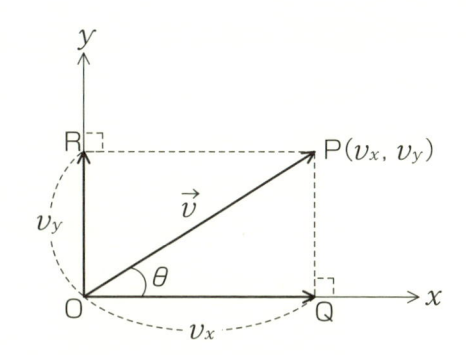

………… (式7)

で定義される

$$\begin{cases}v_x \text{のことを、ベクトル}\vec{v}\text{の「}x\text{成分」} \\ v_y \text{のことを、ベクトル}\vec{v}\text{の「}y\text{成分」}\end{cases}$$

という。

つまり、$\begin{cases}v_x \text{は、点P の }x\text{ 座標の数値であり、} \\ v_y \text{は、点P の }y\text{ 座標の数値である。}\end{cases}$

㊟① ベクトル$\vec{v}$のx成分やy成分を計算によって求めるには、三角比を使う。

上図の直角三角形POQにおいて、

$$\cos\theta = \frac{\text{底辺}}{\text{斜辺}} = \frac{\text{OQ}}{\text{OP}} = \frac{v_x}{v}$$

即ち、$\cos\theta = \dfrac{v_x}{v}$ から、$v_x = v \times \cos\theta$

また、$\sin\theta = \dfrac{\text{高さ}}{\text{斜辺}} = \dfrac{\text{PQ}}{\text{OP}} = \dfrac{\text{RO}}{\text{OP}} = \dfrac{v_y}{v}$

即ち、$\sin\theta = \dfrac{v_y}{v}$ から、$v_y = v \times \sin\theta$

(この式の変形は、$2 = \dfrac{6}{3} \to 6 = 2 \times 3$ と同じ変形のしかたを使った。)

となり、(式7) が得られる。

注2 上図において、
(1) ベクトルの関係……$\vec{v} = \vec{v_x} + \vec{v_y}$
(2) (速度の) 大きさの関係……$v^2 = v_x{}^2 + v_y{}^2$ (三平方の定理)
(3) 成分の関係……$\begin{cases} v_x = v \times \cos\theta \\ v_y = v \times \sin\theta \end{cases}$
(4) 方向の関係……$\tan\theta = \dfrac{v_y}{v_x}$

(例題1) 速度ベクトル $\vec{v}$ の「速度の大きさ」v が、$v = 10$ 〔m/s〕で、このベクトル $\vec{v}$ は、x 軸と $30°$ の角度をなしている。このときの速度ベクトル $\vec{v}$ の x 成分 v_x と y 成分 v_y は、それぞれ何 〔m/s〕か。

(解) 題意を図示すると、右図のように描けるから、

$v_x = 10$ 〔m/s〕$\times \cos 30°$
　　$= 10$ 〔m/s〕$\times \dfrac{\sqrt{3}}{2}$
　　$= 5\sqrt{3}$ 〔m/s〕
　　$\fallingdotseq 8.7$ 〔m/s〕

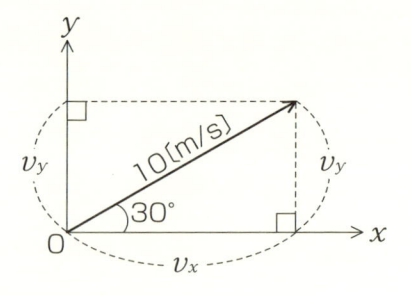

$v_y = 10$ 〔m/s〕$\times \sin 30° = 10$ 〔m/s〕$\times \dfrac{1}{2} = 5$ 〔m/s〕

　　　　　　(答) $v_x = 8.7$ 〔m/s〕、$v_y = 5$ 〔m/s〕

㊟右の△ABCは、正三角形で、各辺の長さを2とする。三角形の3つの内角の和は180°であり、正三角形の場合には、各内角は60°である。頂角Aの二等分線は底辺BCを垂直に2等分するから、∠BAD = 30°、∠ADB = 90°、辺BD = 1である。辺ADの長さをxとおいて、直角三角形ABDに三平方の定理を適用すると、$1^2 + x^2 = 2^2$
∴ $x^2 = 2^2 - 1^2 = 4 - 1 = 3$
∴ $x = \sqrt{3}$（長さだから$-\sqrt{3}$はないので捨てて、$+\sqrt{3}$だけを採用する。）

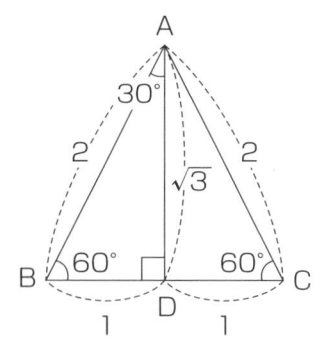

㊟上図で、角30°のときの底辺というのは、辺ADのこと（斜辺でない角に接した隣りの辺）。また角60°のときの底辺というのは辺BDのこと（斜辺でない隣りの辺）。そして、高さというのは、その角の対辺のことをいう。

さて、△ABDにおいて、

$$\cos 30° = \frac{底辺}{斜辺} = \frac{\sqrt{3}}{2}$$

$$\sin 30° = \frac{高さ}{斜辺} = \frac{1}{2}$$

尚、$\sqrt{3} = 1.7320508$（人並におごれや）
$\sqrt{2} = 1.41421356$（一夜一夜に一見頃）

(参考)

　1つの速度ベクトル$\vec{v}$を、直角な2方向のベクトルに分解して表示する場合には次のようにする。

　原点Oにおいて直交する2つの直線x軸（横軸）とy軸（縦軸）とからなる座標平面上に、速度ベクトル$\vec{v}$の矢の元をOと一致させて$\vec{v}$を示す矢を描く。次に、その矢印の先端から、それぞれx軸及びy軸に垂線を下ろし、その足⊃をそれぞれ点P及び点Qとする。

　　⊃足……垂線が、直線または平面と交わる点。

　このとき得られた2つのベクトル$\overrightarrow{OP}$及び$\overrightarrow{OQ}$が、初めの1つのベクトル$\vec{v}$を直角な（垂直な）2方向に分解したものである。（次頁の図参照）

　このとき、$\overrightarrow{OP} = \vec{v_x}, \overrightarrow{OQ} = \vec{v_y}$である。

　これら$\vec{v_x}$及び$\vec{v_y}$は、それぞれx軸及びy軸の座標の値によって、それらの「大きさ」や「向き」を表示することができる。特に、$\vec{v_x}$や$\vec{v_y}$の「向き」は、＋（正）または－（負）の符号で表わすことができるようになるのである。即ち、次のようである。（次頁の図参照）

$\begin{cases} ①\vec{v_x}の向きが、「x軸の＋の向きと同じ向き」のときは、\vec{v}の「x成分v_x」は「＋符号付きの数値」で表わされ、\\ ②\vec{v_x}の向きが、「x軸の＋の向きと逆向き」のときは、\vec{v_x}の「x成分v_x」は「－符号付きの数値」で表わされる。\end{cases}$

$\begin{cases} ③\vec{v_y}の向きが、「y軸の＋の向きと同じ向き」のときは、\vec{v}の「y成分v_y」は「＋符号付きの数値」で表わされ、\\ ④\vec{v_y}の向きが、「y軸の＋の向きと逆向き」のときは、\vec{v}の「y成分v_y」は、「－符号付きの数値」で表わされる。\end{cases}$

9. 速度（その2）

注① x 軸や y 軸の「＋（正）の向き」とは、それぞれの「座標の＋の値が大きくなっていく向き」のことをいう。

注② $\vec{v}$ を x 軸方向と y 軸方向の2つの方向に分解したということは、$\vec{v_x}$ 及び $\vec{v_y}$ の「方向」は、それぞれ x 軸方向及び y 軸方向であることに決まったということである。

(以上（参考）終り)

ベクトルの「x 成分」と「y 成分」

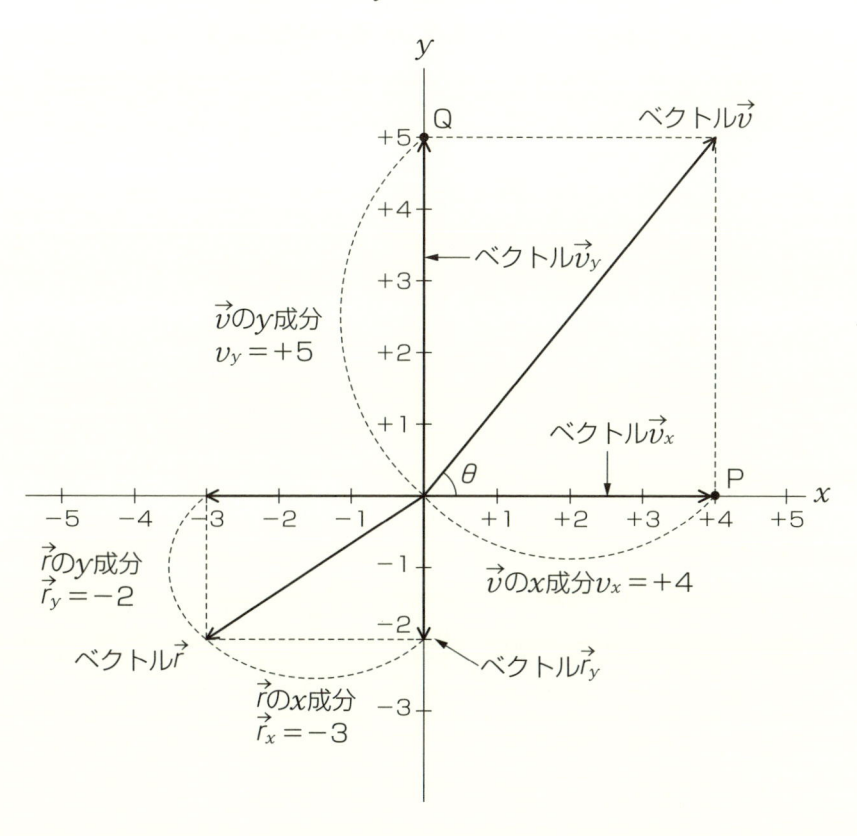

即ち、

ベクトル $\vec{v}$ の $\begin{cases} x \text{成分}\, v_x &= +4 \\ y \text{成分}\, v_y &= +5 \end{cases}$

ベクトル $\vec{r}$ の $\begin{cases} x \text{成分}\, r_x &= -3 \\ y \text{成分}\, r_y &= -2 \end{cases}$

また、ベクトル $\vec{v}$ の「方向」は、$\tan\theta = \dfrac{v_y}{v_x} = \dfrac{+5}{+4} = 1.25$ となるような θ の角で表わされるものである。

(例題2) 北西向きに 10 [m/s] の速度で航行しているモーターボートがある。いま、東西の方向を x 軸にとり、その右向き（東向き）を正（+）の向きとし、また、南北の方向を y 軸にとってその上向き（北向き）を正（+）の向きとしたときの、このボートの速度の x 成分 v_x と y 成分 v_y は何 [m/s] か。

(解) v は、ベクトル $\vec{v}$ の大きさで、距離（長さ）であるから、[図1]のような x 軸と y 軸とが直交する座標平面のどの象限（第1～第4象限）にあっても正（+）の値である。そして、$\vec{v}$ の x 成分 v_x や y 成分 v_y は、この平面座標上の x 座標や y 座標の数値であ

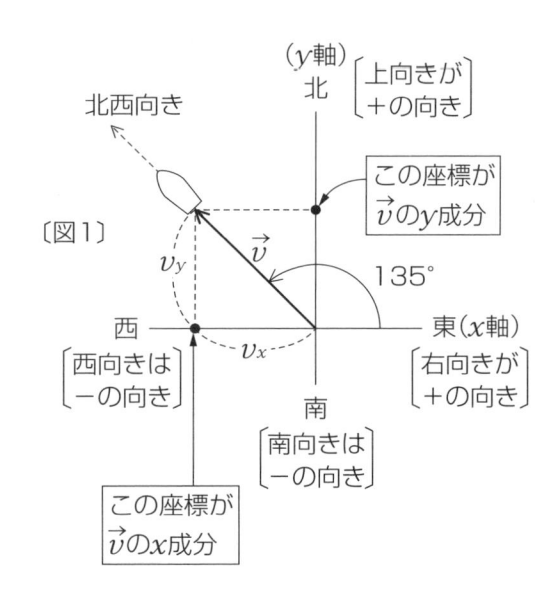

るから、ベクトル $\vec{v}$ の x 成分 v_x の「向き」や y 成分 v_y の「向き」を「＋や－の符号」で表現することができるので都合がよい。つまり、次のようにすればよい。

上の問題では、ボートは北西の向き即ち、[図2]の平面座標では、第2象限内を運動することになる。

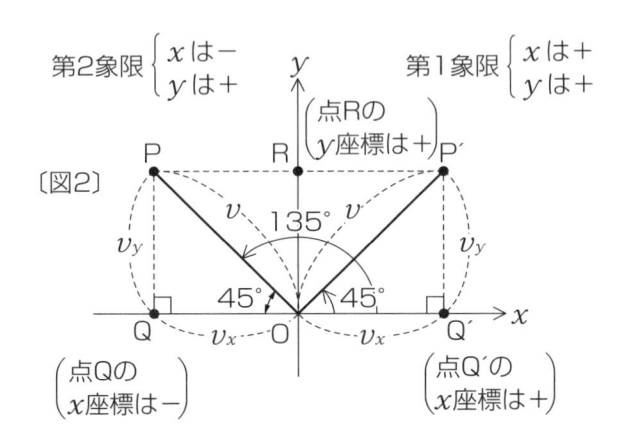

[図2]

その向きは、x 軸となす角 θ（即ち、半直線 Ox から測った角度のこと）は、

$$\theta = 135°(= 90° + 45°)$$

である。すると、

$$\cos\theta = \cos 135° = -\cos 45°$$

従って、$\cos 135° = \dfrac{v_x}{v} = -\cos 45°$

$$\therefore v_x = v \times (-\cos 45°)$$

この式に $v = 10$ 〔m/s〕、$\cos 45° = \dfrac{1}{\sqrt{2}}$（[図3]を参照）を代入すると、

$$v_x = 10 \text{〔m/s〕} \times \left(-\dfrac{1}{\sqrt{2}}\right) = \dfrac{-10}{\sqrt{2}} \text{〔m/s〕}$$

$$\fallingdotseq -7.1 \text{〔m/s〕}$$

〔図3〕の直角二等辺三角形で、直角を挟む2辺の長さをそれぞれ1とすると、斜辺の長さは$\sqrt{2}$である。よって、

$$\cos 45° = \frac{1}{\sqrt{2}}$$

$$\sin 45° = \frac{1}{\sqrt{2}}$$

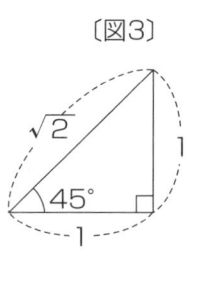

〔図3〕

㊟ $\cos 135° = -\cos 45°$のわけ

右図で、
$\cos(180° - \theta)$
$= \dfrac{\text{OQ}}{v} = \dfrac{-a}{v}$
$= -\dfrac{a}{v}$ ……①

また、
$\cos\theta = \dfrac{a}{v}$ ……②

式①の$\dfrac{a}{v}$に式②を代入すると、

$\cos(180° - \theta) = -\cos\theta$ となる。

もし、$\theta = 45°$であれば

$\cos(180° - 45°) = \cos 135° = -\cos 45°$

となる。

$v_x ≒ -7.1$〔m/s〕と−符号が付いているから、$\vec{v}$のx成分は、x軸の−の向き（ここでは左向き）で、その大きさは7.1〔m/s〕であると

次に、
$$\sin 135° = \sin 45°$$
$$= \frac{v_y}{v}$$
$$\therefore v_y = v \times \sin 45°$$
$$= 10 \text{ [m/s]} \times \frac{1}{\sqrt{2}} \fallingdotseq (+) \, 7.1 \text{ [m/s]}$$

(答) $v_x = -7.1$ [m/s]、$v_y = 7.1$ [m/s]

(7) 速度の合成と分解

1. 速度の合成

　流れのない水面上（即ち、静止して動かない水面上）で走るときの速度が $\vec{v_1}$ のモーターボートが、流れの速度が $\vec{v_2}$ の川（このときの川の流れの速度は、川の流れの中心部も岸辺も、どこでもすべて同じであるものとする）を横切って行くときの速度について考えてみる。

　右図のように、初め、点Aにあったボートが、点Bに向かって行くものとする。このとき、もし、流れのない水面上の場合であれば、ボートは線分AB上を進んで1秒後には点Dに達する

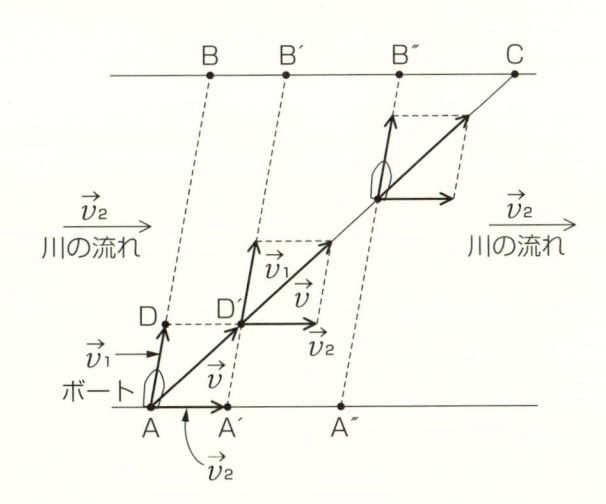

はずである。ところが実際には川の水は $\vec{v}_2$ の速度で流れているので、初め AB に存在していた水は、1 秒後には A′B′ まで流れて来るから、ボートは点 D′ に来ていることになる。このようにしてボートは進んで行くために、このボートは実際には、線分 AC 上を進んで点 C に到達することになる。このときにボートが実際に進む速度 $\vec{v}$ はベクトル $\overrightarrow{AD′}$ で表わされる。この $\vec{v}$ のことを $\vec{v}_1$ と $\vec{v}_2$ とを合成した「合成速度」という。そして、このことを次のように書き表わす。

$$\vec{v} = \vec{v}_1 + \vec{v}_2$$

合成速度 $\vec{v}$ は、合成する前の 2 つの速度 $\vec{v}_1$ と $\vec{v}_2$ とを隣り合う 2 辺とする平行四辺形の対角線で表わされる。そして、$\vec{v}$ を $\vec{v}_1$ と $\vec{v}_2$ との「ベクトル和」という。

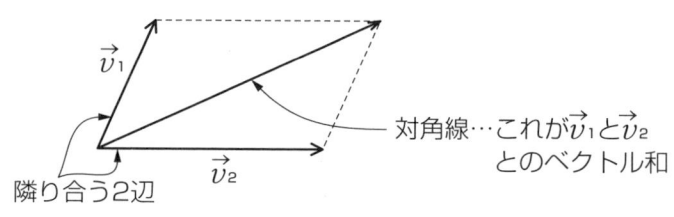

これを 2 辺とする平行四辺形が図の四辺形

一般に、速度ベクトルに限らず、位置ベクトルや力のベクトルなどのベクトル和（ベクトルを加え合わせたもの、即ち、ベクトルを合成したもの）を求めるときには、上と同じように、2 つのベクトルを隣り合う 2 辺とする平行四辺形を描けば、その「対角線」が、その 2 つのベクトルを合成したもの（ベクトル和）である。これをベクトル和に関する「平行四辺形の法則」という。

9. 速度（その2）

〈注意〉

$\vec{v} = \vec{v_1} + \vec{v_2}$ という式は、ベクトル和を表わす式であって、ベクトル和を特にこういう書き方をするのである。

つまり、これは、ベクトルの「大きさ」と「向き」の両方を持ったものの和（加え合わせたもの）について表わしているのである。

これに対して、ベクトルの単なる「大きさ」だけの和であれば、$|\vec{v}| = |\vec{v_1}| + |\vec{v_2}|$ であるとは言えず、$|\vec{v}| \neq |\vec{v_1}| + |\vec{v_2}|$ である。

注 $|\vec{v}|$ は、ベクトル $\vec{v}$ の絶対値であるから、ベクトルを座標上で考える場合に向きを示す＋や－の符号を取り去ったもので、向きは考えない、大きさだけを表わすものである。

いま、右図のように、特に∠OAB = 90°の場合について考えてみると、ベクトル和では、$\overrightarrow{OB} = \overrightarrow{OA} + \overrightarrow{AB}$ であるが、ベクトルの「大きさ」だけを考えた場合には、その量はベクトルではなくて、スカラーであるから、

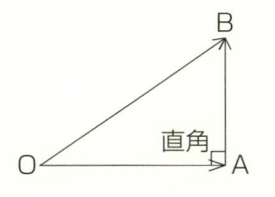

$|\overrightarrow{OB}| = |\overrightarrow{OA}| + |\overrightarrow{AB}|$ と書くことはできず、

↑これはOB の距離　↑これはOA の距離　↑これはAB の距離

注 このときは、$a^2 = b^2 + c^2$ の関係である。
つまり、OBの長さは、OAの長さとABの長さとを単に加え合わせたものに等しいのではない。

$|\overrightarrow{OB}| \neq |\overrightarrow{OA}| + |\overrightarrow{AB}|$ である。
↑等しくない。

121

従って、いま、この場合のOBの距離は、△OAB（これはいま直角三角形を考えているから）に三平方の定理を適用して、

$|\overrightarrow{OB}|^2 = |\overrightarrow{OA}|^2 + |\overrightarrow{AB}|^2$ 　（これはOBの距離の2乗の意味）。

$|\overrightarrow{OB}| = \sqrt{|\overrightarrow{OA}|^2 + |\overrightarrow{AB}|^2}$

である。

　つまり、OBの大きさ＝$\sqrt{(OAの大きさ)^2 + (ABの大きさ)^2}$
ということである。

（例題1）静水ならば、3.0〔m/s〕の速さで走るモーターボートで、0.6〔m/s〕の速さで流れている川を真横に横切ろうとして進んだ。岸から見たときのこのボートの速さは何〔m/s〕か。

（解）このボートは流水上を走るのであるから、川の流れの速度とボートの速度とを合成すればよい。このときのボートの速度ベクトルと川の流れの速度ベクトルの関係は右図のようである。

　従って、合成速度を$\vec{v}$とすると、この速度の「大きさv」は、三平方の定理によって、

$v^2 = (3〔m/s〕)^2 + (0.6〔m/s〕)^2$
　　$= 9.36（〔m/s〕)^2$

∴ $v = \sqrt{9.36（〔m/s〕)^2}$
　　$≒ 3.1〔m/s〕$

（答）3.1〔m/s〕

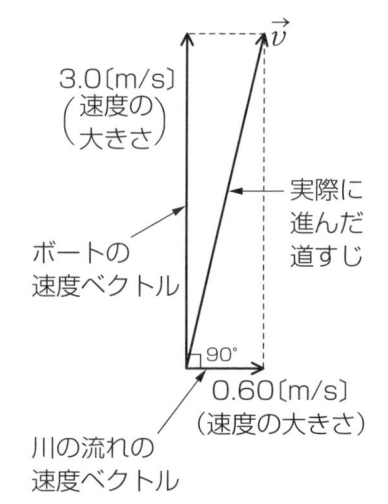

(例題2)〔物体が同時に2つの速度ベクトル$\vec{v_1}$及び$\vec{v_2}$で運動するときの速度の合成〕

右の〔図1〕のように、1つの物体がx軸の方向に$\vec{v_1}$の速度で、また、x軸と角θをなす方向に$\vec{v_2}$の速度で運動するときの合成速度$\vec{v}$の「大きさ」を求めよ。

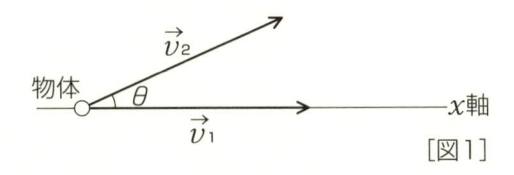

〔図1〕

(解) 合成速度$\vec{v}$は、図2のように、$\vec{v_1}$と$\vec{v_2}$を相隣る（互いに隣どうしの関係にある）2辺とする平行四辺形BOAPの対角線$\overrightarrow{OP}$である。

〔図2〕

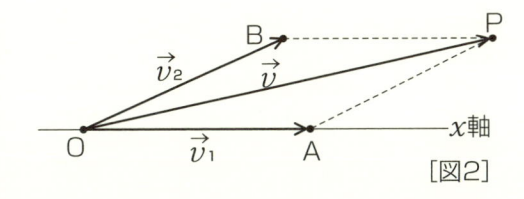

〔図3〕から、

$$\cos\theta = \frac{底辺}{斜辺} = \frac{v_{2x}}{v_2}$$

$$\therefore v_{2x} = v_2 \cdot \cos\theta$$

また、$\sin\theta = \dfrac{高さ}{斜辺} = \dfrac{v_{2y}}{v_2}$

$$\therefore v_{2y} = v_2 \cdot \sin\theta$$

〔図3〕

$v_{2y} = v_2 \cdot \sin\theta$

$v_{2x} = v_2 \cdot \cos\theta$

つまり$\vec{v_2}$の
$\begin{cases} x\text{成分 } v_{2x} = v_2 \cdot \cos\theta \\ y\text{成分 } v_{2y} = v_2 \cdot \sin\theta \end{cases}$ である。

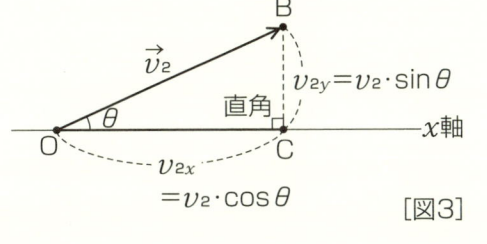

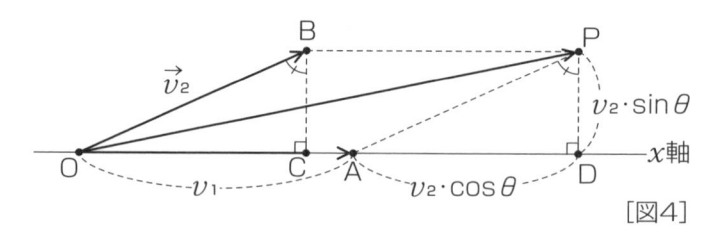

[図4]

また、[図4]から、$\triangle BOC \equiv \triangle PAD$（$\equiv$は合同の記号）であるから、辺$AD = $辺$OC = v_2 \cdot \cos\theta$（[図3]から）、ここで$\triangle POD$について、三平方の定理を適用すると、P.122で述べたように、「大きさ」については三平方の定理の関係にあるから、

(辺OP)² = (辺OD)² + (辺PD)²

即ち、
$$v^2 = (v_1 + v_2 \cdot \cos\theta)^2 + (v_2 \cdot \sin\theta)^2$$
$$= v_1^2 + 2v_1 \cdot v_2 \cdot \cos\theta + (v_2 \cdot \cos\theta)^2 + (v_2 \cdot \sin\theta)^2$$
$$= v_1^2 + 2v_1 v_2 \cos\theta + v_2^2 \cdot (\cos\theta)^2 + v_2^2 (\sin\theta)^2$$
$$= v_1^2 + 2v_1 v_2 \cos\theta + v_2^2 \underbrace{(\cos^2\theta + \sin^2\theta)}_{= 1}$$
$$= v_1^2 + 2v_1 v_2 \cos\theta + v_2^2$$
$$\therefore v = \sqrt{v_1^2 + 2v_1 v_2 \cos\theta + v_2^2}$$

㊟ $(\cos\theta)^2$を$\cos^2\theta$と書き、$(\sin\theta)^2$を$\sin^2\theta$と書く。また、$\sin^2\theta + \cos^2\theta = 1$であるわけは、次のようである。

右の直角三角形ABCにおいて、三平方の定理から、$a^2 + b^2 = c^2$であるから、この式の両辺をc^2で割ってもやはり等式が成り立つので、

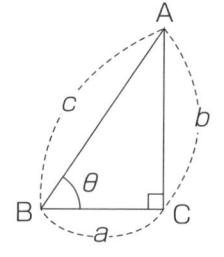

124

$$\frac{a^2}{c^2} + \frac{b^2}{c^2} = \frac{c^2}{c^2} \quad \therefore \left(\frac{a}{c}\right)^2 + \left(\frac{b}{c}\right)^2 = 1$$

ここで、 $\dfrac{a}{c} = \dfrac{底辺}{斜辺} = \cos\theta$、 $\dfrac{b}{c} = \dfrac{高さ}{斜辺} = \sin\theta$

であるから、$(\cos\theta)^2 + (\sin\theta)^2 = 1$

即ち、$\cos^2\theta + \sin^2\theta = 1$ である。

$$（答） v = \sqrt{v_1^2 + 2v_1 v_2 \cos\theta + v_2^2}$$

（例題3）幅40〔m〕の川を水が2〔m/s〕の速さで流れている。この川を流れに垂直に横断して20〔s〕後に向う岸にボートによって着くためには、ボートをどの方向に向けて、どれだけの速さで進めばよいか。

（解）ボートを川の流れに対して直角な方向から角度θだけ流れに逆らう上流方向に向けて、速さ v で進行させることにすると、ボートが流れに直角な方向に進行する速さは $v\cdot\cos\theta$ であり、川幅の距離40〔m〕を進むのに要する時間は20〔s〕であるから、これらの値を、

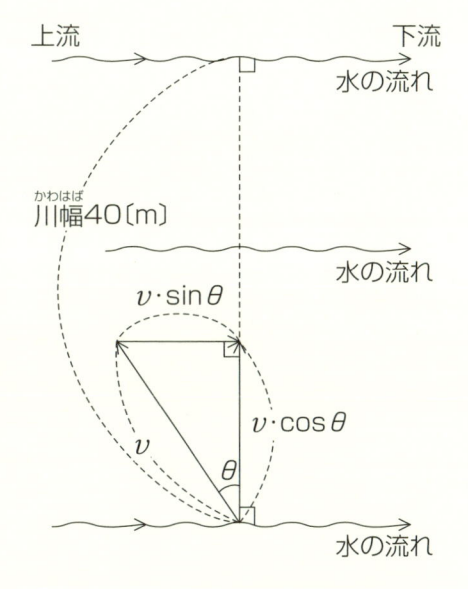

式 速さ = $\dfrac{距離}{時間}$ に代入すると、

$$v \cdot \cos\theta = \frac{40\ \text{[m]}}{20\ \text{[s]}} \quad \therefore v \cdot \cos\theta = 2\ \text{[m/s]} \quad \cdots\cdots 式①$$

そしてまた、川の流速 2〔m/s〕は、v の成分のうち、川の流れに平行な成分に相当するから、

$$2\ \text{[m/s]} = v \cdot \sin\theta \qquad \cdots\cdots 式②$$

式①と式②とから、$v \cdot \cos\theta = v\sin\theta$　両辺を v で割ると、$\cos\theta = \sin\theta$、両辺を $\cos\theta$ で割ると、$1 = \dfrac{\sin\theta}{\cos\theta} = \tan\theta$、この $\tan\theta = 1$ となるような角 θ は 45°である。

㊟1

$$\sin\theta = \frac{b}{c},\ \cos\theta = \frac{a}{c}$$

$$\therefore \frac{\sin\theta}{\cos\theta} = \frac{\frac{b}{c}}{\frac{a}{c}} = \frac{b}{\cancel{c}} \times \frac{\cancel{c}}{a} = \frac{b}{a}$$

$$= \tan\theta$$

㊟2

$$\tan 45° = \frac{1}{1} = 1$$

この $\theta = 45°$ を式①に代入すると、

$$v \cdot \cos 45° = 2\ \text{[m/s]} \quad \therefore v \times \frac{1}{\sqrt{2}} = 2\ \text{[m/s]}$$

$$\therefore v = \frac{2\ \text{[m/s]}}{\frac{1}{\sqrt{2}}} = 2 \times \frac{\sqrt{2}}{1}\ \text{[m/s]} = 2\sqrt{2}\ \text{[m/s]}$$

$$\fallingdotseq 2.8\ \text{[m/s]} \quad (\because \sqrt{2} \fallingdotseq 1.4)$$

（答）ボートを 45°上流に向けて、速さ 2.8〔m/s〕で進む。

㊟覚えておくもの…$\sin^2\theta + \cos^2\theta = 1$, $\dfrac{\sin\theta}{\cos\theta} = \tan\theta$

∴…ゆえに。∵…なんとなれば。

2. 速度の分解

速度の合成の逆の手順によって、1 つの速度 $\vec{v}$ を方向の異なる 2 つの速度 $\vec{v}_1$ と $\vec{v}_2$ とに分解することができる。

つまり、「1 つの速度ベクトル $\vec{v}$ を対角線に持つような平行四辺形を描けば、その平行四辺形の相隣(あいとな)る 2 辺が、分解された 2 つの速度ベクトル $\vec{v}_1$ 及び $\vec{v}_2$ となる」。

［図1］

ここで注意すべきことは、速度の合成のときには、2 つの速度を合成して得られる速度は、ただ 1 つだけ決まったのであるが、速度の分解の場合には、分解する方向を指定しなければ、「1 つの速度を分解して得られる 2 つの速度の組」の数が数限りなく得られる。ただし、分解する方向を決めてやれば、1 組だけ得られる。

一例として、いま、x-y 平面上にある速度ベクトル $\overrightarrow{\text{OP}}$（これを $\vec{v}$ とする）を x 軸方向及び y 軸方向の 2 つの速度ベクトルに分解する場合には、$\overrightarrow{\text{OP}}$ を

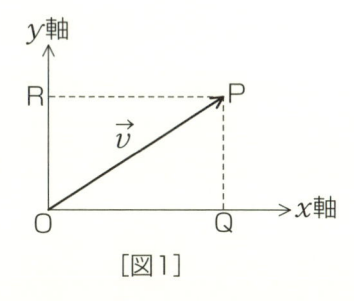

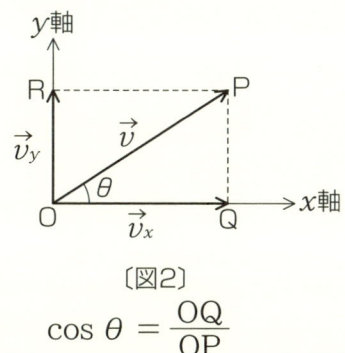

［図2］

$\cos\theta = \dfrac{\text{OQ}}{\text{OP}}$

∴ $\text{OQ} = \text{OP} \times \cos\theta$

また、

$\sin\theta = \dfrac{\text{QP}}{\text{OP}}$

∴ $\text{QP} = \text{OR}$
     $= \text{OP} \times \sin\theta$

対角線に持つ平行四辺形は、ただ 1 つしか描くことはできない。それが平行四辺形 ROQP である（[図1]）。

従って、$\vec{v}$ を 2 つに分解したものは [図2] の $\vec{v_x}$（即ち $\overrightarrow{OQ}$）及び $\vec{v_y}$（即ち、$\overrightarrow{OR}$）であり、これ以外にはないのである。

そして、このとき、$\vec{v}$ と x 軸とのなす角を θ（シータ）とすれば、次の関係がある。

$$\begin{cases} v_x = v \times \cos\theta \quad (\vec{v} \text{ の } x \text{ 成分}) \\ v_y = v \times \sin\theta \quad (\vec{v} \text{ の } y \text{ 成分}) \end{cases}$$

以上の速度の分解を実際の場合に応用するものとしては、次のようなものがある。

いま、ボールを斜（なな）め上方に投げたとき、ボールは下図のような道すじを通るものとする。これを x-y 座標平面上の運動として考える。点 P を通るときのボールの速度を $\vec{v}$（これは、点 P における曲線への接線で、ボールの点 P における瞬間の速度である。）とすると、ボールの運動を真下から見ると、ボールは速度 $\vec{v_x}$ で水平方向に運動し、また、x 軸上で遠く離れた所から見ると、ボールは速度 $\vec{v_y}$ で鉛直方向に運動しているように見える。これは、1 つの速度 $\vec{v}$ が 2 つの速度 $\vec{v_x}$ と $\vec{v_y}$ に分解さ

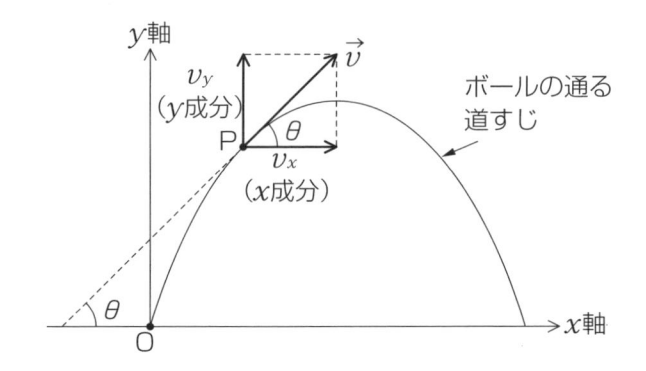

れたことになる。

　このように、速度ベクトル$\vec{v}$を、x軸方向の速度ベクトル$\vec{v_x}$とy軸方向の速度ベクトル$\vec{v_y}$とに分解して考えるときに、$\vec{v_x}$や$\vec{v_y}$の「大きさ」（即ち、速さ）のほかに、x軸やy軸の＋の向きと同じ向きの速度を＋とし（もちろん、x軸やy軸の－の向きと同じ向きの速度は－とする）、それらの速度の「向き」を示す＋あるいは－の符号を含めた量をv_xやv_yと書き表わすことにする。そして、これらv_x及びv_yのことをそれぞれ$\vec{v}$の「x成分」及び$\vec{v}$の「y成分」というのである。

　つまり、速度$\vec{v}$をx軸方向とy軸方向の2方向に分解したときの、x軸方向の速度の大きさに＋または－の符号を付けた量のことを$\vec{v}$の「x成分」と呼んでv_xと書き、また、y軸方向の速度の大きさに＋または－の符号を付けた量のことを$\vec{v}$の「y成分」と呼びv_yと書くことにする。

　こうすることによって、x軸方向及びy軸方向の速度を「＋または－の符号の付いた数値」で表現することができるようになるので便利である。

　上図の点Pにおけるボールの速度ベクトル$\vec{v}$とx軸とのなす角をθとすれば、$\vec{v}$のx成分及びy成分は次のようである。

$$\vec{v} の \begin{cases} x\text{成分}\ v_x = v \times \cos\theta \\ y\text{成分}\ v_y = v \times \sin\theta \end{cases}$$

　尚、$v^2 = v_x^2 + v_y^2$　である（三平方の定理が成立）

（参考）運動の観測

　物体の運動を観測するときには、観測者自身は動かず、じっと静止したままで観測すると、物体の動きがわかりやすい。もし、観測者自身が動いていると、物体の動きがわかりにくくなってしまうものである。例

えば高速で走っている自動車内にいる人が、車外を同じ向きに歩いている人を見た場合には、歩いている人が車の後方に向かって飛ぶが如(ごと)くに高速で後(あと)ずさりしているかのように見えるものである。ところが、止まっている自動車の中に座っている人が歩いている人を見たときには、その歩行者の動きが正確によくわかる。従って、物体の運動を観測するときには、観測者は静止していることが望ましい。そして、静止している観測者から見た物体の運動を表示するためには、観測者と一緒に静止しているもの、例えば地球上に固定されている x 軸や y 軸というものを考えて、その座標を利用して物体の運動を考えると、わかりやすい。つまり、「物体が運動する方向を x 軸にとれば……」とか、「物体が落下する方向を y 軸にとると……」などと、物体の運動する方向を x 軸や y 軸であると見なして、その軸上を物体が運動すると考えると、計算を行うのに大変好都合になるのである。　　　　　（以上（参考）終り）

10. 相対速度

(1) 運動の基準物体

　地面に立っている人が電車を見ると、電車は前向きの速度で走っており、電車に乗っている人は、電車と同じ速度で動いている。しかし、電車に乗っている人から見れば、地面に立っている人や電柱などが後ろ向きの速度で動いているように見える。また、電車内に座っている人が、向かい側の席に座っている人を見れば、動いていないので、速度は0である。このように、「見る人の動きによって速度はちがって見える」のである。

　即ち、速度は何を基準にして見ているかによって違ってくるものである。従って「物体の速度」というときには、「何か基準となる物体に対する、或る物体の速度」を言うのであって、その基準となる物体を「基準物体」という。地上の運動では、普通、地面を基準にとる。このとき、地面に対する速度が物体の速度である。

(2) 相対㈠運動

　　㈠相対……他と関連させてみて、初めてそのものの存在が考えられること。

　2つの物体が、どちらも運動しているとき、一方の物体から見たときの他方の物体の運動を「相対運動」という。例えば、普通列車に乗っているときに、隣りの線路を同じ向きに走る急行列車に追い越されるときには、あたかも、こちらの列車が後戻りしているかのような錯覚㈦を起こすことがある。

㋛錯覚……事実と違ったように見たり聞いたりすること。

　これは、いつもは、自分の乗った列車の動きを、地面を基準にして見ていたのに、その地面が見えないので、無意識のうちに隣りの急行列車を基準にして見てしまったために、こちらの列車が後戻りしているかのように見えてしまうわけである。

(3) 相対速度

　2つの物体A,Bが運動しているとき、一方の物体から見たときの他方の物体の速度を「相対速度」という。このとき「Aから見たときのBの速度」（Aを基準にして見たときのBの速度）を「Aに対するBの相対速度」という。この場合には、Aが基準物体であり、観測者に相当する。そして、Aに対するBの相対速度を$\vec{v}_{AB}$と書き、また、Aの速度を$\vec{v}_A$、Bの速度を$\vec{v}_B$とすれば、

$$\vec{v}_{AB} = \vec{v}_B + (-\vec{v}_A) = \vec{v}_B - \vec{v}_A \quad \cdots\cdots (式8)$$

$\begin{pmatrix}Aから見たときの\\Bの相対速度\end{pmatrix}$　$\begin{pmatrix}対象物体B\\の速度\end{pmatrix}$　$\begin{pmatrix}観測者A\\の速度\end{pmatrix}$

　　　　　　　　　　　　　　　　　　　　　　‖
　　　　　　　　　　　　　　　　　　　（基準物体の速度）

　㊟ Aから見たBの速度のことを、Aに対するBの相対速度という。

　以上の場合とは逆に「Bから見たときのAの相対速度$\vec{v}_{BA}$は、$\vec{v}_{BA} = \vec{v}_A - \vec{v}_B$　である。

[参考説明]

　相対速度を求めるときには、対象物体の速度から、観測者の速度を引く。即ち、これは、対象物体の速度に、「観測者の速度と大きさが等しく、向きが逆であるような速度を加える」と言ってもよい。

　さて、地面上で、私達が物体の動きを見るときには、観測者である私達自身が同じ地面上で静止した状態で見ていると、物体がどのような動きをしているのか、正確に観測することができるものである。

　それでは、動いている物体を、これまた動いている観測者が観測すると、物体は、どのような動きをするように見えるであろうか。

　いま、右図のように物体の速度ベクトルが$\overrightarrow{OB}$（これは、速度の大きさが、線分OBの長さで速度の向きが点Oから点Bへ向かう向きであることを表わしている）で、観測者の速度ベクトルが$\overrightarrow{OA}$であるときに、この$\overrightarrow{OA}$で表わされる速度で動いている観測者から見ると物体の動きは、どのように見えるか考えてみる。このような場合には、初めにも述べたように、動いている観測者を静止させるように手を加えることによって、物体の動きを観測しやすくしてやればよい。

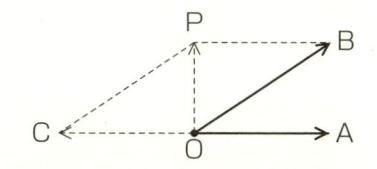

　そこで、観測者の速度$\overrightarrow{OA}$に、これと大きさが等しくて逆向きの速度（$-\overrightarrow{OA}$）を加えてやれば、観測者の速度が0となって静止する。従って、物体の動きを観測しやすくなる。

　ところで観測者にだけ一方的に（$-\overrightarrow{OA}$）を加えたのでは、依怙贔屓㊟になるので、公平にするために、物体の速度$\overrightarrow{OB}$にも（$-\overrightarrow{OA}$）を加えてやる。

　　㊟依怙贔屓……自分の好きな人や関係のある人だけに、特別の便宜

133

をはかったり、力添えしたりすること。

　すると、物体の動きは、静止させた観測者から見ると、$\vec{OB}+(-\vec{OA})$となり、これは、$\vec{OB}$と$(-\vec{OA})$とを2辺とする平行四辺形の対角線となるから、上図の$\vec{OP}$となる。つまり、この$\vec{OP}$が、動いている観測者から見たときの物体の動きの速度であって、これが、このときの観測者から見た物体の「相対速度」と呼ばれるものである。

　この相対速度というものは、物体の実際の動きの速度ではなくて、あくまでも、動いている観測者には、そう見える速度のことである。つまり、$\vec{OA}$の速度をもつものから見たときには、実際の速度$\vec{OB}$が、あたかも$\vec{OP}$という速度であるかのように見えるということである。

(4) 一直線上での相対速度

　2つの物体AとBが一直線上を同じ向きに運動していて、Aの速度は$\vec{v}_A$、Bの速度は$\vec{v}_B$であるとする。このとき、基準物体(観測者)Aから見たときの対象物体Bの相対速度$\vec{v}_{AB}$は、次のようである。

$$\underset{\begin{pmatrix}Aから見たときの\\Bの相対速度\end{pmatrix}}{\vec{v}_{AB}} = \underset{\begin{pmatrix}対象物体B\\の速度\end{pmatrix}}{\vec{v}_B} - \underset{\begin{pmatrix}観測者A\\の速度\end{pmatrix}}{\vec{v}_A}$$

　つまり、常に、「観測者の速度を引く」形の式である。

　さて、次図のように、物体の運動する一直線をx軸にとり、その右向きを正(＋)の向きと決めて、速度の向きを、それに合わせた＋あるいは－の符号で示すこととした速度の記号をv(ベクトルであることを示す矢印(→)を付けない記号)で表わすことにする。

① $v_A < v_B$ のとき

右図で、Aから見たときのBの相対速度 v_{AB} は、

$$v_{AB} = v_B - v_A$$
$$= (+20)[\text{m/s}] - (+15)[\text{m/s}] = (+5)[\text{m/s}]$$

即ち、Aから見たときのBの「速度の大きさ」（速さ）は5〔m/s〕であり、速度の向きは＋であるから、「右向き」即ち、x軸の＋の向きと同じ向きである。

② $v_A > v_B$ のとき

右図で、Aから見たときのBの相対速度 v_{AB} は、

$$v_{AB} = v_B - v_A$$
$$= (+15)[\text{m/s}] - (+20)[\text{m/s}] = -5[\text{m/s}]$$

つまり、Aから見たときの、Bの「速度の大きさ」は5〔m/s〕であり、速度の向きは－であるから、「左向き」即ち、x軸の－の向きと同じ向きである。

③ $v_B < 0$（v_B が負（－））のとき

右図で、「Aから見たときのBの相対速度 $\vec{v}_{AB}$ は、

$$v_{AB} = v_B - v_A$$
$$= (-15)[\text{m/s}] - (+20)[\text{m/s}]$$
$$= (-15) + (-20)[\text{m/s}] = -35[\text{m/s}]$$

即ち、速度の大きさは35〔m/s〕で、その向きは左向き。」

また、もし、Bから見たときのAの相対速度 v_{BA} は、

$v_{BA} = v_A - v_B$
$= (+20)〔m/s〕- (-15)〔m/s〕$
$= (+20)〔m/s〕+ 15〔m/s〕= (+35)〔m/s〕$

となり、これは、物体Bから物体Aを見たときの、物体Aの速度の大きさ（速さ）は35〔m/s〕で、その向きは右向きであることを意味する。

（参考）x軸の＋，－の向きについて

いま、前述の③の場合について、x軸の＋の向きを、これまでとは逆に、即ち、x軸の右向きを－の向きと決めた場合はどうなるか、ということについて考えてみる。このときは、当然x軸の左向きが＋の向きとなる。従って今度は、右向きの速度には、－の符号が付き、左向きの速度には＋の符号が付くことになる。つまり、上図のように、

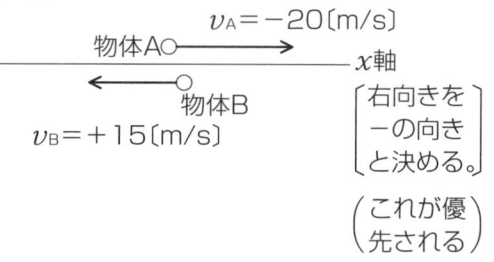

$v_A = -20〔m/s〕$、　$v_B = +15〔m/s〕$

となる。そして、Aから見たときのBの相対速度 v_{AB} は、

$v_{AB} = v_B - v_A = (+15〔m/s〕) - (-20〔m/s〕)$
$= +35〔m/s〕$

となり、これは、＋の符号の付いた速度であるから、左向きの速度を意味する。即ち、「Aから見たときのBの相対速度は、速度の大きさ（即ち、速さ）が35〔m/s〕で、その速度の向きは左向きである」ことを

意味するものである。つまり、前述の③の場合の前半の説明と一致するのである。

従って、「x軸の＋，－の向きの決め方は、どちら向きを＋の向きと決めても、計算によって得られる結果は全く同じ」ものとなる。

要するに、x軸やy軸なるものを取り入れて考えると、説明するにも、計算するにも、簡潔に行うことができるから、便利であるにほかならない。実際の物体の運動に、x-y平面の座標などというものが付きまわっているわけではない。　　　　　　　　　　　　（以上（参考）終り）

（5）2つの物体の速度が一直線上にない場合の相対速度

2つの物体AとBが、どちらも運動していて、物体Aの速度が$\vec{v}_A$、物体Bの速度が$\vec{v}_B$である場合に、Aから見たときの、Bの相対速度$\vec{v}_{AB}$は、

$$\vec{v}_{AB} = \vec{v}_B - \vec{v}_A \cdots\cdots (式12)'$$

である。

なぜならば、物体Aが（地面は、宇宙規模で見ると動いているのであるが、ここでは動かないものであると考える）地面に対して$\vec{v}_A$の速度で走っているとき、Aに乗った人から見ると、地面は$-\vec{v}_A$の速度で運動しているように見える。

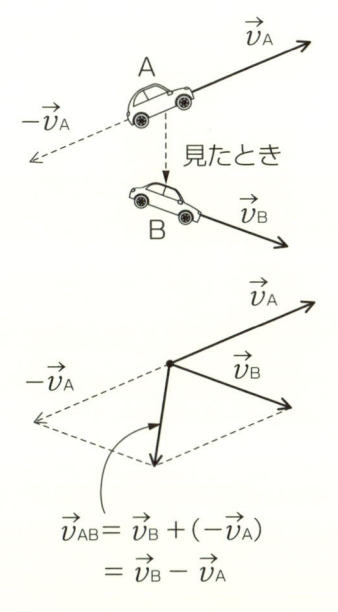

$$\vec{v}_{AB} = \vec{v}_B + (-\vec{v}_A)$$
$$= \vec{v}_B - \vec{v}_A$$

これは、Aから見たときの、Bの相対速度で、$\vec{v}_B$と$-\vec{v}_A$との合成速度である。図上では、$\vec{v}_B$と$-\vec{v}_A$を相隣る2辺とする平行四辺形の対角線が$\vec{v}_{AB}$である。

すると、Aに乗った人がBを見たときには、Bはあたかも B 自体の速度（地面に対する速度）$\vec{v}_B$ に $-\vec{v}_A$（これは A から見た地面の速度）が加わった速度で走っているかのように見える。つまり、$\vec{v}_B$ と $-\vec{v}_A$ とを合成した速度であるかのように見える。

従って、Aから見たときの、Bの相対速度 $\vec{v}_{AB}$ は、

$$\vec{v}_{AB} = \vec{v}_B + (-\vec{v}_A) = \vec{v}_B - \vec{v}_A$$

と表わされるわけである。

（例題）右図のように、速度が $\overrightarrow{AB}$ の船に乗った人が、速度が $\overrightarrow{CD}$ の船の運動を見たとき、どのような運動に見えるか。

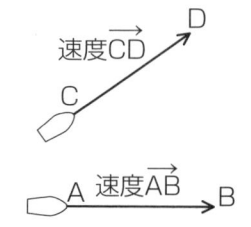

（解）どちらの船も動いており、このとき、観測する人の乗った船が基準物体であるから、観測者に対する他の船の相対速度を求めればよい。

そこで、両方の船の速度に、$\overrightarrow{AB}$ と同じ大きさで逆向きの速度 $-\overrightarrow{AB}'$ を合成させると、観測者の速度は、$\overrightarrow{AB} + (-\overrightarrow{AB}) = 0$ となって静止した状態で他の船を見ることになり、このとき、他の船の方の速度は、$\overrightarrow{CD}$ と $-\overrightarrow{AB}'$（即ち、$\overrightarrow{CE}$）とを合成したもの、即ち、$\overrightarrow{CD}$ と $\overrightarrow{CE}$ とを相隣る 2 辺とする平行四辺形 FECD の対角線 $\overrightarrow{CF}$ が、観測者から見たときの他の船の速度である。

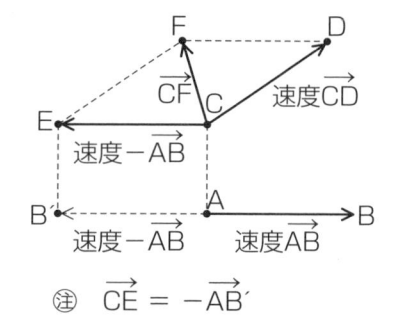

注　$\overrightarrow{CE} = -\overrightarrow{AB}'$

（答）図の $\overrightarrow{CF}$ の運動をしているように見える。

(問題) ①水平で左右の方向の一直線上を2つの物体A及びBが運動している。この一直線の右向きを正（＋）の向きと決めると、Aの速度 $\vec{v}_A = (+)8$ [m/s]、Bの速度 $\vec{v}_B = -5$ [m/s] と表わされる。このときについて次問に答えよ。

(i) Aから見たときのBの相対速度 $\vec{v}_{AB}$ は何 [m/s] か。符号も付けて答えよ。

(ii) また、それは、Aから見たときにBが左右のどちら向きに何 [m/s] の速さ（速度の大きさ）で運動しているように見えることを意味しているか。

②無風状態で、実際には鉛直下向きに降っている雨が、速度80 [km/h] で水平方向に走っている電車の中から見たところ、鉛直方向と45°の角度をなして降っているかのように見えた。このときの雨の落下速度は何 [m/s] か。

③静かな水面上を2隻(せき)の船A及びBが航行している。Aの速度は北向きに8 [m/s] であり、Bの速度は東向きに12 [m/s] である。このとき、Aから見たときのBの相対速度を求めよ。

(解答) (i) Aから見たときのBの相対速度 $\vec{v}_{AB}$ は、観測者の方の速度を引くのであるから、

$$\vec{v}_{AB} = \vec{v}_B - \vec{v}_A = (-5 \text{ [m/s]}) - (+8 \text{ [m/s]})$$
$$= -13 \text{ [m/s]} \qquad （答）-13 \text{ [m/s]}$$

(ii) いま、右向きを＋の向きと決めているから、右向きの速度には＋の符号を付け（ただし、＋の符号は省略して書かなくてもよい）、また、

左向きの速度には－の符号を付けることになる。ところで、(i)の答には－の符号が付いている。従って、このAから見たときのBの相対速度は左向きであることを意味する。そして、そのときの速度の大きさ（速さ）は、符号を取り除いた 13〔m/s〕という大きさである。　（答）左向きの速さ 13〔m/s〕の運動に見える。

②基準物体は電車の中の観測者であるから、その観測者（電車）の速度を $\vec{v}_A$ とし、雨の落下速度を $\vec{v}_B$ とする。そして、電車の中の観測者から見たときの雨の相対速度を $\vec{v}_{AB}$ とすれば、それらの関係を図示すると右図のようになる。

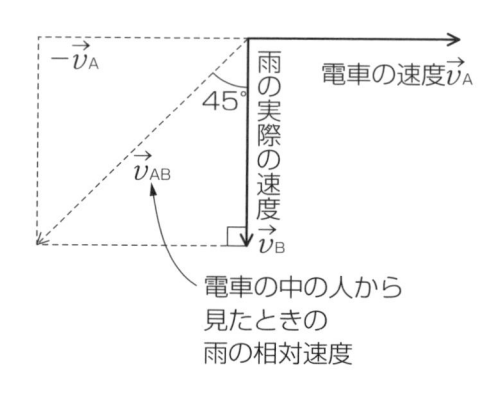

ここで求めたいものは、雨の実際の落下速度 $\vec{v}_B$ である。そして、電車の速度 $\vec{v}_A$ は 80〔km/h〕と、わかっている。そこで、図から、

$$\tan 45° = \frac{高さ}{底辺} = \frac{-\vec{v}_A の大きさ v_A}{\vec{v}_B の大きさ v_B} = \frac{80〔km/h〕}{v_B}$$

ところで tan45°の値は、右図（この求め方は覚えておくべきこと）から $\tan 45° = \frac{1}{1} = 1$ である。従って、$1 = \dfrac{80〔km/h〕}{v_B}$

$$\therefore v_B = \frac{80〔km/h〕}{1} = 80〔km/h〕$$

となり、これを〔m/s〕単位に換算したものが答となる。

$$80 \,[\text{km/h}] = 80 \times \frac{1\,[\text{km}]}{1\,[\text{h}]} = 80 \times \frac{1000\,[\text{m}]}{3600\,[\text{s}]} \fallingdotseq 22\,[\text{m/s}]$$

(答) 22 [m/s]

③船Aの速度を$\vec{v}_A$、船Bの速度を$\vec{v}_B$とすれば、船Aから見たときの船Bの相対速度$\vec{v}_{AB}$は、

$\vec{v}_{AB} = \vec{v}_B - \vec{v}_A$
 $= \vec{v}_B + (-\vec{v}_A)$

であり、これらの関係は右図のようである。従って、三平方の定理から、

$(\vec{v}_{AB})^2 = OR^2$
 $= OQ^2 + OP'^2$
 $= 12^2 + 8^2 = 208$

∴ $OR = \sqrt{208} = 14.4 \fallingdotseq 14$

また、∠P'OR$= \theta$とおけば、$\tan \theta = \dfrac{P'R}{OP'} = \dfrac{12}{8} = 1.5$

この$\tan \theta = 1.5$となるような角θの大きさを三角関数表（数学の教科書等にのっている）から読み取ると、$\theta \fallingdotseq 56°$

よって、船Aから見ると、船Bは南から東に56°の角度をなす向きに、約14 [m/s] の速度で航行しているように見える。

（答）南から東に56°の角度をなす向きに14 [m/s] の相対速度。

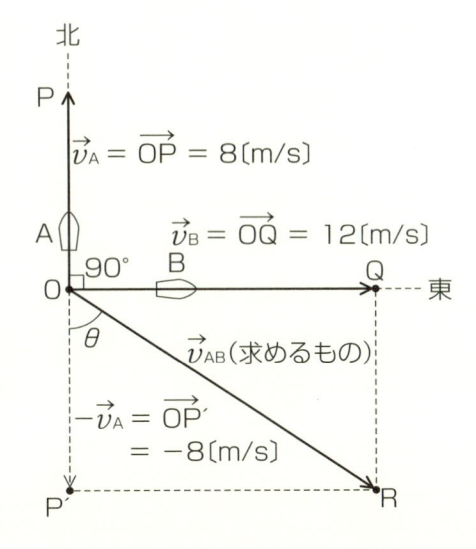

11. 加速度

（1）加速度とは

　物体の運動の「速度が時間の経過と共に変化するとき」、その「物体は加速度をもつ」とか、その「物体は加速度を生じている」などという言い方で表現する。これは、物体の速度の大きさが増加していくときだけでなく、物体の速度の大きさが減少していくときであっても「加速度」という言葉を使うのであって、「減速度」とは言わない。

　さて、「速度の変化」（あるいは速度の「変化量」と言っても同じことを言っている）とは、どういうことをいうのか、というと、①速度の大きさ、②速度の方向、③速度の向きの3つが変化したときには、もちろんのこと、これら3つのうちのどれか1つだけ変化しても、それは、速度が変化したというのである。

　そして、このような「速度が変化する運動」のことを「加速度運動」と呼ぶ。

　加速度運動では、時間の経過と共に「速度が変化」するわけであるが、このとき、「単位時間当たり（普通は1秒間当たり）の速度変化」のことを単に「加速度」という。

　従って、加速度のことを式の形で表現すると、次のようである。

　　　加速度＝（速度の変化）÷（その変化に要した時間）

$$= \frac{速度の変化}{その変化に要した時間}$$

　それでは、この式の右辺がなぜ「単位時間当たりの速度変化」だと言えるのか、というと、次のようなことからわかる。

今、10個で800円のまんじゅうがあるとき、このまんじゅうの1個当たり（即ち、単位個数当たり）の値段を計算で求めるのには、どうすればよいか、というと、私達は、日常の経験から次のような計算をすればよいことを知っている。

$$\text{まんじゅう1個当たりの値段}$$
$$= （まんじゅう全体の値段）÷（まんじゅうの個数）$$
$$= 800〔円〕÷ 10〔個〕$$
$$= \frac{800〔円〕}{10〔個〕} = \frac{80〔円〕}{1〔個〕}$$

まさに、この $\frac{80〔円〕}{1〔個〕}$ というのは、1〔個〕当たり80〔円〕ということを意味しているのである。

$$\frac{80〔円〕}{1〔個〕} \quad \begin{array}{l}80〔円〕\\ 当たり\\ 1〔個〕\end{array}$$

そして、$\frac{80〔円〕}{1〔個〕}$ のことは、80〔円／個〕と書いても全く同じことである。また、「当たり」という語は、「につき」とか「毎に」と言い替えてもよい。

以上のように、全体の値段を全体の個数で割れば、1個（即ち、単位個数）当たりの値段が出るのと全く同様に、

全体の速度の変化（量）を、その変化に要した全体の秒数で割れば、1秒間（即ち、単位時間）当たりの速度の変化（量）が求められるのである。

以上のことを、わかりやすくするために並列して書いてみると次のよ

うである。

$$\begin{cases} 全体の値段 ÷ 全体の個数 = 1 個当たりの値段 \\ 全体の速度の変化 ÷ 全体の時間（秒数） = 1 秒間当たりの速度の変化 \end{cases}$$

ということである。

注　1秒間、1分間、1時間、1日間などのことを、「単位時間」という。

従って、「単位時間当たりの速度の変化（量）」（これが「加速度」と呼ばれるもの）の計算式は、前述のように、

（速度の変化（量））÷（それだけの変化をするのに要した時間）

$$= \frac{速度の変化（量）}{それだけの変化をするのに要した時間}$$

$$= 加速度$$

ということである。

それでは、次に、加速度の単位について考えてみることにする。加速度は簡潔に書いてしまうと、

$$\boxed{加速度 = \frac{速度の変化}{時間}}$$

ということであるから、それらに単位を付けると、

$$\boxed{加速度の単位 = \frac{速度（の変化）の単位}{時間の単位}}$$

ということになるので、ここで、もし、時間の単位に〔s〕(秒)をとり、速度の単位に〔m/s〕(メートル毎秒)をとった場合には、

$$加速度の単位 = \frac{[\text{m/s}]}{[\text{s}]} = \frac{\left[\frac{\text{m}}{\text{s}}\right]}{[\text{s}]} = \left[\frac{\text{m}}{\text{s}}\right] \div [\text{s}]$$

$$= \left[\frac{\text{m}}{\text{s} \times \text{s}}\right] \begin{pmatrix} 分数を或る数で割るときには分数 \\ の分母に或る数を掛ければよい。 \end{pmatrix}$$

$$= \left[\frac{\text{m}}{\text{s}^2}\right] = [\text{m/s}^2] \quad \text{メートル毎秒毎秒}$$

ということになる。要するに加速度の単位は $\dfrac{距離の単位}{(時間の単位)^2}$ という形の組立単位で表わされる。

そこで、例えば、5 [s] 間に速度の大きさが 10 [m/s] だけ変化した場合の加速度の大きさはいくらであるかというと、

$$加速度 = (速度の変化) \div (その変化に要した時間)$$
$$= 10 \, [\text{m/s}] \div 5 \, [\text{s}]$$
$$= \frac{10 \, [\text{m/s}]}{5 \, [\text{s}]} = \frac{10}{5} \cdot \frac{\left[\frac{\text{m}}{\text{s}}\right]}{[\text{s}]} = 2 \left[\frac{\text{m}}{\text{s} \times \text{s}}\right]$$
$$= 2 \, [\text{m/s}^2]$$

と計算されるので、加速度の大きさは 2 [m/s²] である。そしてこれは、速度が単位時間（1 秒間）当たり 2 [m/s] ずつの割合で変化したことを意味するものである。即ち、

$$2 \, [\text{m/s}^2] = \frac{2 \, [\text{m/s}]}{1 \, [\text{s}]}$$

ということである。

さて、それでは次に、もっと一般的な量記号を使って加速度というものを表わしてみることにする。

次の頁の図のように、物体の運動を測定する開始時刻を「時刻 0 [s]」とし、この時刻 0 [s] の時点において物体がもっている速度が

v_0〔m/s〕であるとする（この v_0 は測定を始めた最初の速度であるから「初速度」という）。そして、時刻 0〔s〕から t〔s〕間の時間が過ぎた後の時刻、即ち、時刻 t〔s〕の時点においてこの物体がもっている速度が v〔m/s〕であるとする（この v は測定した終りの時刻における速度ということで「終速度」という）。このように量記号を決めると、加速度は次のように表わされる。

$$加速度 = \frac{速度の変化}{変化に要した時間}$$

$$= \frac{終りの速度 - 初めの速度}{終りの時刻 - 初めの時刻}$$

$$= \frac{v〔m/s〕- v_0〔m/s〕}{t〔s〕- 0〔s〕} = \frac{(v-v_0)〔m/s〕}{t〔s〕}$$

$$= \frac{v-v_0}{t}〔m/s^2〕$$

注 初めの速度……初めの時刻における物体の速度。
　　終りの速度……終りの時刻における物体の速度。

ただし、この加速度 $\frac{v-v_0}{t}$〔m/s^2〕は、時刻 0〔s〕から時刻 t〔s〕までの時間 t〔s〕間の「平均の加速度」を表わすものであるから、これを $\bar{a}$ と書き、エーバーと読むことにする。a の上の棒（バー）は、平均の意味を表わす記号として使われている。

つまり、この t〔s〕間において物体に生じた平均の加速度 $\bar{a}$〔m/s^2〕は、

$$\boxed{平均の加速度\ \bar{a}〔m/s^2〕= \frac{v-v_0}{t}〔m/s^2〕}\quad \cdots\cdots（式9）$$

である。

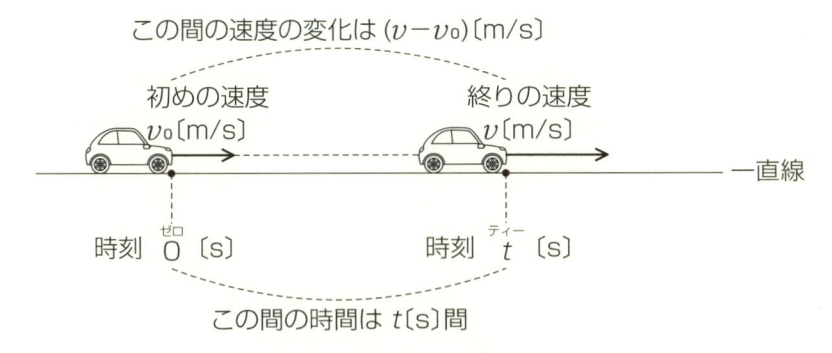

```
この間の速度の変化は $(v-v_0)$〔m/s〕

初めの速度         終りの速度
 $v_0$〔m/s〕        $v$〔m/s〕
                                            ――一直線
時刻 0〔s〕          時刻 $t$〔s〕
        この間の時間は $t$〔s〕間
```

注①「速度」は「大きさ」と「方向（及び向き）」の両方を同時にもっている量であるが、そのうちの大きさだけを考えたもの、即ち「速度の大きさ」のことを「速さ」という。従って、「速さ」という量は、方向（向き）を考えない量である。

注②（終りの速度－初めの速度）の値は「速度の変化（量）」である。これを、それだけの変化に要した時間で割れば、「単位時間当たりの速度の変化（量）」即ち、「加速度」が求められる。

注③ 単位時間というのは、1〔s〕間、1〔min〕間、1〔h〕間、1〔day〕間などのことをいうが、物理では、このうち1〔s〕間を使うことが多い。

(2) 加速度と力

　自動車のアクセルペダルを踏み込むと、自動車の速度は増していく。これは、燃料の供給量を増して燃料ガスの爆発によって生ずる推進力が加えられるからである。また、高い塔の上からボールを静かに手放すと、ボールの落下速度は増していく。ボールには、目には見えないが、重力

という力（これは、ボールと地球との間に働く万有引力によって生じるもの）が絶えず下向きに働き続けているからである。

このように、「物体に力が加えられると、物体には速度の変化、即ち、加速度が生じる」。つまり、物体に「加速度を生じさせる原因となるものは力」である。従って、物体が加速度をもって運動するときには、必ず、その物体には、外部から力が加わっている（働いている）ものである。

いま、右図のように車にバネばかりをつないで水平方向に引くものとする。ただし、車と水平面との間の摩擦や、車輪の回転の際の摩擦は、ごく小さくて無視できるものとする。

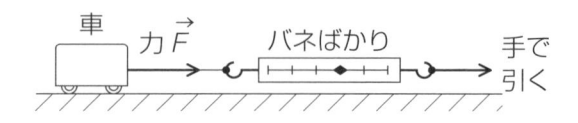

手でバネばかりを右向きに引くと、バネばかりの指針の示す位置から車に働く力$\vec{F}$の大きさを読み取ることができる。このとき、指針の位置が一定になるようにすれば、車には一定の力が働くことになる。このような実験をすることによって、車の速度が一定の割合で大きくなっていく（即ち、加速度が一定となる）ことを知ることができる。このように、「物体に一定の力が加わり続けていると、その間中、その物体は、一定の加速度を生じ続けながら運動する」。そして、このような実験で、もし、

車を引く力を２倍にすると、加速度も２倍になり、
〃　　〃　　３倍　〃　　　〃　　３倍　〃
〃　　〃　　$\frac{1}{2}$　〃　　　〃　　$\frac{1}{2}$　〃
〃　　〃　　$\frac{1}{3}$　〃　　　〃　　$\frac{1}{3}$　になる。

つまり、「物体に生ずる加速度は、物体に加える力に比例する」。また、もし、車を引く力は一定のままで、車におもりを載せて、その質量を変えると、どうなるかというと、

車の質量が2倍になると、加速度は $\frac{1}{2}$ になり、

〃　〃　3倍になると、　〃　$\frac{1}{3}$　〃

〃　〃　$\frac{1}{2}$　〃　　　〃　2倍　〃

〃　〃　$\frac{1}{3}$　〃　　　〃　3倍になる。

つまり、「物体に生ずる加速度は、物体の質量に反比例する」。これらのことは、実験の結果、得られた事実である。

以上のことから次のことが、わかった。

「物体に力が働くと、物体に生ずる加速度は力の向きに生じ、その加速度 $\vec{a}$ は力 $\vec{F}$ に比例し、物体の質量 m に反比例する。」このことを「運動の第2法則」という。

これを式で書き表わすと、次のようになる。

$$\boxed{\vec{a} = \frac{\vec{F}}{m}} \qquad \cdots\cdots\cdots\cdots (式10)$$

ただし、$\vec{a}$ の単位は〔m/s²〕、$\vec{F}$ の単位は〔N（ニュートン）〕、m の単位は〔kg〕であり、この（式14）を「ニュートンの運動方程式」という。（式14）は次のようにも書き直せる。

$$\boxed{\begin{array}{c}\vec{F} = m\vec{a} \\ \text{力＝質量×加速度}\end{array}} \qquad \cdots\cdots (式10)'$$

(参考）力と加速度

　物体に外部から力が働かないときには（または、いくつかの力が働いていても、それらの力がつり合っているときには）、それまで静止していた物体は、そのままいつまでも静止を続けるし、それまで運動していた物体は、そのままいつまでもその速度を保ったままの等速直線運動を続ける。これを「慣性の法則」または「運動の第1法則」という。つまり、「物体に力が働いていなければ、その物体は静止しているか、または、等速直線運動を続けるかのどちらかである」。

　もし、ボールを、地上で真横に投げたときには、ボールは、そのまま真横に進み続けることはなく曲線を描きながら地面に落下していく。これは、ボールと地球との間の引力によって生ずる重力という力がボールに絶えず下向きに働き続けていることによって起こる現象である。

　物体の運動の速さや方向（向き）のどれかが変化するとき、その「物体には加速度が生じている」という言い方をするから、上のボールの場合に、そのボールには加速度が生じ続けるために真横の方向の等速直線運動をしなくなるのである。　　　　　　　　（以上（参考）終り）

12. 直線運動の加速度

(1) 平均の加速度 $\bar{a}$ 〔(式9) よりも、もっと一般的な表わし方〕

次図のような一直線（この一直線を普通は x 軸にとる）上を運動する物体の時刻 t_1 のときの速度を $\vec{v}_1$、時刻 t_2 のときの速度を $\vec{v}_2$ とすると、時刻 t_1 から時刻 t_2 までの間の時間は $(t_2 - t_1)$ という長さの時間であり、これだけの時間内における速度の変化（量）は、終速度－初速度 $= \vec{v}_2 - \vec{v}_1$ である。つまり、$(t_2 - t_1)$ という時間内で、速度が $(\vec{v}_2 - \vec{v}_1)$ だけ変化したのであるから、単位時間（例えば 1〔s〕間）当たりに速度が変化した量は $(\vec{v}_2 - \vec{v}_1) \div (t_2 - t_1) = \dfrac{\vec{v}_2 - \vec{v}_1}{t_2 - t_1}$ であり、この $\dfrac{\vec{v}_2 - \vec{v}_1}{t_2 - t_1}$ が前述の平均の加速度 $\bar{a}$（エーバーと読む）である。即ち、この $\bar{a}$ は、時刻 t_1 から時刻 t_2 までの間の「平均の加速度」である。

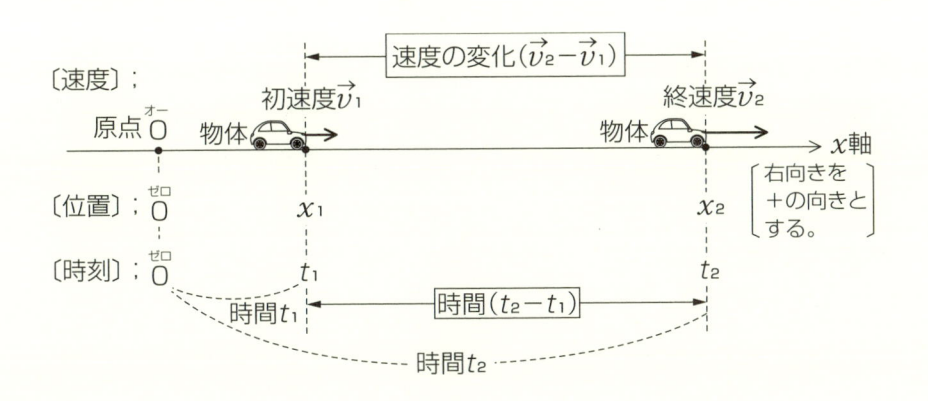

㊟ $\bar{a}$ という記号の a の上に書かれているバー（棒）は、平均の意味を表わす記号として使われている。

物体（上図では自動車）の速度は、$(t_2 - t_1)$ の時間内に $(\vec{v_2} - \vec{v_1})$ だけ変化したから、これだけの時間内の平均の加速度 $\bar{a}$ は、

$$\boxed{\text{平均の加速度 } \bar{a} = \frac{\vec{v_2} - \vec{v_1}}{t_2 - t_1}} \quad \cdots\cdots (\text{式 11})$$

である。

　㊟この（式11）と（式9）は、その内容は全く同じものである。ただ、時刻を t_1 とか t_2 のように、また、速度を $\vec{v_1}$ とか $\vec{v_2}$ のように、やや、くわしく指定しただけのことである。

　以上のように、本来（ほんらい）は、速度の量記号としては、速度ベクトル $\vec{v_1}$、$\vec{v_2}$ などを使用するべきであるが、「物体が一直線上を運動する場合」においては、その一直線を x 軸であると見なしてしまえば、「方向」は x 軸方向と決まってしまうし、また、「向き」は、x 軸の正負（＋－）の向きで表わしてしまうことができることになる。（もちろん、x 軸上の＋の座標の値が大きくなっていく向きが＋の向きということである。そして、その逆向きが－の向きである。）

　このように決めることによって、「速度ベクトル $\vec{v_1}$ や $\vec{v_2}$ を表示するのに、スカラー量の v_1 や v_2 に＋あるいは－の符号を付けることによって表わすことができることになる」。例えば、物体の運動が x 軸上で行なわれると見なしたときには、-10〔m/s〕と表示すれば、それは、「方向」は x 軸の方向で、「向き」は x 軸の－の向きであり、その「大きさ」は 10〔m/s〕という大きさである速度のことを表わすものである。

　このように、物体が一直線上を運動する場合には、まず初めに、その一直線を x 軸であると見なし、その x 軸の左右どちら向きを＋（正）

の向きとして考えていくかを自分で決める必要がある。

　このx軸の左右どちら向きを＋の向きと決めるかということは、計算を始める際に最初に決めなければならないことである。（問題によっては、この向きが決められて与えられることもあるが、自分で決めてよい場合が多い。）

　数学では、普通、x軸の右向きを＋の向きとしているが、物理学の物体の運動を考える場合においては、自分の考えで、x軸のどちら向きを＋の向きと決めてもよい。ただし、一度決めたら、その計算等が終るまで、途中で変えてはいけない。最初どちらに決めた場合であっても、最終的な結果は同じになる。

　このようなわけで、もしも自分で、x軸の右向きを＋（正）の向きと決めた場合には、次のようになる。

物体が $\begin{cases} 右向きに進むときの速度は「＋符号付きの数値」で表わされ、\\ 左向きに進むときの速度は「－符号付きの数値」で表わされる。\end{cases}$

　そこで、（式11）をスカラー量を表わす量記号に書き直すと、直線運動の平均の加速度 $\bar{a}$ は、

$$\bar{a} = \frac{v_2 - v_1}{t_2 - t_1} \qquad \cdots\cdots (式11)'$$

となる。そして、今後はこの式を使うこととする。

(2) 瞬間の加速度 a

　平均の加速度 $\bar{a} = \dfrac{v_2 - v_1}{t_2 - t_1}$ において、次図のように時刻 t_2 を後戻りさせて行って、t_2 を $t_2 \to t_2' \to t_2'' \to t_2''' \to \cdots\cdots$ のように、時刻 t_1 に、どこまでも限りなく近づけて行った場合を考える。

```
時刻  t₁                    t₂
 ───●●●●────────────|──────→ 時間の流れ
    ↑↑↑
    t₂‴ t₂″ t₂′
```

　このように時刻 t_2 を時刻 t_1 に限りなく近づけて行くと、$(t_2 - t_1)$ という時間は、限りなく０〔s〕間に近づいて行く。すると、そのときの平均の加速度の値である $\dfrac{v_2 - v_1}{t_2 - t_1}$ というものは、ほとんど「０〔s〕間に近い時間間隔における平均の加速度」ということになるから、これはもう、平均というよりもむしろ、時刻 t_1 という一瞬における加速度であると言い得るものである。

　つまり、t_2 を限りなく t_1 に近づけたとき（言い直せば、$t_2 - t_1$ の値を限りなく０〔s〕に近づけたとき）の平均の加速度は、実は、「時刻 t_1 における瞬間の加速度」なのである。

　この時刻 t_1 における瞬間の加速度というものは、物体が運動しているときの時間の流れの中の或る一瞬の時刻 t_1 のときに、この物体に生じている加速度のことである。

　㊟物体に生じる加速度は、その物体に外部から力が働いたときにだけ、その物体に生じるものである。物体に外から力が働かなければ、物体に加速度は生じない。

　　地球上の物体には、絶えず重力が働き続けているので、物体には加速度が生じ続ける。

　さて、瞬間の加速度は、式では、どのように表わされるものかというと次のようになる。

　２つの時刻 t_1 と t_2（ただし、t_2 は t_1 より後の時刻とする）との間の時間である $(t_2 - t_1)$ を Δt と置き、その間の速度の変化である（v_2

$-v_1$) を Δv(デルタブイ) と置くと、この時間の間における平均の加速度 $\bar{a}$ は、

$$\bar{a} = \frac{v_2 - v_1}{t_2 - t_1} = \frac{\Delta v}{\Delta t}$$ と置ける。

この式の右辺 $\frac{\Delta v}{\Delta t}$ の分母「Δt の値を限りなく 0(ゼロ)〔s〕に近づけたときの $\frac{\Delta v}{\Delta t}$ の値」のことを $\lim_{\Delta t \to 0} \frac{\Delta v}{\Delta t}$ と書き、これが、時刻 t_1 における瞬間の加速度である。

$$\boxed{\text{瞬間の加速度 } a = \lim_{\Delta t \to 0} \frac{\Delta v}{\Delta t}} \quad \cdots\cdots \text{(式12)}$$

(注) $\lim_{\Delta t \to 0} \frac{\Delta v}{\Delta t}$ は、「Δt を 0(ゼロ)に近づけたときの $\frac{\Delta v}{\Delta t}$ の極限(きょくげん)(limit)」と読む。その意味は、Δt を限りなく 0 に近づけたときの $\frac{\Delta v}{\Delta t}$ の値のことである。つまり、極限とは、t_1 と t_2 とを近づけて、もうそれ以上その両者の間隔をせばめても $\frac{\Delta v}{\Delta t}$ の比の値が、ほとんど変化をしなくなる場合(即ち、$\frac{\Delta v}{\Delta t}$ の値が一定になる場合)を指すのである。そして、そのときの $\frac{\Delta v}{\Delta t}$ の比の値を極限値という。

加速度の値が一定の値である直線運動のことを「等加速度直線運動」といい、その場合には、

平均の加速度 $\bar{a}$ = 瞬間の加速度 a　である。

(3) 加速度の単位

$$加速度 = \frac{速度の変化}{時間}$$ であるから、単位の形も、この式と同じ形になるので、

$$加速度の単位 = \frac{速度の単位}{時間の単位}$$

となる。そこで今、速度の単位として〔m/s〕を使い、時間の単位として〔s〕を使ったときの加速度の単位は、

$$\frac{〔\mathrm{m/s}〕}{〔\mathrm{s}〕} = \frac{\left[\frac{\mathrm{m}}{\mathrm{s}}\right]}{〔\mathrm{s}〕} = \left[\frac{\mathrm{m}}{\mathrm{s} \times \mathrm{s}}\right] = \left[\frac{\mathrm{m}}{\mathrm{s}^2}\right] = 〔\mathrm{m/s}^2〕$$

ということになる。$\left[\frac{\mathrm{m}}{\mathrm{s}^2}\right]$ を〔m/s²〕と書くのは、2行に書かれているものを1行に書いてしまうだけのことである。そして、この単位の読み方は「メートル毎秒毎秒」と読む。尚、加速度が a〔m/s²〕であるということは、

$$a 〔\mathrm{m/s}^2〕 = a 〔\mathrm{m/s}〕 / 1 〔\mathrm{s}〕 = \frac{a 〔\mathrm{m/s}〕}{1 〔\mathrm{s}〕}$$

のことであることからもわかるとおり、

「1〔s〕間当たりの速度の変化が a〔m/s〕である」ということを表わしている。

㊟「速度の変化」とは、

(i) 速度の大きさ（即ち、速さ）が変化したこと。

(ii) 速度の方向が変化したこと。

　　ただし、x 軸上の直線運動を考える場合には、「方向」は、x 軸の方向であるから最初から最後まで変わらないことになる。

(iii) 速度の向きが変わること。

これら①〜③のどれか1つでも起これば、それは、速度が変化したことである。

(4) 直線運動の公式に代入するときのベクトル量の表示方法

まず初めに結論を述べると、物体が一直線の運動をする場合には、その一直線を x 軸（これは、91頁の数直線に相当するもの）であると見なすことによって、速度・加速度・変位などのベクトル量を「＋または－の符号付きの数値」で表示することができるということである。

速度・加速度・変位などのベクトル量を、＋または－の符号付きの数値で表わすことによって、それらの値を物体の運動の公式に代入して、計算を楽に行うことができるようになるので、大変便利になるのである。

このことを、もう少しくわしく述べると次のようである。速度・加速度・変位などのベクトル量は、「大きさ」だけでなく、方向および向きを持つ量である。従って、これらの量を運動の公式に代入する場合には、大きさと、方向および向きとを同時に持つものとして表現する必要がある。大きさは、数値と単位で表現できるが、方向や向きを表現するには、例えば、上下方向で下向きとか、東西方向で東向きなどと表現するのが普通である。しかし、このような方向（向きも）の表現を、大きさを表わす数値にくっ付けたものを公式に代入して計算するとしたら、煩雑きわまりない。そこで、これを改善する方法が、数直線である x 軸を取り入れた表現方法なのである。数直線（x 軸）は、一直線上に基準とする原点 O なるものを定め、原点から片方の側には一定の距離毎に＋符号付きの数値を目盛り、また、原点から、その反対側には、やはり一定の距離毎に－符号付きの数値を目盛ったものである。

そこで、物体が一直線を描く運動をする場合には、その一直線を x

軸（数直線）であると見なすと大変都合(つごう)がよい。物体が運動する一直線をx軸であると見なすと、運動の「方向」はx軸の方向という一つの方向に決まってしまう。従って、ことさら方向を計算式（公式）中に表示する必要はなくなる。しかしながら、運動の「向き」については、公式に代入する際に何かしらの手段を使って表示しなければならない。

　㊟一直線というものは、その方向はただ1つだけである。例えば、或る1点を通る正確に東西方向の直線と言えば、それはただ1本の直線に決まる。しかし、その直線の向かう向きは2通りある。東西方向の一直線には東向きと西向きの2通りある。

　幸(さいわ)いにも、x軸には、原点O(オー)を基準として「+(プラス)の向き」と「−(マイナス)の向き」とがある。そこで、物体が一直線であるx軸上を運動しているものと見なしたことによって、運動の「向き」を+または−の符号で表示することができることになる。つまり、一直線に沿(そ)って運動する物体の速度・加速度・変位などのベクトル量の「向きと大きさ」を「+あるいは−の符号付きの数値」で表現することができるということである。

　このことは、速度・加速度・変位などを公式に代入して計算するときに、大変便利となる。そこで、もし、x軸の右向きを「+の向き」と決めた場合には、当然x軸の左向きは「−の向き」となる。このとき、右向きの速度や加速度は「+符号付きの数値」で表わされることとなる。また、逆に左向きの速度や加速度は「−符号付きの数値」で表わされる。

　ただし、x軸の左右どちらの向きを+の向きに決めるかということは、自分の自由であり（ただし、問題文中などで既(すで)に+の向きが指定されているような場合には、それに従わなければならない）、左右どちら向き

を＋の向きと決めて計算しても、その結果得られる答は全く同じものとなる。要は、計算しやすい方に＋の向きを決めればよいのである。

```
        原点 O
────┼──┼──┼──┼──┼──┼──┼──┼──┼──┼──┼──── x軸
   -5 -4 -3 -2 -1  0 +1 +2 +3 +4 +5
```

上の x 軸と呼ばれる一直線上を物体が運動するものとすれば、このときの x 軸の右向きは＋の向きであり、逆に左向きが－の向きである。

そこで、もしこの x 軸上の目盛りの数値の単位が〔m〕であって、物体が x 軸上を原点 O（位置の目盛り 0）から＋3の位置まで1〔s〕の間に一定速度で移動したとすれば、この1〔s〕間におけるこの物体の速度（これは、ベクトル量である）は、（＋3）〔m/s〕①であると表わされる。また、それと逆向きに、－2の位置から、－5の位置までの3〔m〕の距離を1〔s〕の間に一定速度で移動した場合の速度は（－3）〔m/s〕②のように、速度の向き（左向き）と大きさが、－符号付きの数値で表わされることとなる。

　注速度の「大きさ」だけを考えたもののことを「速さ」という。つまり、速度はベクトル量であるが、速さは大きさだけを持つスカラー量である。従って、速さを表わすときには、向きを示す＋，－の符号は付けない。上述①の場合の速さは3〔m/s〕であり、②の場合の速さも3〔m/s〕であるという。つまり、速度を表わす数値から、＋や－の符号を取り除いたものが速さである。

以上のようなわけであるから、一直線に沿って、まっすぐに移動する物体の運動に関する計算を行う場合には、まず最初にしなければならないことは、

「その一直線をx軸であると見なし、そのx軸の左右どちら向きを＋の向きとするかを決めること」

である。

それに応じて、速度・加速度・変位などの大きさに＋符号を付けるか、あるいは－符号を付けるかが決まってくる。そして、それら符号付きの数値を物体の運動の公式に代入して計算することになる。

そして、そのx軸の＋，－の向きを一旦決めたならば、「その問題を解き終るまでは、その決まりを変更しない」ことが大切である。

ところで、上述のように、「x軸の右向きを＋の向き」と決めた場合には、x軸上の座標の基準となる原点Ｏの右側は＋の側であり、Ｏの左側は－の側ということになる。

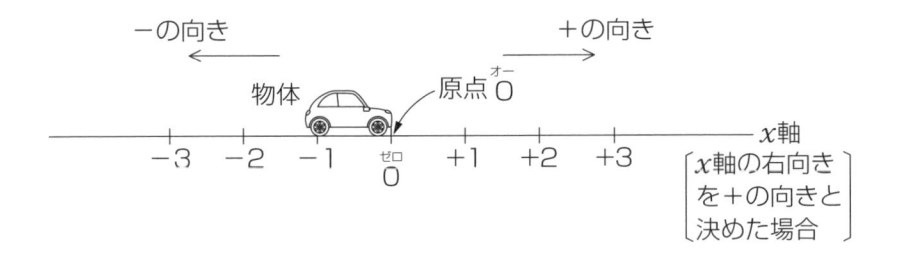

上図のように、x軸の右向きを＋の向きと決めた場合には、右向きの速度、加速度及び変位には＋の符号が付く。

1. 速度vについて

速度vの「向き」がx軸上の右向きであり、速度vの「大きさ」が5〔m/s〕であるならば、

$v = (+5)$〔m/s〕 と表わす。

ただし、＋符号は省略して単に、$v = 5$〔m/s〕と書いてもよい。し

かし、本書では、はっきりとさせるために＋符号も書き添えることにする。

次図のように、速度 $v_A = (+5)$ 〔m/s〕というのは、最初に x 軸の右向きを＋の向きとすることに決めているから、その速度は図のⒶのように、「速度の大きさ」（即ち、「速さ」のこと）は 5 〔m/s〕で、「速度の向き」は右向きであるような速度を表わしているものである。

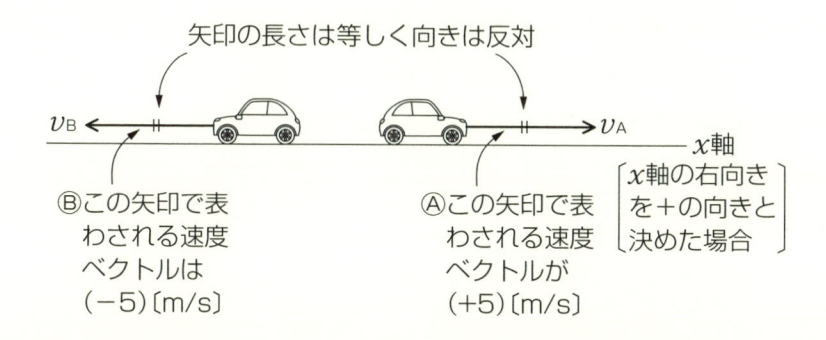

```
                矢印の長さは等しく向きは反対
    $v_B$ ←——[車]        [車]——→ $v_A$
    ─────────────────────────────── $x$軸
    Ⓑこの矢印で表    Ⓐこの矢印で表    [$x$軸の右向き
     わされる速度     わされる速度     を＋の向きと
     ベクトルは       ベクトルが       決めた場合]
     $(-5)$〔m/s〕    $(+5)$〔m/s〕
```

また、速度 $v_B = (-5)$ 〔m/s〕というのは、図のⒷのように、向きは左向きで、大きさは 5 〔m/s〕であるような速度のことをいう。

2. 加速度 a について

加速度に付く符号も、速度の場合を全く同様に考えればよい。もし、上図のように「x 軸の右向きを＋の向きと決めた場合」であれば、右向きで、大きさ 2 〔m/s²〕の加速度 a は、$a = (+2)$〔m/s²〕と書くことになる。

また、(-2)〔m/s²〕の加速度は、左向きで、大きさが 2 〔m/s²〕の加速度のことを意味する。

3. 変位 x について

　変位とは、物体の位置の変化のことであって、物体が初めに存在していた位置から、移動して終りに存在した位置までの直線距離が「変位の大きさ」であり、「変位の向き」は、初めの位置から終りの位置に向かう向きである。

　　　変位 ＝（物体の終りの位置 x_2）－（物体の初めの位置 x_1）

　㊟もし、物体が初め、原点 $\overset{オー}{O}$（座標 $\overset{ゼロ}{0}$）に存在していた場合には、$x_1 = \overset{ゼロ}{0}$ である。

　次の例は、物体が運動する一直線を x 軸であると見なし、その x 軸の右向きを＋の向きと決めた場合についての例である。

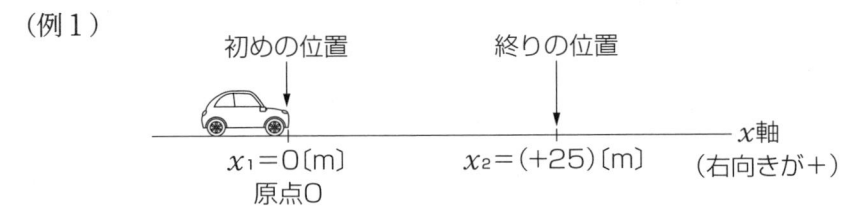

（例１）

初めの位置　　　　終りの位置
$x_1 = 0$〔m〕　　$x_2 = (+25)$〔m〕　　x軸
原点O　　　　　　　　　　　（右向きが＋）

　物体の
　　　初めの位置 $x_1 = \overset{ゼロ}{0}$〔m〕（これは原点 $\overset{オー}{O}$ の位置を意味する）
　　　終りの位置 $x_2 = (+25)$〔m〕（これは原点 O から右向きに 30〔m〕の位置を意味する）

である場合には、

　　　変位 x ＝ 終りの位置 x_2 － 初めの位置 x_1
　　　　　　　＝ $(+25)$〔m〕－ 0〔m〕＝ $(+25)$〔m〕

となるから、これは、物体が初めの位置（今の場合には原点 $\overset{オー}{O}$ の位置）から「右向き」に、「大きさ（ここでは距離）25〔m〕」だけ移動したことを表わしている。

(例 2)

原点 O〔位置〕0〔m〕　初めの位置 (+5)〔m〕　終りの位置 (+30)〔m〕　x軸（右向きが＋）

この矢印で表わされるものが、このときの変位ベクトルである。

物体の

　　初めの位置 $x_1 = (+5)$〔m〕（これは原点 O から右向きに 5〔m〕の位置）

　　終りの位置 $x_2 = (+30)$〔m〕（これは原点 O から右向きに 30〔m〕の位置）

である場合には、

　　変位 $x =$ 終りの位置 $x_2 -$ 初めの位置 x_1

　　　　 $= (+30)$〔m〕$- (+5)$〔m〕$= (+25)$〔m〕

この変位 $x = (+25)$〔m〕ということは、

　　$\begin{cases} 変位の向きは右向きで、\\ 変位の大きさは 25〔m〕という意味である。\end{cases}$

(例 3)

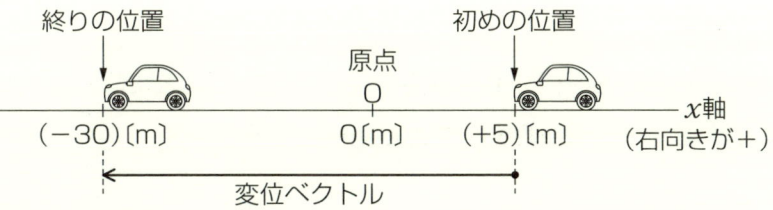

終りの位置 (−30)〔m〕　原点 O 0〔m〕　初めの位置 (+5)〔m〕　x軸（右向きが＋）

変位ベクトル

$\begin{cases} 初めの位置 x_1 = (+5)〔m〕 \\ 終りの位置 x_2 = (-30)〔m〕 \end{cases}$

　　変位 $x = x_2 - x_1 = (-30)$〔m〕$- (+5)$〔m〕$= (-35)$〔m〕

即ち、変位は、向きが左向きで、大きさが35〔m〕である。

㊟ 変位 $x = (+25)$〔m〕の意味

この＋符号は、変位の向きが x 軸の＋の向きと同じ向きであることを示している。

この数値は、物体が初めに存在していた位置からの距離を示しており、これが変位の大きさである。

もしも、初めの位置が原点Oであった場合には、変位の値は、終りの位置を示す x 軸の座標の値と一致する。

4. 原点Ōと変位及び速度・加速度

(a) 〔物体の初めの位置 x_1 が原点Ōであるとき〕

　　　　　Ō（原点）
　　　　　　　　　　　　　　　　　　　　　　→ x 軸
　　　　0　　　　　　　　　　+25　　　　右向きを＋の
　　　$x_1 = 0$〔m〕　　$x_2 = (+25)$〔m〕　向きと決めた
　　　　　　　　　　　　　　　　　　　　　　場合

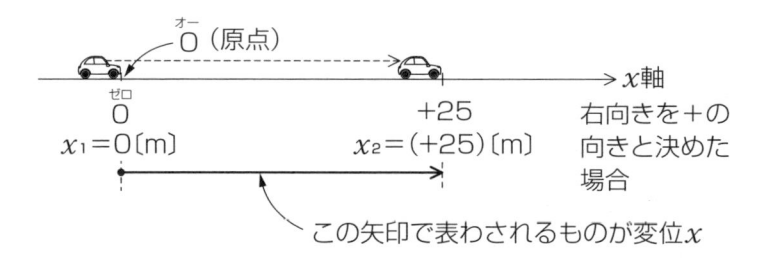

　　　　この矢印で表わされるものが変位 x

　物体の初めの位置 x_1 が x 軸上の座標 0、即ち原点Ōの位置にあったのが、移動した後の終りの位置が x 軸上の座標の＋25の位置に来ていた場合、

　もし、この座標に〔m〕単位を付けて表わすことにすれば、$x_1 = 0$〔m〕、$x_2 = (+25)$〔m〕 であるから、このときの

変位 $x = x_2 - x_1$
$= (+25)〔m〕 - 0〔m〕$
$= (+25)〔m〕$

―― 変位の大きさは 25〔m〕

変位の向きは右向き………… x 軸の右向きを
[初めの位置から右向きに移動した意味である。] ＋の向きと決めてあるから。

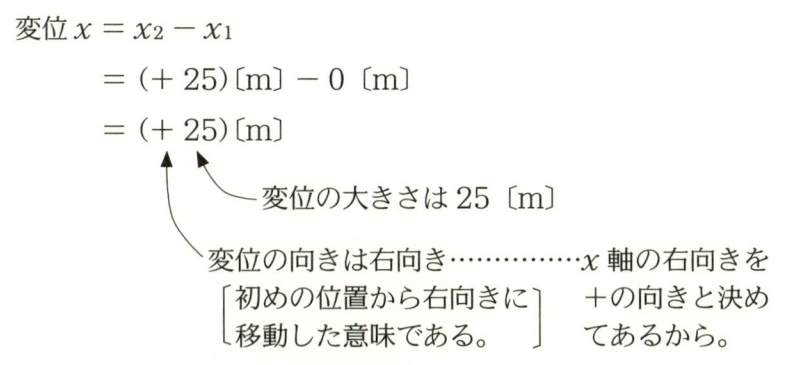

(b)〔物体の初めの位置 x_1 が原点 O ではないとき〕

物体が初めの位置 $x_1 = (+5)〔m〕$ から移動して終りの位置 $x_2 = (+30)〔m〕$ まで達したときの変位 x は、

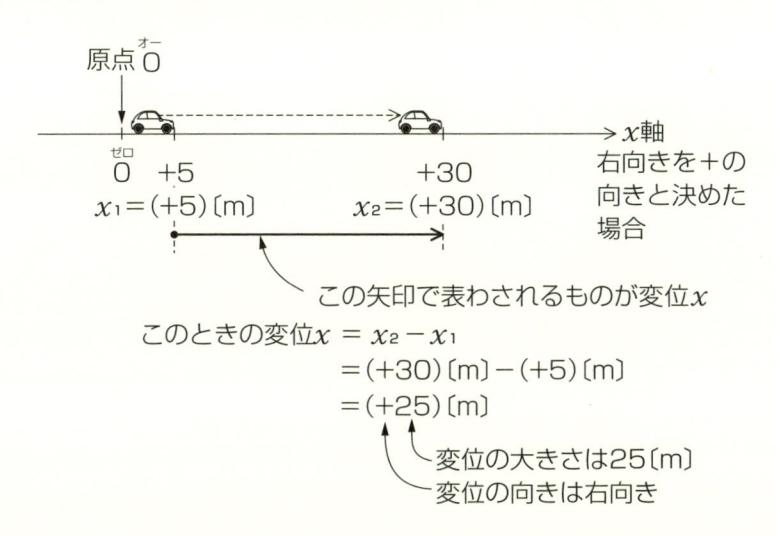

原点 O（オー）

0（ゼロ） +5　　　　　+30　　　→ x 軸
$x_1 = (+5)〔m〕$　$x_2 = (+30)〔m〕$　右向きを＋の向きと決めた場合

この矢印で表わされるものが変位 x

このときの変位 $x = x_2 - x_1$
$= (+30)〔m〕 - (+5)〔m〕$
$= (+25)〔m〕$

―― 変位の大きさは 25〔m〕
―― 変位の向きは右向き

(c) 〔物体が−の向きに進むときで、初めの位置 x_1 が原点 O であるとき〕

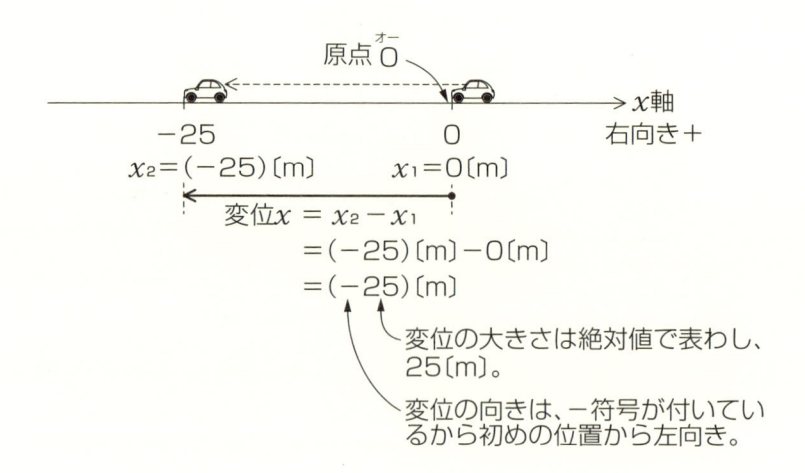

```
         原点 O
      ←-------
   ●──●      ●──●         → x軸
   −25         0          右向き＋
 $x_2=(-25)$[m]  $x_1=0$[m]
   ←──────────────→
    変位 $x = x_2 - x_1$
         $= (-25)$[m] $- 0$[m]
         $= (-25)$[m]
```

変位の大きさは絶対値で表わし、25[m]。

変位の向きは、−符号が付いているから初めの位置から左向き。

(d) 〔物体が−の向きに進むときで、初めの位置が原点 O ではないとき〕

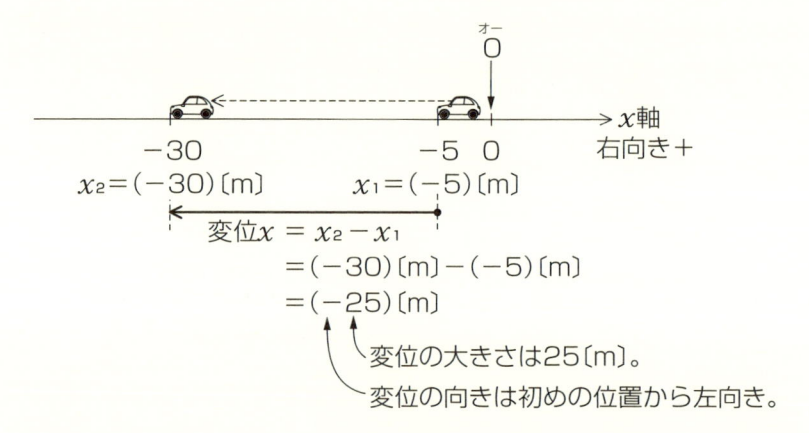

```
                    O
                    ↓
   ●──●      ●──●         → x軸
   −30       −5  0         右向き＋
 $x_2=(-30)$[m]  $x_1=(-5)$[m]
   ←──────────────→
    変位 $x = x_2 - x_1$
         $= (-30)$[m] $- (-5)$[m]
         $= (-25)$[m]
```

変位の大きさは25[m]。

変位の向きは初めの位置から左向き。

㊟変位の「大きさ」は、「初めの位置から終りの位置までの直線距離の長さ」であるから、＋, −の符号を取り去った絶対値で表わす。

(d')〔原点 O が x_1 と x_2 の間にあるとき〕

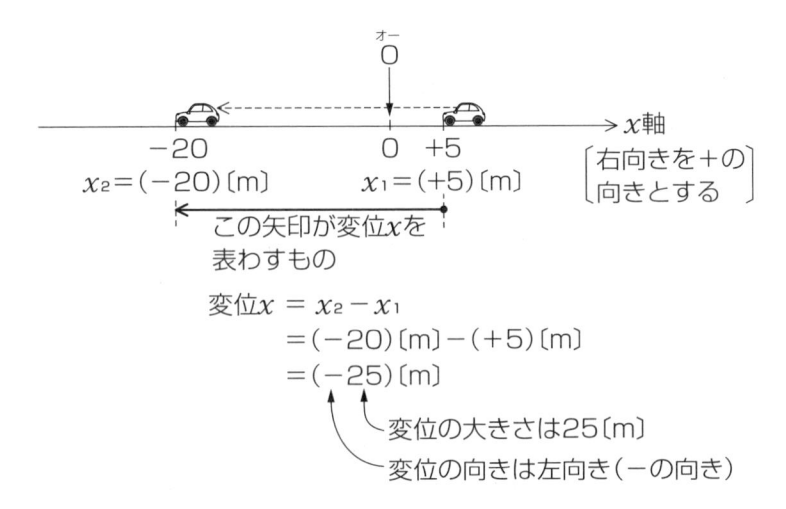

$$変位 x = x_2 - x_1$$
$$= (-20)[m] - (+5)[m]$$
$$= (-25)[m]$$

変位の大きさは25[m]
変位の向きは左向き（−の向き）

㊟最初に、もしも、x 軸の左向きを＋の向きと決めた場合であっても、上のときとは符号が変わるだけであって、結果は同じことになる。

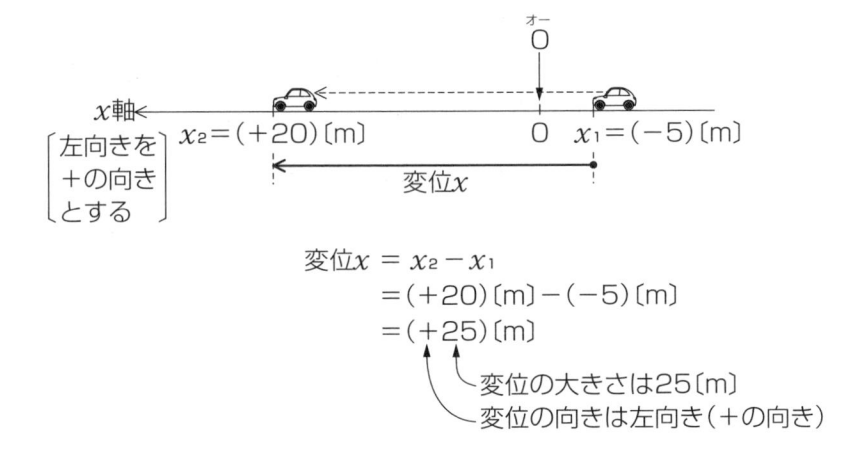

$$変位 x = x_2 - x_1$$
$$= (+20)[m] - (-5)[m]$$
$$= (+25)[m]$$

変位の大きさは25[m]
変位の向きは左向き（＋の向き）

(例題1)〔物体がx軸の＋の向きに進んでいて、速さを増している場合〕

次図のように、物体がx軸上（ただし、x軸の右向きを＋の向きであると決めた場合）を右向きに進んでおり、加速㋑中の場合について考えることとする。

㋑加速……速さを増すこと。

時刻$t_1 = 2$〔s〕㋒におけるこの物体の（瞬間の）速度$v_1 = (+)3$〔m/s〕であり、時刻$t_2 = 5$〔s〕㋓における物体の（瞬間の）速度$v_2 = (+)9$〔m/s〕であったとする。このときのt_1からt_2までの時間の3〔s〕間において、物体に生じた平均の加速度はいくらか。

㋒時刻$t_1 = 2$〔s〕……物体がx軸上の原点O（オー）を通過するときの時刻を基準として時刻$t = 0$（ゼロ）〔s〕とし、その時刻から測り始めた時刻のことを言っているのであるから、この$t_1 = 2$〔s〕というのは、物体が原点Oを通過したときからの時間が2〔s〕間過ぎたときの時刻のことを言っている。

㋓時刻$t_2 = 5$〔s〕……上の㋒と同様に、物体が、原点Oを通過した後の時間が5〔s〕間だけ過ぎたときの時刻のことを言っている。

12. 直線運動の加速度

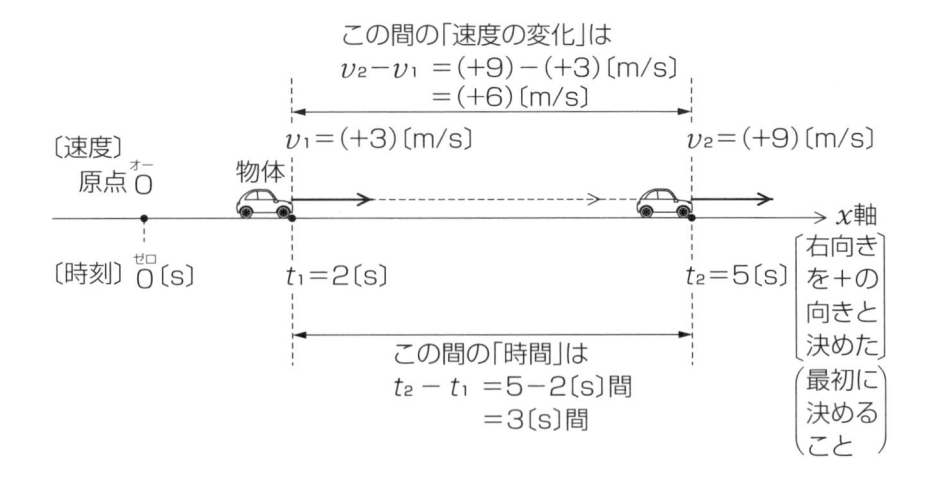

この間の「速度の変化」は
$v_2 - v_1 = (+9) - (+3)$ 〔m/s〕
$= (+6)$ 〔m/s〕

$v_1 = (+3)$ 〔m/s〕　　　　　$v_2 = (+9)$ 〔m/s〕

〔速度〕
原点 O　物体　　　　　　　　　　　　　　　　　　→ x軸

〔時刻〕0〔s〕　$t_1 = 2$〔s〕　　　　　　　　　$t_2 = 5$〔s〕

〔右向きを+の向きと決めた〕（最初に決めること）

この間の「時間」は
$t_2 - t_1 = 5 - 2$〔s〕間
$= 3$〔s〕間

（解）平均の加速度の式　$\bar{a} = \dfrac{v_2 - v_1}{t_2 - t_1}$ に、それぞれ対応する値を代入すると、

$$\bar{a} = \frac{(+)9 \text{〔m/s〕} - (+)3 \text{〔m/s〕}}{5 \text{〔s〕} - 2 \text{〔s〕}} = \frac{(+)6 \text{〔m/s〕}}{3 \text{〔s〕}}$$

$= (+)2$ 〔m/s²〕　　　　　　　　　　　（答）$(+)2$ 〔m/s²〕

〈注意〉このときの平均の加速度が＋2〔m/s〕であるということは、この加速度の向きは、＋の符号が付いていることから「x軸の＋の向き」と同じ向き即ち、右向きであることを意味する。なぜならば、最初に「x軸の右向きを＋の向きとすると決めておいて」、それに基づいて、速度も右向きのものに＋の符号を付けて計算を進めてきた結果だからである。そして、このときの加速度の「大きさ」は、｜＋2〔m/s²〕｜（これは、＋2〔m/s²〕の絶対値）であるから2〔m/s²〕である。従って結局、この平均の加速度「＋2〔m/s²〕」の意味は、「加速度の向きは右向きで、その大きさは2〔m/s²〕である」ということを意味している。

(例題2)〔物体がx軸の+の向きに進んでいて、減速中の場合の加速度〕

次図のように、物体がx軸上（ただし、x軸の右向きを+の向きとする）を右向きに減速しながら（例えば、電車や自動車であればブレーキをかけている場合）進んでいるときに、時刻$t_1=2$〔s〕における物体の速度$v_1=(+)9$〔m/s〕とし、t_1から3〔s〕後の時刻$t_2=5$〔s〕における物体の速度$v_2=(+)3$〔m/s〕であったとする。このとき、t_1からt_2までの3〔s〕間における平均の加速度はいくらか。

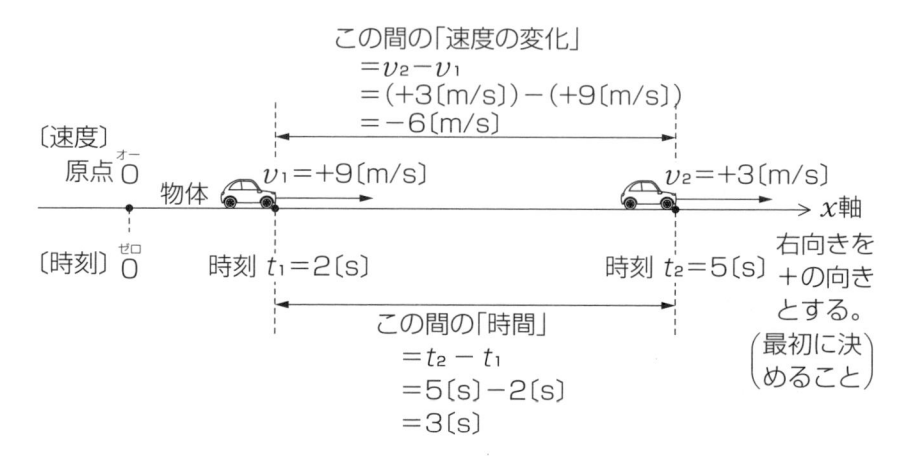

```
                    この間の「速度の変化」
                    =v₂－v₁
                    =(+3〔m/s〕)－(+9〔m/s〕)
                    =－6〔m/s〕

〔速度〕  オー
原点 O   物体   v₁=+9〔m/s〕           v₂=+3〔m/s〕
                                                          → x軸
〔時刻〕 ゼロ
       0    時刻 t₁=2〔s〕              時刻 t₂=5〔s〕   右向きを
                                                        +の向き
                    この間の「時間」                    とする。
                    =t₂－t₁                          （最初に決
                    =5〔s〕－2〔s〕                    めること）
                    =3〔s〕
```

(解) 求める平均の加速度$\bar{a}$は、

$$\bar{a} = \frac{v_2-v_1}{t_2-t_1} = \frac{(+3〔m/s〕)-(+9〔m/s〕)}{5〔s〕-2〔s〕}$$

$$= \frac{-6〔m/s〕}{3〔s〕} = -2〔m/s^2〕$$

(答) -2〔m/s²〕

〈注意〉加速度が-2〔m/s²〕のように－の符号が付いているということは、この加速度の「向き」は、「x軸の+の向きと逆の向き」であるということを意味している。そしてその加速度の「大きさ」は絶対値

170

｜−2〔m/s²〕｜であるから2〔m/s²〕という大きさであるという意味である。いまx軸の右向きを＋の向きと決めているのであるから、このときの「加速度の向きは左向き」であり、「1〔s〕間当たり2〔m/s〕ずつの割合で速度が変化」している。従って右向きには、速度が1〔s〕間につき2〔m/s〕ずつ減少しているということである。

つまり、一直線上での物体の運動を、x軸上での運動と見なして考えているから、速度や加速度の「向き」を「＋または−の符号で表わす」ことができるので、都合がよいから、そういう方法を利用して計算を行なうのである。

(例題3)〔物体が（今度は）x軸の「−の向き」に進んでいて、加速中であるときの加速度〕

次図のように物体がx軸上（ただし、x軸の右向きを＋の向きとする）を「左向きに、加速しながら進んでいる」。

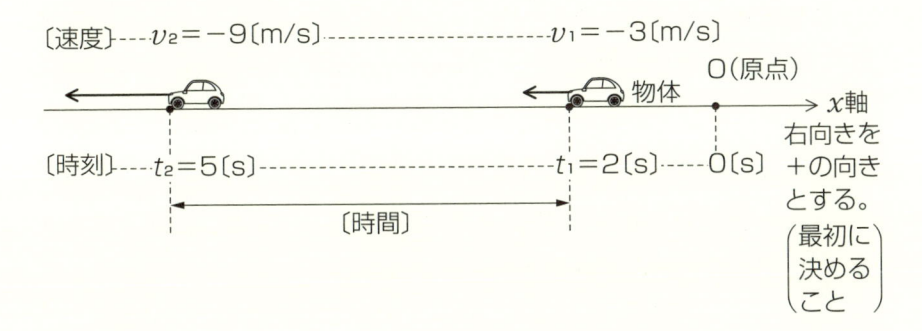

〔速度〕---- $v_2 = -9$〔m/s〕---------------------- $v_1 = -3$〔m/s〕

O（原点）

物体

x軸

右向きを＋の向きとする。

（最初に決めること）

〔時刻〕---- $t_2 = 5$〔s〕---------------------- $t_1 = 2$〔s〕---- 0〔s〕

〔時間〕

この場合に、時刻$t_1 = 2$〔s〕における物体の速度$v_1 = -3$〔m/s〕（これは、x軸の＋の向き《右向きを＋の向きと今は決めている》とは逆向きの左向きであるから、−の符号が付く。つまり、「問題を解くに

あたって、x 軸の＋の向きの決め方が最優先され、その決め方に基づいて v や a に＋とか－とかの符号が付くことになる」のである。大切)。また、t_1 よりも時間 3〔s〕後（この時間は＋の値であることに注意）の時刻 $t_2 = 5$〔s〕（時刻というのは、時の流れの中における或る瞬間の時のことで、この問題では原点に物体があったときの時刻を 0 として、そこから測り始めた場合の時刻のことを言っている）における物体の速度 $v_2 = -9$〔m/s〕（この－符号は、x 軸の＋の向きとは逆向きである意味）であったとする。このとき t_1 から t_2 までの 3〔s〕間の平均の加速度はいくらか。

(解)

$$\bar{a} = \frac{v_2 - v_1}{t_2 - t_1} = \frac{(-9〔\text{m/s}〕) - (-3〔\text{m/s}〕)}{5〔\text{s}〕 - 2〔\text{s}〕} = \frac{-6〔\text{m/s}〕}{3〔\text{s}〕}$$

$$= -2〔\text{m/s}^2〕$$

(答) -2〔m/s^2〕

㊟加速度が -2〔m/s^2〕と、－の符号が付いているから、このときの加速度の「向き」は、x 軸の＋の向きとは逆向き（今の場合は左向き）である。そして加速度の大きさは 2〔m/s^2〕である。いま、物体は左向きに進んでいる場合であり、左向きの加速度の大きさが 2〔m/s^2〕であるということは、物体は左向きに加速していることを意味している。

(例題4)

次図のように、物体がx軸上（ただし、x軸の右向きを＋の向きとする）を「左向きに、減速しながら進んでいる。

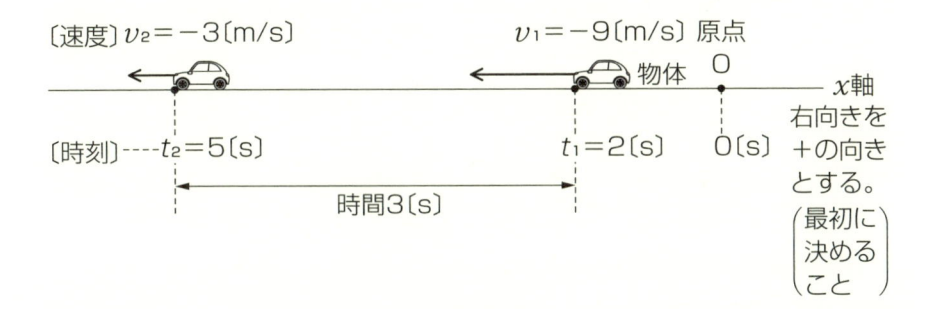

〔速度〕$v_2 = -3$〔m/s〕　　　　　$v_1 = -9$〔m/s〕　原点

〔時刻〕$t_2 = 5$〔s〕　　　　　　　$t_1 = 2$〔s〕　　0〔s〕

時間3〔s〕

x軸
右向きを
＋の向き
とする。
（最初に
決める
こと）

時刻$t_1 = 2$〔s〕における物体の速度$v_1 = -9$〔m/s〕（この－の符号は、x軸の＋の向きである右向きと、逆の向き即ち左向きであるという意味）で、時刻$t_2 = 5$〔s〕における物体の速度$v_2 = -3$〔m/s〕であるときt_1からt_2までの平均の加速度はいくらか。

(解)

$$\bar{a} = \frac{v_2 - v_1}{t_2 - t_1} = \frac{(-3 \text{〔m/s〕}) - (-9 \text{〔m/s〕})}{5 \text{〔s〕} - 2 \text{〔s〕}}$$

$$= \frac{+6 \text{〔m/s〕}}{3 \text{〔s〕}} = +2 \text{〔m/s}^2\text{〕}$$　　　（答）(＋)2〔m/s〕

㊟加速度の符号が＋であるから、このときの加速度の向きは、「x軸の＋の向き（右向き）」と同じ向きであることを意味しているから、この物体は実際は左向きに進んでいるのであるが、この物体に生じている「加速度は右向き」で、その大きさが2〔m/s²〕ということである。つまり、物体は左向きに進んではいるが、速

度は 1 [s] 間当たり 2 [m/s] の割合で減速中である（即ち、速さが減少しつつある）ことを表わしている。

(5) 加速度の単位〔再掲〕

$$加速度 = \frac{速度の変化}{変化に要した時間}$$ であるから、

$$加速度の単位 = \frac{速度の単位}{時間の単位} = （普通は）\frac{[m/s]}{[s]} = [m/s^2]$$ メートル毎秒毎秒

要するに、加速度の単位は $[m/s^2]$ のように、〔距離（即ち長さ）の単位／(時間の単位)²〕という形の組立単位であるから、$[m/s^2]$ のほかにも、$[m/min^2]$、$[cm/s^2]$、$[cm/min^2]$、$[m/h^2]$、$[cm/h^2]$、$[km/h^2]$、$[km/s^2]$ ……など沢山ある。しかし、普通は $[m/s^2]$ が使われる。

(6) 瞬間の加速度〔図示〕

平均の加速度の式

$$\bar{a} = \frac{v_2 - v_1}{t_2 - t_1} \;[m/s^2] \quad\quad \cdots\cdots （式11)'$$

において、時刻 t_2 を、時刻 t_1 に近づけていって、t_1 と t_2 の間の時間の間隔を小さくしていくと、平均の加速度 $\bar{a}$ はどうなっていくであろうか。

t_2 を t_1 に近づけていくのであるから、$(t_2 - t_1)$ の値が 0 に近づいていく。それと同時に、v_2 の値も v_1 に近づいていくので $(v_2 - v_1)$ の値も 0 に近づいていく。しかし、$\frac{v_2 - v_1}{t_2 - t_1}$ の値は 0 になるわけではなく、或る一定値に近づいていく。そして、t_2 が t_1 と一致したときの $\frac{v_2 - v_1}{t_2 - t_1}$ の一定値が、「時刻 t_1 における瞬間の加速度」である。

12. 直線運動の加速度

　以前に「速さ」のところで述べたように、「瞬間の速さ」というものは短い時間間隔 $\Delta t\,(=t_2-t_1)$ を考えて、この Δt を更に短くしていって、限りなく 0 に近づけたときの $\dfrac{\Delta x}{\Delta t}$（ただし $\Delta x=x_2-x_1$ という短い距離）の値、即ち、「$\displaystyle\lim_{\Delta t\to 0}\dfrac{\Delta x}{\Delta t}$ のことを瞬間の速さ」と言ったのであったが、いま、「瞬間の加速度」a の場合にも、その瞬間の速さのときと同様な考え方をして、$t_2-t_1=\Delta t$、$v_2-v_1=\Delta v$ とおいたときの Δt を限りなく小さくしていって、0 に限りなく近づけたときの $\dfrac{\Delta v}{\Delta t}$ の値、即ち、「$\displaystyle\lim_{\Delta t\to 0}\dfrac{\Delta v}{\Delta t}$ が時刻 t_1 における瞬間の加速度」である。

　このことは、次図のようなグラフで見てみるとわかりやすい。

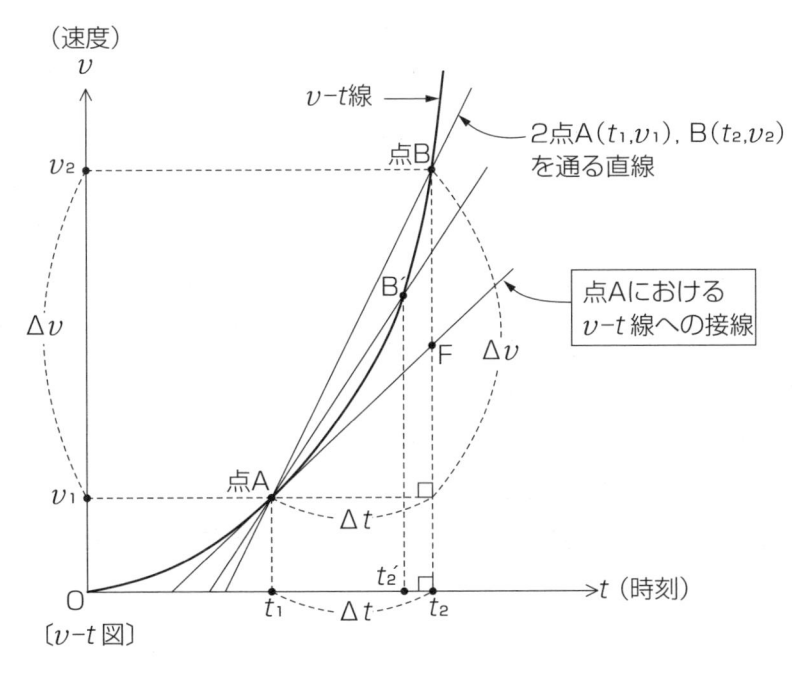

〔v-t 図〕

　物体が上の〔v-t 図〕の v-t 線で表わされるような時刻 t と速度 v と関係をもって運動しているものとする。

時刻 t_1 における速度が v_1、時刻 t_2 における速度が v_2 であれば、時刻 t_1 から時刻 t_2 までの間の平均の加速度 $\bar{a}$ は $\bar{a} = \dfrac{v_2 - v_1}{t_2 - t_1}$ であって、これは、図の点 A (t_1, v_1) と点 B (t_2, v_2) の 2 点を通る直線の傾き $\dfrac{\Delta v}{\Delta t} = \dfrac{v_2 - v_1}{t_2 - t_1}$ と全く同じものである。即ち、平均の加速度 $\bar{a}$ は、

$$\bar{a} = \dfrac{v_2 - v_1}{t_2 - t_1} = 直線 AB の傾き$$

である。

　さて、この点 B を v–t 線に沿って点 A に近づけていってみる。すると点 B が点 B′ まで来たときには、直線 AB′ の傾きが時刻 t_1〜t_2' 間における、この物体の平均の加速度である。そして更に点 B を点 B′ を越えて点 A に近づけていくと、ついには点 B が点 A に達して、点 B が点 A に重なってしまう。この点 B が点 A と一致したときには、直線 AB は、点 A (t_1, v_1) において v–t 線に接する直線（これを接線という）AF となる。この「時刻 t_1 における v–t 線への接線の傾き」こそが、正に、「時刻 t_1 における『瞬間の加速度』」である。これは、また、時刻 t_2 を時刻 t_1 に近づけてきて、t_2 が t_1 に重なった、ただ 1 点における加速度であるから、もはや平均の加速度ではなくて、1 つの点における加速度即ち「瞬間の加速度」である。

　㊟普通、単に「加速度」と言えば、それは「瞬間の加速度」のことである。

　上図の〔v–t 図〕に更に説明を加えたものが、次頁の図である。

　この図で時刻 t_1 における v–t 線への接線 AF（即ち、EF）と t 軸（即ち、横軸）とのなす角を θ とすると、この接線 AF の傾き $\dfrac{FG}{AG}$ が

$\tan \theta$ に等しい。即ち、

$$\frac{FG}{AG}\left(=\frac{FD}{ED}\right)=\tan \theta$$

注 $\tan \theta = \dfrac{高さ}{底辺} = \dfrac{FD}{ED} = \dfrac{FG}{AG}$

ただし、「高さ」とは角 θ の対辺のことをいう。

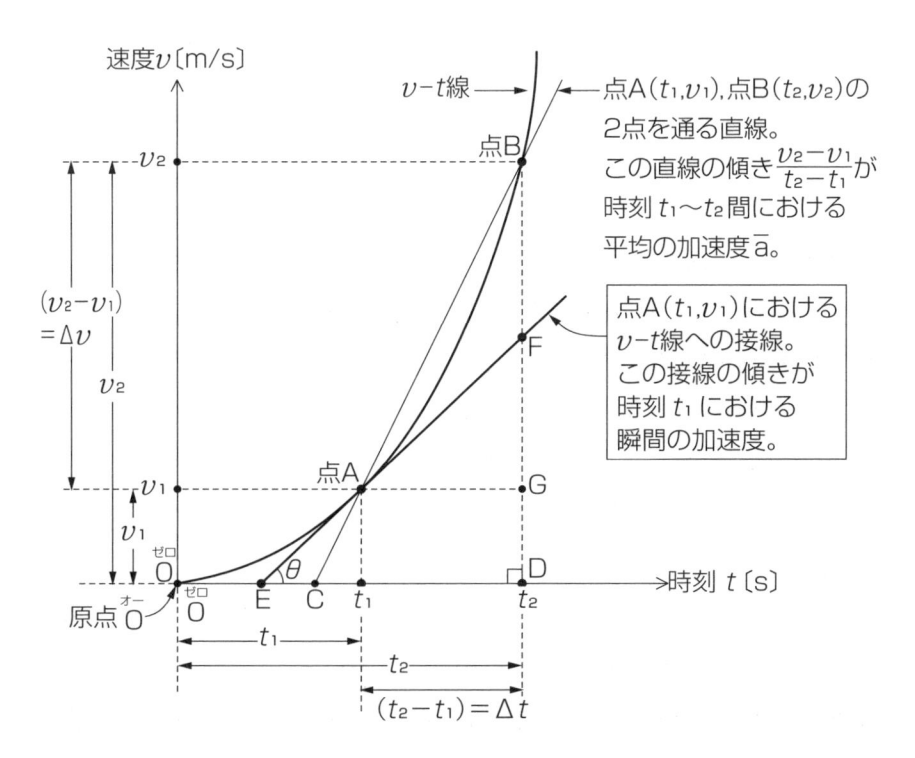

点A(t_1, v_1)、点B(t_2, v_2)の 2点を通る直線。この直線の傾き $\dfrac{v_2-v_1}{t_2-t_1}$ が時刻 $t_1 \sim t_2$ 間における平均の加速度 $\bar{a}$。

点A(t_1, v_1)における v-t線への接線。この接線の傾きが時刻 t_1 における瞬間の加速度。

$\left.\begin{array}{l} t_2 - t_1 = \Delta t \\ v_2 - v_1 = \Delta v \end{array}\right\}$ とおくと、$\dfrac{v_2-v_1}{t_2-t_1} = \dfrac{\Delta v}{\Delta t} = \dfrac{速度の変化}{変化に要した時間}$

= 平均の加速度 $\bar{a}$ であり、時刻 t_2 を t_1 に近づけていくということは、

$(t_2 - t_1)$ 即ち、Δt が $\overset{\text{ゼロ}}{0}$ に近づいていくことである。そしてこの Δt を限りなく $\overset{\text{ゼロ}}{0}$ に近づけたときの $\dfrac{\Delta v}{\Delta t}$ の値を $\lim\limits_{\Delta t \to 0} \dfrac{\Delta v}{\Delta t}$ と書き、これが時刻 t_1 における瞬間の加速度であるから、次のように言うことができる。

> 時刻 t_1 における瞬間の加速度
>
> $= \lim\limits_{\Delta t \to 0} \dfrac{\Delta v}{\Delta t}$
>
> $=$ 時刻 t_1 における v–t 線への接線の傾き
>
> $= \tan \theta$ ……（式12）

(7) 再び、加速度について

くどいようであるが、今までの加速度の説明が冗長であったので、ここで復習を兼ねながら、話をまとめることにする。もし、平均の加速度と瞬間の加速度とをよく理解できた人は、この (7) は読み流すなり、読み飛ばすなりしていただいて結構です。

1. 加速度

物体の「速度が変化する」とき、その「物体に加速度が生じている」とか、その「物体は加速度をもつ」などと表現する。そしてこの「速度の変化」とは、どういうことかと言うと、「速度」という量は「大きさと方向・向きとを合わせて同時にもつ量」であるから、それらのうちのたとえ一部分だけが変化しただけであっても、それは、「速度が変化した」ことになる。つまり、速度の大きさ（これを「速さ」という）が変化したときには、もちろんのこと、速さは変化しなくても方向だけ変化すれ

ば、速度が変化したという。

注 {
方向……（例）東西方向、鉛直方向など。
向き……（例）東向き、西向き、上向き、下向きなど。
}

　例えば東西方向の東向きに走っていた自動車が、方向を北東方向に変えて「同じ速さ」で走った場合には、この自動車の「速度は変化」したのである。

　加速度の定義（或る言葉について、それがどんなものであるか、どんな意味かをはっきりと述べたもの）は、次のようである。「単位時間当たりの速度の変化」のことを、「加速度」という。つまり、1秒間当たり、速度の大きさ（即ち、速さ）がどれだけ変わったか、あるいは、運動の方向や向きは、どれだけ変わったのか、などということを表わすもの、が加速度である。

注　単位時間……1〔s〕間、1〔min〕間、1〔h〕間など。

$$\text{加速度} = \text{速度の変化（量）} \div \text{時間}$$
$$= \frac{\text{速度の変化（量）}}{\text{時間}}$$

注　10個で800円のまんじゅうの「1個当たりの（即ち、単位個数当たりの）値段を計算すると、
$$800\text{円} \div 10\text{個} = \frac{800\text{円}}{10\text{個}} = 80\frac{\text{円}}{\text{個}} = 80\text{円}／1\text{個}$$
のようにして求めることができるが、加速度についてもこれと全く同様の計算をすることによって、単位時間当たりの速度の変化（量）を求めることができるわけである。

2. 平均の加速度 $\bar{a}$ ($\bar{a}$ はエーバーと読む。a の上の棒は、平均を意味するものとして使っている)

いま、次図のように、物体が一直線上を運動している場合について考える。

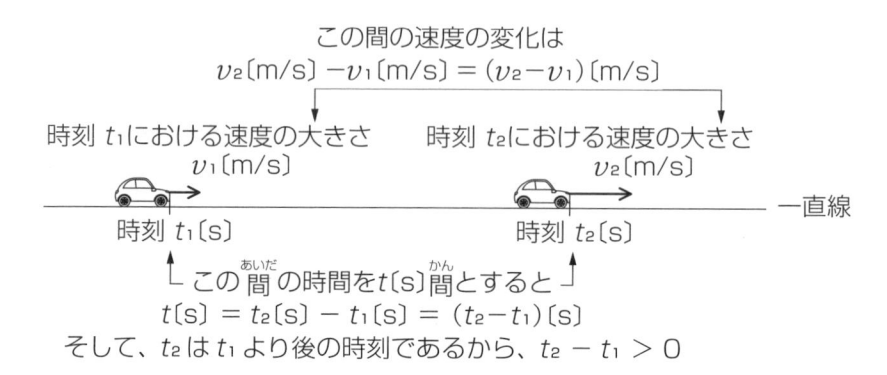

```
                  この間の速度の変化は
            v₂[m/s] − v₁[m/s] = (v₂−v₁)[m/s]
                        ↓
  時刻 t₁における速度の大きさ    時刻 t₂における速度の大きさ
          v₁[m/s]                   v₂[m/s]
─────🚗→───────────────────────🚗→──────────── 一直線
      時刻 t₁[s]                    時刻 t₂[s]
         └─ この間の時間を t[s]間とすると ─┘
            t[s] = t₂[s] − t₁[s] = (t₂−t₁)[s]
```

そして、t_2 は t_1 より後の時刻であるから、$t_2 - t_1 > 0$

注　時刻……時の流れの中にある瞬間のときをいう。
　　時間……或る時刻から、別の時刻までの間のときのことをいう。
　　　　　即ち、時刻は、或る1点のときであるが、時間は、或る1点のときから、別の1点のときまで間の、長さをもったときである。

一直線上を運動している物体が、時刻 t_1 [s]（これは瞬間のとき）における速度が v_1 [m/s]、それより後の時刻 t_2 [s]（これも瞬間のとき）における速度が v_2 [m/s] であるとすれば、時刻 t_1 [s] から時刻 t_2 [s] までの間の時間 $(t_2 - t_1)$ [s] 間の間（ただし、$t_2 - t_1 > 0$ である）に、この物体の速度は $(v_2 - v_1)$ [m/s] だけ変化したわけであり、この間における平均の加速度の大きさ $\bar{a}$ は、「単位時間当たり速度がどれだけ変化したか」というものであるから、

$$\bar{a} = \text{速度の変化量} \div \text{変化に要した時間}$$

$$= \frac{\text{速度の変化量}}{\text{変化に要した時間}} = \frac{v_2 \,[\text{m/s}] - v_1 \,[\text{m/s}]}{t_2 \,[\text{s}] - t_1 \,[\text{s}]}$$

$$= \frac{(v_2 - v_1)[\text{m/s}]}{(t_2 - t_1)[\text{s}]} = \frac{v_2 - v_1}{t_2 - t_1} \,[\text{m/s}^2]$$

である。即ち、時刻 t_1 [s] から時刻 t_2 [s] までの間の

$$\boxed{\text{平均の加速度 } \bar{a} = \frac{v_2 - v_1}{t_2 - t_1} \,[\text{m/s}^2]} \quad \cdots\cdots \text{(式11)}'$$

ということである。

3. 瞬間の加速度 a [m/s²] (a の上に棒を付けない)

上の(式11)′の、平均の加速度の式 $\bar{a} = \dfrac{v_2 - v_1}{t_2 - t_1}$ [m/s²] において、時刻 t_1 [s] から時刻 t_2 [s] までの間の時間を t [s] 間であるとおくと、即ち、t [s] 間 $= t_2$ [s] $- t_1$ [s] $= (t_2 - t_1)$ [s] 間であるとおくと、t_2 は t_1 よりも後の時刻であるから $t_2 > t_1$ ∴ $t_2 - t_1 > 0$ 即ち $t > 0$ である。

そこでいま、この $t = t_2 - t_1$ という時間をできるだけ短い時間にとって、この非常に短い、ほとんど 0 [s] 間に近い時間を Δt [s] とおくと、この Δt [s] の間における速度の変化(量)$(v_2 - v_1)$ [m/s] も同様に非常に小さくなるので、その変化量を Δv [m/s] とおくことにすると、このときの「単位時間当たりの速度の変化(量)」(即ち、1 [s] 間当たりの速度の変化(量))a [m/s²] は、

$$a = \Delta v \div \Delta t = \frac{\Delta v \,(\mathrm{m/s})}{\Delta t \,(\mathrm{s})} = \frac{\Delta v}{\Delta t} \,(\mathrm{m/s^2})$$

である。このときの時刻 t_2〔s〕は、時刻 t_1〔s〕から、ほんのわずかだけ時間の経過した時刻であるから、Δt〔s〕間は、ほとんど0〔s〕間に近いので、$a = \dfrac{\Delta v}{\Delta t}$〔m/s²〕という加速度の大きさは、ほとんど0〔s〕間に近い時間内の速度の変化量であり、これを時刻 t_1〔s〕における「瞬間の加速度」という。

注 瞬間……まばたきする位の非常に短い時間。

瞬間の加速度 $a = \dfrac{\Delta v}{\Delta t}$〔m/s〕

厳密には、$a = \lim\limits_{\Delta t \to 0} \dfrac{\Delta v}{\Delta t}$ ……（式12）

注1 単に加速度と言えば、瞬間の加速度を指す。

注2 瞬間の加速度 a は、平均の加速度 $\bar{a}$ を求める式 $\dfrac{v_2 - v_1}{t_2 - t_1}$ の分母である $(t_2 - t_1)$ の値をほとんど0〔s〕に近い時間としたときの平均の加速度の値、即ち、t_2 を t_1 に限りなく近付けて行ったときの $\bar{a}$ の値であって、次のように表わされる。

$$a = \lim_{\Delta t \to 0} \frac{\Delta v}{\Delta t}$$

この $\lim\limits_{\Delta t \to 0} \dfrac{\Delta v}{\Delta t}$ というのは、$\dfrac{\Delta v}{\Delta t}$ の Δt を限りなく0に近付けて行ったときの $\dfrac{\Delta v}{\Delta t}$ の値のことを意味する。従って t_2 を t_1 に近付けて行って、ついに t_2 が t_1 に重なった（一致した）とき

の、加速度である。従ってこれを時刻 t_1 における瞬間の加速度（または単に、時刻 t_1 における加速度）という。

平均の加速度と瞬間の加速度を図示すると次のようである。

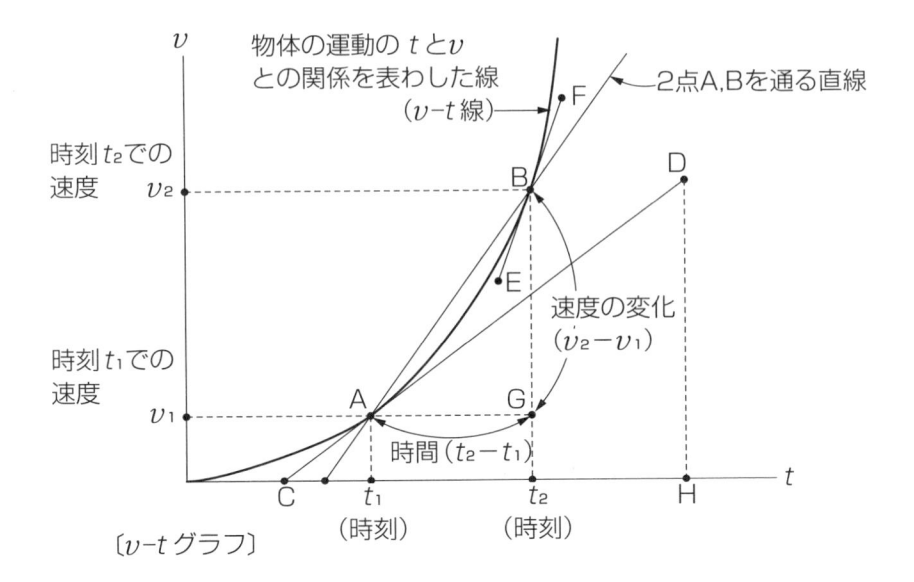

[v-t グラフ]

v-t 線上の2点A, Bを通る直線の傾き $= \dfrac{BG}{AG} = \dfrac{v_2 - v_1}{t_2 - t_1}$ であるから、これは時刻 t_1 〔s〕から時刻 t_2 〔s〕までの t 〔s〕間の「平均の加速度」そのものである。

もし、時間 t を短くするために、時刻 t_2 を t_1 に近付けていくと、点Bが点A（時刻は t_1）に近付いて行き、ついには点Bが点Aに重なってしまう。このとき直線ABは、『点Aにおける（または、「時刻 t_1 における」と言ってもよい）v-t 線への接線CDとなる。そして、この接線CDの傾き $\dfrac{DH}{CH}$ の値が「点A（または、時刻 t_1）における瞬間の加速度の大きさ」である。』つまり、

> v-t 線上の或る点(または、或る時刻)における「接線の傾き」は、その点(または、その時刻)における「瞬間の加速度」を表わす。

注1) v-t 線上の点 A における接線 CD の傾きが、点 A 即ち、時刻 t_1 における「瞬間の加速度」である。

注2) v-t 線上の点 B における接線 EF の傾きが、点 B 即ち、時刻 t_2 における「瞬間の加速度」である。

注3) 2点 A, B を通る直線 AB の傾きが、2点 A, B 間、即ち、時刻 t_1 から時刻 t_2 までの間の「平均の加速度」である。

注4) 物体の運動が一直線上で行われる場合には、「方向」は、東西方向とか、上下方向とかのように一定しているわけであるから、あとは、速度や加速度の「大きさ」と「向き」を考えればよいことになる。－2〔m/s²〕などが、それである。

13. 等加速度直線運動

(1) 等加速度直線運動とは

　加速度が一定の運動のことを「等加速度運動」という。物体が等加速度運動をする場合について、$v-t$ グラフ上で考えてみることにする。
「加速度が一定」ということは、「$v-t$ 線上のいかなる点における $v-t$ 線への接線の傾きも常に一定」ということである。そして、この「$v-t$ 線上のいかなる点における接線の傾きも一定」であるためには、$v-t$ 線が曲線である場合には、そういうことはあり得ないことであって、$v-t$ 線が直線でなければならない。つまり、逆に言うと、$v-t$ 線が直線であれば、その $v-t$ 線上のいかなる点における接線の傾きも一定であるということになる。

　ところで、考えてみると、接線というものは、曲線に対しては存在し得るが、直線に対する接線というのはおかしなものである。しかしながら、そこの思考をもっと弾力的にして、直線に対する接線が引き得るものと考えるならば、直線上の或る点における直線への接線は、その直線自身（その直線そのもの）であると考えることもできようというものである。

　つまり、直線に対する接線は、元の直線そのものであると考えるならば、直線の $v-t$ 線の接線は、たったの 1 本引けるだけであるから、$v-t$ 線上のどの点における接線も、この 1 本の接線となり、従って、接線の傾きの値はただ 1 つしかないので、瞬間の加速度は常に一定の値となる。即ち、どの点またはどの時刻における瞬間の加速度もすべて等しい大きさであることになる。

そして、どの時刻での瞬間の加速度もみな等しければ、任意の2つの時刻間の平均の加速度はすべて等しく、しかもそれら平均の加速度は、各時刻での瞬間の加速度に等しい。つまり、

> 等加速度運動においては、瞬間の加速度と平均の加速度とが等しい。

このことは、右図で言えば、どの $\tan\theta$ の値もみな等しいということである。即ち、v-t 線が直線の場合には、その直線上の各点における接線が、その直線そのものなのだと考えれば、それら接線の傾き（つまり、その直線の傾き）が各点における瞬間の加速度であって、時刻が $t_1, t_2, t_3, \dots\dots$ のいつ何どきの瞬間の加速度も常に一定値の $\tan\theta$ で表わされる。従って、$t_1\sim t_2$、$t_2\sim t_3$、$t_3\sim t_4$……など、どの時間間隔における平均の加速度も、各瞬間の加速度に等しく、その値は $\tan\theta$ に等しい。

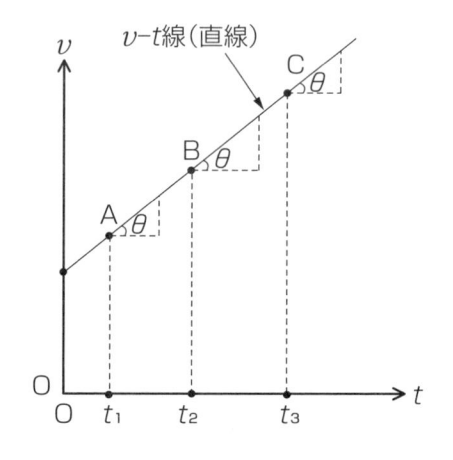

尚、物体が一直線（いっちょくせん）上で等加速度運動をする場合には、この運動のことを「等加速度直線（ちょくせん）運動」という。後程（のちほど）述べる物体の自由落下運動、あるいは物体の鉛直投げ上げや投（お）げ下ろし、また、水平一直線のレール上を電車が一定の割合で加速または減速している運動などは、「等加速度直線運動」である。

(2) 等加速度直線運動の加速度

「等加速度直線運動」では、前述のように、瞬間の加速度 a と平均の加速度 $\bar{a}$ は等しい。従って次の式のように、平均の加速度 $\bar{a}$ を瞬間の加速度 a で置き換えてもよい。

> 等加速度直線運動では、
> 瞬間の加速度 a ＝平均の加速度 $\bar{a}$
> $$= \frac{v_2 - v_1}{t_2 - t_1} \,[\mathrm{m/s^2}] \qquad \cdots\cdots (式13)$$

さて、(式13) の中の t_1 は、物体の運動を測り始めた時刻であるので、今これを時刻 $t_1 = \underset{\text{ゼロ}}{0}\,[\mathrm{s}]$ とし、この時刻における物体の（瞬間の）速度 v_1 も v_0 と書き改めることにすると、「v_0」は、この物体の運動を測り始めた時刻 $= \underset{\text{ゼロ}}{0}\,[\mathrm{s}]$ のときの速度のことである。従って、（物体の運動について考察する際における）この初めの速度 v_0 のことを「初速度」と呼ぶことにする。そして尚、加速度 a を表わす (式13) は時刻 t_1 のときから、或る時間だけたった後の時刻のことを時刻 t_2 と表わしてきたのであるが、その t_2 の代わりとして、単なる「t」という記号を使うことにする。つまり、物体の運動について測定し始めたときの時刻 $\underset{\text{ゼロ}}{0}\,[\mathrm{s}]$ から、時間 $\underset{\text{ティー}}{t}\,\underset{\text{秒}}{[\mathrm{s}]}\,\underset{\text{かん}}{間}$ だけ後の時刻を単に $t\,[\mathrm{s}]$ と書くのである。このように量記号の使い方を少し変更すると、今まで書いてきた式 $a = \dfrac{v_2 - v_1}{t_2 - t_1}$ というものを新たに「$a = \dfrac{v - v_0}{t}$」という、より簡単な式として書き表わすことができるのである。

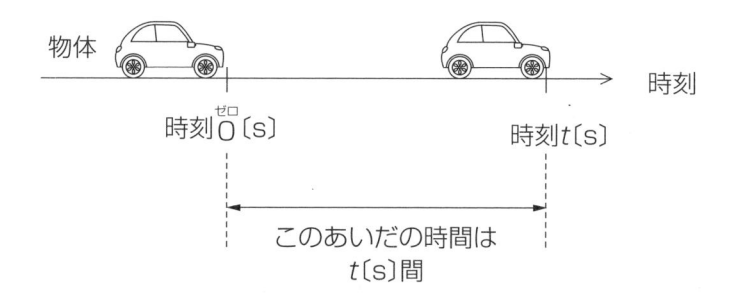

[図：物体が時刻0〔s〕から時刻t〔s〕まで移動する様子。「このあいだの時間はt〔s〕間」]

そして、この時刻 t〔s〕における物体の（瞬間の）速度のことを、今ここで考えている時刻 0〔s〕から時刻 t〔s〕までの間における終末時の速度という意味で運動の「終速度」と呼ぶ。

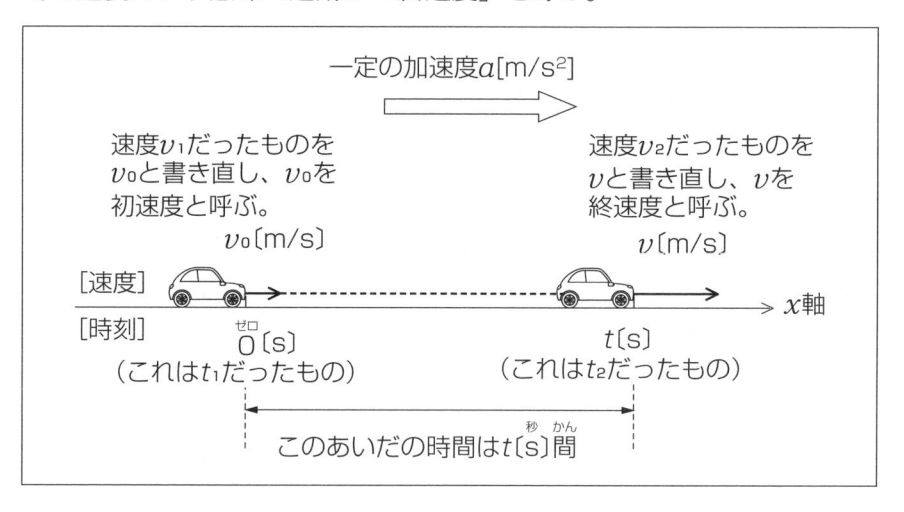

[図：一定の加速度 a [m/s²]。速度 v_1 だったものを v_0 と書き直し、v_0 を初速度と呼ぶ。v_0 〔m/s〕。速度 v_2 だったものを v と書き直し、v を終速度と呼ぶ。v〔m/s〕。〔時刻〕0〔s〕（これは t_1 だったもの）、t〔s〕（これは t_2 だったもの）。このあいだの時間は t〔s〕間]

このように量記号を書き直すと、加速度 a〔m/s²〕（これは、瞬間の加速度 a であると同時に平均の加速度 $\bar{a}$ でもある。それは、加速度が常に一定の運動のときだからである）は、次式のように書き直すことができる。

$$\boxed{\begin{aligned}\text{加速度}\, a\, \text{[m/s}^2\text{]} &= \frac{v\, \text{[m/s]} - v_0\, \text{[m/s]}}{t\, \text{[s]}} \\ &= \frac{v - v_0}{t}\, \text{[m/s}^2\text{]} \cdots\cdots (\text{式}\,13)'\end{aligned}}$$

（3）等加速度直線運動の速度

（式 13）′ の両辺に t 〔s〕を掛けても、やはり等式が成り立つから（等式の性質）、

$$a\, \text{[m/s}^2\text{]} \times t\, \text{[s]} = \frac{v\, \text{[m/s]} - v_0\, \text{[m/s]}}{\cancel{t\, \text{[s]}}} \times \cancel{t\, \text{[s]}}$$

$$\therefore a\, \text{[m/s}^2\text{]} \times t\, \text{[s]} = v\, \text{[m/s]} - v_0\, \text{[m/s]}$$

この式を最終的には、v〔m/s〕= ☐ という形の式として表わしたい。そこで、この式の右辺から $-v_0$〔m/s〕を消去するために、この式の両辺に v_0〔m/s〕を加えてもやはり等式が成り立つから（等式の性質）、

$$a\, \text{[m/s}^2\text{]} \times t\, \text{[s]} + v_0\, \text{[m/s]} = v\, \text{[m/s]} - \cancel{v_0\, \text{[m/s]}} + \cancel{v_0\, \text{[m/s]}}$$
$$\therefore a\, \text{[m/s}^2\text{]} \times t\, \text{[s]} + v_0\, \text{[m/s]} = v\, \text{[m/s]}$$

この式の左辺と右辺とを置き換えて整頓すると、

$$\begin{aligned}v\, \text{[m/s]} &= v_0\, \text{[m/s]} + a\, \text{[m/s}^2\text{]} \times t\, \text{[s]} \\ &= v_0\, \text{[m/s]} + a \times t\, \text{[m/s]} \\ &= (v_0 + at)\, \text{[m/s]}\end{aligned}$$

$$\therefore v = v_0 + at$$

これが、等加速度直線運動の速度 v を求める公式である。

$$v = v_0 + at \qquad \cdots\cdots (式14)$$

ただし、v_0……初速度〔m/s〕

a……時刻 t〔s〕における加速度〔m/s²〕

t……初めの時刻から終りの時刻までの間の時間〔s〕

v……終速度〔m/s〕

この v は、初めの時刻 0〔s〕から時間 t〔s〕後の時刻 t〔s〕における速度である。

(例題1) 止まっていた自動車が走り出し、左右の水平方向一直線の道路上を右向きに走って行き、10〔s〕後の速度は 5〔m/s〕となった。この間の、この自動車の平均の加速度の向きと大きさを求めよ。

(解) この自動車が走った一直線を x 軸であると見なし、その x 軸の右向きを＋の向きと決める。

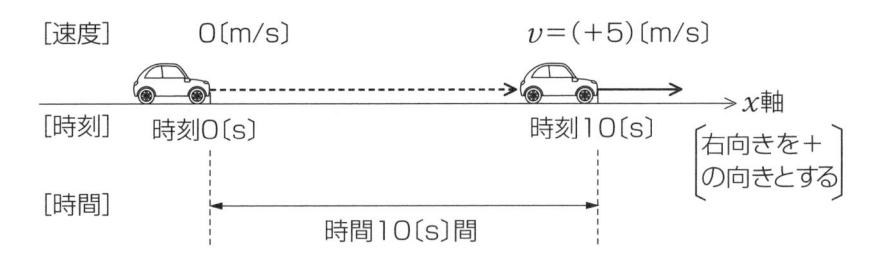

[速度]　　0〔m/s〕　　　　　　　$v=(+5)$〔m/s〕

[時刻]　　時刻0〔s〕　　　　　　時刻10〔s〕　　〔右向きを＋の向きとする〕

[時間]　　　　　時間10〔s〕間

上図のように、この自動車は、右向きに走ったので、その速度 v には、＋の符号を付けて表わす。なぜならば、いま、最初に x 軸の右向きを＋の向きと決めて計算することにしたからである。従って平均の加速度 $\bar{a}$ は次のようである。

13. 等加速度直線運動

$$\bar{a} = \frac{v - v_0}{t} = \frac{(+5)\,[\text{m/s}] - 0\,[\text{m/s}]}{10\,[\text{s}]} = (+0.5)\,[\text{m/s}^2]$$

となり、$\bar{a}$ の値には＋符号が付いているので、このときの加速度は右向きであり、その大きさは $0.5\,[\text{m/s}^2]$ ということである。

(答) 右向きで、大きさ $0.5\,[\text{m/s}^2]$

(別解) $\bar{a} = \dfrac{v_2 - v_1}{t_2 - t_1}$ という式を使うと次図のようである。

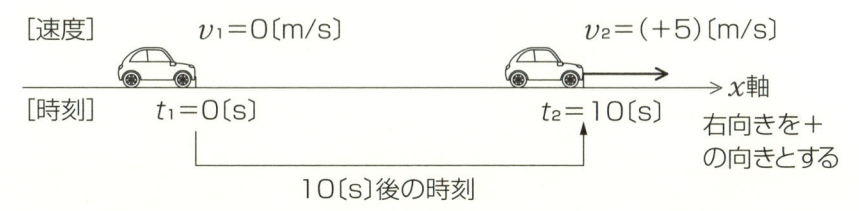

[速度]　　　$v_1 = 0\,[\text{m/s}]$　　　　　$v_2 = (+5)\,[\text{m/s}]$

[時刻]　　　$t_1 = 0\,[\text{s}]$　　　　　　$t_2 = 10\,[\text{s}]$　　→ x 軸

右向きを＋の向きとする

10 [s] 後の時刻

平均の加速度 $\bar{a} = \dfrac{v_2 - v_1}{t_2 - t_1} = \dfrac{(+5)\,[\text{m/s}] - 0\,[\text{m/s}]}{10\,[\text{s}] - 0\,[\text{s}]}$

$= (+0.5)\,[\text{m/s}^2]$

㊟時刻 t_2 は時刻 t_1 よりも後の時刻であるから $t_2 - t_1$ の値は正（＋）の値である。

(例題 2) 水平な一直線の道路上を右向きに 36 [km/h] の速度で走っていた自動車が、ブレーキをかけて 5 [s]（秒）後に停止した。このとき自動車に生じた平均の加速度は、どちら向きで、どれだけの大きさか。

(解) この一直線を x 軸に見なして、その x 軸の右向きを＋（正）の向きと決める。このように決めた場合には、この自動車の右向きの速度を表わす数値には＋符号が付き、また、右向きに生じた加速度の値にも同じく＋符号が付くことになる。尚、自動車が停止したときの速度

191

は 0 [km/h] である。従って平均の加速度 $\bar{a}$ は、

$$\bar{a} = \frac{v_2 - v_1}{t_2 - t_1} = \frac{0 \text{[km/h]} - (+36)\text{[km/h]}}{5\text{[s]}}$$

$$= \frac{(-36)\text{[km/h]}}{5\text{[s]}} = \frac{(-36) \times \frac{1\text{[km]}}{1\text{[h]}}}{5\text{[s]}}$$

$$= \frac{(-36) \times \frac{1000\text{[m]}}{3600\text{[s]}}}{5\text{[s]}} = \frac{(-10)\text{[m/s]}}{5\text{[s]}}$$

$$= (-2)\text{[m/s}^2\text{]}$$

となる。そして、この $\bar{a}$ の値が -2 [m/s²] と、-符号が付いているから、このときの加速度の「向き」は x 軸の-の向きの左向きであることを表わしている。また、加速度の「大きさ」は 2 [m/s²] である。

(答) 左向きで、大きさは 2 [m/s²]

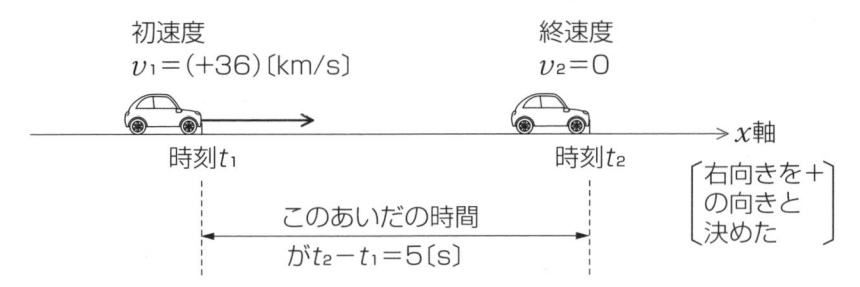

初速度 $v_1 = (+36)$ [km/s]　　終速度 $v_2 = 0$

時刻 t_1　　　　　　　　　　時刻 t_2 → x軸

このあいだの時間が $t_2 - t_1 = 5$ [s]

[右向きを+の向きと決めた]

(例題3)

水平な一直線の右向きを正の向きとするとき、次の問いに答えよ。

①この一直線上を初め $(+3)$ [m/s] の速度で運動していた物体が2 [s] 後には $(+7)$ [m/s] の速度になった。この物体のこの2 [s] 間における平均の加速度はいくらか。

②もし、この一直線上を①とは別の時刻に初め (-3) [m/s] の速度で

運動していた別の物体が4〔s〕後には（－11）〔m/s〕の速度になったとすれば、この物体のこの4〔s〕間における平均の加速度はいくらか。

（解）問題文の初めで、「右向きを正の向きとする」と断わっているので、このことを最優先し、これを基にして速度や加速度の数値に符号を付けるようにしなければならない。

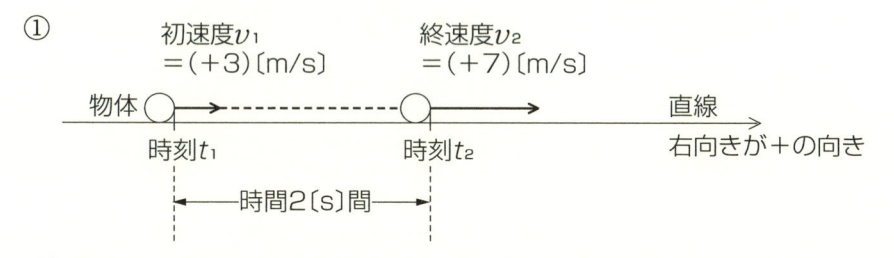

①
初速度 v_1 ＝（＋3）〔m/s〕　　終速度 v_2 ＝（＋7）〔m/s〕

物体 ○ ━━▶ ‑ ‑ ‑ ‑ ○ ━━▶　　　直線
　　時刻 t_1　　　　　時刻 t_2　　　右向きが＋の向き
　　　├──時間2〔s〕間──┤

上図のように、（＋3）〔m/s〕及び（＋7）〔m/s〕という速度はどちらも右向きの速度である。速さは、それぞれ絶対値｜（＋3）｜〔m/s〕＝3〔m/s〕及び｜（＋7）｜〔m/s〕＝7〔m/s〕であるから、物体は加速されているので、加速度 $\bar{a}$ の符号は、初速度 v_1 の符号と同じく＋が付くはずである。$\bar{a}$ の値を求めてみると、

$$\bar{a} = \frac{v_2 - v_1}{t_2 - t_1} = \frac{(+7)〔m/s〕 - (+3)〔m/s〕}{2〔s〕}$$

$$= \frac{(+4)〔m/s〕}{2〔s〕} = (+2)〔m/s^2〕 \quad （答）+2〔m/s^2〕$$

となる。

注　＋の符号は省略して書かなくてもよい。

② $v_2=(-11)$〔m/s〕　　　　$v_1=(-3)$〔m/s〕

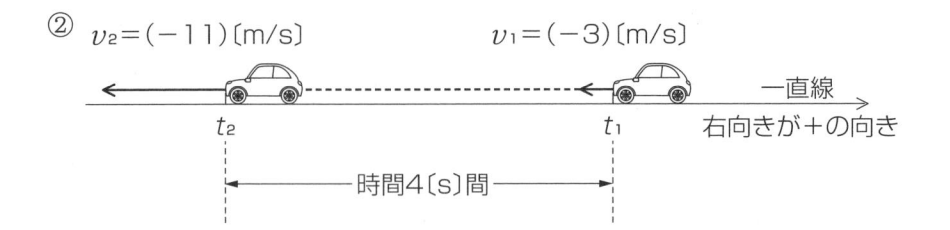

　　　　　　　　｜←──時間4〔s〕間──→｜　　　一直線
　　　　　　　　t_2　　　　　　　　　　t_1　　右向きが+の向き

この4〔s〕間の物体に生じる平均の加速度 $\bar{a}$ は、

$$\bar{a} = \frac{v_2 - v_1}{t_2 - t_1} = \frac{(-11)〔m/s〕 - (-3)〔m/s〕}{4〔s〕}$$

$$= \frac{(-8)〔m/s〕}{4〔s〕} = (-2)〔m/s^2〕 \quad\quad (答)\ -2〔m/s^2〕$$

(問題)①水平な左右の一直線上を10〔m/s〕の速度で右向きに進んでいた物体が、4〔s〕後には左向きの速度2〔m/s〕となった。このときの平均の加速度はどちら向きで、その大きさはどれだけか。

②停止(ていし)していた電車が一定の加速度をもって動き出し、5〔s〕後には10〔m/s〕の速度になった。その後の10〔s〕間は10〔m/s〕の等速運動を続けていたが、遥(はる)か前方に土砂崩(どしゃくず)れを発見し、急ブレーキをかけて3〔s〕後に停止した。このことについて次の問いに答えよ。ただし、この間、電車は、直線運動をしたものとする。

(i)電車が走り出したときの加速度を求めよ。

(ii)ブレーキをかけてから電車が停止するまでの間の平均の加速度を求めよ。

(解)①この一直線を x 軸と見なし、その右向きを正(+)の向きと決めると、右向きの速度や加速度には+の符号が付き、また逆に、左向

きの速度や加速度には−の符号が付く。従って、このときの初速度 $v_1 = (+10)[m/s]$、終速度 $v_2 = (-2)[m/s]$ であり、その間の時間 $t_2 - t_1 = 4[s]$ 間であるから、平均の加速度 $\bar{a}$ は、

$$\bar{a} = \frac{v_2 - v_1}{t_2 - t_1} = \frac{(-2[m/s]) - (+10[m/s])}{4[s]}$$

$$= \frac{-12[m/s]}{4[s]} = -3[m/s^2]$$

$\bar{a}$ の値に−の符号が付いているから、その向きは、x 軸の＋の向き（右向き）とは逆の向きであることを表わしているから、左向きである。そして $\bar{a}$ の大きさは 3 $[m/s^2]$ である。

(答) 左向きで、大きさは 3 $[m/s^2]$

②この電車は直線運動をするから、その直線を x 軸と見なし、その右向きを＋の向きと決めてしまう。そうすると右向きの速度や加速度には＋の符号が付き、逆に左向きの速度や加速度には−の符号が付くことになる。

そして、この電車は右向きに進んだものとする。

(i)電車が走り出したときの加速度 a は、発車後の 5 $[s]$ 間は一定であったというから、平均の加速度 $\bar{a}$ に等しいので、

$$a = \bar{a} = \frac{v_2 - v_1}{t_2 - t_1} = \frac{(+10)[m/s] - (0)[m/s]}{5[s]}$$

$$= \frac{(+10)[m/s]}{5[s]} = (+2)[m/s^2]$$

(ii)

$$\bar{a} = \frac{v_2 - v_1}{t_2 - t_1} = \frac{(0)[m/s] - (+10)[m/s]}{3[s]}$$

$$= \frac{(-10)〔\text{m/s}〕}{3〔\text{s}〕} ≒ -3.3 〔\text{m/s}^2〕$$

(答) 電車の進んでいる向きと逆向きの加速度で、その大きさは 3.3 〔m/s²〕

(参考1) 一般の運動における平均の加速度 $\vec{a}$

　物体が直線運動ではなくて、曲線上を運動する場合には、物体の速度の大きさ（即ち、速さ）だけでなく、物体の進む方向も時刻と共に変わっていくのが普通である。つまり、速度ベクトル $\vec{v}$ が刻々と変化していく。このとき時刻 t_1 での速度ベクトルは $\vec{v_1}$ であったものが、時刻 t_2 で速度ベクトル $\vec{v_2}$ に変わったときには、速度の変化は $\vec{v_2}-\vec{v_1}$ であり、このときの平均の加速度 $\vec{a}$ は、$\vec{a} = \dfrac{\vec{v_2}-\vec{v_1}}{t_2-t_1}$ で表わされる。この $\vec{a}$ を、その時間間隔における「平均の加速度」という。

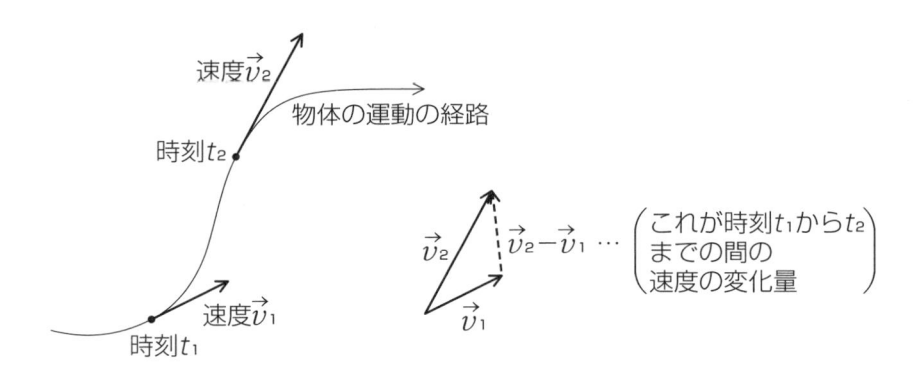

　時刻 t_1 における速度ベクトル $\vec{v_1}$

　時刻 t_2 における速度ベクトル $\vec{v_2}$

$\vec{v_1}$ から $\vec{v_2}$ まで変化する（このときの変化量は $\vec{v_2}-\vec{v_1}$）のに要した時間は t_2-t_1 であるから、この間の平均の加速度 $\vec{a}$ は、

$$\vec{a} = \frac{\vec{v}_2 - \vec{v}_1}{t_2 - t_1}$$

である。

注)時間は大きさだけ持っていて方向を持たない量なので、ベクトルではなく、スカラーである。

(参考２)「加速度の大きさ」が大きい運動は、短時間内(ない)($t_2 - t_1$ の値が小さいこと)に速さ(速度の大きさ)が急に大きくなるので、乗用車は大型バスに比べて、加速性能がよく、出足が速いことになる。

(参考３) 重力加速度(ジー) g

地球の表面付近にある物体が、地表に落下するときの加速度は、「物体の質量とは関係ない」ことがわかっている。

注)質量とは、物質をつくっている実質の量である。質量は今測った場所と全くちがった場所、例えば月面上とか、富士山のてっぺんとかに持って行って測っても変わらない量である。

地球の引力によって、物体に生ずる加速度のことを、地球の「重力加速度」といい、特別な記号で「g」と書く。この g の値の地球上での標準値としては、

　　g = 9.80665 〔m/s²〕

という値であるが、この g の値は場所によって(例えば高い場所とか低い場所とかによって)少しずつ異なった値を示す。

運動の第2法則の式は、$\vec{a} = \dfrac{\vec{F}}{m}$ と書かれるが、これを変形すると、$\vec{F} = m\vec{a}$ となる。この式の加速度 $\vec{a}$ のかわりに、重力加速 g を代入す

ると、

$$\vec{F} = mg$$

となる。この力のベクトル$\vec{F}$の大きさが「地球上で、質量mの物体に働く重力の大きさ」、即ち「質量mの物体の重さ」なのである。

注 物体に働く「重力の大きさ」のことを「重さ」という。

物体に働く重力という力は、物体と地球との間に生じている万有引力によるものであって、この重力という力は、物体と地球の中心との間の距離が異なると、違う大きさとなるのであるから、$\vec{F} = mg$ で、力$\vec{F}$が違う値になるということは（質量mは場所によって変わることがないのであるから）、gの値が場所によって変わる（即ち、異なる値を示す）ということになる。つまり、gの値は、地球上の場所（高地であるとか低地であるとか、また緯度の差のある場所）によって少しずつ違う値を示すということである。

従って、mgの値、即ち$\vec{F}$の大きさ（これが物体の重さ）は、測る場所によって、同じ質量の物体であるにもかかわらず、その重さは違うということになる。

尚、もう少し付け加えると、地球表面上にある物体に働く重力は、その物体と地球との間に働く万有引力（2つの物体の間に働く互いに引き合う力）による力である。地球は半径が約6.4×10^6〔m〕の球形をした物体であるが、この地球という物体と、地球の外側にある物体との間に働く万有引力によって、地球の外側にある物体は、地球の中心に向かって引き付けられているため、その物体には「重力」という「鉛直方向で下向きの力」が働いているのである。

〈注意〉
　一直線上を移動する電車や自動車の運動の場合には、加速時と減速時とでは、互いに逆向きの力がそれらに加わるので、それら電車や自動車に生ずる加速度は前向きにも、うしろ向きにも生ずるものである。
　ところが、地球上の物体に対して、重力によって生ずる重力加速度は、鉛直方向の下向きだけである。

（参考４）等加速度直線運動を続けるために必要な力
　一直線上を運動している物体に「一定の加速度が生じ続けている」ということは、「等加速度直線運動を続けている」ということである。力 $\vec{F}$ ＝ 質量 m × 加速度 $\vec{a}$ で表わされるから、質量 m が一定である物体に一定の加速度が生じている場合には、外部から「物体に働いている力も一定」である。つまり、$\vec{F} = m \times \vec{a}$ において、$m =$ 一定値、$\vec{a} =$ 一定値であれば当然 $\vec{F} =$ 一定　である。
　これは、「物体に一定の力が働き続けていれば、その物体には一定の加速度が生じ続ける」ということになる。
　そして、このとき、各瞬間の加速度 a が一定であるから、或る時間内の平均の加速度 $\bar{a}$ は各瞬間の加速度に等しい。

$$a = \bar{a} = \frac{v_2 - v_1}{t_2 - t_1} \frac{\text{[m/s]}}{\text{[s]}} = \text{一定}$$

この単位 $\frac{\text{[m/s]}}{\text{[s]}}$ を見るとわかるように、「1〔s〕間当たり、速度〔m/s〕が、どれだけ変化するか」というものが加速度である。
　物体が今、或る方向・向きに進んでいるときに、外部から、その方向・向きが同じの一定の大きさの力が物体に働き続ければ、物体には、一定の加速度が生じ続けるから、その方向で、その向きの速度が一定の値ず

199

つ増加し続けることになる。

〔等加速度直線運動の加速及び減速の概略図〕
① 速度の大きさ（即ち、速さ）が増加するとき（加速しているとき）

　これは、物体が現在進んでいる向きと同じ向きの力が外部から物体に働いているときである。

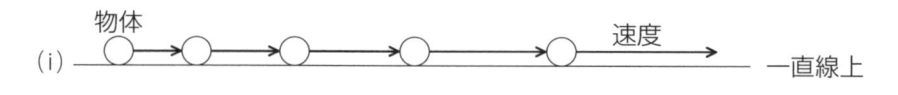

(i) 物体 ○→ ○→ ○→ ○→ ○→ 速度 ——————一直線上

　　1〔s〕間当たり、速度の増加する割合が一定（ⅰもⅱも）

(ii) ←速度 ○← ○← ○← ○← 物体 ——————一直線上

② 速度の大きさが減少するとき（減速しているとき）

　これは、物体が現在進んでいる向きと逆向きの力が外部から物体に働いているときである。

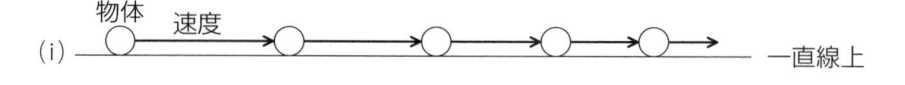

(i) 物体 ○ 速度→ ○→ ○→ ○→ ○→ ——————一直線上

　　1〔s〕当たり、速度の減少する割合が一定（ⅰもⅱも）

(ii) ←○ ←○ ←○ ←○ ○ ——————一直線上

　注 物体が減速しつつあるときには、物体に生じている加速度の向きは、物体が今実際に進んでいる向きとは逆向きである。

（以上（参考）終り）

(4) 等加速度直線運動の詳しい図示

直線運動で、加速度が一定の値 a 〔m/s²〕であるということは、速度 v 〔m/s〕は、時間1〔s〕毎に a 〔m/s〕ずつ増加または減少することを意味する。そこで、この等加速度直線運動を図示してみると次のようである。

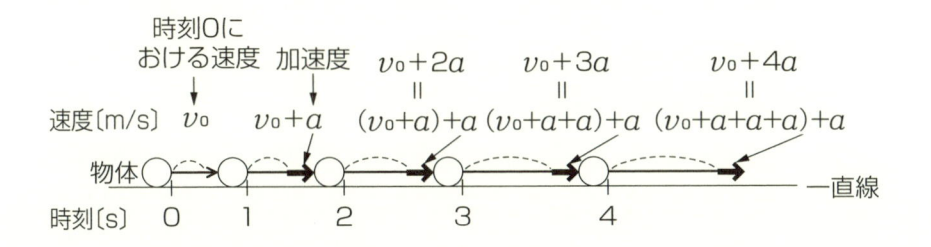

```
             時刻0に
            おける速度  加速度   v₀+2a     v₀+3a      v₀+4a
                                  ‖         ‖          ‖
速度〔m/s〕     v₀    v₀+a  (v₀+a)+a (v₀+a+a)+a (v₀+a+a+a)+a
物体     ○──→○─→●─→●───→●─────→●─────→        ─一直線
時刻〔s〕      0     1     2       3           4
```

「1〔s〕毎に、速度が a 〔m/s〕ずつ変化」していく。これを加速度が a 〔m/s²〕であるという。

そして、この速度の変化は、速度が増加する場合だけとは限らず、減少する場合もある。

(5) 等加速度直線運動の公式

1. 予備説明

物体が等加速度直線運動をするのは、どういうときか、というと、「物体に対して、一定方向で、しかも、一定の大きさの力が働いているとき」である。

物体に力 ($\vec{F}$) が働いて初めて、その物体に加速度 ($\vec{a}$) が生ずるからである。しかも、その加速度（即ち、単位時間当たりの速度の変化）が一定であるためには、物体に働く力は、常に「一定の大きさの力が一

定の方向に働き続ける」必要がある。

例えば、地球表面近くで、静かに手放(てばな)した物体の速度が、1〔s〕間当たり増加していく速度（即ち、加速度）は一定である。そのわけは、その場所で物体に働く重力（これは万有引力によって生ずる力）が一定の大きさで、鉛直方向下向きという一定したものだからである。従って、もし、gの値がちょうど9.8〔m/s²〕の場所では、物体の落下する速度は、鉛直方向下向きに「1〔s〕間(かんあ)当たり 9.8〔m/s〕」という割合で落下速度が増加し続けていく。

㊟このように言うと、この物体の落下がもしも、10〔s〕間続くと（物体と地球の中心との間の距離が変わってしまうため、万有引力の大きさが違ってくるために）、gの値がちょうど9.8〔m/s²〕ではなくなるので、10〔s〕後には、1〔s〕間当たりちょうど9.8〔m/s〕増すようにはならないではないかと思うかも知れないが、その通りである。

「1〔s〕間(かんあ)当たり 9.8〔m/s〕の割合で」と言っているのは、その落下時間が必ずしも1〔s〕間続くという意味ではないのである。「もしも、1〔s〕間続いた場合には」という意味なのである。速度の大きさというものは「単位時間当たりどれだけの距離」という表わし方をするのであるから、その「単位時間」として1〔s〕間という長さの時間をとっただけのことであって、その速度が必ずしも実際に1〔s〕間続いているときのことを言っているのではない。従って実際には、1〔s〕間の百万分の一の時間だけ、その速度が続いたに過ぎなくても、そのような表わし方をするのである。従って、1〔s〕間当たりどれだけ、という表現は「その瞬間の時刻において、その大きさなのだ」ということを言って

いるのである。

　尚、「加速度aが一定」ということは、「各瞬間における加速度がいつでも全て等しい」のであるから、もっと長い時間の加速度を平均した値（即ち、平均の加速度$\bar{a}$）も、それら各瞬間の加速度に等しいはずである。即ち、等加速度運動の場合には、各瞬間瞬間の加速度$a = $ 平均の加速度$\bar{a}$である。

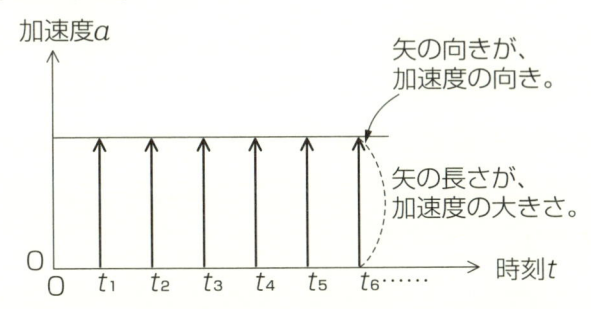

　このように各瞬間瞬間の時刻における加速度が一定であれば、それらの加速度を平均した平均の加速度$\bar{a}$は各瞬間の加速度aと等しい。

　「物体が一直線上を一定の加速度a〔m/s²〕で運動しているときには、この一直線をx軸と見なすと都合がよい。」そして、x軸上に原点Oを定めて、物体の運動の基準とする。このとき、物体が原点を通る際に、もし右向きに進んでいるときには、x軸の右向きを正（＋）の向きと決めるのがよい。そうすると、右向きの速度、加速度、原点から右側への変位（位置の変化）などの値には＋の符号が付き、逆向き即ち左向きのそれらには−の符号が付くことになる。

　また、「x軸上の原点Oを時刻や位置の基準」として、時刻0、位置0とする。そうすると、物体の位置、即ち、「原点Oからの物体の変位

（原点Oからの位置の変化）」をx軸の座標で示すことができる。つまり原点Oよりも右側の変位（即ち、原点から、物体の存在する位置までの距離）はx軸の＋座標で表わされ、また、原点Oよりも左側の変位（原点から物体の存在する位置までの距離）はx軸の－座標で表わされることになる。

　㊟ x軸上の位置を示すのに、原点Oを基準にしてその位置を0とし、x軸上の＋の向きにいくつとか、－の向きにいくつなどと表わす仕方を「座標」という。座標は＋8（これはx軸上の原点Oから＋の側の8の位置）とか、－5（これは、x軸上の原点Oから－の側の5の位置）のように、＋または－の符号の付いた数量で表わす。

13. 等加速度直線運動

以上のことをまとめて図示すると次のようである〔大切〕。

② 「x軸の＋の向き」と同じ向きの速度や加速度の値には、＋の符号が付き、それと逆向きのそれらの値には－の符号が付く。

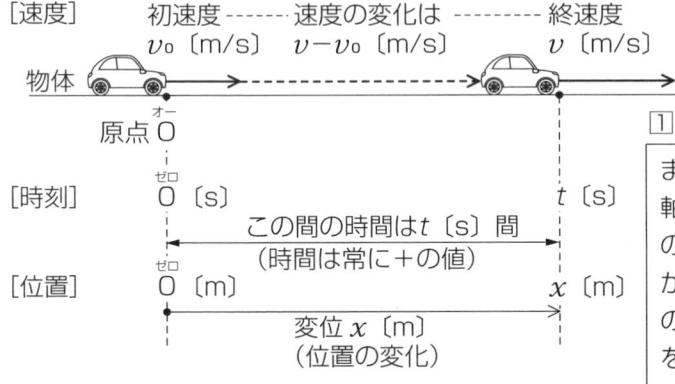

[加速度]　　加速度 $a = \dfrac{v - v_0}{t}$ 〔m/s²〕

[速度]　　初速度 ------- 速度の変化は -------- 終速度
　　　　　v_0〔m/s〕　　$v - v_0$〔m/s〕　　　v〔m/s〕

物体 →→→→→→→→→→→→→→→→→→→→→→→ x軸

原点 O

[時刻]　　0〔s〕　　　　　　　　　　　　　　t〔s〕
　　　　　　　　この間の時間は t〔s〕間
　　　　　　　　（時間は常に＋の値）

[位置]　　0〔m〕　　　　　　　　　　　　　　x〔m〕
　　　　　　　　　　変位 x〔m〕
　　　　　　　　　　（位置の変化）

① まず初めに、x軸の右向きを＋の向きとするか、あるいは－の向きとするかを決める。それに応じて、②や③の速度・加速度・変位などの数値に＋あるいは－の符号が付くことになる。

③ 変位 x〔m〕＝（終りの位置）－（初めの位置）
　　　　　　　　＝ x〔m〕－ 0〔m〕
　　　　　　　　＝ x〔m〕

ここでは、物体の初めの位置を x軸上の原点 O と一致させて、そこを位置 0〔m〕としたので、変位 x の値は、x軸上の座標 x〔m〕そのもので表わされることとなる。

2. 量記号の変更

時刻、速度、加速度、変位を表わす量記号の使い方で、内容は同じことであるのに、別の記号で書き表わすことがあるので、ここで触れておくこととする。

例えば、加速度の記述について、今までのように $\bar{a} = \dfrac{v_2 - v_1}{t_2 - t_1}$ と書く場合も、これから使うことになる $\bar{a} = \dfrac{v - v_0}{t}$ と書く場合であっても、その内容は同じことを言っているのである。

以下、全般的に述べると次のようである。

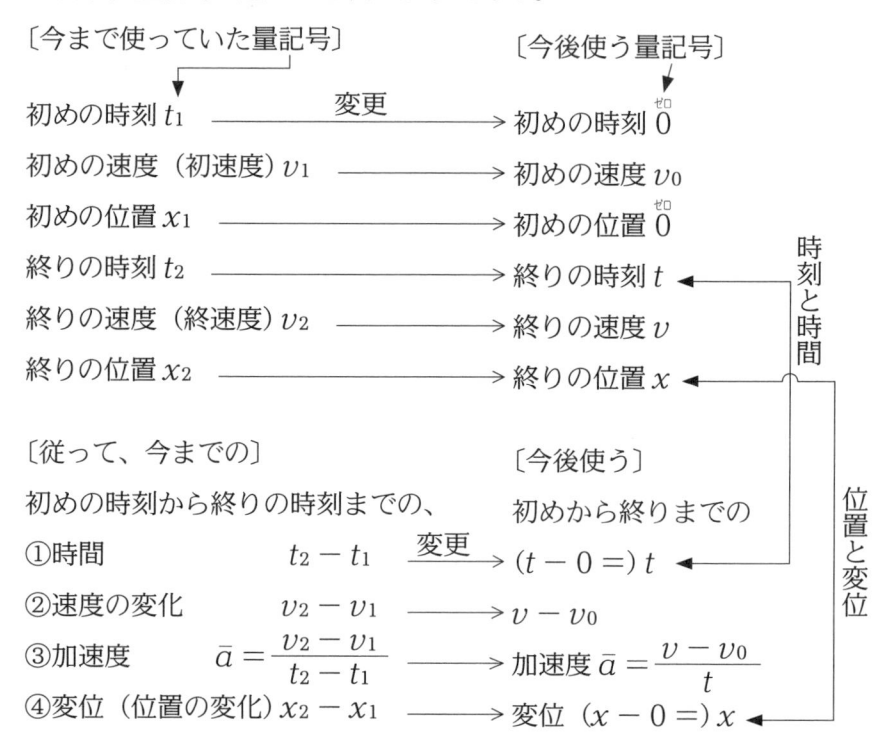

〔今まで使っていた量記号〕　　　　　　〔今後使う量記号〕

初めの時刻 t_1 ──変更→ 初めの時刻 0（ゼロ）

初めの速度（初速度）v_1 ───→ 初めの速度 v_0

初めの位置 x_1 ───→ 初めの位置 0（ゼロ）

終りの時刻 t_2 ───→ 終りの時刻 t ←┐

終りの速度（終速度）v_2 ───→ 終りの速度 v　　時刻と時間

終りの位置 x_2 ───→ 終りの位置 x ←┘ 位置と変位

〔従って、今までの〕　　　　　〔今後使う〕

初めの時刻から終りの時刻までの、　　初めから終りまでの

① 時間　　　　$t_2 - t_1$ ──変更→ $(t - 0 =) t$

② 速度の変化　$v_2 - v_1$ ───→ $v - v_0$

③ 加速度　$\bar{a} = \dfrac{v_2 - v_1}{t_2 - t_1}$ ───→ 加速度 $\bar{a} = \dfrac{v - v_0}{t}$

④ 変位（位置の変化）$x_2 - x_1$ ───→ 変位 $(x - 0 =) x$

このように、今までとは別の記号で表わすことがあるので注意を要する。

13. 等加速度直線運動

(注) { 時刻と時間は同じ記号 t で表わす。
位置と変位も同じ記号 x で表わす。

以上の2通りの表わし方を並べて描くと次のようである。

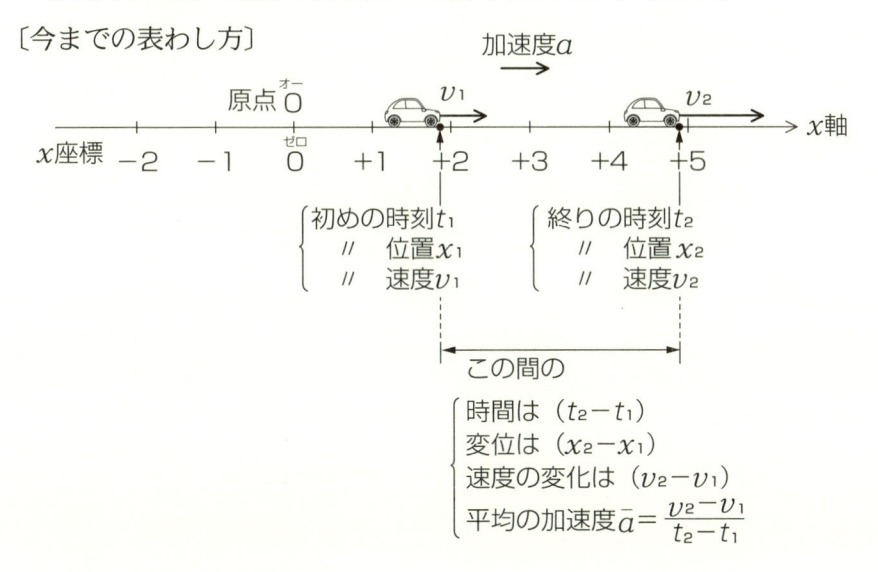

〔今までの表わし方〕

{ 初めの時刻 t_1
　〃　位置 x_1
　〃　速度 v_1

{ 終りの時刻 t_2
　〃　位置 x_2
　〃　速度 v_2

この間の

{ 時間は (t_2-t_1)
変位は (x_2-x_1)
速度の変化は (v_2-v_1)
平均の加速度 $\bar{a} = \dfrac{v_2-v_1}{t_2-t_1}$

〔今後よく使う表わし方〕

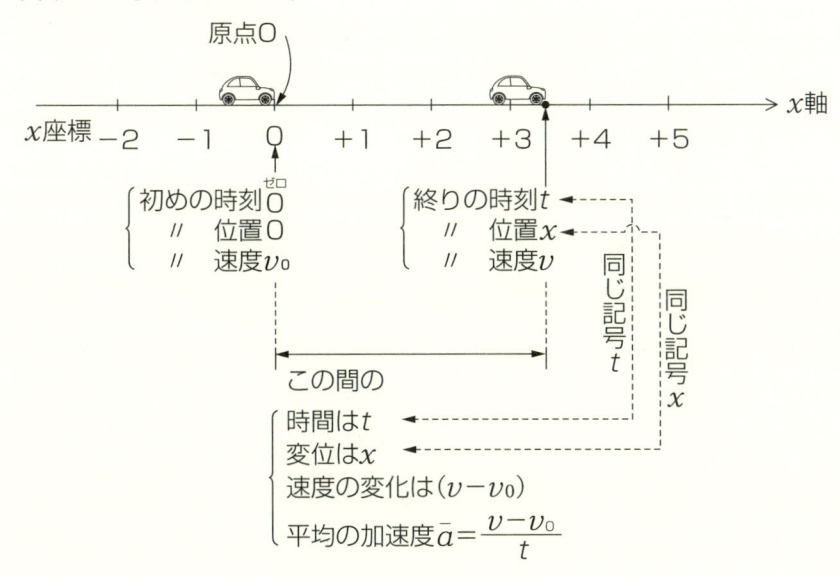

{ 初めの時刻 0
　〃　位置 0
　〃　速度 v_0

{ 終りの時刻 t
　〃　位置 x
　〃　速度 v

同じ記号 t
同じ記号 x

この間の

{ 時間は t
変位は x
速度の変化は $(v-v_0)$
平均の加速度 $\bar{a} = \dfrac{v-v_0}{t}$

㊟同じ記号となるわけは

$$原点 \underset{オー}{O} を \begin{cases} 時刻を \underset{ゼロ}{0} としたため、時間 = t - 0 = t \\ 位置を \underset{ゼロ}{0} としたため、変位 = x - 0 = x \end{cases}$$

となるからである。

（例1）x 軸の右向きを＋の向きと決めた場合（このとき当然 x 軸の左向きは－の向きとなる）

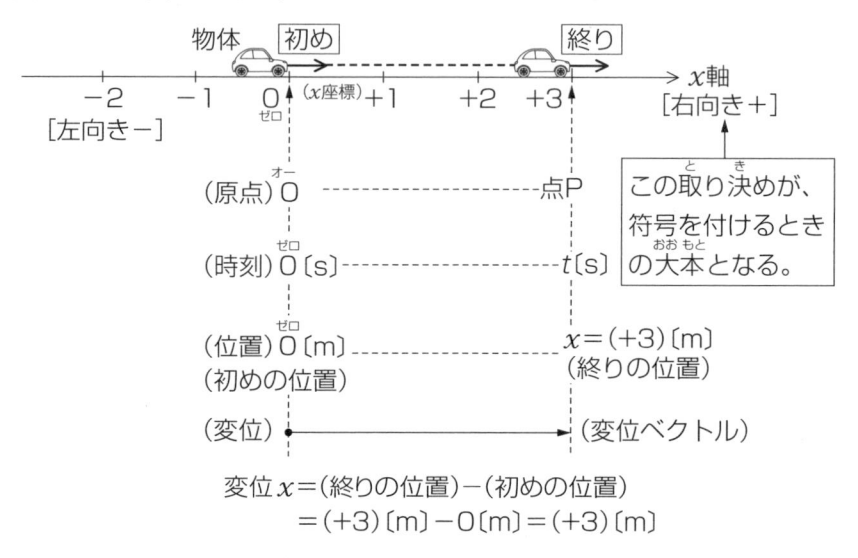

```
物体  初め                  終り
――――――――――――――――――――→ x軸
 -2   -1   0  (x座標)+1   +2   +3      [右向き＋]
[左向き－]   ゼロ
```

この取り決めが、符号を付けるときの大本となる。

（原点）$\underset{オー}{O}$	┄┄┄┄┄┄	点P
（時刻）$\underset{ゼロ}{0}$〔s〕	┄┄┄┄┄┄	t〔s〕
（位置）$\underset{ゼロ}{0}$〔m〕 （初めの位置）		$x=(+3)$〔m〕 （終りの位置）
（変位）	●――――――→●	（変位ベクトル）

変位 x ＝（終りの位置）－（初めの位置）
　　　＝ $(+3)$〔m〕－ 0〔m〕＝ $(+3)$〔m〕

㊟変位 $x = (+3)$〔m〕というのは、
$\begin{cases} 符号の＋は変位の向きを表わすもので、今、x 軸の右向きを＋\\ の向きと決めているから、変位の向きは、右向きである。\\ 数値の絶対値 3〔m〕が変位の大きさ。\end{cases}$

この場合、物体の終りの位置（点P）は、原点Oから x 軸の＋の側（向き）にあるから、点Pの位置（x 座標）は「＋符号の付いた数値」、即ち、「＋3」である。この「＋3」が時刻 t における（または、点Pにおける、と言ってもよい）物体の変位である。つまり、

{ 変位の向きは右向き。
{ 変位の大きさは3〔m〕。

(例2) x軸の右向きを＋の向きと決めた場合

```
終り                    初め
 ←車                     車
━┿━━┿━━┿━━┿━━┿━━┿━━→ $x$軸
 -3  -2  -1   0  +1  +2    〔右向き＋〕
              ($x$座標)
```

P----------------O（原点）
t〔s〕----------0〔s〕（時刻）   ㊟時間は負（－）には
$x=(-3)$〔m〕----0〔m〕（位置）   ならない。
 ←――――――――――――――――（変位）
    変位 $x=(-3)$〔m〕
                    ┗ 変位の大きさ3〔m〕
                ┗ 符号は変位の向き（左向き）
                  …x軸の－の向きと同じ向きだから。

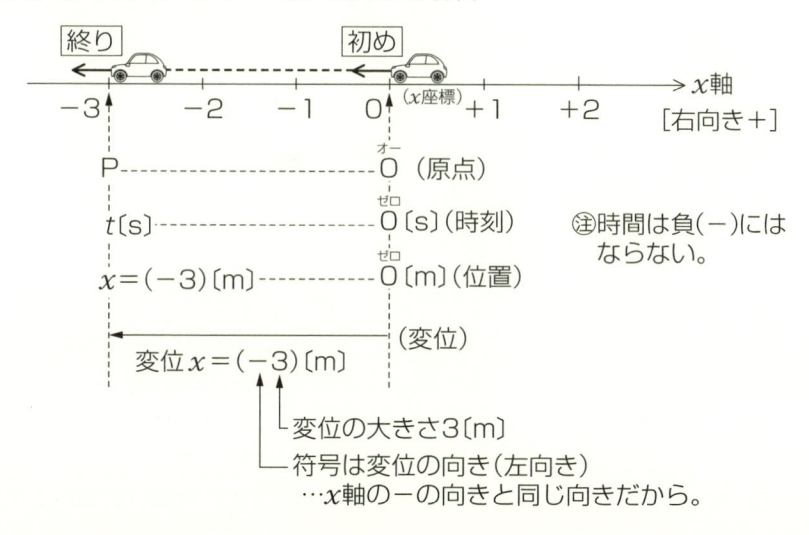

(例3) x軸の左向きを＋の向きと決めた場合

```
終り                    初め
 ←車                     車←
━┿━━┿━━┿━━┿━━┿━━┿━━
 +3  +2  +1   0  -1  -2
              ($x$座標)
```

P----------------原点 O
t〔s〕----------時刻 0〔s〕
$x=(+3)$〔m〕----位置 0〔m〕
 ←――――――――――――――――変位
    変位 $x=(+3)$〔m〕
                    ┗ 数値は変位の大きさ3〔m〕
                ┗ 符号は変位の向き
                  （x軸の＋の向きと同じ左向き）

209

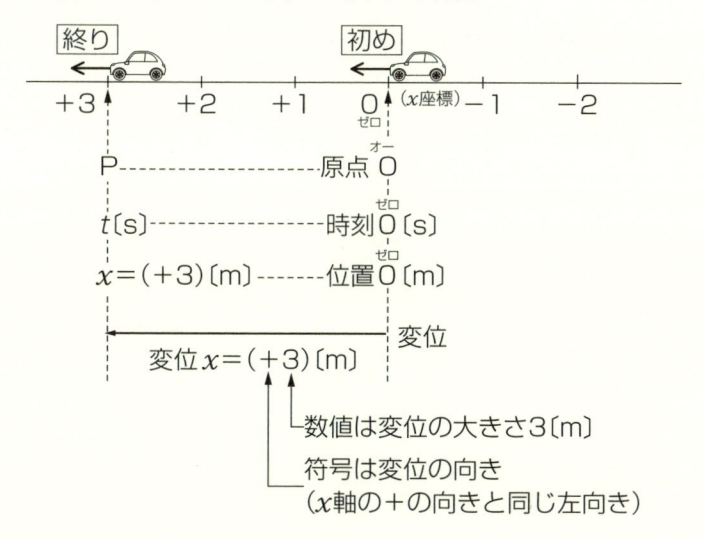

(例4) x 軸の左向きを＋の向きと決めた場合

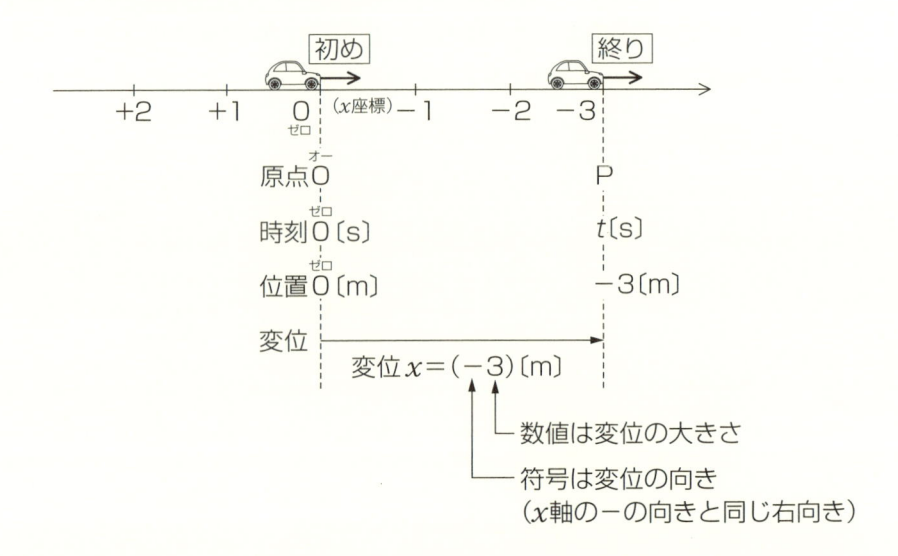

```
         初め                終り
        [車]               [車]
―――+2――+1――0――-1――-2――-3―――
          (x座標)
         原点O              P
         時刻O[s]           t[s]
         位置O[m]           -3[m]
         変位
              変位 x = (-3)[m]
                        │  │
                        │  └─ 数値は変位の大きさ
                        └─ 符号は変位の向き
                           (x軸の-の向きと同じ右向き)
```

　以上の例のように、変位 x は、物体が x 軸上で原点Oからどちらの向きに（x 軸の＋の向きか、－の向きか）、どれだけの距離だけ位置を変えた場所に存在しているか、ということを表わすものであり、それは、「＋または－の符号付きの数値」で表現されるものである。即ち、x 軸の座標で表現される。

　㊟次図のように、x 軸上を運動する物体が、原点Oから出発して

```
              物体
              ●→
―――-3――-2――-1――0――+1――+2―――→x軸
                原点O         [右向きを＋]
  ●←                          [の向きとする]
  └―――――――――――┘
     └これがこのときの変位 x
```

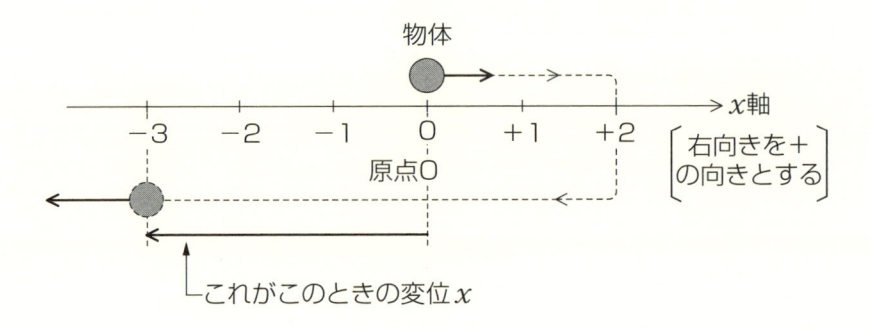

座標が（＋2）の位置まで移動した所で進行する向きを逆転して、再び原点を通過して座標が（－3）の位置に達したときの、この物体の変位 x は、

$$変位 x ＝（終りの座標）－（初めの座標）$$
$$＝（－3）－0＝（－3）$$

のように（－3）である。この－符号が付いているのは、変位の向きが、x 軸の－の向きと同じ向きであることを表わしており、変位の大きさが3であることを表わすものである。

「変位の大きさ」は、「初めの位置から終りの位置までの直線距離で表わされる長さ」である。

上図の場合、物体が実際に移動した距離は、2＋2＋3＝7であるが、「変位の大きさ」と言った場合には3である。

3. 等加速度直線運動の「速度 v を求める公式」

今まで述べてきたように、等加速度直線運動は、一直線上を一定の加速度を生じ続けながら物体が動く運動である。（もちろん、この間に、物体には一定の力が働いているから、一定の加速度を生じるわけである）。

つまり、この運動は、物体の速度 v が、単位時間（1〔s〕間）毎に一定値 a ずつ変化していく直線運動である。

従って、その一直線を x 軸にとってこの運動を図示すると次のようになる。この図は、時間と共に速度が増加する場合について描いてある。

〔速度の大きさが増していく場合〕

aは1〔s〕間当たりの速度の増加(即ち、加速度)

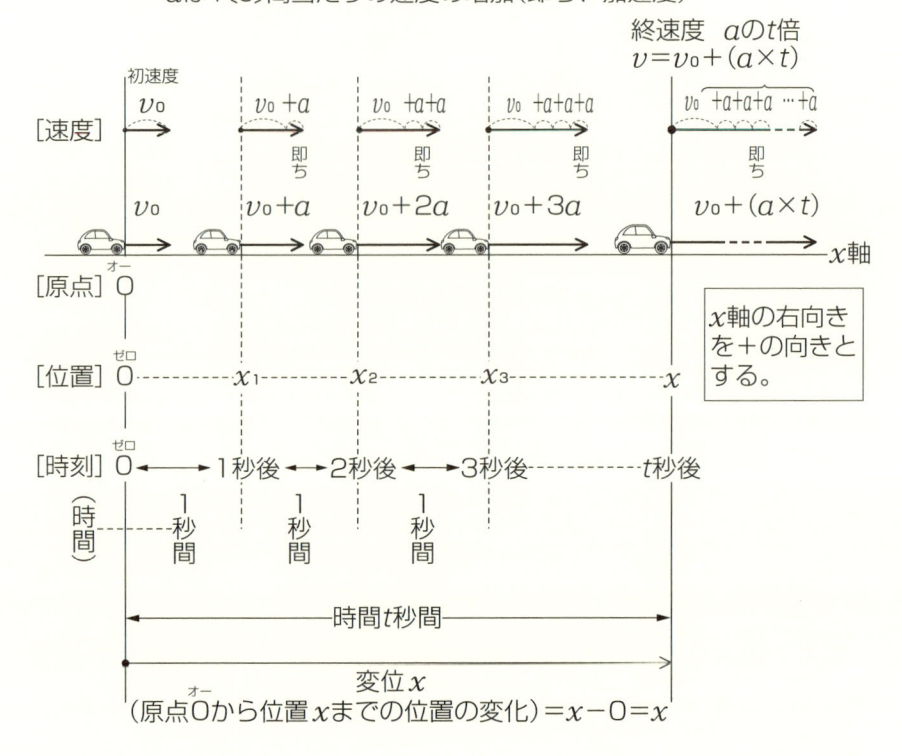

[速度] 初速度 v_0 → v_0+a → v_0+a+a → $v_0+a+a+a$ → 終速度 aのt倍 $v=v_0+(a\times t)$ $v_0+a+a+a\cdots+a$

即ち v_0 | v_0+a | v_0+2a | v_0+3a | $v_0+(a\times t)$

[原点] O ─────────────────────→ x軸

x軸の右向きを＋の向きとする。

[位置] 0 ──── x_1 ──── x_2 ──── x_3 ──── x

[時刻] 0 ← 1秒後 ← 2秒後 ← 3秒後 ──── t秒後

(時間) 1秒間 1秒間 1秒間

時間t秒間

変位x
(原点Oから位置xまでの位置の変化)＝$x-0$＝x

　原点Oから時間が1秒たつ毎に、速度がa〔m/s〕ずつ変化するから、図の物体(自動車)が原点Oを通過するときの速度(初速度)をv_0とし、このときの時刻を0〔s〕とすると次のことが言える。

13. 等加速度直線運動

$\begin{bmatrix} 自動車が原点 O を \\ 通過したときから \end{bmatrix}$

1 秒後の速度 $=$ 初速度 v_0 [m/s] $+$ 1 秒間当たりの速度増加分 a [m/s] $= v_0 + a$ [m/s]

2 秒後の速度 $=$ 初速度 v_0 $+$ 同上の増加分 a
$\qquad\qquad\qquad+$ 新たな増加分 a $= v_0 + \underbrace{a + a}_{2 \text{ 秒間の増加}}$

3 秒後の速度 $=$ 初速度 v_0 $+$ 初めの増加分 a
$\qquad\qquad\qquad+$ 新たな増加分 a
$\qquad\qquad\qquad+$ 更に新たな増加分 $a = v_0 + \underbrace{a + a + a}_{3 \text{ 秒間の増加分}}$

t 秒後の速度 v (終速度) $= \cdots\cdots\cdots\cdots = v_0 + \underbrace{(a + a + \cdots + a)}_{\substack{t \text{ 秒間の増加分} \\ (a \text{ を } t \text{ 個加えたもの})}}$

$\qquad\qquad\qquad\qquad\qquad\qquad\qquad = v_0 + (a \times t)$

即ち、$\qquad v = v_0 + at$ [m/s]

つまり、一直線上を初速度 v_0 で、以後は、一定の加速度 a を生じ続けながら運動する物体の、時間 t 秒後（即ち、時刻 t）における速度 v は、次のようである。

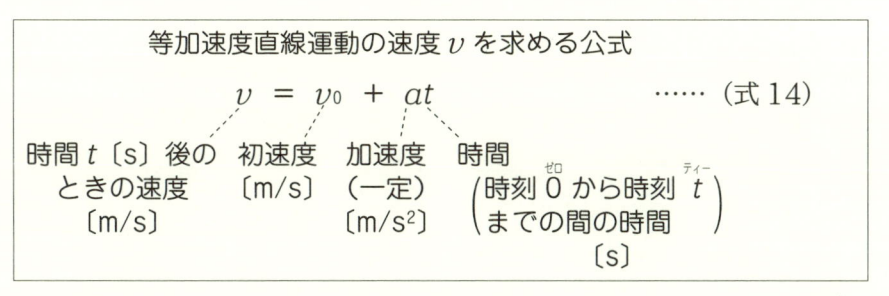

等加速度直線運動の速度 v を求める公式

$$v = v_0 + at \qquad \cdots\cdots (式 14)$$

- v：時間 t [s] 後のときの速度 [m/s]
- v_0：初速度 [m/s]
- a：加速度（一定）[m/s²]
- t：時間 $\begin{pmatrix} 時刻 0 から時刻 t \\ までの間の時間 \end{pmatrix}$ [s]

この（式 14）は、前にも述べたのであるが次のようにしても、導くことができる。

等加速度直線運動においては、瞬間の加速度 a と平均の加速度 $\bar{a}$ とが等しいから、

$$a = \bar{a} = \frac{v - v_0}{t - 0} \quad 即ち、a = \frac{v - v_0}{t} \quad である。$$

この式の両辺に t を掛けてもやはり等式が成り立つから、

$$a \times t = \frac{v - v_0}{t} \times t \quad \therefore at = v - v_0$$

この式の v_0 を左辺に移項した後、左右両辺を入れ替えると、

$$\boxed{v = v_0 + at}$$

となり、(式14)と同じものが得られる。

さて次に、(式14)の時刻 t と速度 v との関係をグラフ（v-t グラフ）に描くと次のようになる。

(ただし、このグラフは加速度 a が正（＋）の場合のもの)

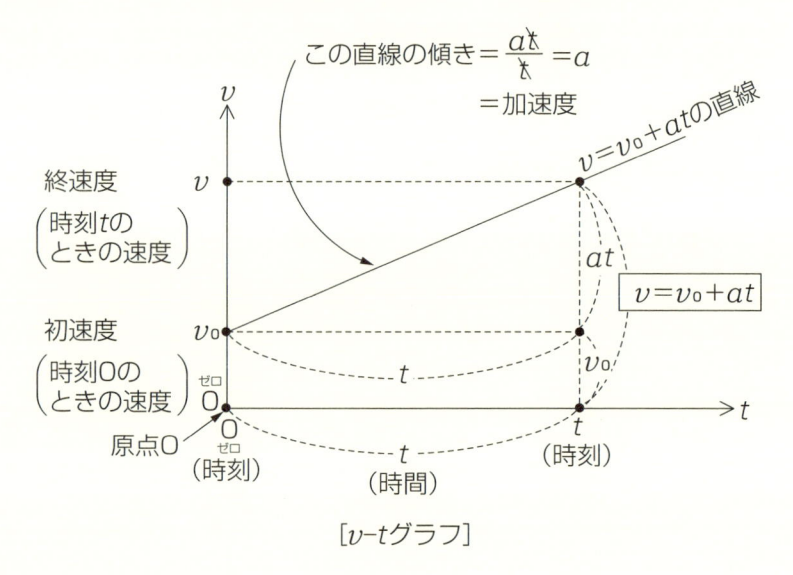

この直線の傾き $= \dfrac{at}{t} = a$
$=$ 加速度

終速度
(時刻 t のときの速度)

初速度
(時刻 0 のときの速度)

$v = v_0 + at$ の直線

$v = v_0 + at$

原点O

[v-t グラフ]

214

この図のように、縦軸に速度v、横軸に時刻tをとって、$v = v_0 + at$ の関係をグラフに描くと、縦軸の切片(せっぺん)がv_0で、傾きがaであるような直線となる。

　(注)数学で学習するように、縦軸にy、横軸にxをとって、$y = ax + b$の関係をグラフに描くと、縦軸の切片がbで傾きがaであるような直線となるのと同様である。

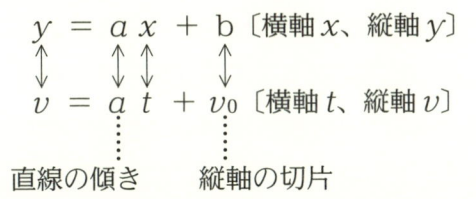

$$y = a\,x + b \quad [横軸 x、縦軸 y]$$
$$v = a\,t + v_0 \quad [横軸 t、縦軸 v]$$

　　　直線の傾き　　　縦軸の切片

このv–tグラフの直線 $v = v_0 + at$ の傾きをグラフから求めてみると、「直線の傾き」というものは、「右にいくつ、行ったとき、上にはいくつ、行くか」という関係であるから、この直線上の点は「右にtだけ行ったときには、上にはatだけ行く」ので、その傾きは、$\dfrac{at}{t} = a$ である。そしてこのaは、この運動における加速度である。つまり、

> v–tグラフの直線の傾きは、加速度aを表わす。

(参考) 移項(いこう)について

　等式の両辺に同じ数を加えても、やはり等式が成り立ち、等式の両辺から同じ数を引いても、やはり等式が成り立つ。

　(例)5＝5という等式の両辺に2を加えてみると、左辺＝5＋2＝7、右辺＝5＋2＝7、となって、やはり 左辺＝右辺 が成り立つ。即ち、7＝7　また、5＝5という等式両辺から2を引いてみると、左辺＝5－2＝3、右辺＝5－2＝3となって、やはり3＝3のよ

うに、左辺 = 右辺 の等式が成り立つことがわかる。

　そこで、このことを等式 $v - v_0 = at$ に適用してみる。この式の左辺に v だけが残るようにして、$v = \square$ という形にしたいときには、左辺の $-v_0$ をなくすために、この式の両辺に v_0 を加えてやる。それでもやはり等式が成り立つから、$v - v_0 + v_0 = at + v_0$ となる。そして、この式の左辺は、「$-v_0$」と「$+v_0$」とで 0 になるから、左辺は v だけとなる。よって、$v = at + v_0$ という式が得られることになる。しかし、このような操作は少しわずらわしい。そこで、この操作と全く同じ効果を持つ（同じ結果が得られる）操作が別にある。それこそが「移項する」という操作である。「移項」とは「等式中の一方の辺にある或る項を、その符号を変えて（+ の符号を持つ項であればその符号を - に変えて、また、- の符号を持つ項であれば、+ に変えて）、他の辺に移すことをいう。

　等式 $v - v_0 = at$ を変形して左辺に v だけが残る式にしたければ、左辺にある「$-v_0$」を右辺に移項してしまえばよいから、$-v_0$ の符号を変えて $+v_0$ として右辺に移行すると、$v = at + v_0$ となって、上述の等式の両辺に v_0 を加えて得られた式 $v = at + v_0$ と全く同じ結果が得られることになる。この移項するという操作で式を変形すると、至極、簡単で便利な方法である。

（参考）v–t グラフの直線の傾きについて
　縦軸に v、横軸に t をとって、$v = v_0 + at$ をグラフに描くと直線となり、その直線の傾きが加速度 a である。

13. 等加速度直線運動

(i) $a>0$ のとき、即ち、a が正（＋）のとき（即ち、加速のとき）

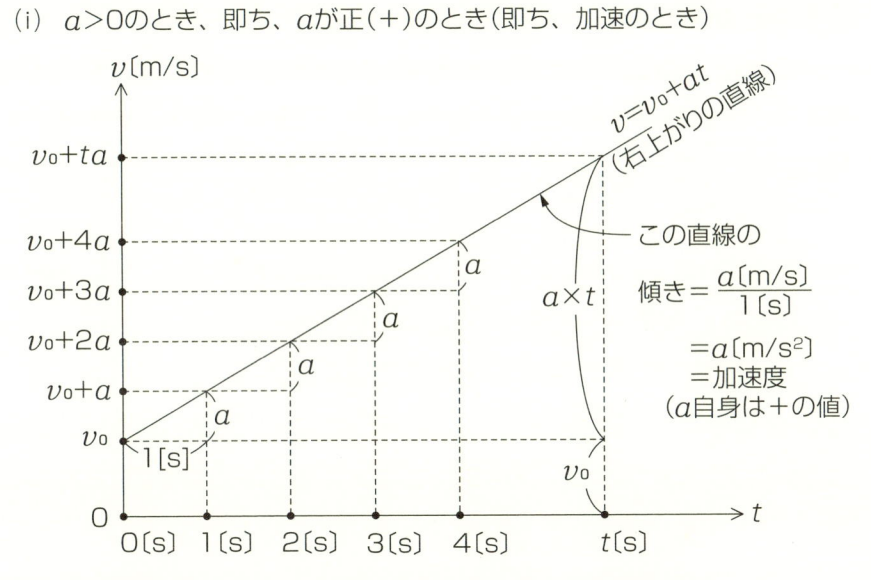

図中の記号：
- 縦軸：v [m/s]
- 値：v_0, v_0+a, v_0+2a, v_0+3a, v_0+4a, …, v_0+ta
- 横軸：t [s]（0[s], 1[s], 2[s], 3[s], 4[s], …, t[s]）
- $v=v_0+at$（右上がりの直線）
- $a\times t$
- この直線の傾き $= \dfrac{a\,[\mathrm{m/s}]}{1\,[\mathrm{s}]}$
  $= a\,[\mathrm{m/s^2}]$
  $=$ 加速度
  （a 自身は＋の値）

(ii) $a<0$ のとき、即ち、a が負（－）のとき（即ち、減速のとき）

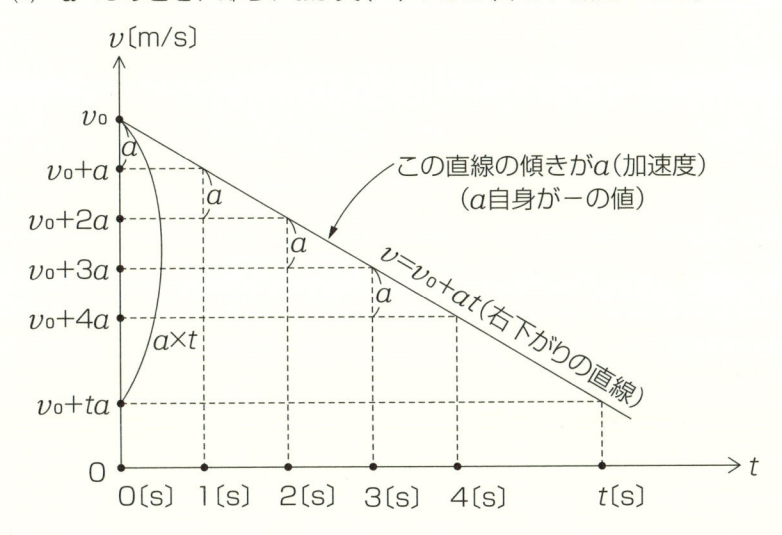

図中の記号：
- 縦軸：v [m/s]
- 値：v_0, v_0+a, v_0+2a, v_0+3a, v_0+4a, …, v_0+ta
- 横軸：t [s]（0[s], 1[s], 2[s], 3[s], 4[s], …, t[s]）
- $v=v_0+at$（右下がりの直線）
- $a\times t$
- この直線の傾きが a（加速度）
  （a 自身が－の値）

（以上（参考）終り）

4. 等加速度直線運動の「変位 x を求める公式」

　くどいようであるが、この等加速度直線運動のあたりが物理ぎらいを作り出す元凶ともなりやすいところなので、ここでもう一度復習しておくことにする。

　変位とは、物体が運動して移動したときの、「位置の変化」のことである。

　　　　変位 ＝ 移動後の位置 － 移動前の位置
　　　　　　＝ 移動後の座標 － 移動前の座標
　　　　　　（移動前の位置が x 軸の原点である場合）

　位置の変化を示すのは、変化した方向（及び向き）と変化した大きさとを、はっきりと示す必要があるので、変位というものは、方向（向き）と大きさとを同時に持つベクトル量である。

　しかし、位置の変化（変位）の方向（向き）や大きさと言っても、その変化が、どこの場所から始まっているのか、即ち、その運動を測り始めた点（移動前の位置）が、はっきりしないとよくわからない。

　そこで、物体が等加速度直線運動をする場合には、その物体が運動する一直線を x 軸であると見なす。そうすると、x 軸というのは普通は左右に伸びた直線であるから、先ずは物体の運動の「方向」が左右の方向であると決まる。次にその向きであるが、物体の運動を測り始める点（即ち、移動する前の物体の位置）は、x 軸上にとった原点 O と一致させる。そして原点 O を基準点として、O から右側に向かう x 軸の向きを、もしも「正（＋）の向き」と決めた場合には、それとは逆向きの、O から左側に向かう x 軸の向きは「負（－）の向き」ということになる。こうすることによって、変位の「向き」を「＋または－という符号で表わす」ことができるようになるわけである。

このように決めたときのx軸は数学で学習するx軸と全く同じ使い方となり、従ってx座標は原点Ｏよりも右側には＋の値が目盛られ、逆に原点Ｏよりも左側には、－の値が目盛られることになる。

```
                         原点Ｏ
     ├────┼────┼────┼────┼────┼────┼────┼────── x軸
[x座標]  −3   −2   −1    0   +1   +2   +3   +4
```

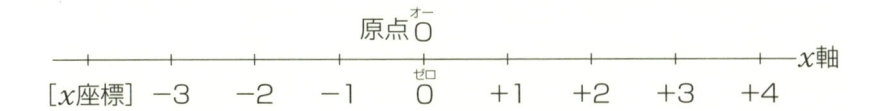

注 x座標のこれらの数値に付ける「単位」は、
〔m〕であったり〔km〕であったりと、臨機応変にすればよい。

そうすると、「物体が移動する前の位置を原点Ｏと一致させた場合には」、物体が移動した後の位置は、x軸上の座標の値そのもので表わすことができることになる。

注 「物体が移動する前の位置」のことは、「変化する前の位置」とか、「物体の運動を測り始める位置」あるいは、「物体の出発点」などという言葉で表現することもあるが、これらはどれもみな同じことを言っている。

つまり、「物体の変位（位置の変化）」は、x座標そのものを使って計算をすることができるのである。即ち、

$$\boxed{\text{変位} = (\text{移動後の}\,x\,\text{座標}) - (\text{移動前の}\,x\,\text{座標})}$$

(例1)

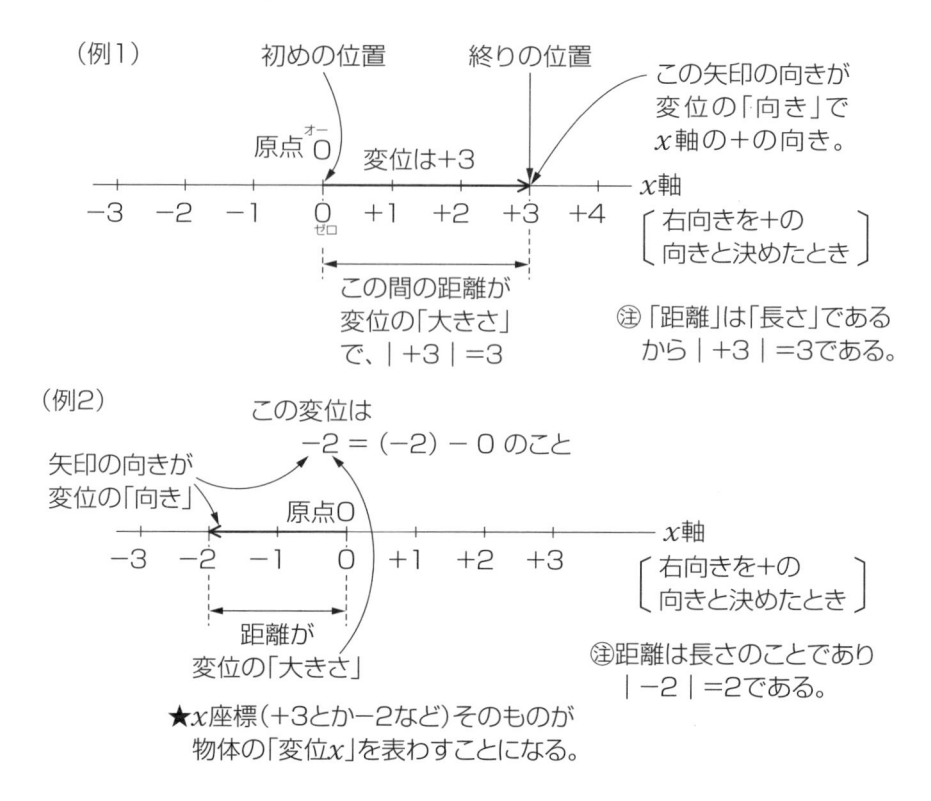

- 初めの位置、終りの位置
- 原点 O(オー)、変位は+3
- この矢印の向きが変位の「向き」で x 軸の+の向き。
- x軸上 $-3, -2, -1, 0(\text{ゼロ}), +1, +2, +3, +4$
- [右向きを+の向きと決めたとき]
- この間の距離が変位の「大きさ」で、$|+3|=3$
- ㊟「距離」は「長さ」であるから $|+3|=3$ である。

(例2)

- この変位は $-2=(-2)-0$ のこと
- 矢印の向きが変位の「向き」
- 原点O
- x軸上 $-3, -2, -1, 0, +1, +2, +3$
- [右向きを+の向きと決めたとき]
- 距離が変位の「大きさ」
- ㊟距離は長さのことであり $|-2|=2$ である。

★ x座標（+3とか-2など）そのものが物体の「変位 x」を表わすことになる。

〈注意〉もし、「物体の初めの位置を原点Oにとらない場合の変位」は次のようになる。

(例3)

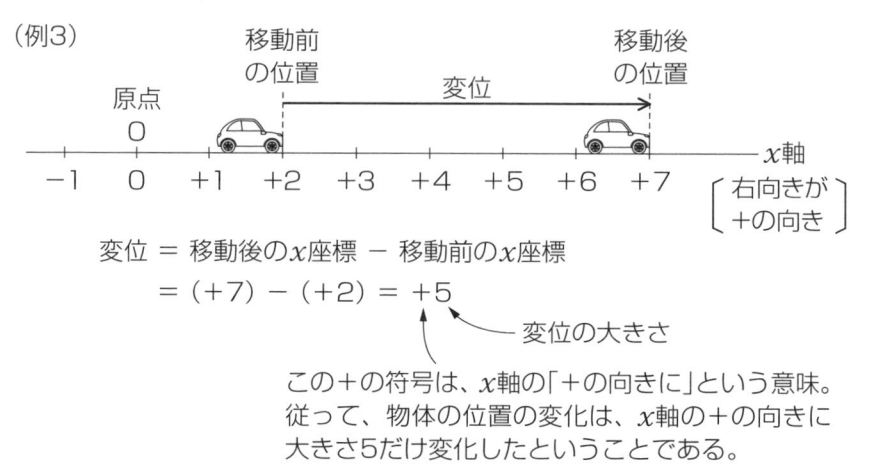

- 移動前の位置、移動後の位置、変位
- 原点 O
- x軸上 $-1, 0, +1, +2, +3, +4, +5, +6, +7$
- [右向きが+の向き]

変位 ＝ 移動後のx座標 − 移動前のx座標
　　＝ $(+7)-(+2)=+5$　　← 変位の大きさ

この+の符号は、x軸の「+の向きに」という意味。従って、物体の位置の変化は、x軸の+の向きに大きさ5だけ変化したということである。

(例4)

```
移動後              移動前
の位置              の位置
  ←――――― 変位 ―――――
         原点O
―|――|――|――|――|――|――|――|――|――|――→ x軸
 -5 -4 -3 -2 -1  0 +1 +2 +3 +4    [右向き]
                                   [が +  ]
```

変位 ＝ 移動後のx座標 － 移動前のx座標
　　 ＝ (－4) － (＋3) ＝ －7

└─ 変位の大きさ

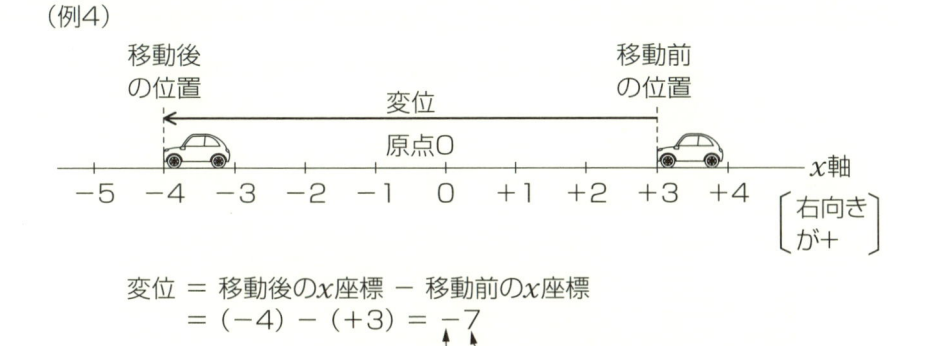

この－の符号はx軸の「－の向きに」の意味。
従って、物体の位置の変化はx軸の－の向き
に大きさ7だけ変化したということである。

㊟　変位の「大きさ」というのは、変化前の位置 A と変化後の位置 B とを結んだ「線分 AB の長さ」のことで、2点 A, B 間の「直線距離」のことである。これは長さであるから、常に正（＋）の値であり、普通は＋の符号も付けることなく表わすものである。

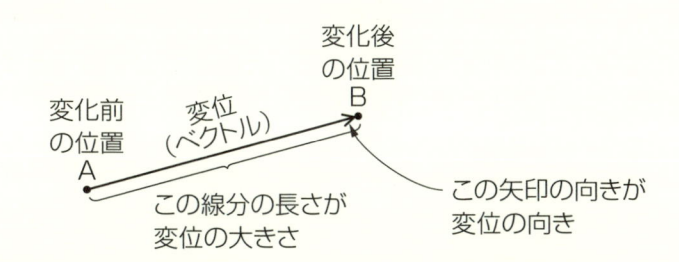

```
                        変化後
                        の位置
                         B
変化前    変位         ●
の位置  (ベクトル)   ／
   A  ●――――――――→
       この線分の長さが   この矢印の向きが
       変位の大きさ      変位の向き
```

等加速度直線運動は、その名の通り、直線運動であって、曲線運動ではないから、x軸（直線）上の座標の絶対値（＋, －の符号を取り去った値）で、その直線距離（即ち変位の大きさ）を表わすことができる。従ってこの「線分に変化の向きを示す矢印を付

ければ、変位ベクトルとなり、それは変位を表わすものとなる。そして、このベクトルの向きを、＋，－の符号で表わしてしまうというのが、x 軸を使った表わし方の利点である。

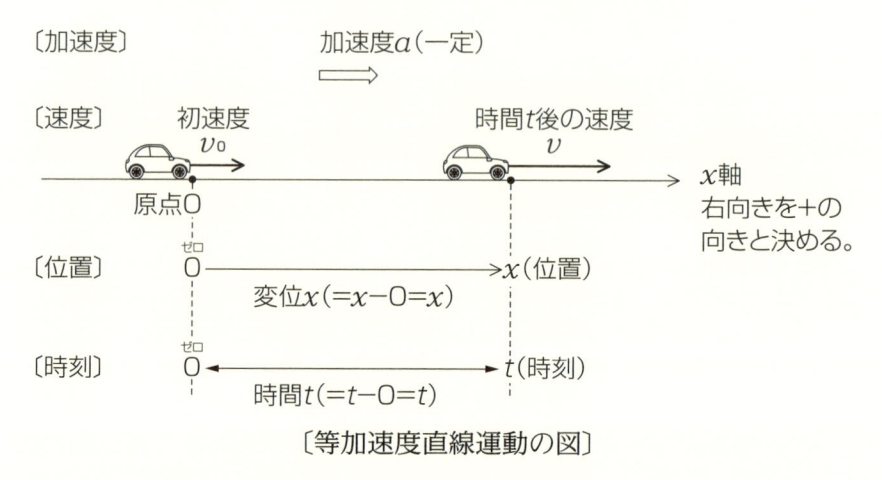

〔加速度〕　　　　　加速度a（一定）
　　　　　　　　　　　⇒

〔速度〕　　初速度　　　　　　　時間t後の速度
　　　　　　v_0　　　　　　　　　v
　　　　　　　　　　　　　　　　　　　　　　　x軸
　　　　　原点O　　　　　　　　　　　　　右向きを＋の
　　　　　　　　　　　　　　　　　　　　　向きと決める。

〔位置〕　　　ゼロ
　　　　　　　0 ─────────→ x（位置）
　　　　　　　　変位x（＝x－0＝x）

〔時刻〕　　　ゼロ
　　　　　　　0 ←───────── t（時刻）
　　　　　　　　時間t（＝t－0＝t）

〔等加速度直線運動の図〕

　さて、前置きが長くなってしまったが、これから等加速度直線運動の「変位を求める公式」を導いてみることにする。
　前に述べたように、速度＝$\dfrac{変位}{時間}$（これは、「速度は、単位時間当たりの変位である」ことを表わす式である）ということであったから、この式を変形すると、

$$\boxed{変位 ＝ 速度 \times 時間}$$

となる。
　この式を量記号を使って書き表わすと次のようになる。

$$x = \bar{v} \times t \qquad \cdots\cdots (式15)$$

〔量〕 変位　速度　時間
〔単位〕〔m〕〔m/s〕〔s〕

注この速度 $\bar{v}$ は、時刻 0 〔s〕から時刻 t 〔s〕までの間の時間 $t - 0 = t$ 〔s〕間における平均の速度である。

ところで、前に述べたように、

$$加速度\, a = \frac{終速度\, v - 初速度\, v_0}{時間\, t}$$

$$\therefore v = v_0 + at \cdots\cdots (式14)$$

であったが、この（式14）を v-t グラフに描いたものは、次のようなものであった。

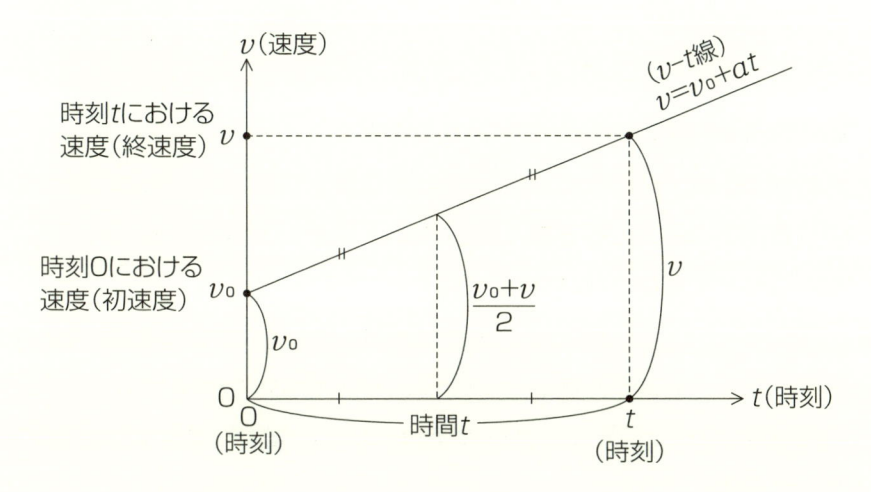

この v-t 線は直線であるから、時刻 0 から時刻 t までの間の時間は $t - 0 = t$ であり、この時間 t の間の平均の速度 $\bar{v}$ は、v_0 と v をたして 2 で割ったものに等しいから、

$$\bar{v} = \frac{v_0 + v}{2} \qquad \cdots\cdots (式\bar{v})$$

である。

そこで（式15）の $\bar{v}$ のところに（式$\bar{v}$）を代入すると、

$$x = \frac{v_0 + v}{2} \times t$$

となる。そこで更に、この式の v のところに（式14）を代入すると、

$$\begin{aligned}
x &= \frac{v_0 + (v_0 + at)}{2} \times t \\
&= \frac{2v_0 + at}{2} \times t = \left(\frac{\cancel{2}v_0}{\cancel{2}} + \frac{at}{2}\right) \times t \\
&= \left(v_0 + \frac{at}{2}\right) \times t = v_0 t + \frac{at^2}{2}
\end{aligned}$$

即ち、

$$x = v_0 t + \frac{1}{2}at^2$$

等加速度直線運動の変位 x を求める公式

$$x = v_0 t + \frac{1}{2}at^2 \qquad \cdots\cdots (式16)$$

ただし、v_0 は、初速度（時刻 0〔s〕における速度）〔m/s〕

a は、加速度（一定）〔m/s²〕

t は、時刻 0〔s〕から時刻 t〔s〕までの間の時間〔s〕

x は、時間 t〔s〕の間における物体の変位〔m〕

この（式16）は、等加速度直線運動における物体の変位 x を計算する公式である。

ところで、この（式16）で表わされる、物体の変位 x を求める式は、実は、v-t グラフからも求めることができる。

13. 等加速度直線運動

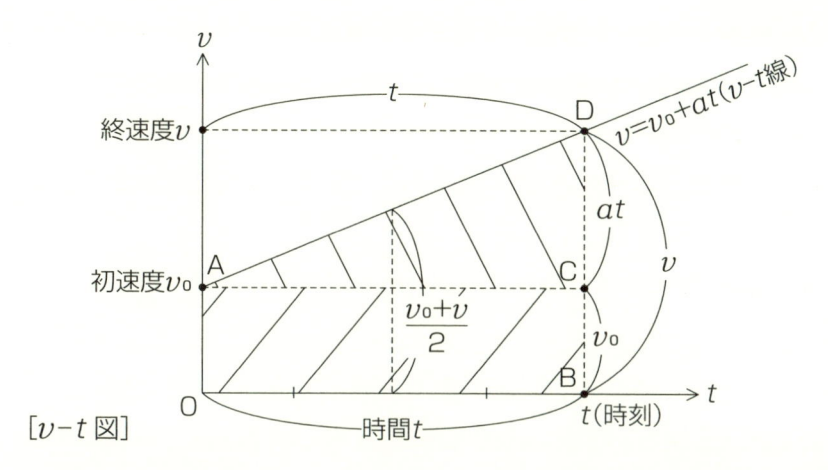

[v–t 図]

上の v–t 図において、①$v = v_0 + at$ の直線、②v 軸、③t 軸及び④時刻 t から v 軸に平行に上げた垂線の4本の直線で囲まれた台形 AOBD の面積 S を求める計算式が、実は、（式16）の変位 x を求める公式 $x = v_0 t + \dfrac{1}{2} at^2$ と一致するものである。

注 変位 $x =$ 平均の速度 $\bar{v} \times$ 時間 $t = \dfrac{v_0 + v}{2} \times t$

このことは、距離 $=$ 速さ $\times$ 時間（←速さ $= \dfrac{距離}{時間}$）の式とよく似ている。

台形 AOBD の面積 $S = \dfrac{(上底 + 下底) \times 高さ}{2} = \dfrac{(v_0 + v) \times t}{2}$

この式の右辺の v のところに $v = v_0 + at$（これは上図から読み取ることができる）を代入すると、

$$S = \dfrac{\{v_0 + (v_0 + at)\} \times t}{2} = \dfrac{\{2v_0 + at\} \times t}{2}$$

$$= \dfrac{2v_0 t + at^2}{2} = \dfrac{2v_0 t}{2} + \dfrac{at^2}{2}$$

$$= v_0 t + \dfrac{1}{2} at^2$$

即ち、台形 AOBD の面積 S を求める計算式
　　＝ 変位 x を求める公式（式 16）の右辺
のように、x を求めるためには S を計算すればよい。

つまり、等加速度直線運動においては、時刻 0 から時刻 t までの間の時間 t の間の物体の変位 x を知りたければ、v–t 図を使って、台形 AOBD の面積を求める計算をしても、知ることができる、ということである。

（参考 1） v–t 図の v–t 線、v 軸、t 軸及び時刻 t から上げた垂線によって囲まれる面積が、物体の変位（即ち、x 軸上の座標 x）を表わすわけについて、

(i) 初速度のない場合（初速度 0 のとき）

ここでは、加速の場合即ち、v–t グラフが右上がりの直線となる場合について考えることにする。

→ 加速度 a（一定）

物体　初速度 0　　速度 $\vec{v}_1$　　速度 v　　x 軸
　　　原点 O　　　　　　　　　　　　　　右向きが ＋
時刻 0　　　　　　t_1　　　　　　t
変位 ←――――― 変位 x ―――――→

物体が一直線上（即ち、x 軸上）を上図のように一定の加速度 a で運動し、時刻 0 のときに物体が存在する位置を原点 O にとり、時刻 t のときの物体の変位（即ち、x 軸上の座標）を x とする。また、物体の進む向きを x 軸の正（＋）の向き（今の場合右向き）と一致させる。

物体の初速度が 0 で、加速度が a であるから、物体は単位時間毎に

（例えば1〔s〕間毎に）速度がaずつ増加していくから、時間tだけ後の時刻（即ち、時刻t）における速度vは、$v = a \times t$である。

そこで、この関係$v = at$を、v–t図に描くと上のような直線OAのようになる。この図で時刻t_1のときの物体の速度をv_1とすれば、時刻t_1から、非常に短い時間Δtだけの時間がたつ間に物体が進む距離はほぼ$(v_1 \times \Delta t)$である。

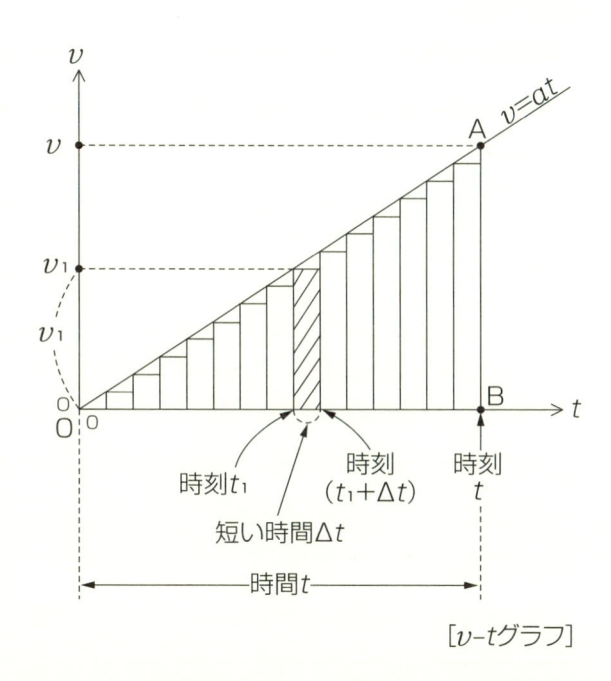

㊟　移動距離＝速度×時間であるから。

そして、この$(v_1 \times \Delta t)$というものは、上の〔v–tグラフ〕の斜線を施した長方形の面積に等しい。

そこで、このΔtを更に0に限りなく近いような超短い時間にして、時刻0と時刻tとの間を超短い時間Δtずつの間隔に区切ってやれば、そこにできる沢山の超細い沢山の長方形が得られることになるので、それらの長方形の面積を全部加え合わせた総面積は、物体が時刻0から時刻tまでの間に進んだ距離（移動距離）にほぼ等しくなる。そして、この総面積は、「三角形AOBの面積にほぼ等しい」。

この三角形AOBは、底辺の長さがtで、高さがatであるから、そ

の面積は（底辺 × 高さ）÷ 2 = $\dfrac{t \times at}{2}$ = $\dfrac{1}{2}at^2$ となり、これが物体の移動距離（即ち、物体の原点からの変位 x）であるから、

$$x = \dfrac{1}{2}at^2$$

となる。つまり、

$$\text{物体の変位 } x = \text{三角形 AOB の面積} = \dfrac{1}{2}at^2$$
$$\begin{pmatrix} x \text{ は時刻 } t \text{ のときに物体が} \\ \text{存在する } x \text{ 軸上の座標} \end{pmatrix}$$

ということになるのである。

(ii) 初速度 v_0 がある場合

物体が時刻 0（原点 O）で v_0 という初速度をもっていると、時刻 t における速度 v は、（式 14）から $v = v_0 + at$ である。

この関係は次図の 2 つで表わされる。

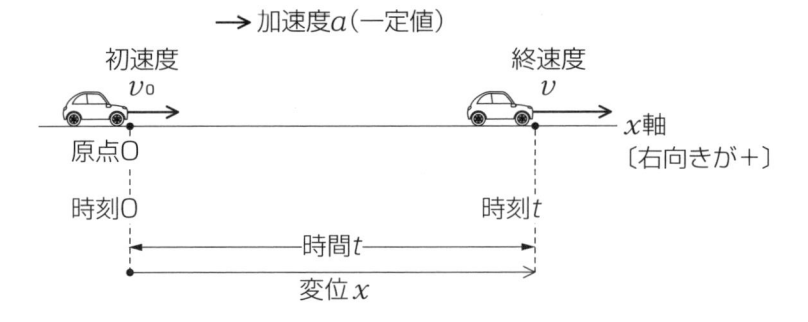

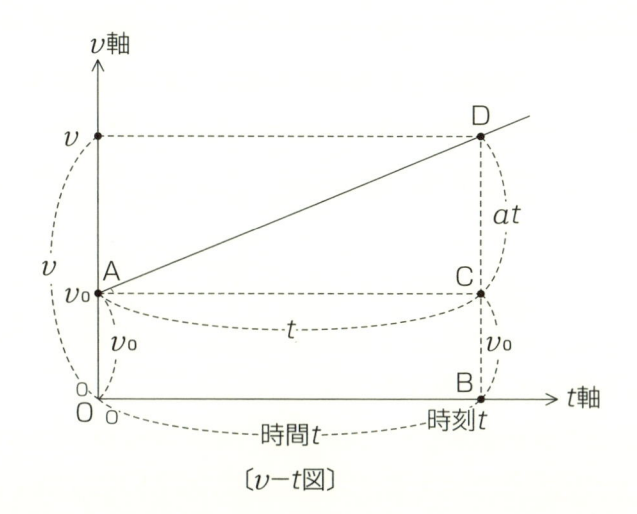

[v-t図]

　このときも、(i)の場合と同様の考え方をすると、時刻 0 から時刻 t までの間に物体が進む距離（物体の変位 x）は、台形 AOBD の面積に等しくなる。即ち、

$x =$ 台形 AOBD の面積
　$=$ 長方形 AOBC の面積 $+$ 三角形 DAC の面積

$$= (v_0 \times t) + \left(\frac{at \times t}{2}\right)$$

$$= v_0 t + \frac{1}{2} at^2$$

となる。

　つまり、物体の運動が初速度 v_0 をもつときには、時刻 t における物体の変位 x は、

$$x = v_0 t + \frac{1}{2} at^2 \qquad \cdots\cdots（式16）$$

である。

〈注意〉
　このあたりで、「面積」という言葉を盛んに使っているが、実は、これは本当の、いわゆる広さを表わす面積を言っているのではない。なぜならば、その単位を見てみればわかることである。
　例えば、上のグラフで、長方形 AOBD の面積だと言って求めたものは、速さ v_0〔m/s〕× 時間 t〔s〕= $v_0 \times t \times$〔m/s〕×〔s〕= $v_0 t$〔m〕のように、その単位は〔m〕であって、面積の単位〔m^2〕ではないのである。
　つまり、ここで面積と言っているのは、要するに「図上で見ると面積に相当するもの」、即ち、算数で、「面積を求めるときと同様の計算をしたもの」という意味のことを言っているに過ぎないのである。
　従って、「長方形 AOBD の面積」と言っているものは、実は、「長方形の形をした部分の、あたかも面積に相当するかのようなものを求めるときと同じ計算をして得られるもの」の意味である。

（参考2）物体は、いつも原点 O から出発するとは限らないので、物体が、初め原点 O になかった場合の位置を求める公式について

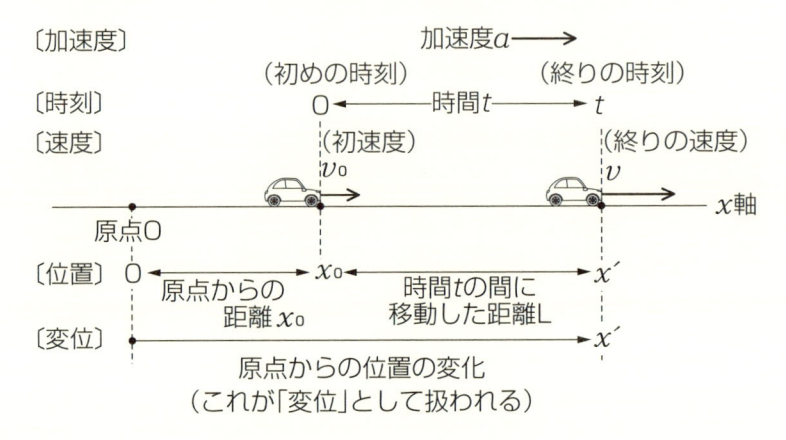

〔加速度〕			加速度 a →
〔時刻〕		（初めの時刻）0 ←時間 t→	（終りの時刻）t
〔速度〕		（初速度）v_0	（終りの速度）v → x軸
	原点O		
〔位置〕	0 ←原点からの距離 x_0→	x_0 ←時間 t の間に移動した距離 L→	x'
〔変位〕			x'
	原点からの位置の変化（これが「変位」として扱われる）		

時刻 t における物体の変位 x' は、左頁の図から

$$x' = x_0 + L$$

である。ここで、時間 t の間に物体の移動した距離 L は、（式 16）の x と同じものであるから、L のところに $v_0 t + 1/2 at^2$ を代入すると、

$$x' = x_0 + v_0 t + \frac{1}{2} at^2 \qquad \cdots\cdots \text{（式 17）}$$

となる。

　この（式 17）は、物体の初めの位置が原点 O にない場合（物体の初めの位置は原点 O から x_0 の距離の位置）の時刻 t における物体の変位を求める式である。

（以上（参考）終り）

5. 等加速度直線運動の「速度、加速度及び変位の関係の公式（t を含まない式）」$v^2 - v_0^2 = 2ax$ の導き方

（式 14）の $v = v_0 + at$ と、

（式 16）の $x = v_0 t + \dfrac{1}{2} at^2$ の 2 つの式から、t を含まない式を導いておくと、x がわかっているときに直ちに v を求めることができるので便利である。

　先ず、（式 14）の右辺にある v_0 を左辺に移項すると、

$v - v_0 = at$　となる。この式の両辺を a で割ると、

$$\frac{v - v_0}{a} = \frac{\cancel{a}t}{\cancel{a}} \quad \therefore t = \frac{v - v_0}{a}$$

この t の値を（式 16）の t のところに代入すると、

$$x = \left\{ v_0 \times \frac{v - v_0}{a} \right\} + \left\{ \frac{1}{2} a \times \left(\frac{v - v_0}{a} \right)^2 \right\}$$

$$= \left\{ v_0 \times \frac{v-v_0}{a} \right\} + \left\{ \frac{1}{2} a \times \frac{(v-v_0)^2}{a^2} \right\}$$

$$= \frac{v_0(v-v_0)}{a} + \frac{(v-v_0)^2}{2a}$$

右辺の分母を払うために、両辺に $2a$ を掛けると、

$$x \times 2a = \left\{ \frac{v_0(v-v_0)}{a} \times 2a \right\} + \left\{ \frac{(v-v_0)^2}{2a} \times 2a \right\}$$

$$= 2v_0(v-v_0) + (v-v_0)^2$$

$$= (v-v_0)\{2v_0 + (v-v_0)\}$$

　　　　　　　　　　（これは $(v-v_0)$ でくくった）

$$= (v-v_0)\{v+v_0\}$$
$$= v^2 - v_0^2$$

$$\begin{bmatrix} v - v_0 \\ \underline{\times)\ v + v_0} \\ v^2 - vv_0 \\ \underline{\ \ vv_0 - v_0^2} \\ v^2 - v_0^2 \end{bmatrix}$$

即ち、$2ax = v^2 - v_0^2$　この式の両辺を入れ替えると、

$v^2 - v_0^2 = 2ax$ 　　　　　　　　　　……（式18）

ただし、v は、時刻 t における速度〔m/s〕〔 〕内は単位。

　　　v_0 は、初速度（即ち、時刻 0 における速度）〔m/s〕

　　　a は、加速度〔m/s²〕

　　　x は、時間 t の間の変位（即ち、時刻 t における変位といってもよい）〔m〕

この（式18）は、等加速度直線運動において、時刻 t に関係なく、速度 v または変位 x を求めることのできる式である。

（まとめ）等加速度直線運動の3つの公式〔重要〕

①速度の公式　　　$v = v_0 + at$　　　……（式14）

②変位の公式　　　$x = v_0 t + \dfrac{1}{2}at^2$　　　……（式16）

③ t を含まない公式　$v^2 - v_0^2 = 2ax$　　　……（式18）

　　ただし、t は、物体の終速度の時刻であり、時刻 0〔s〕から時刻 t〔s〕までの時間 t〔s〕間でもある。

　　a は、一定の加速度〔m/s²〕。

　　v_0 は、物体の初速度〔m/s〕。

　　v は、物体の終速度〔m/s〕。（時刻 t〔s〕のときの速度）

　　x は、時刻 t〔s〕のときの物体の変位〔m〕。これは物体の初めの位置から終りの位置までの変位であるから、

　　　$x = $（終りの位置の x 座標）－（初めの位置の x 座標）である。

　そして、これら速度 v_0, v, 加速度 a、変位 x などの数値に付ける＋または－の符号は、物体の運動する直線を x 軸であると見なしたとき、その「x 軸の＋，－の向きの決め方に合わせて定まる」ものである。

注① これら3つの公式は是非、覚えておく必要がある。

注② 加速度の定義の文章を忘れた場合には、次のようにすれば、すぐわかる。

　（式14）を変形して、$a = \dfrac{v - v_0}{t}$ と直せば、この式の右辺の分子 $v - v_0$ は速度の変化であり、分母の t は時間であるから、

速度の変化を時間で割れば、

「単位時間（1秒間）当たりの速度の変化」

ということなので、これが「加速度の定義」を文章で表現したものである。

これは、次の考え方と同じことである。即ち、

10個の値段が1000円のまんじゅうの「1個当たりの値段 $\frac{1000 円}{10 個}$」

↓　　　　　↓　　　　　　　　　　　　　　　↓

時間　　　速度の変化　　　　　　「1秒間当たりの速度の変化」

t に相当する　$(v-v_0)$ に相当する　$\left(\dfrac{v-v_0}{t}\right)$ に相当する

ということである。

つまり、「1〔s〕間当たり、速度が a〔m/s〕ずつ変化」しているときの加速度が、

$$\frac{速度の変化}{時間} = \frac{a \,〔\mathrm{m/s}〕}{1 \,〔\mathrm{s}〕} = \frac{a}{1}\left[\frac{\mathrm{m}}{\mathrm{s}}\right] \div 〔\mathrm{s}〕$$
$$= a\left[\frac{\mathrm{m}}{\mathrm{s} \times \mathrm{s}}\right] = a \,〔\mathrm{m/s^2}〕$$

ということである。

13. 等加速度直線運動

〈注意〉物体の位置と変位

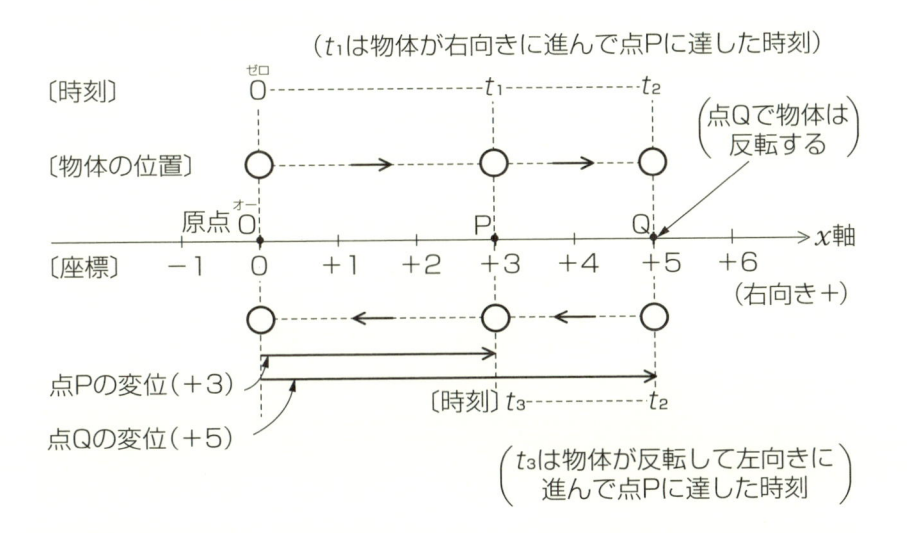

（t_1は物体が右向きに進んで点Pに達した時刻）

〔時刻〕 0̄（ゼロ） ……… t_1 ……… t_2

〔物体の位置〕 ○ → ○ → ○ （点Qで物体は反転する）

原点 Ō　　　　　P　　　　　Q → x軸

〔座標〕 −1　0　+1　+2　+3　+4　+5　+6 （右向き＋）

　　　　○ ← ○ ← ○

点Pの変位（+3）
点Qの変位（+5）
〔時刻〕 t_3 ……… t_2

（t_3は物体が反転して左向きに進んで点Pに達した時刻）

　原点 Ō（オー）を出発した物体が点Pに達したときの物体の位置を表わすx座標の値は+3であるから、このときの物体の「変位」（出発点 Ō（オー）から現在地点Pまでの向きと直線距離）は+3である。同様に、この物体が点Qに達したときの変位は+5である。そして、この変位＝+5という値に付いている+符号は「変位の向き」が+の向き、即ち、x軸の+の向きということである。またこのときの「変位の大きさ」はと言えば、それは、+5の絶対値である単なる5という距離（長さ）である。つまり、物体が原点Oを出発して右向きに移動して行き、点Qに達したときの物体の変位を描くとベクトル$\overrightarrow{OQ}$で表わされるもので、これは、「原点Oから右向きに引いた距離が5である線の右端に右向きの矢印を付けた矢で表わされるもの」である。また、原点Oを出発して点Pに達したときの物体の変位はベクトル$\overrightarrow{OP}$で表わされるものである。

　もしもこの物体が、原点O→点P→点Q（ここで向きを反転（はんてん）、即ち、

折り返して）→再び点P→再び原点Oのように移動して原点Oまで戻ってきたときの、この物体の「変位」は「0̟」である。なぜならば、変位というものは、物体の初めの位置から終りの位置に向かって引いた線分の向きと長さで表わされる物理量だからである。

　物体の初めの位置と終りの位置とが全く同じ点で表わされる場合の、この物体の変位は、向きも大きさも0̟である。この物体が実際には、長い経路を通って移動し、最後に元の場所に戻ったのであっても、要するに「元の場所に戻ったときの変位は0̟」という表わし方をするのが、変位というものである。

　上図において、原点Oを出発した物体が点Qに達し、そこで反転して再び原点Oに戻ってきたときには、この物体が実際に移動した距離（即ち長さ）は、原点Oから点Qまでの往路の5と、点Qから原点Oまでの復路の5とを加え合わせた10という距離である。

　このように変位と実際の移動した距離とは、必ずしも一致するとは限らないので注意を要する。

　また、上図で、物体が原点Oを出発して、右向きに進んで行き点P（この点のx座標は「＋3」）まで移動したときのこの物体の変位は「＋3」であり、その後、引き続き更に右向きに進んで点Q（この点のx座標は「＋5」）に達したときのこの物体の変位は「＋5」である。そして、点Qにおいて物体は進む向きを反転して（即ち、折り返して）、今度は左向きに進んで再び点Pまで戻って来たときの、この物体の変位はベクトル$\overrightarrow{OP}$であるから、「＋3」であって、先程の原点Oから右向きに進んで点Pに達したときの変位「＋3」と全く同じである。ただし、このとき物体が実際に移動した距離は、（OQの距離＋QPの距離）＝5＋3＝8である。

このように「変位」というものは、物体がどこをどう通って来ようとも、要するに出発点が同じであって最後に点Pに来ているときには、そのときの変位は同じく「＋3」（即ち、原点から＋の向きに3の位置）なのである。
　　　　　　　　　　　　　　　　　　　　　（以上〈注意〉終り）

(6) 等加速度直線運動に関する問題の解法

　物体が直線運動をするときに、その直線をx軸（上下方向の運動の場合にはy軸）と見なして考える。それは、x軸（またはy軸）には、正（＋）の向きと、負（－）の向きとがあるので、これをベクトル量の向きを表わすために利用すると非常に好都合だからである。

　そのとき、x軸の右向きを「＋の向き」とするか、または「－の向き」とするかを決めるのは、自分の好きにしてよい。ただし、問題文中で、向きが指定されている場合には、それに従わなければならない。

　そして、＋の向きを、どちら向きに決めて計算しても、その結果は同じになるので心配することはない。

　もちろん、次図のように、数学で学ぶのと同様に、x軸の右向きを＋の向きと決めるのが普通であり、このときには、x軸の左向きが－の向きとなるのは当然である。

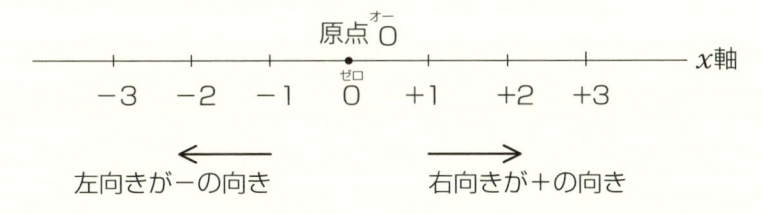

　　　　　　　　　　　　　　原点 O(オー)
　―|―――|―――|―――|―――|―――|―――|――→ x軸
　　－3　－2　－1　　0(ゼロ)　＋1　＋2　＋3

　　　　　　←――――　　　――――→
　　　　　左向きが－の向き　　右向きが＋の向き

　尚、このとき注意を要することは、一旦(いったん)、x軸の右向きを＋の向きと決めたならば、その問題を解き終るまで、その約束を変えてはならない、

ということである。

　物体が等加速度直線運動を行なう直線をx軸と見なすということは、上図のように＋の向きと－の向きがあり、且つ、原点$\overset{\text{オー}}{\text{O}}$からの変位の大きさ（即ち、距離）を$x$軸の座標の数値によって表わすことができるという利点があるので、大きさと向きを持つベクトル量の「変位」・「速度」・「加速度」を取り扱う計算の際に威力を発揮するのである。そして、計算の結果得られる符号付きの数値によって、そのベクトル量の大きさと向きとを知ることができるわけである。

　つまり、ベクトル量である「変位」・「速度」・「加速度」を計算で求めるためには、まず最初に、一番の大本となるx軸の＋，－の向きを自分で決める。次に、それに基づいて各ベクトル量の「大きさを表わす数値」に「向き」を表わす符号（＋か－の）を付ける。そして、それらの値を公式に代入して、知りたいものを求めるという手順になるのである。

　それから、もし、地球の重力加速度$\overset{\text{ジー}}{\text{g}} = 9.8 \, [\text{m/s}^2]$のかかわる計算の場合には、次のような注意が必要である。

　$\overset{\text{ジー}}{\text{g}}$というものは、後程くわしく述べるが、これは、地球と、その表面付近に存在する物体との間に働く万有引力によって、物体に生ずる加速度のことである。そしてこの重力加速度gは、「常に鉛直方向下向き」にだけ、物体に生ずるという厳然たる事実がある。即ち、いつ何どきであろうとも、「$\overset{\text{ジー}}{\text{g}}$は下向き」、即ち、地球の中心に向かって生ずるものである。従って、鉛直方向の物体の運動を考える場合に、鉛直方向のy軸の上向きを＋の向きにすることに自分で最初に決めて問題を解こうとする場合には、このときy軸の下向きは当然－の向きになるから、常に下向きであるgの値には－符号を付けて$\text{g} = (-9.8) \, [\text{m/s}^2]$という値を公式の$\text{g}$の所に代入することが必要である。しかし、これとは

逆に、最初に自分でy軸の下向きを＋の向きとすることに決めた場合には、常に下向きであるgの値には＋符号を付けてg＝（＋9.8）〔m/s²〕という値を公式のgの所に代入することになる。

要するに、物体の等加速度直線運動について考える場合には、便宜上、その物体がx軸上（またはy軸上）を運動するものと見なして、計算がしやすいように、ベクトル量の「向き」を「＋または－の符号」で表わして計算を行うわけである。

従って「計算を進める順序」は、次のようである。

① 物体が、その上を運動すると見なすx軸の右向きを＋の向きとするか、または、－の向きとするかを自分で決める。
　㊟物体が最初に進む向きを＋の向きに合わせるのが普通である。

② x軸上の適当なる点を原点 O（オー） と決める。
　㊟原点 O（オー） は、物体の観測を始める時刻である時刻$t = 0$（ゼロ）〔s〕の点とするのがよい。

③ ①の決まりに基づいて、各ベクトル量（即ち、速度、加速度、変位など）を＋または－の符号の付いた数値として表わす。つまり、次のようにである。

x軸の＋の向きと、

(i) 同じ向きの $\left\{\begin{array}{l}\text{初速度 } v_0 \\ \text{終速度 } v \\ \text{加速度 } a \\ \text{変位 } x\end{array}\right\}$ を＋符号付きの数値で表わす。

(ii) 逆向きのそれらについては、－符号付きの数値で表わす。

④　上の③の各値を、次の各公式に代入して計算を行なう。

等加速度直線運動の公式

$$\begin{cases} 速度を求める公式 & v = v_0 + at \\ 変位を求める公式 & x = v_0 t + \dfrac{1}{2}at^2 \\ 時間\,t\,を含まない公式 & v^2 - v_0^2 = 2ax \end{cases}$$

⑤　計算の結果得られた値には、＋または－の符号が付いているので、その符号は x 軸のどちら向きであるかを示すものであり、①で決めた向きと対応するものである。

　　変位 x の大きさ $|x|$（これは変位 x の値から＋，－の符号を取り除いた絶対値）は、原点 O からの距離を表わすものである（これは、物体の初めの位置が原点 O である場合）。

〔等加速度直線運動の例題〕

(例題1)　一直線上を 9〔m/s〕の速度で右向きに進んでいた物体の速度が、4〔s〕後には左向きに 3〔m/s〕となった。この間の加速度が一定であったとすれば、その加速度はどちら向きで、どれだけの大きさか。

(解答)　一直線上を一定の加速度（即ち、等加速度）で運動している物体の加速度を求める問題であるから、等加速度直線運動の3つの公式のどれかを適用すれば解けるはずである。いま、物体の初速度 v_0、時間 t、終速度 v などの値がわかっているから、速度の公式 $v = v_0 + at$ を適用すれば、この式の中でただ1つだけわかっていない加速度 a の値を知ることができることになる。そこで、前述の問題の解き方に沿って考えてみることにすると、次のようになる。

13. 等加速度直線運動

```
時刻0〔s〕における
初速度v₀ = (+9)〔m/s〕                ここで反転する
物体 ○────────────→ - - - - - -◯- - - - -◯
原点 O         4〔s〕後の速度                          → x軸
              v = (-3)〔m/s〕            右向きを+の
時刻0〔s〕      時刻 t = 4〔s〕            向きと決める。
```

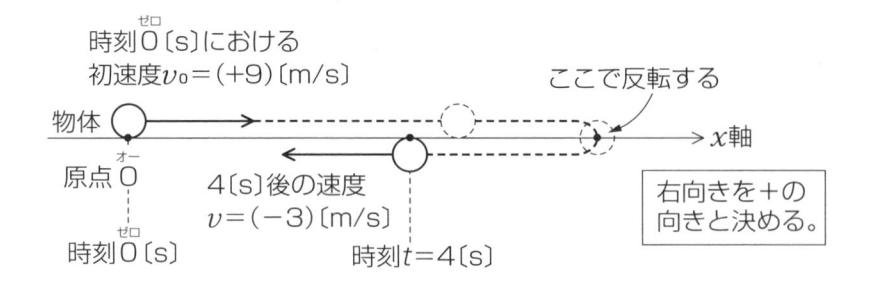

① この物体が運動している一直線を x 軸とする。そして、物体が右向きに進んでいる（初速度 v_0）ので、その右向きを x 軸の+の向きと決める。

② この物体が9〔m/s〕の速さで進んでいた時点の時刻を時刻0とし、その時刻のときに物体が存在していた位置を原点Oとする。

③ x 軸の右向きを+の向きとすることに既に①で決めた。そして、物体が原点Oを右向きに通過する瞬間の時刻を0〔s〕としたから、その時刻から時間が4〔s〕過ぎた時刻は $t = 4$〔s〕である。

また時刻0〔s〕における物体の初速度 v_0 の「大きさ」が9〔m/s〕で、その「向き」は右向きであるから+符号が付くことになり、$v_0 = (+9)$〔m/s〕である。

それから、時間4〔s〕後、即ち、時刻 $t = 4$〔s〕における速度が左向きに3〔m/s〕という大きさになったと言うから、左向きには−符号が付くので時刻 $t = 4$〔s〕における速度 $v = (-3)$〔m/s〕と表わすことになる。

④ 以上のような時刻 $t = 4$〔s〕、初速度 $v_0 = (+9)$〔m/s〕、終速度（これは時刻 $t = 4$〔s〕における速度のこと）$v = (-3)$〔m/s〕を、等加速度直線運動の、速度の公式 $v = v_0 + at$ に代入して a の値を求めると、

$$(-3)[\text{m/s}] = (+9)[\text{m/s}] + a \times 4 [\text{s}]$$

移項するなどして式を整理すると、

$$a \times 4 [\text{s}] = (-3)[\text{m/s}] - (+9)[\text{m/s}]$$
$$= (-12)[\text{m/s}]$$

両辺を $4[\text{s}]$ で割って、左辺には a だけが残るようにすると、

$$a = \frac{(-12)[\text{m/s}]}{4[\text{s}]} = \frac{(-12)}{4} \cdot \frac{[\text{m/s}]}{[\text{s}]}$$
$$= (-3)[\text{m/s}^2]$$

⑤ 計算の結果得られた加速度 a の値には、－符号が付いているから、この加速度の「向き」は、x 軸の－の向き、即ち、左向きであることを表わす。そして、この加速度の「大きさ」は $3[\text{m/s}]$ である。

㊟ 「大きさ」には、＋や－の符号などない。

(答) 向きは左向きで、大きさは $3[\text{m/s}^2]$。

(別解)〔x 軸の左向きを＋の向きと決めたとき〕

この物体が運動する一直線を x 軸とし、今度は、x 軸の「左向きを＋の向きと決めて」問題を解いてみる。

初速度 v_0 は右向きであるから、これは x 軸の＋の向きである左向きとは逆向きである。従って、－の符号が付くことになる。即ち、$v_0 = (-9)[\text{m/s}]$、また、時間 $t = 4[\text{s}]$ 後の速度 v は左向きであるから、これは x 軸の＋の向きと同じなので＋の符号が付く。即ち、$v = (+3)[\text{m/s}]$ である。時間 t は、いずれにしても＋の値であるから、$t = 4[\text{s}]$ である。これら v_0, v, t の値を速度の公式 $v = v_0 + at$ に代入すると、

$$(+3)\,[\text{m/s}] = (-9)\,[\text{m/s}] + a \times 4\,[\text{s}]$$

$$\therefore a = \frac{(+12)\,[\text{m/s}]}{4\,[\text{s}]} = (+3)\,[\text{m/s}^2]$$

この加速度 a の値に＋の符号が付いているということは、a の「向き」が x 軸の＋の向きと同じ「左向き」であることを表わしている。そして a の「大きさ」は $3\,[\text{m/s}^2]$ である。つまり、前の解と全く同じ結果が得られたことがわかる。

(答) 向きは左向きで、大きさは $3\,[\text{m/s}^2]$。

注以上の例題の解のように、x 軸の＋の向きを右向きと決めた場合であっても、また、左向きと決めた場合であっても、得られる結果は全く同じである。ただし、一つの問題を解く際に、x 軸の＋の向きを一度決めたら、その問題を解き終るまで、それを変更してはならない。

尚、＋の符号は省略して書かなくてもよいが、本書では、わかりやすくするために書くことにする。

(例題2) 右図はエレベーターが1階から屋上まで直通で昇るときの運動を、横軸に時刻 t [s] をとり、縦軸に速度 v [m/s] をとって表わした v-t 図である。このとき、時刻が 0 [s]〜3 [s]、3 [s]〜5 [s] および 5 [s]〜7 [s] の、それぞれの区間の加速度はいくらか。

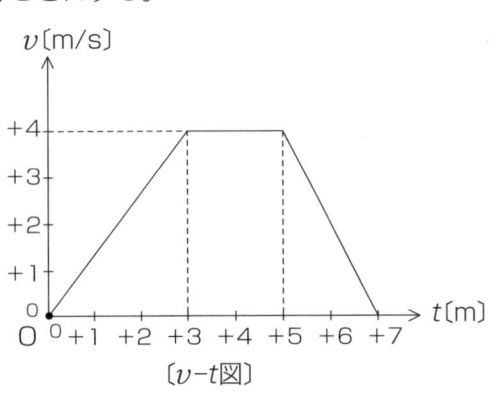

（解答）このエレベーターが運動する上下方向をy軸と見なす。そして、y軸の上向きを＋の向きと決めることにする。すると、上向きの速度や加速度の数値には＋の符号が付くことになる。

それぞれの区間における「v-t線の傾き」が、その区間における「加速度」である。

注　平均の加速度 $\bar{a} = \dfrac{速度の変化}{時間} = \dfrac{v_2 - v_1}{t_2 - t_1}$　（式11）′

まず、時刻が0〔s〕～3〔s〕の区間におけるv-t線の傾きを〔v-t図〕から読み取ると、$\bar{a} = \dfrac{v_2 - v_1}{t_2 - t_1}$ ということから、

$$\dfrac{(+4)〔m/s〕 - 0〔m/s〕}{3〔s〕 - 0〔s〕} = \dfrac{(+4)〔m/s〕}{3〔s〕} \fallingdotseq (+1.3)〔m/s^2〕$$

（答）上向きで大きさは約1.3〔m/s²〕

次に、時刻3〔s〕～5〔s〕の区間のv-t線の傾きは、t軸に平行で、速度の変化が0であるから、加速度は0である。　　　（答）0

更に、時刻5〔s〕～7〔s〕の区間のv-t線の傾きは、

$$\dfrac{0〔m/s〕 - (+4)〔m/s〕}{7〔s〕 - 5〔s〕} = \dfrac{(-4)〔m/s〕}{2〔s〕} = (-2)〔m/s^2〕$$

（答）下向きで、大きさは2〔m/s²〕

（例題3）水平で一直線の道路を、速度40〔km/h〕で走っていた自動車がブレーキをかけ続けていたところ、4〔s〕後に停止した。このとき、自動車に生じた加速度が一定になるようにブレーキが働いたとして、次の問いに答えよ。

(i) 自動車の加速度の大きさは何〔m/s²〕か。

(ii) ブレーキをかけてから2〔s〕後の速さ（速度の大きさ）は何〔km/h〕か。

(解答) (i)問題文中に使われている単位が、時間では〔h〕と〔s〕、距離(長さ)では〔km〕と〔m〕というように、それぞれ一つずつの単位に統一されていないので、そのまま計算することはできない。そこで、時間は〔s〕に、距離は〔m〕にそれぞれ統一することにする。そうすると、

$$40 \text{〔km/h〕} = 40 \times \frac{1 \text{〔km〕}}{1 \text{〔h〕}} = 40 \times \frac{1000 \text{〔m〕}}{3600 \text{〔s〕}}$$
$$= \frac{100}{9} \text{〔m/s〕}$$

そして、この自動車が走っている一直線の道路を x 軸と見なして、x 軸の右向きを+の向きと決め、この自動車は右向きに走って行くものとする。そして、x 軸上の原点 O を時刻 0 とし、この原点を自動車が通過するときの速度が 40 〔km/h〕で、その時刻 0 のときから、自動車はブレーキをかけ始めたものとする。求めたい加速度を a 〔m/s²〕とおくと、

$$\text{初速度 } v_0 = (+40)\text{〔km/h〕} = \left(+\frac{100}{9}\right)\text{〔m/s〕}$$

時刻 $t = 4$ 〔s〕における速度 $v = 0$ (停止)ということであるから、これらの値を等加速度直線運動の速度の公式 $v = v_0 + at$ に代入すると、

$$0 = \left(+\frac{100}{9}\right)\text{〔m/s〕} + a \text{〔m/s²〕} \times 4 \text{〔s〕}$$

$$\therefore a \text{〔m/s²〕} = -\frac{\left(+\frac{100}{9}\right)\text{〔m/s〕}}{4 \text{〔s〕}}$$

$$= \left(-\frac{25}{9}\right)\text{〔m/s²〕} = (-2.8)\text{〔m/s²〕}$$

ここに求めた加速度 a の値には－の符号が付いているから、このときの加速度の「向き」は x 軸の－の向きと同じ向きであるから左向きで、その「大きさ」は約 2.8 〔m/s²〕という意味である。そして問いで質問されているのは、加速度の「大きさ」であるから、約 2.8 〔m/s²〕であると答えればよい。

(答) 約 2.8 〔m/s²〕

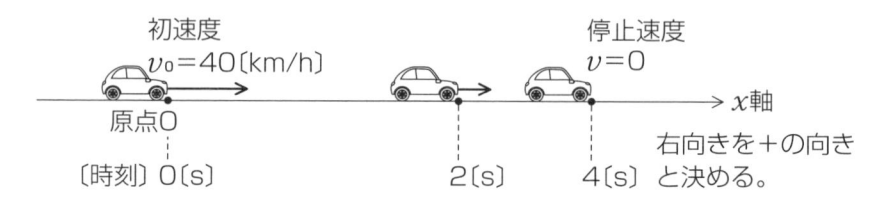

```
          初速度                              停止速度
        v₀=40〔km/h〕                         v=0
   🚗→                    🚗→            🚗
───●────────────────────●──────────●──────────→ x軸
  原点O                                        右向きを＋の向き
                                              と決める。
〔時刻〕0〔s〕              2〔s〕        4〔s〕
```

(ii) 等加速度直線運動の速度の公式 $v = v_0 + at$ に、

$$v_0 = \left(+\frac{100}{9}\right) \text{〔m/s〕}, \quad a = \left(-\frac{25}{9}\right) \text{〔m/s²〕}, \quad t = 2 \text{〔s〕}$$

を代入すると、

$$v = \left(+\frac{100}{9}\right)\text{〔m/s〕} + \left(-\frac{25}{9}\right)\text{〔m/s²〕} \times 2 \text{〔s〕}$$

$$= \left(+\frac{100}{9}\right)\text{〔m/s〕} + \left(-\frac{50}{9}\right)\text{〔m/s〕} = \left(+\frac{50}{9}\right)\text{〔m/s〕}$$

これを〔km/h〕単位に換算すると、

$$v = \left(+\frac{50}{9}\right)\text{〔m/s〕} = (+20)\text{〔km/h〕}$$

となる。そして、問いで聞かれているのは速さ（速度の大きさ）であるから、符号を取り除いた 20 〔km/h〕と答えればよい。

(答) 20 〔km/h〕

(例題 4) 一直線上を 8〔m/s〕の速さで東向きに進んでいた物体が 5〔s〕後には、西向きに速さが 2〔m/s〕となった。この間の加速度が一定であるとすれば、その加速度はいくらか。

(解答) この一直線を x 軸とし、x 軸の右向きを東向きに一致させ、その向きを＋の向きと決める。そうすると西向きは－の向きとなり、西向きの量には－の符号が付くことになる。すると、この物体の

初速度 $v_0 = (+8)$〔m/s〕、5〔s〕後の速度 $v = (-2)$〔m/s〕

のように符号が付くことになり、このときの加速度を a〔m/s²〕とおけば、これらを等加速度直線運動の速度の公式 $v = v_0 + at$ に代入すると、

$$(-2)\text{〔m/s〕} = (+8)\text{〔m/s〕} + a\text{〔m/s}^2\text{〕} \times 5\text{〔s〕}$$

$$\therefore a\text{〔m/s}^2\text{〕} = \frac{(-10)\text{〔m/s〕}}{5\text{〔s〕}} = (-2)\text{〔m/s}^2\text{〕}$$

即ち、加速度に－の符号が付いているので、その向きは西向きであり、その大きさは 2〔m/s²〕であることを意味している。

(答) 西向きで、大きさが 2〔m/s²〕

(例題 5) 停止していた自動車が一定の加速度の大きさ 3〔m/s²〕で発進した。自動車の速さが 100〔km/h〕になるまでに何〔s〕間かかるか。ただし、この自動車は一直線に走るものとする。

(解答) この一直線を x 軸にとり、x 軸の右向きを＋の向きと決め、この自動車は x 軸上を右向きに走るものとする。この自動車は発進するまでは停止していたわけであるから、

初速度 $v_0 = 0$、また、

終速度 $v = (+100)$〔km/h〕 $= \left(+\dfrac{250}{9}\right)$〔m/s〕

そして、右向きの速さが増加する運動であるから、

　　　加速度 $a = (+3)$ 〔m/s²〕

そして求める時間を t 〔s〕間であるとすると、これらの値を、式 $v = v_0 + at$ に代入して、

$$\left(+\frac{250}{9}\right)\text{〔m/s〕} = 0\text{〔m/s〕} + (+3)\text{〔m/s²〕} \times t\text{〔s〕}$$

$$\therefore t\text{〔s〕} = \frac{\left(+\frac{250}{9}\right)\text{〔m/s〕}}{(+3)\text{〔m/s²〕}} = \left(+\frac{250}{27}\right)\left[\frac{\text{m}}{\text{s}} \times \frac{\text{s}^2}{\text{m}}\right]$$

$$\fallingdotseq 9.3\text{〔s〕}$$

　　　　　　　　　　　　　　　　　　　（答）約 9.3 〔s〕間

(問題)
① 止まっていた電車が 2 〔m/s²〕の加速度をもって動き始めた。この電車は等加速度直線運動をするものと仮定して、6 〔s〕後の速度を求めよ。

② 時刻 0 のとき v_0 の初速度をもつ物体が、減速の状態にあるとき、その後どれだけの時間がたてば、その速度が 0 となるか。ただし、このときの加速度の大きさ（これは加速度の絶対値）を b とし、この物体は等加速度直線運動をするものとする。

(解答) ①この電車が等加速度直線運動をする直線を x 軸とし、その x 軸の右向きを＋の向きと決める。そして、この電車は x 軸の＋の向き即ち、右向きに進むものとする。このように決めると、右向きの速度や加速度の数値には＋の符号が付くことになる。さて、止まっている電車の速度は 0 であるから、

　　　初速度 $v_0 = 0$ 〔m/s〕、加速度 $a = (+2)$ 〔m/s²〕（右向き）
　　　時間 $t = 6$ 〔s〕

となり、これらの値を等加速度直線運動の速度の公式 $v = v_0 + at$ に代入すると、

$$v \,[\text{m/s}] = 0 + (+2)[\text{m/s}^2] \times 6\,[\text{s}]$$
$$= (+12)[\text{m/s}]$$

この得られた速度の値には＋の符号が付いているから、この速度の向きは右向きで、電車の進む向きと同じであり、その速度の大きさ（速さ）は $12\,[\text{m/s}]$ である。

（答）電車の進む向きに、大きさ $12\,[\text{m/s}]$

② この物体は等加速度直線運動をするのであるから、その直線を x 軸とし、x 軸の右向きを＋の向きと決め、この物体は x 軸の＋の向きに進むものとする。いま、速度について考えているから、速度の公式 $v = v_0 + at$ を適用することにする。

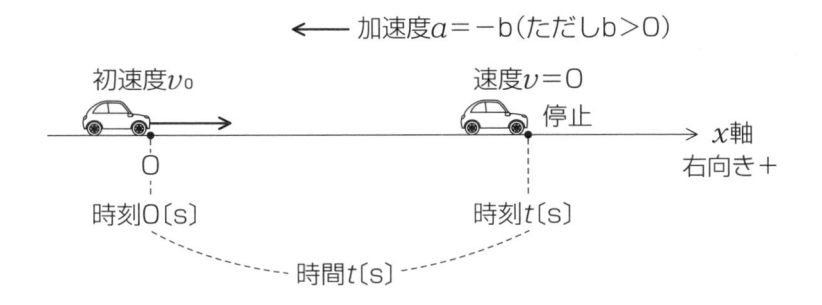

←── 加速度 $a = -b$（ただし $b > 0$）

初速度 v_0　　　　　　速度 $v = 0$
　　　　　　　　　　　　停止
　　　　　　　　　　　　　　　　　　→ x 軸
　0　　　　　　　　　　　　　　　　　右向き＋
時刻 $0\,[\text{s}]$　　　　時刻 $t\,[\text{s}]$
　　　　　時間 $t\,[\text{s}]$

この物体は減速状態の運動（速度がだんだん遅くなる運動）をしているから、その加速度 a は、

$a = \dfrac{v - v_0}{t - 0}$ で $v < v_0$ から $v - v_0 < 0$ なので、

$a = \dfrac{-\text{の値}}{+\text{の値}} = -\text{の値}$ となるため、加速度 a の値には－の符号が付くことになるから、加速度の向きは左向きである。そこで $a = -b$（ただし b は＋の値）とおくこととし、

初速度 $v_0 = v_0$、終速度 $v = 0$

そして求める時間を t とおくと、$v = v_0 + at$ から

$0 = v_0 + (-b) \times t$　　∴ $t = \dfrac{v_0}{b}$

となる。　　　　　　　　　　　　　　　　（答）$\dfrac{v_0}{b}$

（例題6）水平な一直線上を運動している物体がある。時刻 $t = 0$〔s〕におけるこの物体の速度は 10〔m/s〕であった。その後、時刻 $t = 5$〔s〕までの5秒間は一定の加速度 2〔m/s²〕の加速運動を続けたが、時刻 $t = 5$〔s〕のときに突然減速運動に変わり、加速度は一定の大きさ 4〔m/s²〕に変わった。この運動について次問に答えよ。

(i) 時刻 $t = 0$〔s〕から5秒後の、時刻 $t = 5$〔s〕におけるこの物体の速度の大きさ（即ち、速さ）v_1〔m/s〕及びそれまでに進んだ距離 x_1〔m〕はいくらか。

(ii) 物体が減速し始めたときから、2秒後における速度の大きさ v_2〔m/s〕はいくらか。また、そのときまでに物体が進んだ距離 x_2〔m〕はいくらか。

（解答）この物体が運動する一直線を x 軸であると見なし、その x 軸の右向きを＋の向きと決める。物体はこの x 軸上を右向きに進むものとする。そしてこの物体が時刻 $t = 0$〔s〕のときに存在した位置を原点 O（オー）とする。このようにして、問題の意味を図示してみると次の

ようである。

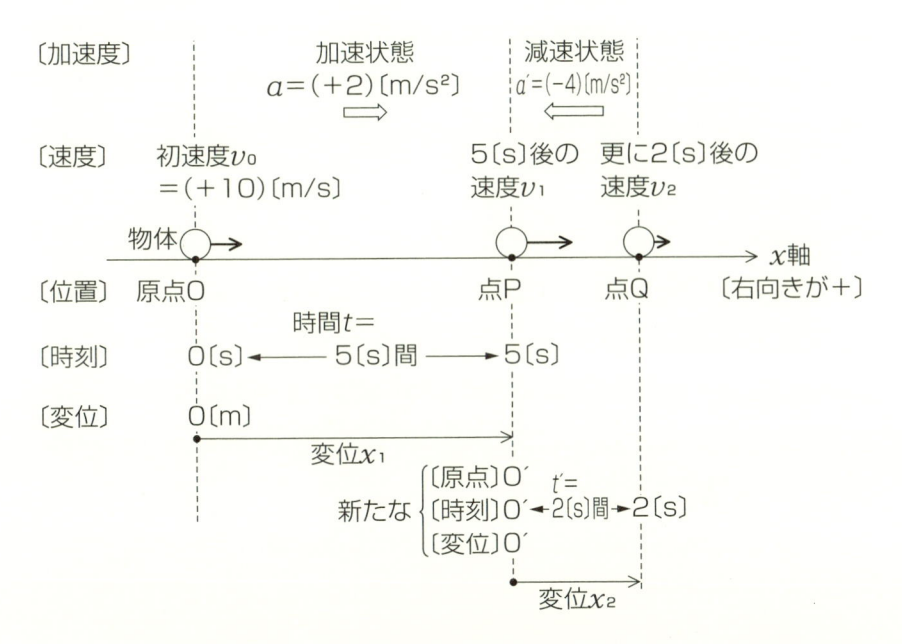

〔加速度〕　　　　　　　加速状態　　　　減速状態
　　　　　　　　　　$a = (+2)$ 〔m/s²〕　$a' = (-4)$ 〔m/s²〕

〔速度〕　　初速度 v_0　　　　　　5〔s〕後の　　更に2〔s〕後の
　　　　　= $(+10)$ 〔m/s〕　　　　速度 v_1　　　速度 v_2

　　　　　物体 ○→　　　　　　　　　○→　　　　○→　　　　　→ x 軸
〔位置〕　　原点O　　　　　　　　　　点P　　　　点Q　　　　〔右向きが＋〕

　　　　　　　　　　　時間 $t =$
〔時刻〕　　　0〔s〕←──5〔s〕間──→5〔s〕

〔変位〕　　　0〔m〕
　　　　　　　　　　　←─── 変位 x_1 ───→
　　　　　　　　　　　　　　　　　　　〔原点〕O'　　$t' =$
　　　　　　　　　　　　　　　　新たな〔時刻〕O'←2〔s〕間→2〔s〕
　　　　　　　　　　　　　　　　　　　〔変位〕O'
　　　　　　　　　　　　　　　　　　　　　　　　←── 変位 x_2 ──→

　(i) 物体の原点 O(オー) における速度が、初速度 v_0 であり、その大きさが 10〔m/s〕であり、その向きは x 軸の＋の向きと同じ向きであるから、＋の符号が付く。即ち、$v_0 = (+10)$ 〔m/s〕である。次に加速度であるが、$t = 5$〔s〕まで加速運動を続けたというから、この場合は右向きの運動を続けたことになる。従って、このときの加速度2〔m/s²〕の値には、＋符号が付くわけで、$a = (+2)$〔m/s²〕である。

　また、時間については、原点 O(オー) における時刻 $t = 0$(ゼロ)〔s〕よりも過去に遡(さかのぼ)らない限り、時間は＋の値である。今の場合では、時刻 $t = 0$〔s〕から $t = 5$〔s〕までの間の5〔s〕間ということで、これは正の値である。

　そして、問(と)われているのは、この時刻 $t = 5$〔s〕における物体の速度 v_1〔m/s〕の値が、どれだけであるかということである。従って、

これら、v_0, a, t の値を、等加速度直線運動の速度を求める公式 $v = v_0 + at$ に代入して v を求めれば、それが v_1 である。

$$v_1 = (+10)〔\text{m/s}〕 + \{(+2)〔\text{m/s}^2〕 \times 5〔\text{s}〕\}$$
$$= (+10)〔\text{m/s}〕 + (+10)〔\text{m/s}〕 = (+20)〔\text{m/s}〕$$

次に、その 5〔s〕間の間に物体が進んだ距離 x_1〔m〕を求めるには、時刻 $t = 5$〔s〕においてこの物体が存在する位置の x 座標の値を求めればよい。つまり、原点 O から物体がどれだけ位置を変化したのか（即ち、変位）を求めるということである。そのためには、変位を求める公式 $x = v_0 t + \frac{1}{2}at^2$ に v_0, t, a などの値を代入すればよいから（このときの x が x_1）、

$$x_1 = \{(+10)〔\text{m/s}〕 \times (+5)〔\text{s}〕\}$$
$$+ \left\{\frac{1}{2} \times (+2)〔\text{m/s}^2〕 \times (5〔\text{s}〕)^2\right\}$$
$$= (+50)〔\text{m}〕 + (+25)〔\text{m}〕 = (+75)〔\text{m}〕$$

（答）$v_1 = 20$〔m/s〕、$x_1 = 75$〔m〕

㊟速度の「大きさ」は、＋, －の符号を考えない絶対値で答えればよい。また、「距離」即ち「長さ」というものには、－(マイナス)の値というものはない。（ただし変位という量は、ベクトル量であるから、その向きを表示するためには、＋または－の符号を付ける）。

(ii) 5〔s〕間だけ過ぎたときに、それまでの加速状態から、突然、減速状態に変わった、と言っていることについては注意が必要である。このことは、例えば、自動車の場合であれば、それまでアクセルペダルを踏んで加速していたものを突然にブレーキペダルに踏み替えたようなもので、加速度の向きが突然に変わったことになる。しかしながら、自動車はこのときを期していきなり、逆向きに走り出すわけではなく

て、スピードをゆるめつつも依然として、今までと同じ向きに走り続けているわけであるから、その点まちがえぬように。

さて、注意するべきこと、というのは、時刻 $t = 5$ 〔s〕において、加速状態から減速状態に変わったということについてである。これは、加速度の向きが変わったということであり、$a > 0$ の状態から $a < 0$ の状態に変わってしまったということである。つまり、「等加速度」直線運動ではなくなったということである。従って、そのときまで使ってきた初速度、加速度、時刻などの値を、そのまま引き続き使うことはできなくなったということである。なぜならば、最初から引き続いている一定の加速度即ち等加速度ではなくなったからである。

それでは、どうすればよいのか？　と言うと、この時刻 $t = 5$ 〔s〕の時点を境にして、考え方を改めなければならないことになるのである。つまり、「新たな加速度に変わった時点である時刻 $t = 5$ 〔s〕の位置を新たな原点 O' と決め直して、新たな初速度、加速度、時刻などを設定し直す」ことが必要となるのである。つまり、等加速度直線運動の公式をそのまま、最初から最後まで適用できるのは、加速度の値が最初から最後まで変わることなくずっと一定の場合のときだけについて言えることなのである。

さて、そこで、初めの瞬間から 5 〔s〕後の時刻に物体が存在している位置（図の点 P）を新しい原点 O' とし、この位置を新たに位置 $0'$ 〔m〕とする。また、時刻についても、新たに時刻 $t = 0'$ 〔s〕として、この点 O' を物体の新たな出発点（初めの位置）とする。

そして、公式 $v = v_0 + at$ を使って、問われている v_2 を求めるわけである。つまり次のようにする。

公式　$v = v_0 + at$ に、

$v = v_2$（これが求めたいもの）、

$v_0 = v_1 = (+20)$ [m/s]（これは、新しい原点 O′、即ち、点 P における速度であり、これが新しい初速度である。）

$a = (-4)$ [m/s²]（これは、減速状態になったときの新しい加速度で、x 軸の＋の向きとは逆向きであるから、−符号が付く。）

$t = 2$ [s]（時間はスカラー量）

などの値を代入すると、

$$v_2 = (+20) \text{[m/s]} + \{(-4) \text{[m/s}^2\text{]} \times 2 \text{[s]}\}$$
$$= (+20) \text{[m/s]} + \{(-4) \times 2 \times \text{[m/s}^2\text{]} \times \text{[s]}\}$$
$$= (+12) \text{[m/s]}$$

次に変位 x_2 についても、新しい原点 O′ を基準にした上の諸数値を変位を求める公式 $x = v_0 t + \frac{1}{2}at^2$ に代入して、

$$x_2 = \{(+20) \text{[m/s]} \times 2 \text{[s]}\}$$
$$+ \left[\frac{1}{2} \times (-4) \text{[m/s}^2\text{]} \times (2 \text{[s]})^2\right]$$
$$= \{(+20) \times 2 \times \text{[m/s]} \times \text{[s]}\}$$
$$+ \left[\frac{1}{2} \times (-4) \times 4 \times \text{[m/s}^2\text{]} \times \text{[s]}^2\right]$$
$$= (+40) \text{[m]} + (-8) \text{[m]} = (+32) \text{[m]}$$

となる。そしてこの（＋32）[m] という値は、物体が減速状態に入ってから後の 2 [s] 間における物体の変位（即ち、図の点 P から点 Q までの物体の位置の変化）であって、新しい原点 O′ から測った距離は、x 軸上の＋の向き（右向き）に 32 [m] であることを意味しているの

である。

従って、物体が初めの瞬間から右に進んだ全体の距離は、$(x_1 + x_2)$ であるから、

$$x_1 + x_2 = 75 \text{ [m]} + 32 \text{ [m]} = 107 \text{ [m]}$$

である。　　　　　　　　(答) $v_2 = 12$ 〔m/s〕、107〔m〕進んだ位置

〈注意〉上の(ii)の場合のように「1つの問題中で加速度 a が変わった場合の取り扱いは次のようにする。

等加速度（即ち、加速度が一定）直線運動の3つの公式

$$① v = v_0 + at \quad ② x = v_0 t + \frac{1}{2}at^2 \quad ③ v^2 - v_0^2 = 2ax$$

は、等加速度即ち「加速度が一定」の場合の運動について成り立つ式であるから、もし、途中で加速度 a の値が変化した場合には、変化前の初速度や時刻などをそのまま引き継いで計算をするわけにはいかない。「加速度が変化」したときには、その変化した時点を新しい原点として、組み立て直す必要がある。つまり、新しい原点における時刻を 0 とし、その時点での物体の速度が新しい初速度となるのである。そして、それら新たな諸量を①〜③の公式に代入して計算しなければならない。

(例題 7) 物体が x 軸上を正の向き（これを右向きとする）に、一定の加速度の大きさ 2〔m/s²〕で加速状態の運動をしており、x 軸上の原点 O を通過するとき（このときの時刻 $t = 0$ とする）の速度の大きさが 8〔m/s〕であった。これに関して次の問いに答えよ。

(i) 時刻 $t = 3$〔s〕における物体の速度の大きさは何〔m/s〕か。

(ii) $t = 0$ から $t = 3$〔s〕までの間に、この物体が進んだ距離は何〔m〕か。

(iii) この時刻 $t = 3$〔s〕において、この物体の加速度が突然に変化して

255

減速状態となり、その加速度の「大きさ」が 4 [m/s²] となった。この物体の $t = 5$ [s]（これは最初から測った時刻）における速度はいくらか。

(iv) この物体が原点 O を通過したときから、速度が 0 となるまでの移動距離は何 [m] か。

(解答)〔公式を使って解く方法〕

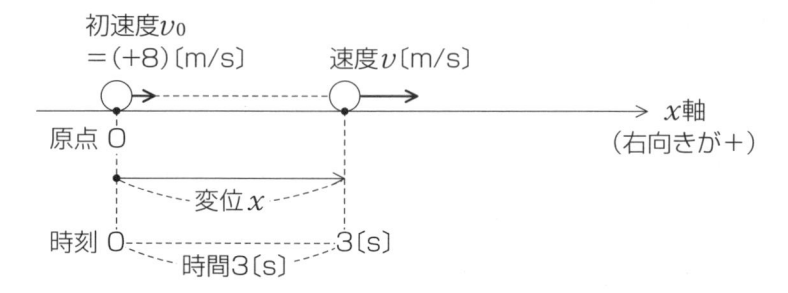

初速度 v_0
= (+8) [m/s]　　速度 v [m/s]

原点 O　　　　　　　　　　　　　　　　x軸
　　　　　　　　　　　　　　　　　　　（右向きが +）

変位 x

時刻 0 .... 3 [s]
　　　時間 3 [s]

(i) 等加速度直線運動の速度の公式 $v = v_0 + at$ において、初速度 $v_0 = (+8)$ [m/s]、加速度 $a = (+2)$ [m/s²]、時間 $t = 3$ [s] であるから、時刻 $t = 3$ [s] における速度 v [m/s] は、

$$v = (+8) \text{[m/s]} + (+2) \text{[m/s²]} \times 3 \text{[s]} = (+14) \text{[m/s]}$$

となる。速度の大きさは、符号を付けずに答えてよいから、14 [m/s] と答えればよい。　　　　　　　　　　　　　　　　(答) 14 [m/s]

(ii) 変位の公式 $x = v_0 t + \dfrac{1}{2} a t^2$ に(i)における諸量の値を代入すると、

$$x = \{(+8) \text{[m/s]} \times 3 \text{[s]}\} + \left\{\dfrac{1}{2} \times (+2) \text{[m/s²]} \times (3 \text{[s]})^2\right\}$$
$$= (+24) \text{[m]} + (+9) \text{[m]} = (+33) \text{[m]}$$

となる。この変位 x の値は、時刻 $t = \underset{\text{ゼロ}}{0}$ [s]（即ち、原点 $\underset{\text{オー}}{\text{O}}$）のときの物体の位置から、時刻 $t = 3$ [s] のときの物体の位置までの位置の変化であり、それは、この物体が時間 3 [s] の間に進んだ距離を表わ

すものである。この物体は直線運動をしているから、変位は進んだ距離に等しい。　　　　　　　　　　　　　　　　　　　(答) 33〔m〕

(iii) 物体の加速度が変わったことに注意する。

加速度が、それまでの値とは変化したのであるから、もはや(i),(ii)の場合とは異なった等加速度直線運動をするようになるので、ここで改めて「新たな加速度をもつ等加速度運動を考える」必要がある。つまり、それまでの時刻、初速度、加速度などを、そのまま使うことはできない。

そこで、最初の原点 O における時刻から 3〔s〕後の時刻の位置を新たな原点 O′ とし、その時刻を $t' = 0$〔s〕とする。そして O′ を通過するときの物体の速度であった速度 $v = (+14)$〔m/s〕が、今度は新たな初速度 $v_0' = (+14)$〔m/s〕となるのである。また、新たな加速度は減速となる加速度であるから−符号が付くので、$a' = (-4)$〔m/s²〕である。尚、時刻は新原点 O′ から測り始めるので、最初の時刻 $t = 0$ から 3〔s〕後の時刻 $t = 3$〔s〕が、新たな時刻 $t' = 0$〔s〕となる。以上のことを図示すると次のようになる。

新たな加速度 a'
⟸ (-4)〔m/s²〕

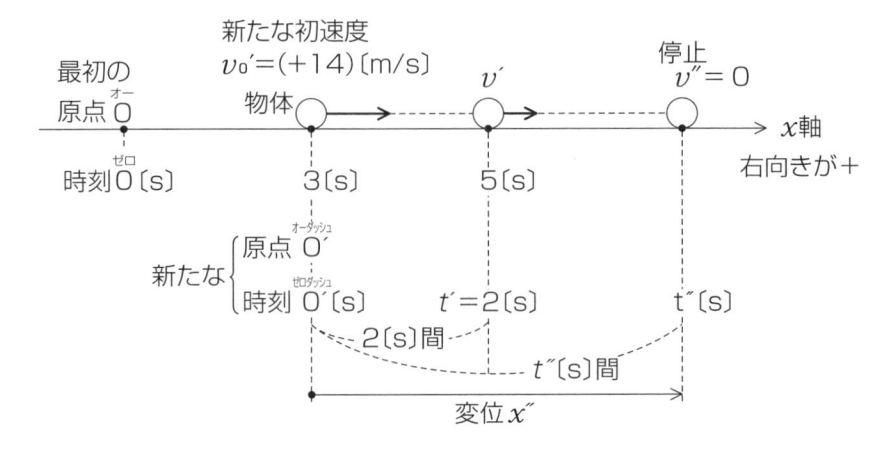

新たな初速度
$v_0' = (+14)$〔m/s〕

停止
$v'' = 0$

最初の原点 $\underset{オー}{O}$　物体○ → ○ → ○ → x軸
時刻0〔s〕　　3〔s〕　　5〔s〕　　右向きが＋

新たな ｛ 原点 $\underset{オーダッシュ}{O'}$
　　　　 時刻 $\underset{ゼロダッシュ}{0'}$〔s〕　　$t' = 2$〔s〕　　t''〔s〕

――2〔s〕間――
　　　　　――t''〔s〕間――
―――変位 x''―――

そこで、速度の公式 $v = v_0 + at$ に、
$v = v'$、$v_0 = v_0' = (+14)$〔m/s〕、$a' = (-4)$〔m/s²〕、
$t = t' = 5$〔s〕$- 3$〔s〕$= 2$〔s〕　を代入すると、

$v' = (+14)$〔m/s〕$+ (-4)$〔m/s²〕$\times 2$〔s〕$= (+6)$〔m/s〕

　　　　　　　　　（答）右向きで、大きさ 6〔m/s〕

(iv) 新たな原点 $\underset{オーダッシュ}{O'}$ に物体が存在した時刻を新たに時刻 $0'$ とし、そのときから t''〔s〕後にこの物体の速度が 0 になるものとして、このときの物体の変位 x'' を求める。

まず、速度の公式 $v = v_0 + at$ に次の諸量を代入して物体の速度が 0 になるまでの時間 t'' を求める。

$v = v'' = 0$、$v_0 = v_0' = (+14)$〔m/s〕、$a = a' = (-4)$〔m/s²〕、
$t = t''$　ということから、

$$0 = (+14) \text{[m/s]} + (-4) \text{[m/s}^2\text{]} \times t'' \text{[s]}$$

$$\therefore t'' \text{[s]} = \frac{-(+14) \text{[m/s]}}{(-4) \text{[m/s}^2\text{]}} = 3.5 \text{[s]}$$

即ち、新たな原点 O′ に物体が存在していた時刻から 3.5 [s] 後に物体の速度は 0 となる。

次に、変位の公式 $x = v_0 t + \frac{1}{2} at^2$ に、これらの諸量を代入して、この物体が、この 3.5 [s] の間に移動する距離 x'' を求めると、

$$x'' = \{(+14) \text{[m/s]} \times 3.5 \text{[s]}\}$$
$$+ \left\{\frac{1}{2} \times (-4) \text{[m/s}^2\text{]} \times (3.5 \text{[s]})^2\right\}$$
$$= (+49) \text{[m]} + (-24.5) \text{[m]} = (+24.5) \text{[m]}$$

ここに得られた $x'' = (+24.5)$ [m] という変位は、新たな原点 O′ から右向きに 24.5 [m] という意味である。

従って、この物体が最初の原点 O から出発して、速度が 0 となるまでに移動した距離は、$x + x''$ であるから、

$$x + x'' = 33 \text{[m]} + 24.5 \text{[m]} = 57.5 \text{[m]}$$

(答) 57.5 [m]

〔(iv)の x'' を求める別解〕

上の解答では、まず t'' を求め、次に x'' を求めるという、2 段階の計算を行って移動距離を求めたのであるが、時間 t を含まない公式 $v^2 - v_0^2 = 2ax$ を用いると、もっと簡単な 1 段階の計算で求めることができる。それは、この式が、v を求める公式と x を求める公式の 2 つから t を消去して得られた式であるから、t の橋渡しを経ずに、x の値を求めることができるからである。つまり、

$v^2 - v_0^2 = 2ax$ から、

$$0^2 - \{(+14)[\text{m/s}]\}^2 = 2 \times (-4)[\text{m/s}^2] \times x''$$
$$\therefore x'' = \frac{-\{(+14)[\text{m/s}]\}^2}{2 \times (-4)[\text{m/s}^2]} = \frac{-196\ [\text{m}^2/\text{s}^2]}{-8\ [\text{m/s}^2]}$$
$$= (+24.5)[\text{m}]$$

となる。

[v-t グラフを使って解く方法]

(i) 初速度 $v_0 = 8$ [m/s] で、加速度 $a =$ 一定であるから、$v = v_0 + at$ を v-t グラフに描くと次のようになる。

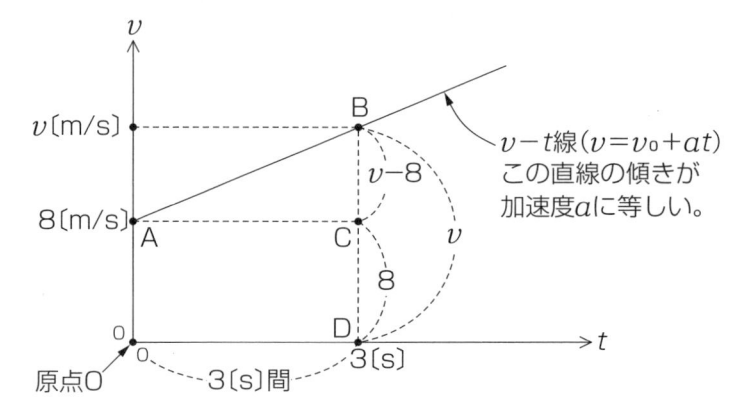

この v-t 線の傾き $\dfrac{\text{速度の変化}}{\text{時間}} = \dfrac{v - v_0}{t}$ が、物体に生じている加速度 a に等しい。

$$v\text{-}t\text{ 線の傾き} = \frac{\text{BC}}{\text{AC}} = \frac{v\ [\text{m/s}] - 8\ [\text{m/s}]}{3\ [\text{s}] - 0\ [\text{s}]}$$

これが加速度 $a = 2$ [m/s^2] に等しいから、

$$\frac{v\ [\text{m/s}] - 8\ [\text{m/s}]}{3\ [\text{s}]} = 2\ [\text{m/s}^2]$$

$$\therefore v\ [\text{m/s}] = 2\ [\text{m/s}^2] \times 3\ [\text{s}] + 8\ [\text{m/s}]$$

$$= 14 \,[\text{m/s}]$$

であり、これが $t = 3 \,[\text{s}]$ における物体の速度の大きさである。

(答) $14 \,[\text{m/s}]$

(ii) 時刻 $t = 0 \,[\text{s}]$ から $t = 3 \,[\text{s}]$ までの間の物体の変位 $x \,[\text{m}]$ は、前頁の図の台形 AODB の面積に等しいから、

$$台形の面積 = \frac{(上底 + 下底) \times 高さ}{2}$$

$$= \frac{(8 \,[\text{m/s}] + 14 \,[\text{m/s}]) \times 3 \,[\text{s}]}{2} = 33 \,[\text{m}]$$

(答) $33 \,[\text{m}]$

(参考) 台形の面積

　右図の四辺形（四角形）ABCD は台形である。

　この台形 ABCD を上下及び左右にひっくり返して、つなぐと、平行四辺形 ABA′B′ が得られる。

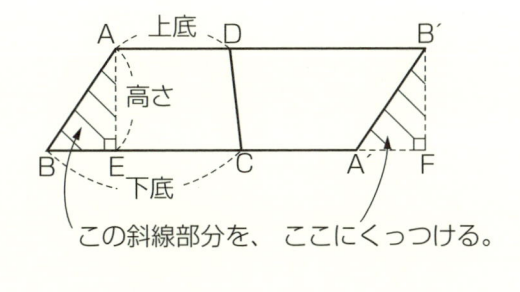

注 台形……1 組の対辺が平行である四角形。上図の台形 ABCD では、辺 AD と辺 BC とが平行である。これを AD ∥ BC とも書く。そして、平行な 2 辺の AD 及び BC のことを、それぞれ ▱ ABCD の上底及び下底という。

　平行四辺形……向かい合う 2 組の辺が、それぞれ平行な四角形。上図の平行四辺形 ABA′B′（これを ▱ ABA′B′ とも書く）では、AB ∥ B′A′, AB′ ∥ BA′ である。

　さて、上図の点 A から辺 BC に垂線を下ろし、その足を E とする。

ここにできた△ABE を右端に移動させて、くっつけたものが△B′A′F である。そうすると、四辺形 AEFB′ は長方形となる。そして、辺 AE の長さを、台形 ABCD の高さと呼ぶことにする。

このようにすることによって、台形 ABCD の面積は、次のように表わすことができる。

$$台形 ABCD の面積 = □ABA′B′ の面積 ÷ 2$$
$$= \frac{□ABA′B′ の面積}{2} = \frac{長方形 AEFB′ の面積}{2}$$
$$= \frac{(AD + DB′) × AE}{2} = \frac{(AD + BC) × AE}{2}$$
$$= \frac{(上底 + 下底) × 高さ}{2}$$

ということになり、これが、台形の面積を求める公式である。

㊟ 四辺形 ABA′B′ が平行四辺形になるわけは、向かい合う2組の辺が、それぞれ平行であればよいわけであるから、まず、辺 AD と辺 BC とは、台形ということから、平行である。次に辺 AB と辺 B′A′ はどうかというと、∠ABE と∠B′A′F とは同位角で等しい。2本の直線 AB と B′A′ に1本の直線 BF が交わっていて、その同位角が等しければ、この2本の直線は平行であるから AB∥B′A′ ということで、2組の辺が、それぞれ平行であるから四辺形 ABA′B′ は平行四辺形である。

(例題) 右図のような台形の面積を求めよ。
(解答)
$$台形の面積 = \frac{(上底 + 下底) × 高さ}{2}$$

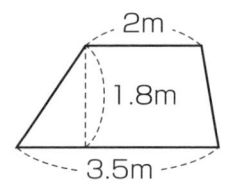

$$= \frac{(2\text{m} + 3.5\text{m}) \times 1.8\text{m}}{2}$$
$$= 4.95\text{m}^2 \qquad\qquad\qquad\qquad (答) 4.95\text{m}^2$$

(以上（参考）終り)

(ii)の別解

これはまた次のようにしてもよい。

　　台形 AODB の面積（P.260 の図）

　　= 長方形 AODC の面積 + 三角形 BAC の面積

　　$= 8 \,[\text{m/s}] \times 3 \,[\text{s}] + \dfrac{(14-8)[\text{m/s}] \times 3 \,[\text{s}]}{2}$

　　$= 24 \,[\text{m}] + 9 \,[\text{m}] = 33 \,[\text{m}]$

〈注意〉

　v–t グラフで、上のように「面積」と言っているのであるが、その単位を見てみると、$[\text{m}^2]$ ではなくて $[\text{m}]$ という長さの単位である。それは、実は変位 $x\,[\text{m}]$ の値を求めているからである。

　変位 = 速度 × 時間　ということから、

　変位の単位 = 速度の単位 × 時間 の単位であって、今の場合、

　変位 x の単位 = $[\text{m/s}] \times [\text{s}] = [\text{m}]$

のように距離（=長さ）の単位であって、面積の単位ではなく、従って x は面積ではない。

　要するに、ここで面積と言っているのは、「面積を求める計算と同様の計算を行うこと」を言っているのである。

(iii) 求める速度を $v\,[\text{m/s}]$ とする。

　この運動は時刻 $t = 3\,[\text{s}]$ において、加速度が変わったので、それまでの等加速度直線運動とは異なる等加速度直線運動になったわけである。

㊟このとき減速状態になったのであるから、この運動をx軸上の運動として考える場合には、加速度aの値は－符号の付いた数値で表わされるので、x軸の負（－）の「向き」と一致させる表わし方をするのであるが、それでは実際の物体はどちら向きに運動しているのかというと、「減速状態になったからといって直ちに、物体の進む向きが逆向きになるわけではなくて、速さを減じながら依然として同じ向きに進み続けており」、ついには、速さは0〔m/s〕となるのであるので注意。

　しかしながら、次のような場合もある。

(a) 地上から物体を真上に投げ上げた場合には、その物体の上昇速度を減ずる力（それは重力）が常に下向きに働き続けているので、物体の上昇速度はだんだん遅くなり、ついには0〔m/s〕となる。そして、今度は、それまでとは逆向きの速度を生じて落下することになる（物体に生ずる加速度gは常に下向きであり、重力の向きに生ずる）。そして、この場合、上向きの速度の向きを＋符号で表わすことに決めれば、下向きの落下速度の向きは－符号で表わされることになる。

(b) 走っている電車や自動車にブレーキをかけて速度の大きさが減少していく場合には、ブレーキペダルを踏むと、車輪が回転しにくくなるため、自動車であれば、タイヤが地面上をずれ動こうとするような状態になる。すると、それまでタイヤと地面との間に生じていた摩擦は、タイヤのころがり摩擦であったためその摩擦力は小さかったのであるが、ずれ動こうとするときのタイヤと地面との間の摩擦力は、ぐんと大きなものとなる。その結果、自動車の動きを妨げる大きな摩擦力が地面からタイヤに働くために、

自動車の速度の大きさはどんどん小さくなってゆき、ついには停止する。一旦停止して速度が0〔m/s〕となった自動車は、いくらブレーキを踏んでも、水平な道路上では動くことはなく、ましてや、それまでと逆向きに動き出すことなどない。

以上(a), (b)のように、物体に力が働き続けるか、そうでないかの違いによって、一旦(いったん)停止した物体の、その後の運動は、当然、違ったものとなる。 　　　　　　　　　　　　　　　(以上㊟　終り)

時刻 $t=3$〔s〕から、$t=5$〔s〕までの時間2〔s〕間の v-t 線の傾き、即ち、直線BEの傾きは、右へ2だけ行くと下へ $(14-v)$ だけ行くので、その傾きには−の符号が付き、$-\dfrac{(14-v)}{2}$ ということになる。そして、この直線の傾きが、このときの加速度 (-4)〔m/s²〕に等しいのであるから、

$$-\dfrac{(14-v)〔m/s〕}{2〔s〕} = (-4)〔m/s^2〕$$

$$\therefore v〔m/s〕 = (+6)〔m/s〕$$

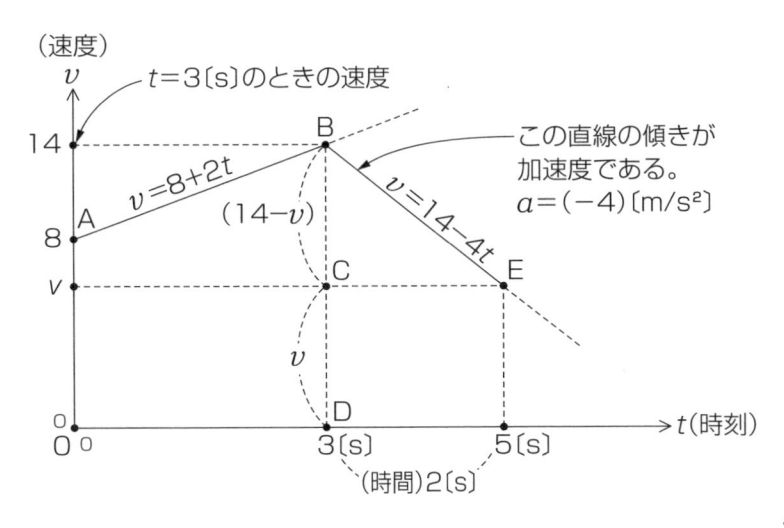

(答) 6〔m/s〕

(iv) $t = 5$ [s] における速度が $(+6)$ [m/s] であることがわかったから、そのまま進んで速度が 0 (即ち停止) になるときの時刻を t [s] とすると、次図のようになる。時刻 5 [s] から時刻 t [s] までの間の時間は $(t-5)$ [s] 間である。そうすると、v-t 線は、右へ $(t-5)$ だけ行くと下へ 6 だけ行くから、この v-t 線の傾きを、これらの値を使ってもう一度表わしてみると直線 EF の傾き（＝直線 BE の傾きでもあるが）は、$-\dfrac{6 \text{[m/s]}}{(t-5)\text{[s]}}$ であり、この傾きが、加速度 $a = (-4)$ [m/s²] に等しいから、

$$-\frac{6 \text{[m/s]}}{(t-5)\text{[s]}} = -4 \text{[m/s}^2\text{]} \quad \therefore t = 6.5 \text{[s]}$$

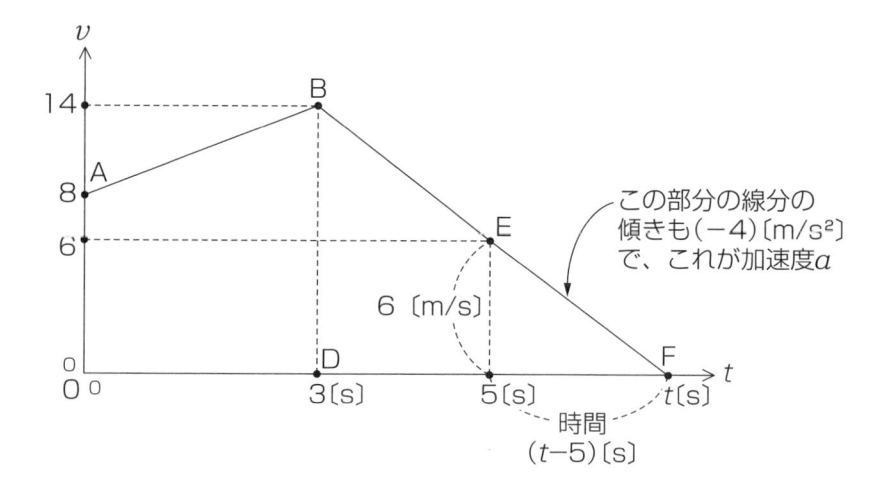

上図の三角形 BDF の面積は、時刻 $t = 3$ [s] から $t = 6.5$ [s] までの間の 6.5 [s] $- 3$ [s] $= 3.5$ [s] の間に物体が移動した距離 x' [m] を表わすから、

$x' = $ 三角形 BDF の面積

$$= \frac{\text{DF} \times \text{BD}}{2} = \frac{3.5\,[\text{s}] \times 14\,[\text{m/s}]}{2} = 24.5\,[\text{m}]$$

よって、物体が最初の原点 O から、停止するまでの移動距離、(即ち、変位の大きさ) は、(ii)で求めた 33 [m] と、ここで求めた 24.5 [m] とを加え合わせたものであるから、

$$33\,[\text{m}] + 24.5\,[\text{m}] = 57.5\,[\text{m}]$$

となる。　　　　　　　　　　　　　(答) 57.5 [m]

(問題) ① 静止していた物体が等加速度直線運動をして 4 [m] 進んだ。このときの加速度の大きさを 2 [m/s²] であるとして、次の問いに答えよ。

(i) 物体が 4 [m] 進んだときの速さは何 [m/s] か。

(ii) 物体の速さが 6 [m/s] になったとき、物体の進んだ距離は何 [m] か。

② 水平で真直に敷設された線路上を 90 [km/h] の速さで走っていた電車が、ブレーキを掛けてから 300 [m] 走った所で停止した。ブレーキを掛けてから電車は等加速度直線運動をしていたとして次の問いに答えよ。

(i) 電車の加速度を求めよ。

(ii) ブレーキを掛けてから、何秒後に電車は停止したか。

③ 一直線上を運動している物体がある。この直線を x 軸にとり、その正の向きを右向きとする。この物体に生じている加速度は左向きで、

その大きさは 2〔m/s²〕であるとする。時刻 0̊(ゼロ) のとき、この物体は 10〔m/s〕の速さで右向きに運動していたとして、次の問いに答えよ。

(i) 時刻 0 から 6 秒後における物体の速度を求めよ。
(ii) 時刻 0 から 20 秒後に物体の存在する位置を求めよ。

（解答）① この物体が運動する一直線を x 軸として、その右向きを正（＋）の向きと決め、更にこの物体が x 軸上を右向きに進むものと決めておいてから、この問題の意味に沿って考えることにする。

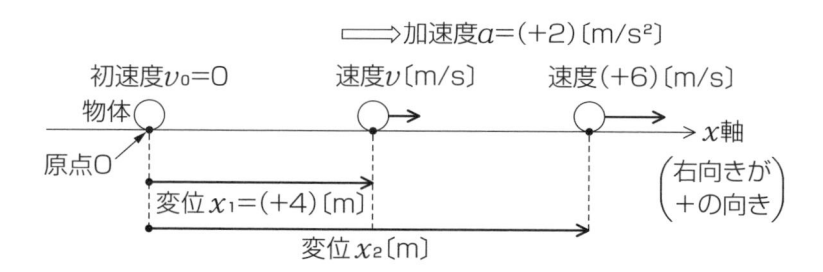

```
                    ⟹ 加速度 a＝(+2)〔m/s²〕
   初速度 v₀=0      速度 v〔m/s〕      速度(+6)〔m/s〕
    物体 ○            ○ →              ○ →
─────┼──────────────┼────────────────┼──────→ x 軸
  原点O            │                │     (右向きが)
     │←─変位 x₁=(+4)〔m〕─→│                │     (＋の向き)
     │←──────変位 x₂〔m〕──────────→│
```

(i) 加速度 a は、その大きさだけが 2〔m/s²〕と与えられているのであるが、この物体は、元々(もともと)、静止していたのが、或る力を受けて、加速度を生じて動き出したわけであるから、このときの加速度の「向き」は力の向きと同じであり、これは当然、物体の進む向きと同じ向きである。x 軸の＋の向きと、物体の進む向きを上図のように決めた場合には、この加速度 a の向きは右向きとなり、$a = (+2)$〔m/s²〕ということになる。

また、物体が初めに存在していた位置を原点 O̊(オー) と決めると、物体が 4〔m〕進んだ位置は、原点よりも右側にあり、原点 O から距離（即ち、変位の大きさ）が 4〔m〕ということになるから、その変位 $x_1 =$

（＋4）〔m〕というように＋の符号が付く。そして、物体は初め静止していたから、この物体の初速度 $v_0 = 0$〔m/s〕である。

以上の $v_0 = 0$, $a = (+2)$〔m/s²〕、$x = x_1 = (+4)$〔m〕及び、求める速度 v〔m/s〕を、等加速度直線運動の公式のうち、時間 t を含まない式 $v^2 - v_0^2 = 2ax$ に代入して、v を求めると、

$$v^2 - 0^2 = 2 \times (+2)〔m/s²〕 \times (+4)〔m〕$$

$$\therefore v^2 = (+16)〔m²/s²〕 \quad \therefore v = (\pm 4)〔m/s〕$$

となるが、このときの速度 v は右向きであるから、±の符号のうち－のものは捨てて、＋の値を採用する。

ところで、この問題の(i)では、速さ（即ち、速度の大きさのことで向きを考えない量）は、いくらであるかと問われているので、向きを示す＋の符号は付けないで答えてよいことになるから、単に 4〔m/s〕と答えればよい。　　　　　　　　　　　　　　　　　（答）4〔m/s〕

((i)の別解)

等加速度直線運動の変位 x を求める公式 $x = v_0 t + \dfrac{1}{2} at^2$ を使って時間 t を求め、この t の値を、速度 v を求める公式 $v = v_0 + at$ に代入すれば、v の値を求めることができる。

そこで、公式 $x = v_0 t + \dfrac{1}{2} at^2$ に、$x = (+4)$〔m〕、$v_0 = 0$、$a = (+2)$〔m/s²〕を代入して t を求めると、

$$(+4)〔m〕 = 0 \times t + \dfrac{1}{2} \times (+2)〔m/s²〕 \times (t〔s〕)^2$$

$$\therefore t^2〔s²〕 = 4〔s²〕 \quad \therefore t〔s〕 = \pm 2〔s〕 \text{（－符号は捨てる）}$$

$$\therefore t〔s〕 = 2〔s〕$$

この $t = 2$〔s〕を公式 $v = v_0 + at$ に代入して v の値を求めると、

$$v = 0 + (+2)〔m/s²〕 \times 2〔s〕 = (+4)〔m/s〕$$

となる。

注以上のように、別解では、問題中で与えられていない時間 t の値を、わざわざ求めた上で、それを使って v を求めたのであるが、このように t が与えられていないときには、t を含まない公式 $v^2 - v_0^2 = 2ax$ を使うことによって、簡単に v の値を求めることができる場合が多い。

(ii) 時間 t（この場合、時刻 t と言ってもよいが）が与えられていないので、t を含まない公式 $v^2 - v_0^2 = 2ax$ を使い、これに、$v = (+6)$〔m/s〕、$v_0 = 0$、$a = (+2)$〔m/s²〕を代入すると、（ただし、このときの変位を x〔m〕とする。）

$$\{(+6)〔\text{m/s}〕\}^2 - 0^2 = 2 \times (+2)〔\text{m/s}^2〕\times x 〔\text{m}〕$$

$$\therefore x 〔\text{m}〕 = \frac{(+36)〔\text{m}^2/\text{s}^2〕}{(+4)〔\text{m/s}^2〕} = (+9)〔\text{m}〕$$

即ち、物体は、直線上を右向きに移動してその距離が 9〔m〕である。

(答) 9〔m〕

② 問題文中で、距離（長さ）の単位として〔km〕と〔m〕の両方が使われ、また、時間の単位としても〔h〕と〔s〕の2つが使われているが、これらの値を使って計算を行う場合には、それぞれ、どちらか一方の単位に統一して計算する必要がある。

注例えば、縦 2〔m〕、横 50〔cm〕の長方形の面積を計算するときに、

2〔m〕× 50〔cm〕= 100〔m〕〔cm〕

などとしたのでは、何のことか、わからなくなってしまう。こういうときには、単位を〔cm〕か、あるいは〔m〕かのどちらか一方に統一して、

200〔cm〕× 50〔cm〕= 10000〔cm²〕= 1〔m²〕

とするか、あるいは、

$$2 \text{[m]} \times 0.5 \text{[m]} = 1 \text{[m}^2\text{]}$$

とするかにする。

$$90 \text{[km/h]} = 90 \text{[km]} / 1 \text{[h]} = \frac{90 \times 1 \text{[km]}}{1 \text{[h]}}$$

$$= \frac{90 \times 1000 \text{[m]}}{3600 \text{[s]}} = 25 \text{[m/s]}$$

そして、真直な線路を x 軸とし、その右向きを＋の向きと決める。

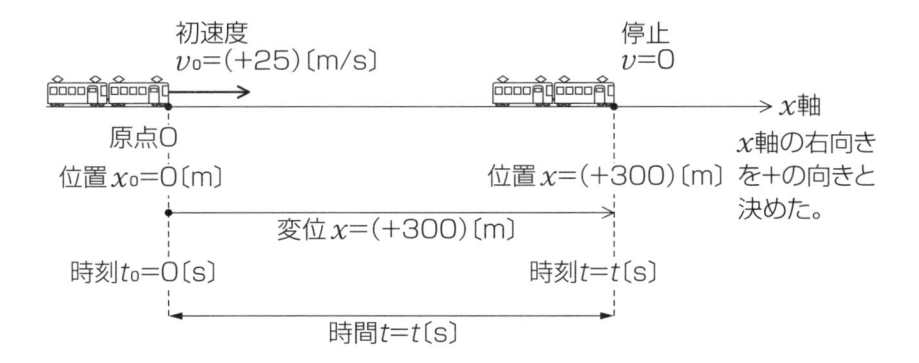

```
初速度                          停止
v₀=(+25)[m/s]                  v=0
[電車]→                         [電車]
                                              ────→ x軸
原点O                           x軸の右向き
位置x₀=0[m]        位置x=(+300)[m]   を+の向きと
                                              決めた。
          変位x=(+300)[m]
時刻t₀=0[s]        時刻t=t[s]
          時間t=t[s]
```

(i) 電車の初速度 $= 90 \text{[km/h]} = (+25)\text{[m/s]}$、電車が停止したときの、即ち、時刻 $t = t \text{[s]}$ のときの（これはまた、位置 $x = (+300)\text{[m]}$ のときの、と言ってもよい）速度 $v = 0$ であり、また、そのときの変位 $x = (+300)\text{[m]}$ である。しかし、時刻 t の値は問題文中には与えられていないので、ここでは t を含まない式 $v^2 - v_0^2 = 2ax$ を適用して加速度 a を求めるのがよい。即ち、

$$(0)^2 - \{(+25)\text{[m/s]}\}^2 = 2 \times a \times (+300)\text{[m]}$$

$$\therefore a = \frac{(-625)\text{[m}^2\text{/s}^2\text{]}}{2 \times (+300)\text{[m]}} = (-1.04)\text{[m/s}^2\text{]}$$

この加速度 a の値には−の符号が付いているから、a の「向き」は、x 軸の左向き、即ち、初速度の向きとは逆向きである。そして、a の「大きさ」は 1.04 〔m/s²〕である。

(答) 初速度と逆向きで、約 1.0 〔m/s²〕

(ii) ブレーキを掛けてから、停止するまでの間の時間を t〔s〕とすると、公式 $v = v_0 + at$ を適用して、

$$0 \,〔\mathrm{m/s}〕 = (+25)〔\mathrm{m/s}〕 + (-1.04)〔\mathrm{m/s^2}〕 \times t〔\mathrm{s}〕$$

$$\therefore t 〔\mathrm{s}〕 = \frac{-(+25)〔\mathrm{m/s}〕}{(-1.04)〔\mathrm{m/s^2}〕} = \frac{-25}{-1.04} \times \left[\frac{\mathrm{m}}{\mathrm{s}}\right] \times \left[\frac{\mathrm{s^2}}{\mathrm{m}}\right]$$

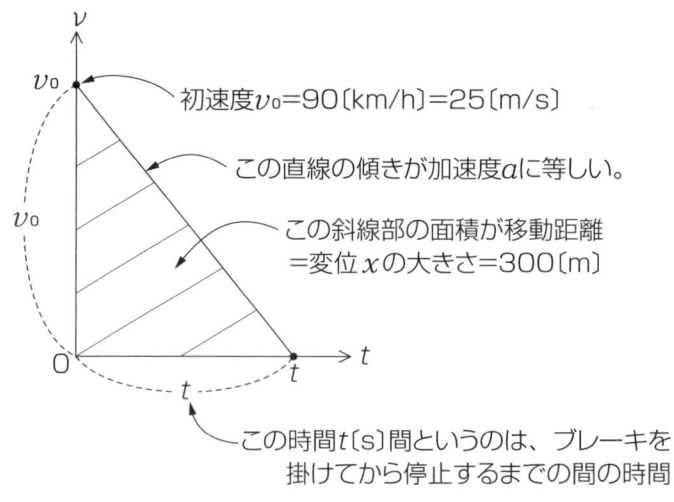

$$= 24 〔\mathrm{s}〕 \qquad\qquad (答) 24〔\mathrm{s}〕$$

②の別解〔v-t グラフを使った解き方〕

初速度 $v_0 = 90$〔km/h〕$= 25$〔m/s〕
この直線の傾きが加速度 a に等しい。
この斜線部の面積が移動距離
＝変位 x の大きさ＝300〔m〕
この時間 t〔s〕間というのは、ブレーキを掛けてから停止するまでの間の時間

既(すで)にわかっているものは、

初速度 $v_0 = 90$〔km/h〕$= 25$〔m/s〕

停止したときの速度 $v = 0$

斜線部の三角形の面積計算で求められる変位 $x = (+300)$ [m] であるから、次の二つの式が成り立つ。

v-t 線の傾きから　$\dfrac{25}{t} = a$　　　………式①

斜線部の面積から　$\dfrac{25 \times t}{2} = (+300)$　………式②

この式②から　$t = (+300) \div \dfrac{25}{2} = (+300) \times \dfrac{2}{25}$
$= 24$ [s]

この t の値を式①に代入すると、

$$a = \dfrac{25}{24} = (+1.04) \, [\text{m/s}^2]$$

ただし、v-t 線は右下がりの直線であるから、減速状態にある場合なので、加速度 a の向きは初速度 v_0 の向きと逆向きである。従って、

　　（答）(i) 初速度と逆向きで約 1.0 [m/s^2]

　　　　(ii) 24 [s]

③題意から、この物体は、

　　初速度 $v_0 = (+10)$ [m/s]（右向き）

　　加速度 $a = (-2)$ [m/s^2]（左向き）

という等加速度直線運動をしているということになる。

(i) この運動に速度の公式 $v = v_0 + at$ を適用して 6 [s] 後の速度 v を求めると、

　　$v = (+10)$ [m/s] $+ (-2)$ [m/s^2] $\times 6$ [s] $= (-2)$ [m/s]

となり、−符号が付いているから、速度の向きは左向きで、その大きさは 2 [m/s] である。　　　　　　　（答）左向きで 2 [m/s]

(ii) 変位の公式　$x = v_0 t + \dfrac{1}{2} a t^2$　に

$v_0 = (+10)$ [m/s]、$a = (-2)$ [m/s²]、$t = 20$ [s] を代入すると、

$$x = \{(+10)\,[\text{m/s}] \times 20\,[\text{s}]\}$$
$$+ \left\{\frac{1}{2} \times (-2)\,[\text{m/s}^2] \times (20\,[\text{s}])^2\right\}$$
$$= (+200)\,[\text{m}] + \left\{\frac{1}{2} \times (-2)\,[\text{m/s}^2] \times (400\,[\text{s}^2])\right\}$$
$$= (+200)\,[\text{m}] + (-400)\,[\text{m}] = (-200)\,[\text{m}]$$

変位 x（これは x 座標）の値に－符号が付いているから、このとき物体の存在している位置は、原点 O、即ち、時刻 0 のときに存在していた位置よりも左側 200 [m] の位置という意味である。

　（答）時刻 0 のときの位置より左側 200 [m] の位置。

㊟　このときの関係を図示すると次のようである。

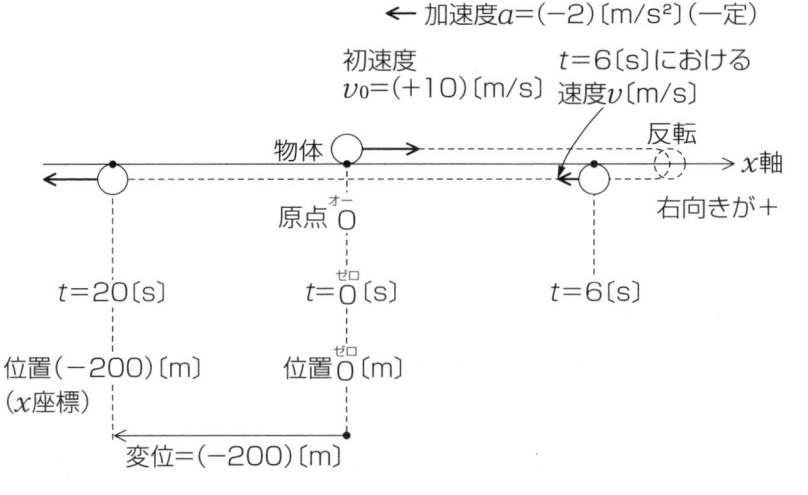

（例題 8）一階で静止していたエレベーターが一定の加速度で上昇を始め、3 [s] 後に地上 9 [m] に達した。その後 3 [s] 間は等速度運動を続けた後、今度は一定の加速度で減速運動を 3 [s] 間行って最

上階に達して静止した。このとき上向きを正（＋）として次の問いに答えよ。

(i) エレベーターが動き始めてから、3〔s〕間における加速度を求めよ。
(ii) 等速度運動をしているときの速度を求めよ。
(iii) 減速しているときの加速度を求めよ。
(iv) 1階から最上階までの高さを求めよ。

（解答）〔$v-t$ グラフを使って解く方法〕

エレベーターの運動を $v-t$ グラフに描くと次のようである。

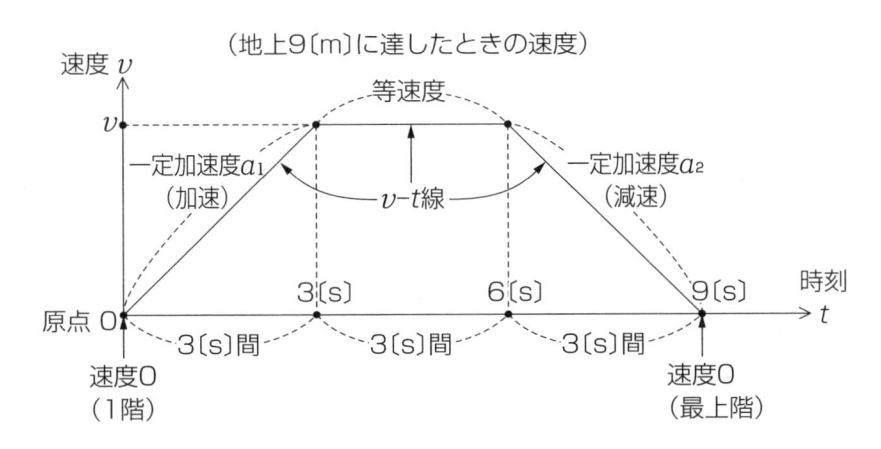

エレベーターが上昇を始めた時刻を $t = 0$〔s〕とする。
$t = 0$〔s〕～3〔s〕は加速状態で、$v-t$ 線の傾きは右上がり。
$t = 3$〔s〕～6〔s〕は等速状態で、$v-t$ 線は t 軸に平行。
$t = 6$〔s〕～9〔s〕は減速状態で、$v-t$ 線の傾きは右下がり。

注① 減速状態では、加速度は負（－）であるが、それでもなお、エレベーターは上昇している。つまり、エレベーターの上昇していく速度が遅くなっていく（即ち、減少していく）だけで、下降

するわけではない。加速度（単位時間当たりの速度の変化）の向きは負（－）の向きであるが、速度（速さと向きをもつ量）の向きは正（＋）のままで変わらない。

注② 直線運動の場合には、どちらか一方の向きを正（＋）の向きと決めると、その逆向きは負（－）の向きとなる。直線の右向き（→）を正（＋）の向きと決めた場合には、左向き（←）は負（－）の向きということになる。しかし、これとは反対に、初めに左向き（←）を正（＋）の向きと決めてしまえば、右向き（→）が負（－）の向きとなる。

（i）エレベーターが上昇を始めたときから3〔s〕間の加速状態におけるv-t線の傾きをa_1（これが求めようとしている加速度）とし、3〔s〕後の速度をv〔m/s〕とする。上図のように、v-t線は右に3だけ行くと上にvだけ行くから、その傾きa_1は、

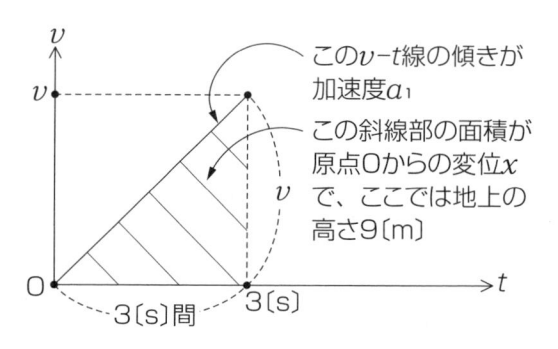

$$a_1 \text{〔m/s}^2\text{〕} = \frac{v \text{〔m/s〕}}{3 \text{〔s〕}} \qquad \cdots\cdots \text{式①}$$

注　傾き ＝ $\dfrac{\text{上（または下）に行く分}}{\text{右に行く分}}$

また、図の斜線部の面積が、時刻$t = 3$〔s〕におけるエレベーターの位置（即ち、原点Oからのエレベーターの変位x）に等しく、これが地上9〔m〕であるから、

$$\text{斜線部の面積} \stackrel{\text{イコール}}{=} \text{三角形の面積} = (\text{底辺}) \times (\text{高さ}) \div 2$$
$$= 3 \text{ [s]} \times v \text{ [m/s]} \div 2$$

であり、これが $(+9)$ [m] ということであるから、

$$3 \text{ [s]} \times v \text{ [m/s]} \div 2 = (+9) \text{ [m]}$$

$$\therefore v \text{ [m/s]} = \frac{(+9) \text{ [m]} \times 2}{3 \text{ [s]}} = (+6) \text{ [m/s]}$$

この v の値を式①に代入して a_1 を求めると、

$$a_1 = \frac{(+6) \text{ [m/s]}}{3 \text{ [s]}} = (+2) \text{ [m/s}^2\text{]}$$

となる。　　　　　　　　　　　　　　　(答) $(+) 2$ [m/s^2]

(ii) 等速度運動をしているときの速度は、時刻 $t = 3$ [s] のときの速度をそのまま保って運動するということであるから、それは(i)で求めた $v = (+6)$ [m/s] のことである。　　　(答) $(+) 6$ [m/s]

(iii) エレベーターが減速状態のときの v-t 線の傾きを a_2（これが求めたい加速度である）とすると、v-t 線は、時刻 $t = 6$ [s] のときから右へ 3 行くと、下へは 6 下がるから、その傾きには − の符号が付く。即ち、

$$\text{傾き } a_2 = \frac{(-6) \text{ [m/s]}}{3 \text{ [s]}} = (-2) \text{ [m/s}^2\text{]}$$

(答) (-2) [m/s^2]

㊟ この問題では、上向きを正（+）の向きとしているから、加速度の値に − 符号が付いているときには、加速度の向きが下向きであることを表わしている。

(ⅳ) 1階から最上階までの高さ、即ち、エレベーターが移動した距離は、下図の斜線部の面積であるから、これは台形であるので、

$$台形の面積 = \frac{(上底 + 下底) \times 高さ}{2}$$
$$= \frac{(3[s] + 9[s]) \times (+6)[m/s]}{2}$$
$$= (+36)[m] \qquad (答)(+)36[m]$$

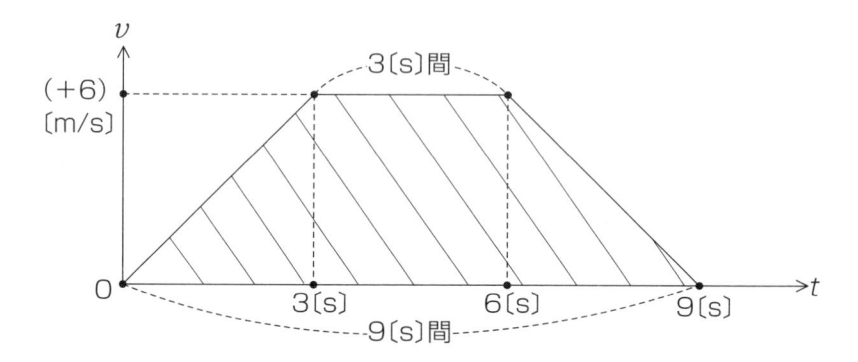

㊟ 問題文中に「上向きを正（＋）とする」とあるから、答には＋または－の符号を付けて答えるが＋の場合には省略して書かなくてもよい。

(別解)〔公式を使って解く方法〕

エレベーターは上下方向に運動するから、その方向を（x軸ではなく）y軸とする（これは数学で使い慣れているから）。そのy軸の上向きが問題中で正（＋）の向きであると指定されているから、それに従って計算を行なう。

(i) 等加速度直線運動の速度の公式$v = v_0 + at$を適用して加速度aの値を求めようとしても、vの値がわかっていないので、1つの式の中に2つの未知数があったのでは解くことができない。そこで、3〔s〕後の移動距離が9〔m〕であるということで、時刻tおよび変位xの値がわかっているので、変位の公式$x = v_0 t + \frac{1}{2} at^2$を適用した方がよさそうであるから、この式に、$x = (+9)$〔m〕、$v_0 = 0$〔m/s〕、$t = 3$〔s〕を代入すると、

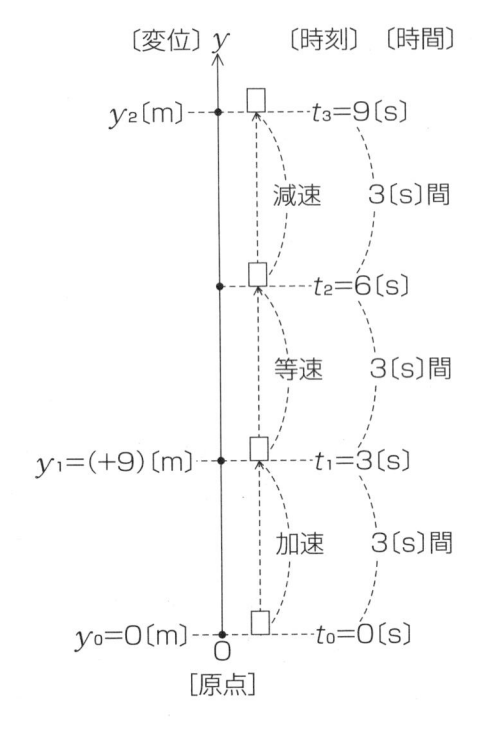

$$(+9)\text{〔m〕} = 0 \times 3\text{〔s〕} + \frac{1}{2} \times a\text{〔m/s}^2\text{〕} \times (3\text{〔s〕})^2$$

$$\therefore a \text{〔m/s}^2\text{〕} = \frac{(+9)\text{〔m〕}}{\frac{9}{2}\text{〔s}^2\text{〕}} = (+2)\text{〔m/s}^2\text{〕}$$

となる。　　　　　　　　　　　（答）(＋) 2〔m/s²〕

㊟＋符号は省略してもよい。

(ii) 等速度運動をしているのは、$t=3$〔s〕から$t=6$〔s〕までの3〔s〕間であり、この間のエレベーターの速度は変わらない。従って等速度運動をしているときの速度というのは、時刻$t=3$〔s〕のときの速度v〔m/s〕を求めればよいわけである。そこで、速度の公式$v=v_0+at$に$v_0=0$、$a=(+2)$〔m/s²〕、$t=3$〔s〕を代入すると、

$$v = 0 + (+2)〔m/s²〕 \times 3〔s〕 = (+6)〔m/s²〕$$

と求まる。　　　　　（答）$(+)6$〔m/s〕（または＋の符号を省略して単に6〔m/s〕として可）

(iii) 時刻$t=6$〔s〕から後は、減速状態となり、加速度が変化したから、新たな等加速度運動が起こったという取り扱いをしなければならない。つまり、時刻や初速度などは、最初の値をそのまま使うわけにはいかず新たに設定し直す必要がある。そこで、減速状態に入ったときの時刻$t=6$〔s〕を新たに時刻$t_0'=0$〔s〕とし、時刻$t=9$〔s〕だったものは、新たな時刻$t'=3$〔s〕とする。そして新たな初速度v_0'は、時刻$t=6$〔s〕のときの速度$(+6)$〔m/s〕（これは(ii)の答）がそれになる。そこで、求める減速状態における加速度をa'〔m/s²〕とすると、速度の公式$v=v_0+at$を適用して、これに、
$v=v'=0$（エレベーターは最上階で停止したから）
$v_0=v_0'=(+6)$〔m/s〕、$t=t'=3$〔s〕を代入して、

$$0 = (+6)〔m/s〕 + (a'〔m/s²〕 \times 3〔s〕)$$

$$\therefore a'〔m/s²〕 = \frac{(+6)〔m/s〕}{3〔s〕} = (-2)〔m/s²〕$$

（答）-2〔m/s²〕

(iv) 1階から最上階までの高さを求めるためには、

(初めの 3 [s] 間に上昇した距離 $x_1 = 9$ [m])

　　+ ($t = 3$ [s] から $t = 6$ [s] までの間の上昇距離 x_2 [m])

　　+ ($t = 6$ [s] から $t = 9$ [s] までの間の上昇距離 x_3 [m])

を計算すればよい。このうち、x_2 は等速度 6 [m/s] で 3 [s] 間に移動した距離であるから、

　　移動距離 = 速度の大きさ × 時間　ということから、

$$x_2 = 6 \text{ [m/s]} \times 3 \text{ [s]} = 18 \text{ [m]}$$

また、x_3 は、変位の公式 $x = v_0 t + \frac{1}{2} a t^2$ に、新たな減速時の諸量である $v_0 = v_0' = (+6)$ [m/s]、$t = t' = 3$ [s]、$a = a' = (-2)$ [m/s^2] を代入して、

$$x_3 = (+6) \text{[m/s]} \times 3 \text{ [s]} + \frac{1}{2} \times (-2) \text{[m/s}^2\text{]} \times (3 \text{ [s]})^2$$
$$= (+18) \text{[m]} + (-9) \text{[m]} = 9 \text{ [m]}$$

である。従って、求める高さは、

　　9 [m] + 18 [m] + 9 [m] = 36 [m]　　(答) 36 [m]

(問題) 等加速度直線運動をする物体の或る瞬間における速度が 10 [m/s] であった。そのときから 5 [s] の間、この物体は加速度 2 [m/s^2] の加速状態で運動したが、5 [s] たったときに突然、減速状態に変わり、その加速度の大きさは 4 [m/s^2] であった。このことについて次の問いに答えよ。

(i) 最初の瞬間から 5 [s] たったときの、この物体の速度 v_1 [m/s] および、その 5 [s] 間に進んだ距離 x_1 [m] を求めよ。

(ii) 物体が減速し始めたときから 2 [s] 後の速度 v_2 [m/s] を求めよ。また、そのとき、この物体は最初の瞬間から何 [m] 進んだか。

(解答)〔公式を使って解く方法〕

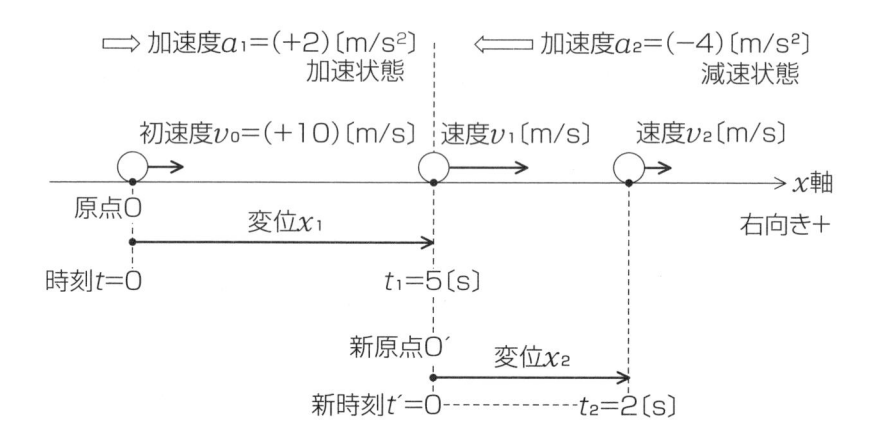

　この物体が等加速度直線運動をする直線をx軸とし、その右向きを＋の向きと決める。そしてこの物体の速度が10〔m/s〕であったという最初の瞬間を原点$\overset{\text{オー}}{\text{O}}$とし、その時刻を$t=\overset{\text{ゼロ}}{0}$〔s〕とし、この物体は右向きに進むものとする。以上のように約束して題意を図に描くと次のようになる。

```
⟹ 加速度a₁=(+2)〔m/s²〕     ⟸ 加速度a₂=(-4)〔m/s²〕
        加速状態                       減速状態

  初速度v₀=(+10)〔m/s〕  速度v₁〔m/s〕   速度v₂〔m/s〕
    ○→              ○→            ○→
                                                      → x軸
  原点O     変位x₁                    右向き+

時刻t=0           t₁=5〔s〕
                新原点O´   変位x₂
                新時刻t´=0 --------- t₂=2〔s〕
```

（i）速度の公式$v=v_0+at$に、初速度$v_0=(+10)$〔m/s〕、加速度$a=a_1=(+2)$〔m/s²〕、時刻$t=t_1=5$〔s〕、$t_1=5$〔s〕における速度$v=v_1$〔m/s〕を代入すると、

$$v_1=(+10)\text{〔m/s〕}+\{(+2)\text{〔m/s²〕}\times 5\text{〔s〕}\}$$
$$=(+10)\text{〔m/s〕}+(+10)\text{〔m/s〕}=(+20)\text{〔m/s〕}$$

　　　　（答）物体の最初の向きと同じ向きで、20〔m/s〕

次に、進んだ距離x_1〔m〕は、変位の公式$x=v_0t+\dfrac{1}{2}at^2$に、$x=x_1$、$v_0=(+10)$〔m/s〕、$a=a_1=(+2)$〔m/s²〕、$t=t_1=5$〔s〕を代入して、

$$x_1 = \{(+10)\,[\mathrm{m/s}] \times 5\,[\mathrm{s}]\}$$
$$+ \left\{\frac{1}{2} \times (+2)\,[\mathrm{m/s^2}] \times (5\,[\mathrm{s}])^2\right\}$$
$$= (+50)\,[\mathrm{m}] + (+25)\,[\mathrm{m}] = (+75)\,[\mathrm{m}]$$

(答) 75 [m]

(ii) 最初の瞬間から 5 [s] 後に、加速度が変わって、減速状態になったので、もはや初めと「等加速度」であるとは言えず、別の運動となってしまったことになる。そこで、$t = 5$ [s] における物体の位置を新たな原点 O′ とし、その時刻を新たに $t' = 0$ とし、そのときの物体の速度 (+20) [m/s] は新たな等加速度直線運動の初速度 v_0' となる。また、加速度は減速状態であるから−符号が付く。そういうことで、速度の公式 $v = v_0 + at$ に、$v_0 = v_0' = (+20)$ [m/s]、$a = a_2 = (-4)$ [m/s²]、$t = t_2 = 2$ [s] を代入すると、

$$v = v_2 = (+20)\,[\mathrm{m/s}] + (-4)\,[\mathrm{m/s^2}] \times 2\,[\mathrm{s}]$$
$$= (+20)\,[\mathrm{m/s}] + (-8)\,[\mathrm{m/s}] = (+12)\,[\mathrm{m/s}]$$

(答) 最初の速度と同じ向きで 12 [m/s]

次に、減速を始めたときから 2 [s] 後までの間に進んだ距離を x_2 [m] とすれば、変位の公式 $x = v_0 t + \frac{1}{2}at^2$ に、$x = x_2$、$v_0 = (+20)$ [m/s]、$t = 2$ [s]、$a = (-4)$ [m/s²] を代入すると、

$$x_2 = \{(+20)\,[\mathrm{m/s}] \times 2\,[\mathrm{s}]\}$$
$$+ \left\{\frac{1}{2} \times (-4)\,[\mathrm{m/s^2}] \times (2\,[\mathrm{s}])^2\right\}$$
$$= (+40)\,[\mathrm{m}] + (-8)\,[\mathrm{m}] = (+32)\,[\mathrm{m}]$$

最初の瞬間から進んだ距離は $x_1 + x_2$ であるから、

$$x_1 + x_2 = (+75)\,[\mathrm{m}] + (+32)\,[\mathrm{m}] = (+107)\,[\mathrm{m}]$$

(答) 107 [m]

(別解)〔v-t グラフを使って解く方法〕

最初の瞬間の物体の位置を原点にとると、その位置が $x = 0$ である。

(i) 右図のように v-t 線の傾きが加速度 $a_1 = (+2)$ [m/s²] を表わすから、

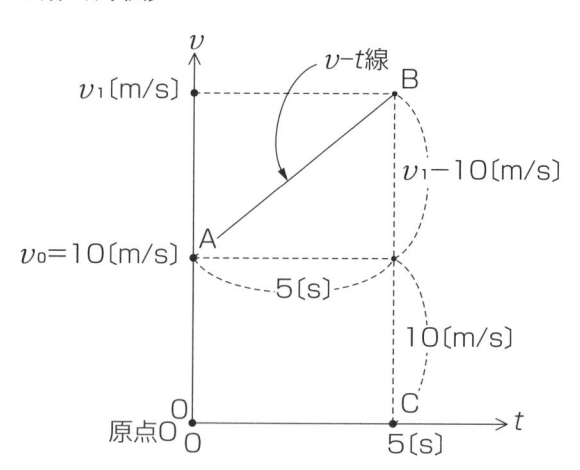

$$傾き = \frac{(v_1 - 10) \text{[m/s]}}{5 \text{[s]}} = (+2) \text{[m/s²]}$$
$$\therefore v_1 = (+2) \text{[m/s²]} \times 5 \text{[s]} + (+10) \text{[m/s]}$$
$$= (+)20 \text{[m/s]} \quad (答)$$

次に、物体が初めの 5 [s] 間に進む距離 x_1 [m] は、台形 AOCB の面積に相当するから、

$$x_1 = \frac{(10 \text{[m/s]} + 20 \text{[m/s]}) \times 5 \text{[s]}}{2} = 75 \text{[m]} \quad (答)$$

(ii) v-t 線は減速のときは右下がりの直線となるから、その傾きの値には－符号が付くので、4 [m/s²] に－符号を付けた (-4) [m/s²] が、このとき

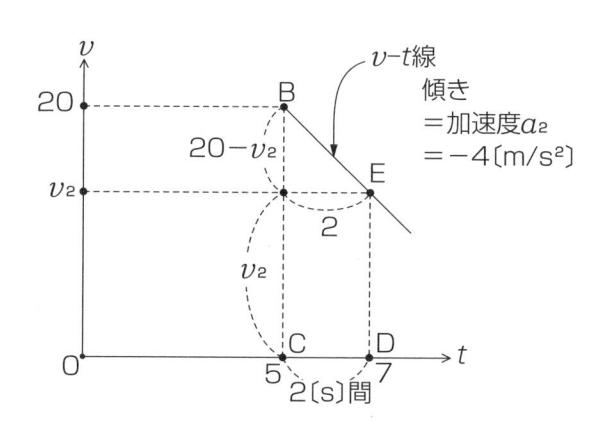

284

の加速度 a_2 であるから、

$$傾き = -\frac{(20-v_2)\,[\text{m/s}]}{2\,[\text{s}]} = (-4)\,[\text{m/s}^2]$$

$$\therefore v_2 = (+12)\,[\text{m/s}] \quad (答)$$

また、減速を始めてからの 2 [s] 間に進んだ距離 x_2 [m] は、台形 BCDE の面積で表わされるから、

$$x_2 = \frac{(20+12)\,[\text{m/s}] \times 2\,[\text{s}]}{2} = 32\,[\text{m}]$$

よって、最初の瞬間からの進んだ距離は、

$$x_1 + x_2 = 75\,[\text{m}] + 32\,[\text{m}] = 107\,[\text{m}] \quad (答)$$

14. ニュートンの運動の3法則

(1) 慣性⊗の法則（運動の第1法則）

⊗慣性……物体は現在の運動の状態（この中に静止の状態も含める）を、いつまでも保ち続けようとする性質がある。この性質のことを慣性という。慣とは、なれる、ならわし、などのことで、いままでのことがそのまま行われる意味である。

表面が平らで滑らかな氷の上を、これも滑らかな表面の物体を滑らせると、その物体はほとんど同じ速さで一直線に動いて行く。また、水平な床の上に置かれて静止している物体は、これに力を加えなければ、そのままいつまでも静止している。このように、

> 物体に外部から力が働かない場合、または、物体に外部から2つ以上の力が働いても、それらの力がつり合っている場合には、最初に静止していた物体はいつまでも静止を続けるし、また、最初に運動していた物体はいつまでも等速直線運動（等加速度直線運動ではないので注意。）を続ける。

これを「慣性の法則」または、「運動の第1法則」という。

この法則から、物体の「速度が変わるとき」即ち、物体に「加速度が生じるとき」には、必ず、この物体には外部から「力が働いている」ことになる。もし、物体に外部から力が働かなければ、物体に加速度を生じることはない。

㊟物体に外部から2つ以上の力が働いてもそれらの力がつり合っ

ている場合には、力が全く働いていないときと同様に慣性の法則が成り立つ。

(慣性の例) 電車やバスなどが急発進すると、立っている乗客は後方に倒れそうになるし、また急停車すると、乗客は前方に倒れそうになる。そのわけは、乗客（人も物理では物体として扱う）には、急発進あるいは急停車以前の状態を保ち続けようとする慣性があるからである。電車が急発進した場合には、電車の床が急に動き出すわけで、その床に密着している乗客の足は履物と床との摩擦力が大きく床の上を滑らず密着したままなので、床と共に前方に動き出す。しかし、乗客の上半身の方は慣性によって、静止した状態を保とうとする。すると、腹のあたりにある重心は支えを失ってしまい後方に倒れそうになってしまう。

そのため、乗客はよろけて、他の人の足を踏み付けたり、寄り掛かってきたりするわけである。

これとは逆に、電車が急停車した場合にはどうかというと、今度は、乗客は電車と共に動いていたのに、電車の床は止まろうとする。そして床に密着している乗客の足も無理やりに止めようとする。ところが乗客の上半身は、それまでと変わらず動き続けようとす

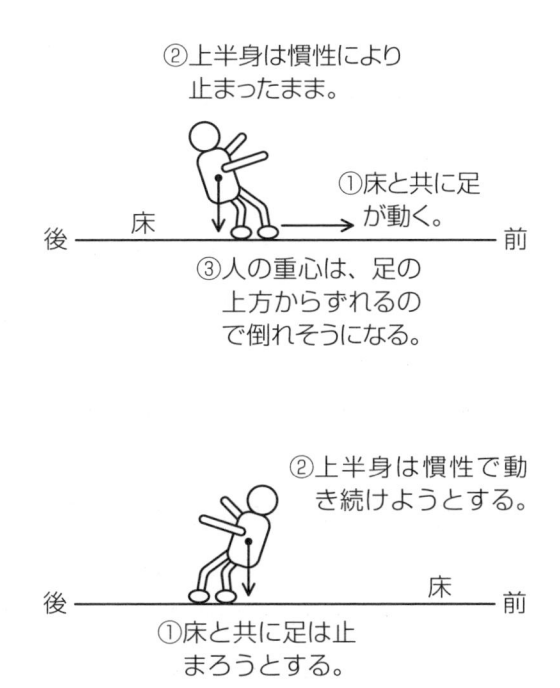

②上半身は慣性により止まったまま。
①床と共に足が動く。
③人の重心は、足の上方からずれるので倒れそうになる。
後 ——床——— 前

②上半身は慣性で動き続けようとする。
①床と共に足は止まろうとする。
後 ————床—— 前

287

る（慣性によって）ので、足と上半身との均衡が崩れて前方に倒れそうになってしまうのである。

　もう１つの例をあげると、大工道具で、板や柱の表面をきれいに削るときに使う鉋というものがある。鉋をかけるときには、刃先を木製台の下面よりも少しだけ下に出して使う。この刃先を出すときには、（ア）のように小槌で刃先と反対側の部分をたたいてやればよいのであるが、刃先を引っ込めるときにはどうするかというと、刃先を小槌でたたいたのでは、刃先も小槌もダメになるから、そうはせず、（イ）のように木製の台の前頭部をたたくのである。このとき鉄製の刃は、慣性によって、その場所を動かずに存在し続けようとしているのであるが、台の方は（イ）のたたきによって急激な速さで左方に移動するために、重い刃は、その場に置き去りにされるような具合となって刃先が台の内部に引っ込んで行く。鉋を保管しておくときには、刃先を保護するために台の中に引っ込めておくのである。大工さんは、慣性の実際の応用の仕方をよく知っているのである。何事によらず、人の行う技（仕事でも料理でも掃除でも）は、よく見ておくことが大切である。

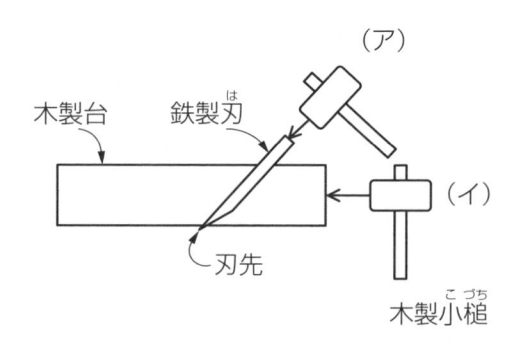

（２）運動の法則（運動の第２法則）

　力㋔は、もともと私達の筋肉の感じからきたものである。水平で、つるつるした滑らかな床の上に静止している物体に、手で押すか、または引くかなどの力を加えると、物体は動き出す。また、非常に滑らかな面

の上で、ほぼ等速直線運動をしている物体に、更に手で力を加えると、その物体の速度が変わる。即ち、物体は加速度を生ずる。

㋖力……物体の運動の状態を変える（即ち、静止している物体を動かしたり、動いている物体の速度を変えるなど）原因となるもの。その他、物体の形を変えたり、物体を支えたりする原因となるものも力という。

このとき、手の筋肉の感じ方が大きいと加速度も大きく、逆に感じ方が小さいと加速度も小さい。そして、手が物体に作用する向きと、物体に生じる加速度の向きが同じである。そしてまた、筋肉の感じ方が同じであっても、物体の質量の大きさが違うと、物体に生じる加速度の大きさが違うことがわかる。このようなことから、次のような法則が得られた。

> 物体に力が働いたとき、その物体に生ずる「加速度の向き」は力の向きと同じであり、「加速度の大きさ」は、力の大きさに比例し、物体の質量に反比例する。

これを、「運動の第2法則」または単に「運動の法則」という。

この運動の法則は、次のような式で表わされる。質量 m の物体に、力 $\vec{F}$ が働いたとき、その物体に生ずる加速度を $\vec{a}$ とすれば、

$$\vec{a} \propto \frac{\vec{F}}{m} \quad \text{これを書き直すと、} \quad \vec{F} \propto m\vec{a}$$

㊟ $\propto$ は比例を表わす記号。$\vec{F}$ が2倍、3倍、4倍、……となると、それに対応して、$\vec{a}$ も2倍、3倍、4倍、……となるので、$\vec{a}$ は $\vec{F}$ に比例する。また、m が2倍、3倍、4倍、……となると、それに対応して、$\vec{a}$ は $\frac{1}{2}$, $\frac{1}{3}$, $\frac{1}{4}$, …… の値となるから、$\vec{a}$

は m に反比例する。

そして、このときの比例定数を $\overset{ケイ}{k}$ と定めてやれば、上の式は次のような「等式で表わす」ことができる。

$$\vec{F} = km\vec{a}$$

注 数学で学習する $y = 2x$ とか $y = 5x$ などの式中の 2 や 5 が比例定数である。例えば、$y = 5x$ の場合であれば、この x に次のような値を与えると、それにつれて y の値も次のようになる。

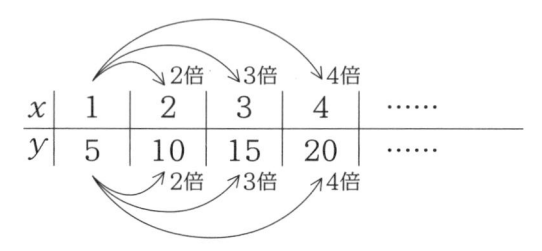

x	1	2	3	4	……
y	5	10	15	20	……

(2倍、3倍、4倍)

従って、y は x に比例する。$y = 5x$ を変形すると、$\dfrac{y}{x} = 5$ となって y を x で割った値は常に 5 という一定値である。この 5 が比例定数である。

式 $\vec{F} = km\vec{a}$ の k の値は単位によって決まる定数なので、もし、これを $k = 1$ となるように力の単位を決めると、式がそれだけ簡単になって計算するときに都合がよいし、また力の単位として、取り扱いのやっかいな単位（〔kg·m/s²〕など）を使わなくてもすむようになる。そのような力の単位として、とり入れられたものが〔$\overset{ニュートン}{N}$〕という単位である。

$k = 1$ とするためには、質量 $\overset{エム}{m}$ の単位は〔kg〕、加速度 $\vec{a}$ の単位が〔m/s²〕と既に決まっているので、力 $\vec{F}$ の単位を、$k = 1$ となるように決めればよい。そこで、

14. ニュートンの運動の3法則

$$\vec{F} = 1 \times 1 \,(\text{kg}) \times 1 \,(\text{m/s}^2)$$
$$\quad\quad \| \quad\quad \| \quad\quad\quad \|$$
$$\quad\quad k \quad m\,(質量) \quad \vec{a}\,(加速度)$$

従って、力の大きさ $F = 1 \times 1\,(\text{kg}) \times 1\,(\text{m/s}^2) = 1\,(\text{kg·m/s}^2)$ ということから、「質量 $1\,(\text{kg})$ の物体に働いて、加速度 $1\,(\text{m/s}^2)$ を生じさせる力」を $1\,(\text{N}^{ニュートン})$ と呼ぶことに新たな力の単位を決めたのである。即ち、

$$\boxed{1\,(\text{N}^{ニュートン}) = 1\,(\text{kg}^{キログラム}) \times 1\,(\text{m/s}^{2\,メートル毎秒毎秒}) = 1\,(\text{kg·m/s}^{2\,キログラムメートル毎秒毎秒})}$$

この単位 (N) を使えば、$k = 1$ となるのであるから、$\vec{F} = km\vec{a}$ という式は、

$$\vec{F} = m\vec{a} \quad\quad\quad\quad\quad\quad \cdots\cdots (式\,19)$$

(力) = (質量) × (加速度)

と表わされることになる。この（式 19）を「運動方程式」という。

このようなわけで、比例定数 k が 1 になるように決められた「力の単位」が $(\text{N}^{ニュートン})$ なのである。

> 注 この (N) という単位は、イギリス人のニュートンの名にちなんでつけられた単位の名称である。SI（国際単位系）では、「固有の名称をもつ組立単位（くみたてたんい）」の 1 つとして認められている。

等加速度直線運動では、その運動が x 軸または y 軸の上で行われるものと見なすことによって、ベクトル量である力 $\vec{F}$ や加速度 $\vec{a}$ の向きを + または - の符号で表わすのである。

> 注 運動方程式は、$\vec{F}$ や $\vec{a}$ のベクトル記号でなく、単に F や a で表わしてしまうことが多い。
>
> $$F = ma \quad\quad\quad\quad\quad\quad\quad \cdots\cdots (式\,19)'$$

> 運動方程式 　　$F = ma$ 　　……（式19）′
> 　　　　　　力 ＝ 質量 × 加速度
> 　　単位…〔N〕＝〔kg〕×〔m/s²〕
> 　　　　　　＝〔kg・m/s²〕

㊟質量

$F = ma$ から $\dfrac{F}{m} = a$ であり、この右辺の加速度 a が一定の場合には、即ち、

$\dfrac{F}{m} = $ 一定の場合には、

m の値が小さければ、F の値も小さくてすむが、m の値が大きいときには、F の値も大きくなければならない。即ち、物体の質量 m が大きければ大きいほど、同じ大きさの加速度を生じさせるために大きな力を要するということである。つまり、m が大きいと、その物体には加速度を生じさせにくいということであるから、その物体の速度を変化させにくいということである。そしてこれは、m が「物体の慣性の大小を表わすもの」であるということである。

この $m = \dfrac{F}{a}$ で表わされる m 即ち $\dfrac{F}{a}$ が実は、その物体の「質量」なのである。

従って、質量の大きな物体の運動の状態を変える（即ち、速さを増減させたり、静止しているものを動かし始めたり、逆に動いているものを止めたりすること）ためには、大きな力を、その物体に働かせる必要がある。

（例）水平な地面上に静止している大型バスと軽乗用車があると

きに、それらを押して動き出させるためには、バスの方が、より大きな力を要する。

(例題) 滑らかな水平面上に静止していた質量 10〔kg〕の物体に、水平方向の一定の力 20〔N〕を加え続けて運動させた。力を加え始めたときから 6〔s〕後の時刻におけるこの物体の速さは、いくらになるか。

(考え方) 物体の質量 m と、その物体に加えられた力 F がわかっているから、運動方程式 $F = ma$ を適用すれば、物体に生じた加速度 a を知ることができる。そして、このときの物体の運動は、一定の力を加え続けられているのであるから、生じる加速度が一定の運動である。従って、等加速度直線運動の公式を適用することができるので、速度の公式 $v = v_0 + at$ によって、$t = 6$〔s〕における速度 v を計算できる。

(解答) 運動方程式 $F = ma$ に、$m = 10$〔kg〕、$F = 20$〔N〕$= 20$〔kg·m/s²〕を代入すると、

$$20 \text{〔kg·m/s²〕} = 10 \text{〔kg〕} \times a$$

$$\therefore a = \frac{20 \text{〔kg·m/s²〕}}{10 \text{〔kg〕}} = 2 \text{〔m/s²〕}$$

等加速度直線運動の速度の公式 $v = v_0 + at$ に、

$v_0 = 0$（初め静止していたから）、$a = 2$〔m/s²〕、$t = 6$〔s〕を代入すると、

$v = 0 + 2 \text{〔m/s²〕} \times 6 \text{〔s〕} = 12 \text{〔m/s〕}$　　(答) 12〔m/s〕

（参考）力と加速度について

　物体に一定の力を加え続けていると、その力が加えられている間中、その物体は速さを一定の割合で増していく。即ち、一定の加速度を生じ続ける。例えば、地表からあまり離れていない重力加速度の大きさが地表における値とほとんど同じ位の空中で、手放された物体は、ほぼ一定の重力を受け続けて、落下の速さを一定の割合で増していく。

　物体に力を加えて、加速度運動が行われていたときに、もし、力を加え続けるのをやめてしまえば、もうそれ以上、加速されることはなく、物体は、力を加えるのをやめた瞬間における速度を保ったまま直線運動を続ける。しかし、再び前と同じ方向（向き）の力を加え続ければ、再び同じ方向（向き）に加速度が生じて更に速度を増していく。

→ … 加速度

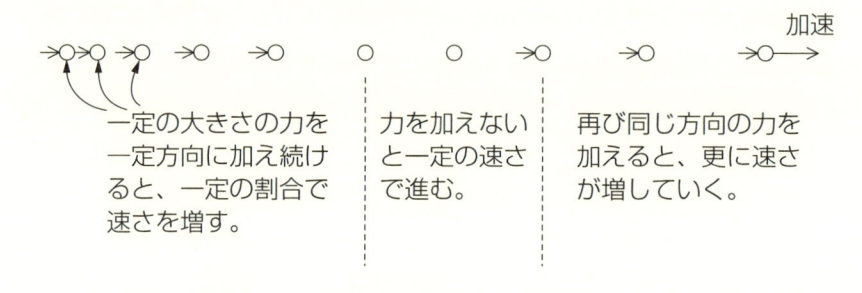

| 一定の大きさの力を一定方向に加え続けると、一定の割合で速さを増す。 | 力を加えないと一定の速さで進む。 | 再び同じ方向の力を加えると、更に速さが増していく。 |

　このように、物体に「力を加え続けている間は、物体には加速度を生じ続ける」が、力を加えるのをやめるともうそれ以上、加速度は生じない。

　静止している物体であろうと、また動いている物体であろうと、その物体に大きさ F の力が働くと、質量が m の物体には、$\vec{a} = \dfrac{\vec{F}}{m}$ だけの加速度が生ずる。

（以上（参考）終り）

(3) 作用・反作用の法則（運動の第3法則）

　作用と反作用は必ず「2つの物体の間で作用し合う力」である。（作用する……或る物体が他の物体に力をおよぼして影響を与える。）
「一方の物体 A から、他方の物体 B に力 $\vec{F}$ が働くと、必ず、B からも A に $-\vec{F}$ ㋡の力が働く。」

　　㋡ $-\vec{F}$……$\vec{F}$ という力と同一直線上にあり、大きさが等しく、逆向きの力。

　即ち、或る物体が他の物体に力を及ぼすと、力を及ぼした方の物体も、力を及ぼされた方の物体から逆向きで同じ大きさの力を及ぼし返される、ということである。

　これを「作用・反作用の法則」あるいは「運動の第3法則」という。この法則は、2つの物体の間で互いに及ぼし合う力の関係である。そして、2つの物体が静止していても、また運動していても成り立つ。

> 「2つの物体」の間で作用し合う2力は、
> 　①同一作用線上にあり、
> 　②大きさが等しく、
> 　③逆向きである。

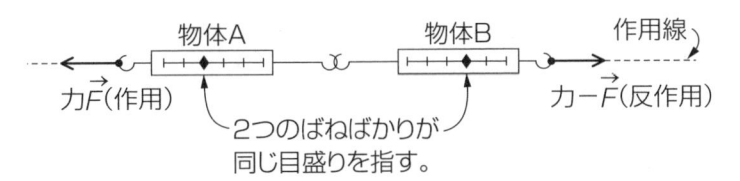

　物体 A から物体 B に力 $\vec{F}$ を及ぼすと、物体 B からも物体 A に力 $-\vec{F}$ を及ぼし返す。このとき $\vec{F}$ を作用と呼ぶと、
　　　　　　　$-\vec{F}$ を反作用と呼ぶ。

〈注意〉作用・反作用と力のつり合い

「物体Aが物体Bに力$\vec{F}$を働かせると（これを作用と呼ぶ）、逆に物体Bからも物体Aに$-\vec{F}$の力（この力$-\vec{F}$というのは、$-\vec{F} \leftrightarrow \vec{F}$のように、力$\vec{F}$と同一直線上にあり、大きさが等しく、向きが反対の力のことをいう）が働き返される（これを反作用と呼ぶ）」というのが作用・反作用の法則であった。

(例)

{ 人が壁を押す力$\vec{F}$
  壁が人を押し返えす力$-\vec{F}$

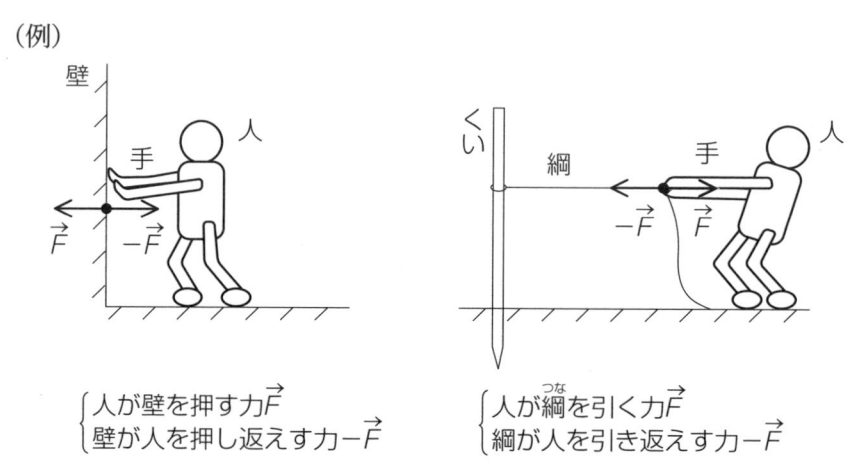

{ 人が綱を引く力$\vec{F}$
  綱が人を引き返えす力$-\vec{F}$

つまり、作用・反作用は、「2つの物体」の間の力のやり取りである。

これに対して、力のつり合いは、「1つの物体」が受ける力のことである。

(例)

1つの物体（上図では輪）を2つのばねばかりで、それぞれ左右から引いている。つまり、1つの物体に2つの力$\vec{F_1}$、$\vec{F_2}$が働いているわけで、このとき、この1つの物体（輪）に働く2力の合力が0即ち、$\vec{F_1} + \vec{F_2} = 0$であれば、$\vec{F_1}$と$\vec{F_2}$の2力がつり合っているという。そ

して、2力がつり合っているときには、その2力は一直線上にあり、大きさが等しく、向きが反対である。

　以上のように、作用・反作用も、また2力のつり合いも、どちらの場合も、同一作用線上にあり、大きさが等しく、向きが反対であるという点では同じである。

　しかし、1つの物体に働く2力であるか（つり合いの力）、あるいは、それぞれ別々の物体に働く2力であるか（作用・反作用）という点において違うのである。

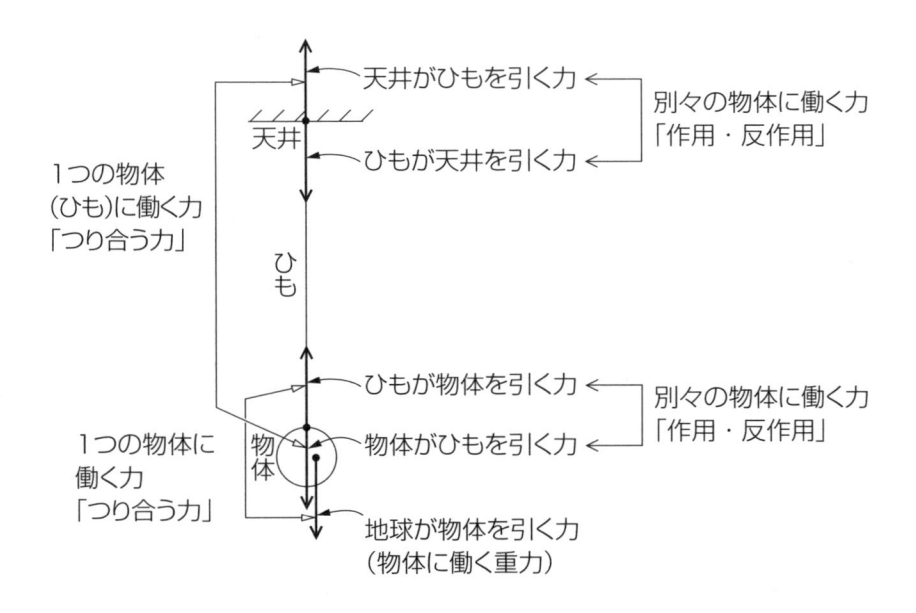

[図：天井からひもで物体がつり下げられている様子。
- 天井がひもを引く力／ひもが天井を引く力 ← 別々の物体に働く力「作用・反作用」
- 1つの物体（ひも）に働く力「つり合う力」
- ひもが物体を引く力／物体がひもを引く力 ← 別々の物体に働く力「作用・反作用」
- 1つの物体に働く力「つり合う力」
- 地球が物体を引く力（物体に働く重力）]

(以上〈注意〉終り)

（例題）右図のように床の上に質量3〔kg〕の物体Aが置かれており、その上に更に質量1〔kg〕の物体Bが置かれている。次の問いに答えよ。

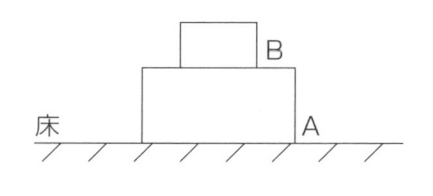

(i) 物体Aと物体Bが互いに押し合う力はいくらか。
(ii) 物体Aが床を押す力はいくらか。

〈注意〉「力のつり合い」を考えるときには、その物体が直接に「受けるすべての力」を考えること。
　　その物体が他に及ぼす力は考えないこと。
　　なぜならば、或る1つの物体が「受ける」外力の合力＝0であるとき、それらの力はつり合っているのであって、その物体が他に及ぼす力は、その物体が「受ける」外力ではないからである。

（解答）(i) 物体Bに働く力（即ち、物体Bが受ける外力）は、物体Bに働く重力（これは地球が物体を引く力）1〔kgw〕と、物体AがBを押す力との2つである。この2つの力はつり合う（即ち、1つの物体Bに2つの力が働いていて、しかもこの物体Bは静止しているから、つり合っていると言えるのである）から、AがBを押す力の大きさは1〔kgw〕である。

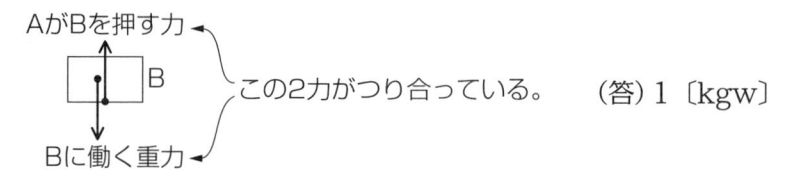

　　AがBを押す力　┐
　　　□B　　　　　├この2力がつり合っている。　（答）1〔kgw〕
　　Bに働く重力　┘

(ii) 物体 A に働く力（即ち、1 つの物体 A が受ける外力）は、右図のように、
① A に働く重力 3〔kgw〕、
② B が A に及ぼす下向きの力 1〔kgw〕、
③ 床が A に及ぼす力 F〔kgw〕
の 3 つの力である。

これら 3 つの力はつり合うから、
$F = 3$〔kgw〕$+ 1$〔kgw〕
$= 4$〔kgw〕

そして、A が床を押す力は、床が A を押す力の反作用であるから、
A が床を押す力の大きさは 4〔kgw〕
である。
(答) 4〔kgw〕

(参考) 一つの物体が受ける外力の合力 = 0̲(ゼロ) であるとき、それらの力は「つり合っている」という。

つまり、外力の合力がゼロであることは、外力が働いていないことと同様である。従って、慣性の法則のように、物体に働く外力がつり合っているときは、静止している物体は、いつまでも静止を続けるし、運動している物体はいつまでも等速直線運動を続ける。

逆に、「物体が静止を続けているとき、あるいは等速直線運動を続けているときは、その物体が受ける外力はつり合っていて、その合力は 0̲(ゼロ) である」。

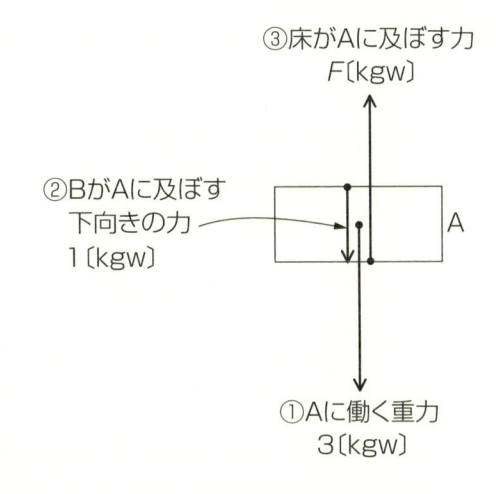

注運動の第1・第2・第3法則は、力学(即ち、運動と力に関する学問)における基本的な法則であって、私達の身のまわりで起こる運動や力に関する現象は、これらの法則で説明できる。

15. 万有引力

　すべての2つの物体どうしの間には、互いに引き合う力（即ち、引力）が働いており、この引力のことを「万有引力」という。

　地球表面上にある物体が（あなたも含むそのすべてが）丸い地球から、ころげ落ちることもなくいられるのは、地球とそれらの物体との間に互いに引き合う万有引力が働いているからである。

　この万有引力の大きさは次のようである。

「2つの物体の間に働く万有引力の大きさ F は、それら2つの物体の質量 m_1 と m_2 との積に比例し、2物体間の距離 r の2乗に反比例する。」これを「万有引力の法則」という。

　このことを式で書き表わすと、次のようである。

$$F = G \times \frac{m_1 \times m_2}{r^2} \qquad \cdots\cdots (式20)$$

　ただし、Gは比例定数で「万有引力定数」と呼ばれるもので、次のような値である（これは、地球と人との間であろうと、鉛筆と消しゴムの間であろうと同じ定数である）。

$$G = 6.67 \times 10^{-11} \; [\text{N·m}^2/\text{kg}^2]$$

　㋐(万有引力定数) Gの値は、質量1〔kg〕の物体2個を、距離1〔m〕だけ隔てておいたときの万有引力の大きさである。

　そして、このときの距離 r は、「一方の物体の重心㋐から他方の物体の重心までの距離」である。

　㋐重心……物体の全質量が、そこに集中していると考えてよい点のこと。

尚、2つの物体間で互いに及ぼし合う万有引力の大きさは等しい。そのわけは作用・反作用の法則から明らかである。地球が人を引く力と、人が地球を引く力とは同じ大きさの力なのである。

(例題) 60 〔kg〕の人と 50 〔kg〕の人とが 1 〔m〕離れて立っているとき、この2人の間に働く万有引力の大きさはいくらか。

(解答)(式 20) $F = G \times \dfrac{m_1 \times m_2}{r^2}$ から、

$F = 6.67 \times 10^{-11}$ 〔N·m²/kg²〕 $\times \dfrac{60 \text{〔kg〕} \times 50 \text{〔kg〕}}{(1 \text{〔m〕})^2}$

$= 6.67 \times 10^{-11} \times 60 \times 50 \times \left[\dfrac{\text{N·m}^2 \cdot \text{kg}^2}{\text{kg}^2 \cdot \text{m}^2} \right]$

$= 20010 \times 10^{-11}$ 〔N〕

$= 2.0010 \times 10^4 \times 10^{-11}$ 〔N〕

$= 2.0010 \times 10^{(4)+(-11)}$ 〔N〕

$\fallingdotseq 2.0 \times 10^{-7}$ 〔N〕　　　($= 0.00000020$ 〔N〕)
　　　　　　　　　　　　　　　　　　小数点以下 7 桁目

(答) 2.0×10^{-7} 〔N〕

㊟ 市販の砂糖 1 〔kg〕入りの 1 袋に働く重力が 1 〔kgw〕で、これが 9.8 〔N〕の力に等しいのであるから、この 2×10^{-7} 〔N〕という力は、非常に小さな力である。従って、この2人に働く万有引力は、2人を自然に引き寄せ合うような大きさの力ではない。

(参考 1) 万有引力と重力

　地球と地球の付近に存在している物体との間に働く万有引力は、地球の各部がその物体に及ぼす万有引力の合力である。それで、地球各部の質量が全て地球の中心（重心）に集中しているものと考えて、万有引力の計算を行うのである。

私達の身のまわりにある物体どうしの間に働いている万有引力は、上記例題のように非常に小さな力なので、私達は、万有引力が働いていることに気がつかないのである。つまり、それは、鉛筆と消しゴムとが同じ机の上にあっても、自然にくっついてしまうなどという現象が起こることがないからである。しかし、相手(あいて)の物体が地球のような巨大な質量であると、万有引力も大きくなるので、その引力によって、私達も石ころも水もみな地球に引き付けられており、地球からころげ落ちることはないのである。

　このように、地球と地球上の物体とは、互いに引力を及ぼし合っているが、この地球から地球上の物体に働く引力のことを特に「重力」と呼んでいる。これをもっと厳密に言うと、「地球が物体を引く万有引力と、地球の自転によって物体に生ずる遠心力との合力」が、その物体に働く「重力」である。

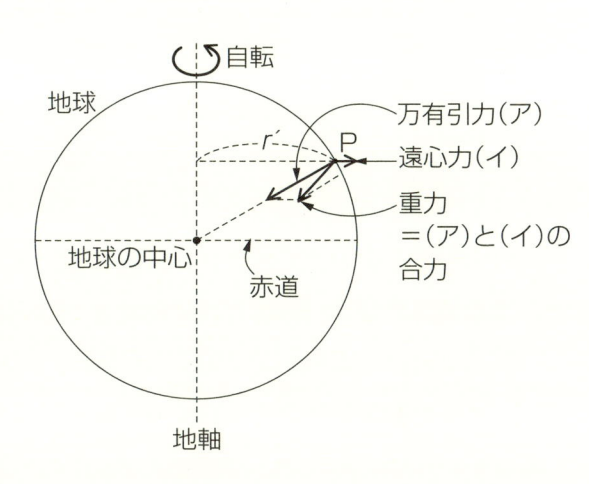

　㊟上図では、遠心力を、大(おお)げさに描いているために、重力が地球の中心に向かう方向と、ずれてしまっているが、物体と地球との間に働く万有引力に比べたら物体に働く遠心力は非常に小さいので、重力は地球の中心に向かっていると考えてよい。（491頁参照）

16. 重力加速度g（ジー）

（1）gとは

　運動の第2法則によると、
「物体に力が働くと、物体には力の向きに加速度が生ずる。」

$$\vec{F} = m \times \vec{a} \quad （運動方程式）$$

（物体に働く力）＝（物体の質量）×（物体に生ずる加速度）

　地球表面の近辺(きんぺん)に存在する物体には、地球との間の万有引力によって、地球からの引力が働いている。この引力が、物体に働く「重力」と呼ばれている力である。物体に働く「重力の向き」は地球の中心に向かう向き、即ち、「鉛直方向で下向き」に働くので、この「重力によって物体に生ずる加速度の向きも同じ鉛直方向・下向き」である。そして、この加速度は、重力によって生ずる加速度なので「重力加速度」という。この重力加速度を表わす記号は特別にgと書き、「ジー」と読む。

　㊟運動の第2法則によると、「物体に力が働いたとき、その物体に生ずる加速度の向きは、力の向きと同じである」。

　従って、物体に働く重力の「大きさ」（これを重さ、重量、目方(めかた)などともいう）をWとし、この力によって物体に生ずる加速度の大きさをgとして、運動方程式に代入すれば、

$$W = m \times g \quad ……（式21）$$

（物体に働く重力の大きさ）＝（物体の質量）×（重力加速度）

となる。

　重力は万有引力によって生じているものであるから、互いに引き合う

物質間の距離 r によって、重力の大きさは異なる。即ち、地球の中心から、物体までの距離 r の違いによって、同じ物体に働く重力の大きさも異なるのである。そして、物体に働く重力の大きさが異なる場合には、その物体に生ずる加速度の大きさも異なったものとなる。

例えば、高い山の上における g の値と低い谷底における g の値は異なる。更にくわしく言うと、地球自転の遠心力が緯度によって異なるので、これによっても g の値に違いを生ずる。

厳密には、そのようであるが、おおよその g の値は、地表近辺では 9.8 〔m/s²〕としてよい。

この g = 9.8 〔m/s²〕という加速度は、その単位を $\frac{〔m/s〕}{〔s〕}$ と書き直してみればわかるように、単位時間当たりの速度の変化のことである。即ち、1 〔s〕間毎に速度が 9.8 〔m/s〕ずつ変化していくことを意味する。従って、もし、地上の高い塔の上などから物体を静かに手放した場合には、その物体が落下して行く速度は 1 〔s〕間毎に 9.8 〔m/s〕ずつ増していくことになる。

つまり、物体を、

手放した瞬間の速度の大きさは 0 〔m/s〕であり、

1 〔s〕後の速度の大きさは 9.8 〔m/s〕× 1 = 9.8 〔m/s〕

2 〔s〕後の速度の大きさは 9.8 〔m/s〕× 2 = 19.6 〔m/s〕

3 〔s〕後の速度の大きさは 9.8 〔m/s〕× 3 = 29.4 〔m/s〕

⋮

t 〔s〕後の速度の大きさは 9.8 〔m/s〕× t = $9.8t$ 〔m/s〕

即ち、速度 $v = gt$

となる（実際には、空気の抵抗もあるし、物体と地球の中心との距離も落下時間の経過と共に変わってくるので、厳密にはその通りになるわけ

ではない)。

　右図は、物体を静かに手放したときの物体の落下の様子について、一定時間毎の位置を描いた模式図である。一定時間内に落下する距離がだんだん大きくなっていくということは、「距離＝速さ×時間」という関係において、いま、時間が一定であるから、距離が大きくなっていくということは、速さが大きくなっていくということである。

(参考) 場所による重力加速度 g の値のちがいは次のとおりである。

　　　札幌　　9.805 〔m/s²〕
　　　福島　　9.800 〔m/s²〕
　　　東京　　9.798 〔m/s²〕
　　　鹿児島　9.795 〔m/s²〕

g の国際的な標準値は 9.80665 〔m/s²〕であると決められている。

(以上 (参考) 終り)

物体 → 落下していく

○
○
○
○
○
○
○
○
○

〔自由落下〕

　上述のように、重力は、物体と地球との間に働く万有引力であるから(厳密には、万有引力と遠心力との合力)、物体の存在している場所によって物体に働く重力の大きさが異なるので、「重力の大きさ (即ち、重さ)」は、その物体に固有 (即ち、そのものだけが特別に持っている) なものではない。ただし、物体の「質量」は、固有なものであって、どこの場所へ持って行っても変わらない量である。

　いま、質量 $m_1, m_2, m_3, \cdots$ の物体に働く重力の大きさ (重さ) を、

それぞれ $W_1, W_2, W_3, \cdots\cdots$ とし、そのとき、これらの物体に生ずる加速度をそれぞれ $g_1, g_2, g_3, \cdots\cdots$ とすれば、（式21）から、$W_1 = m_1 g_1$、$W_2 = m_2 g_2$、$W_3 = m_3 g_3 \cdots\cdots$ となる。ところで、ガリレオという人の見出した法則によると、「重力加速度は、同じ場所では、すべての物体について等しい」という。これは、物体が羽毛であろうと、あるいは鉄球であろうと、また、その他何であろうと、物体の種類に関係なく、それらの物体に生ずる重力加速度の値は同じ場所においては等しい、ということである。従って、同じ場所では、

$g_1 = g_2 = g_3 = \cdots\cdots = g$ ということから、

$W_1 = m_1 g$、$W_2 = m_2 g$、$W_3 = m_3 g \cdots\cdots$ となって、物体に働く「重力の大きさ」即ち、「重さ」W は、同じ場所で測ったときには、g の値が一定ということから、「重さは質量に比例する」ことがわかる。つまり、もし m_2 が m_1 の2倍であれば、W_2 も W_1 の2倍になるし、また、m_3 が m_1 の3倍であれば W_3 も W_1 の3倍となる。このように、W は m に比例するということである。即ち、

「物体の重さ（即ち、重力の大きさ）は、同じ場所で測れば、質量に比例する」

ということである。

(2) 1〔kgw〕とは

地球上にある物体は、万有引力によって、地球の中心に向かって引かれている。このとき、物体が引かれる力、即ち、物体に、鉛直方向の下向に働いている力のことを「重力」という。そしてこの「重力の大きさ」（この「大きさ」というのは、方向を考えない量のことである。）のことを「重さ」ともいう。

物体に力が働くと、その力の方向・向きに物体には加速度が生ずる（運動の第2法則）。例えば、地上の高い場所から物体を手放せば、落下速度が刻々と増していくが、これは、重力によって物体には加速度が生ずるからである。そして、この重力によって物体に生ずる加速度をgという記号で表わすのであるが、gの値は、地球上の場所によって異なる。それは、地球の中心から物体までの距離のちがいによる万有引力の大きさのちがい及び、地球が自転しているために、緯度がちがうと、物体に働く遠心力がちがうということから生ずるものである。即ち、物体に働く重力が異なることによって、物体に生ずる加速度も異なってくるということである。

　さて、重力の大きさは、〔kgw〕という単位（または、この頃では〔N〕という単位）を使って表わされることが多い。「1〔kgw〕とは、「物体に、地球の標準重力加速度9.80665〔m/s²〕を生じさせる場所（北緯45°の海面に近い場所）において、質量1〔kg〕の物体に働く重力の大きさのこと」をいうことに決められたのであって、これは約束した事柄である。

　約束した事というものは、人の名前と同じことであって、「この人の名前は、何故に、こうなのか」などと言ってみても、どうにもしようがないことである。

$$\text{力} = \text{質量} \times \text{加速度}$$
$$1\,\text{〔kgw〕} = 1\,\text{〔kg〕} \times 9.80665\,\text{〔m/s}^2\text{〕}$$
$$= 9.80665\,\text{〔kg·m/s}^2\text{〕}$$
$$(= 9.80665\,\text{〔N〕})$$

　地球の重力加速度gの値は、前述のように、地球上の場所によって

異なるから、質量がちょうど1〔kg〕の物体の重さ（即ち、重力の大きさ）は、ちょうど1〔kgw〕とは限らない。つまり、「重さ」は、測る場所によって異なる。もし、質量60〔kg〕の人が月に行って、月面上で体重を測れば、約10〔kgw〕という重さになってしまう。月面上では、物体に働く重力の大きさ（即ち、重さ）は、地球上の約 $\frac{1}{6}$ だからである。月は地球よりも質量が小さいので、月面上の物体と月との間に働く万有引力が小さいからである。

注 質量とは、物体の実質の量のことであって、その物体を構成している原子の量によるものであるから、そのまま、どこか別の場所へ持って行っても実質の量は変わらない。もしも、あなたが、富士山のてっぺんに居るときであっても、また、田子の浦に居るときであっても、あなた自身は変わらないのと同じことである（ただし、富士山に登れば汗をかくとか、エネルギーを消費するなどのことは、ここでは考えないこととする）。

尚、重力は、力の1種であり、その力の単位からきた〔kgw〕が、重力の大きさを表わすときにだけ使われるというものではなくて、ばねを引き伸ばす力の表示にも、あるいは摩擦力その他の力の単位としても使われるものである。ただし、現在では、〔N〕という力の単位の方がよく使われるようになってきている。

1〔N〕とは、「質量1〔kg〕の物体に1〔m/s^2〕の加速度を生じさせる力」である。

$$力 = 質量 \times 加速度$$
$$1〔N〕 = 1〔kg〕\times 1〔m/s^2〕$$
$$= 1〔kg\cdot m/s^2〕$$
$$\left(= \frac{1}{9.80665}〔kgw〕\right)$$

17. 自由落下

（1）自由落下とは

　前項で少し触れたように、「物体の初速度が0で、その物体が他から受ける力は重力だけであり、その物体が鉛直方向下向きに（即ち、地球の中心に向かって）落下して行くときの、その物体の運動のこと」を「自由落下」という。これを一言で言ってしまうと、「初速度が0の落下運動」のことを自由落下という。

　物体に重力が働いて鉛直方向に運動する場合は、①自由落下（初速度が0の場合）②鉛直投げ上げ（初速度が鉛直方向上向きの場合）③鉛直投げ下ろし（初速度が鉛直方向下向きの場合）の3つに分けられる。これらの場合はどれも皆、空気の抵抗がないものとすると、「物体が一定の加速度 g（≒ 9.8〔m/s²〕）をもつ『等加速度直線運動』である」。そして、これらの運動は、鉛直方向㋐の運動であるが、既に、前に学習した水平方向㋑の「等加速度直線運動」と同様な運動であって、単に水平方向（x 軸方向）の運動だったものを鉛直方向（y 軸方向）の運動に、その方向を変えただけであると考えればよい。従って、x 軸方向の

　　㋐鉛直方向……重りを糸でつるしたときの糸の方向。

　　㋑水平方向……静止した水面に平行な方向。即ち、鉛直方向と直角な方向。

「等加速度直線運動に関する3つの公式」、即ち、

　①速度の公式　　　　$v = v_0 + at$

　②変位の公式　　　　$x = v_0 t + \dfrac{1}{2} at^2$

　③t を含まない公式　$v^2 - v_0^2 = 2ax$

を利用することができるのである。

つまり、自由落下の運動は、空気の抵抗を無視すれば、

$$\begin{cases} 初速度の大きさ v_0 = 0 \ [\text{m/s}] \\ 加速度の大きさ a = \text{g} \fallingdotseq 9.8 \ [\text{m/s}^2] \end{cases}$$

ただし、gの向きは常に下向き（即ち、地球の中心に向かう向き）である。

の等加速度直線運動である。

そして、このとき注意すべきことは、物体に生ずる重力加速度gの向きは、物体に働いている重力の向きと同じ向きであり、常に鉛直方向の下向きに加速度gが生ずるという厳然たる事実である。

物体が自由落下するときは、時間1〔s〕毎に、下向きの速度が9.8〔m/s〕ずつ増加していく（即ち、速くなっていく）。

従って、自由落下では、物体が落下を始めた時刻（これを時刻 $t = 0$ 〔s〕とおく）から時間が t 〔s〕間過ぎた後の時刻（これを時刻 $t = t$ 〔s〕とおく）における物体の速度 v 〔m/s〕を求めるには、件の「等加速度直線運動」の速度 v を求める公式

$v = v_0 + at$ に、

初速度 $v_0 = 0$ 〔m/s〕

加速度 $a = \text{g}$ （これは、地球の重力加速度で、常に下向きであり、その大きさは約 9.8 〔m/s^2〕である。）

時刻 $t = t$ 〔s〕（これは、物体が自由落下を始めた時刻 $t = 0$ 〔s〕から時間が t 〔s〕間、過ぎた後の時刻のことで、落下開始から t 〔s〕後の時刻を意味する。）

の諸量を代入すると、

$$v \,[\text{m/s}] = 0 \,[\text{m/s}] + g \,[\text{m/s}^2] \times t \,[\text{s}]$$
$$= 0 \,[\text{m/s}] + (g \times t)[\text{m/s}]$$
$$= gt \,[\text{m/s}]$$

即ち、物体の自由落下で、落下開始から時間 t 〔s〕後における物体の落下速度 v 〔m/s〕は、

$$v \,[\text{m/s}] = gt \,[\text{m/s}] \quad \cdots\cdots (式22)$$

　　　　　ただし、g の大きさは 9.8〔m/s²〕で、その向
　　　　　きは常に鉛直方向・下向きである。

㊟この式の各量記号の具体的な数値に、＋, －どちらの符号を付けるのか、ということは、計算するに当たって、自分で上向きあるいは下向きのどちらの向きを＋の向きと決めて計算を行なうかによる。どちらに決めても結果は同じことになる。

従って、計算をする際(さい)に、自分で「下向きを＋の向きと決めて」計算する場合には、事実として常に下向きである g の値には＋の符号を付けることになるし、その逆に、自分で初めに「上向きを＋の向きと決めて」計算するときには、g の値には－符号を付けて「－9.8〔m/s²〕」とするのである。

さて、「自由落下運動は、鉛直方向の一直線上の運動」であるから、「その一直線を y 軸と見なして」次図のように考えると、速度、加速度、変位などのベクトル量の「向き」を「＋あるいは－の符号で表示」することができるので都合がよい。

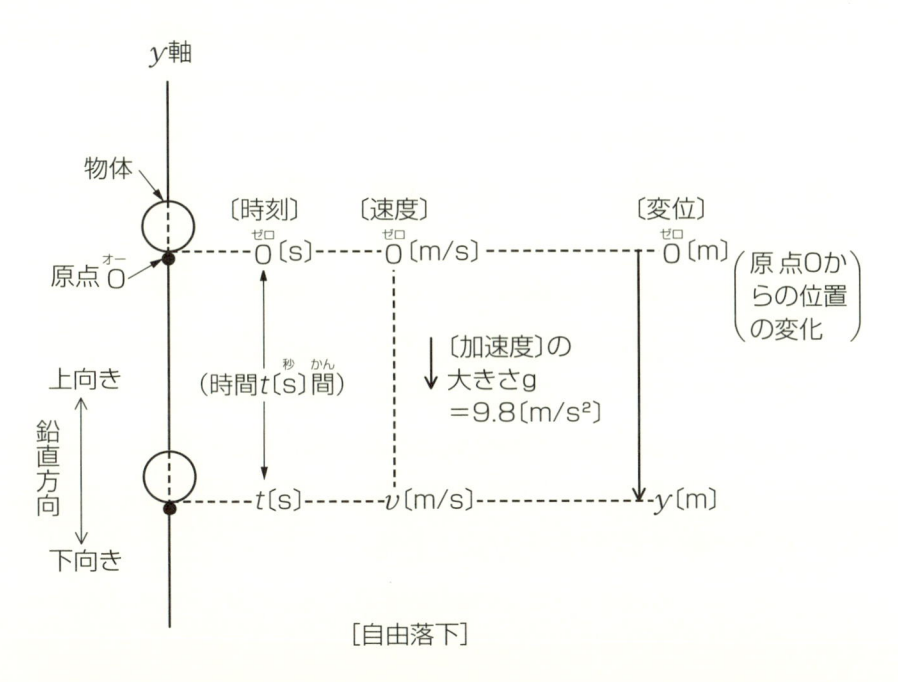

```
        y軸
         │
    物体  │
       ╲ ○
        ●┈┈┈┈┈┈┈┈┈┈┈┈┈┈┈┈┈┈┈┈┈┈┈┈┈┈┈
   原点 O                [時刻]    [速度]       [変位]
                        ゼロ     ゼロ         ゼロ      ⎫ ⎛原点Oか⎞
                        0 [s]   0 [m/s]     0 [m]   ⎬ ⎜らの位置⎟
                         ┊       ┊           ┊      ⎭ ⎝の変化 ⎠
      上   │              ┊       ┊           ┊
      向   │              ┊    [加速度]の       ┊
      き   │           (時間t[s]間) 大きさg       ┊
         鉛│              ┊    ↓ =9.8[m/s²]   ┊
         直│              ┊       ┊           ┊
         方│              ┊       ┊           ↓
         向│         ○    ┊       ┊           
      下   │         ●┈┈┈t[s]┈┈┈┈v[m/s]┈┈┈┈┈y[m]
      向   │
      き   │
         
              [自由落下]
```

このように y 軸を利用するわけであるが、このとき y 軸の正（＋）の向きを上向きと決めてもよいし、また、下向きと決めても、どちらにしてもよいが、一旦決めたら、途中で変えてはならない。どちらにしても結果は同じである。自由落下の場合には、物体は最初の位置よりも上方へ行くことはなく、下方にだけ行くのであるから、「y 軸の下向きを＋の向き」と決めた方が計算が楽である。下向きを＋の向きと決めれば、「重力加速度 g は常に鉛直方向の下向きである」という"厳然たる事実"が存在するので、g の大きさ 9.8 [m/s²] というものには、その「向き」を表わすための＋符号を付けることになるのである（ただし、＋符号は省略して、書かなくてもよい。本書では、はっきりさせるために書くこととする）。つまり、y 軸（上下方向）の下向きを＋の向きとすることに決めた場合には、＋符号の付いている数値で表わされている速度や加

速度は下向きであることを意味するし、また、＋符号の付いている数値で表わされている変位は原点 O(オー) から下方の位置を意味するのである。（まちがえないために繰り返して述べるが、）このように、＋－の符号の付け方(かた)は、物体が運動する直線方向を x 軸や y 軸であると見なして、それらの方向の「どっち向きを初めに＋の向きと決めて考えていくか」によって、物体の速度、加速度及び変位などの数値に＋あるいは－の符号が付くことになるのである。即ち、あくまでも、最初の x 軸、y 軸の「＋の向きの決め方」によって、各物理量（ベクトル量）に＋符号が付くのか、あるいは－符号が付くのかが決まってくるということである。

（2）物体の自由落下運動の公式を導く

　自由落下は、初速度が 0(ゼロ)、加速度の大きさ g = 9.8〔m/s²〕の「鉛直方向下向きの"等加速度直線運動"であるから、前に学習した x 軸で考えた水平方向の運動を 90°回して、鉛直方向に変えたときの等加速度直線運動になるだけのことである。従って、x 軸方向（水平方向）の「等加速度直線運動の 3 つの公式」

$$v = v_0 + at, \quad x = v_0 t + \frac{1}{2} at^2, \quad v^2 - v_0^2 = 2ax$$

において、初速度 $v_0 = 0$、加速度 $a = $ g とし、x の代りに y として得られる式が、物体の自由落下運動の公式となる。つまり、自由落下の公式は、

　速度の公式 $v = v_0 + at$ に、$v_0 = 0$、$a = $ g を代入して $v = $ gt、

　変位の公式 $x = v_0 t + \frac{1}{2} at^2$ に $v_0 = 0$、$a = $ g を代入し、更に x を y に変えれば、$y = \frac{1}{2}$ gt^2、

　t を含まない公式 $v^2 - v_0^2 = 2ax$ に、$v_0 = 0$、$a = $ g を代入し、更

に x を y に書き直すと、$v^2 = 2gy$
のように直してやれば、これらの式が自由落下の公式となるのである。

このようなわけであるから、自由落下の公式は、わざわざ覚えている必要はない。ただし、これらの公式を導く本元である等加速度直線運動の３つの公式だけは覚えておいた方がよい。

自由落下運動の３つの公式
$$\begin{cases} 速度 \quad v = gt & \cdots\cdots (式23) \\ 変位 \quad y = \dfrac{1}{2}gt^2 & \cdots\cdots (式24) \\ t を含まない式 \quad v^2 = 2gy & \cdots\cdots (式25) \end{cases}$$

ただし、

t は、時刻（単位〔s〕）であり、自由落下を始めた時刻を基準にとって $t = 0$〔s〕としたときの時刻である。

つまり、落下開始からの時間が t〔s〕間過ぎたときの時刻である。

v は、時刻 t〔s〕（即ち、落下開始から、時間 t〔s〕間後）における物体の速度である。単位は〔m/s〕。

y は、時刻 t〔s〕における変位（単位は〔m〕）である。即ち、落下開始から時間が t〔s〕間過ぎたときの物体の位置が、原点 O から、どちら向きにどれだけの距離の位置に存在するかを表わすものである。原点 O のどちら側であるかを表わすのが、＋，−の符号である。つまり、y 軸の下向きを＋の向きと決めた場合には、y の値に＋符号が付いていれば、その位置は原点より下側を意味するものである。従って、もし、y 軸の下向きを＋の向きと決めた場合に、$y =$（＋5）〔m〕という値であれば、物体の変位（即ち、位置の変化）は、下向きに５〔m〕ということで、これは落下開始の原点 O より下方５〔m〕の位置に物体は存在しているという意味である。

㊟ gは地球の重力加速度の大きさを表わす記号である。地球の表面付近のgの値はほぼ$9.8\,[\text{m/s}^2]$であるとしてよい。このgの値には、元々、+や−の符号は付いていない。要するに、地表付近の物体に生ずる加速度は、大きさが$9.8\,[\text{m/s}^2]$で、その向きは地球の中心に向かう向き（即ち、鉛直方向下向き）に生ずる事実があるということだけである。私達がこのgの値に+あるいは−の符号を付けるのは全く自分達の都合によるものであって、gというベクトル量が$9.8\,[\text{m/s}^2]$という大きさのほかに、鉛直方向の下向きという向きを持つ量であるので、その向きを+あるいは−の符号を使って表わしたいからなのである。それで、物体の落下運動を考える場合に、自分の都合で、もしも鉛直下向きを+の向きであると決めて計算をしようとすれば、事実鉛直下向きのgはその+の向きと一致するから、+の符号が付くことになり、$(+9.8)\,[\text{m/s}^2]$という値を使って計算を行うことになる。ところが、それとは逆に、もしも鉛直上向きを+の向きと決めて計算を行うのであれば、事実が下向きであるgには−符号を付けて、$(-9.8)\,[\text{m/s}^2]$としなければならない。

17. 自由落下

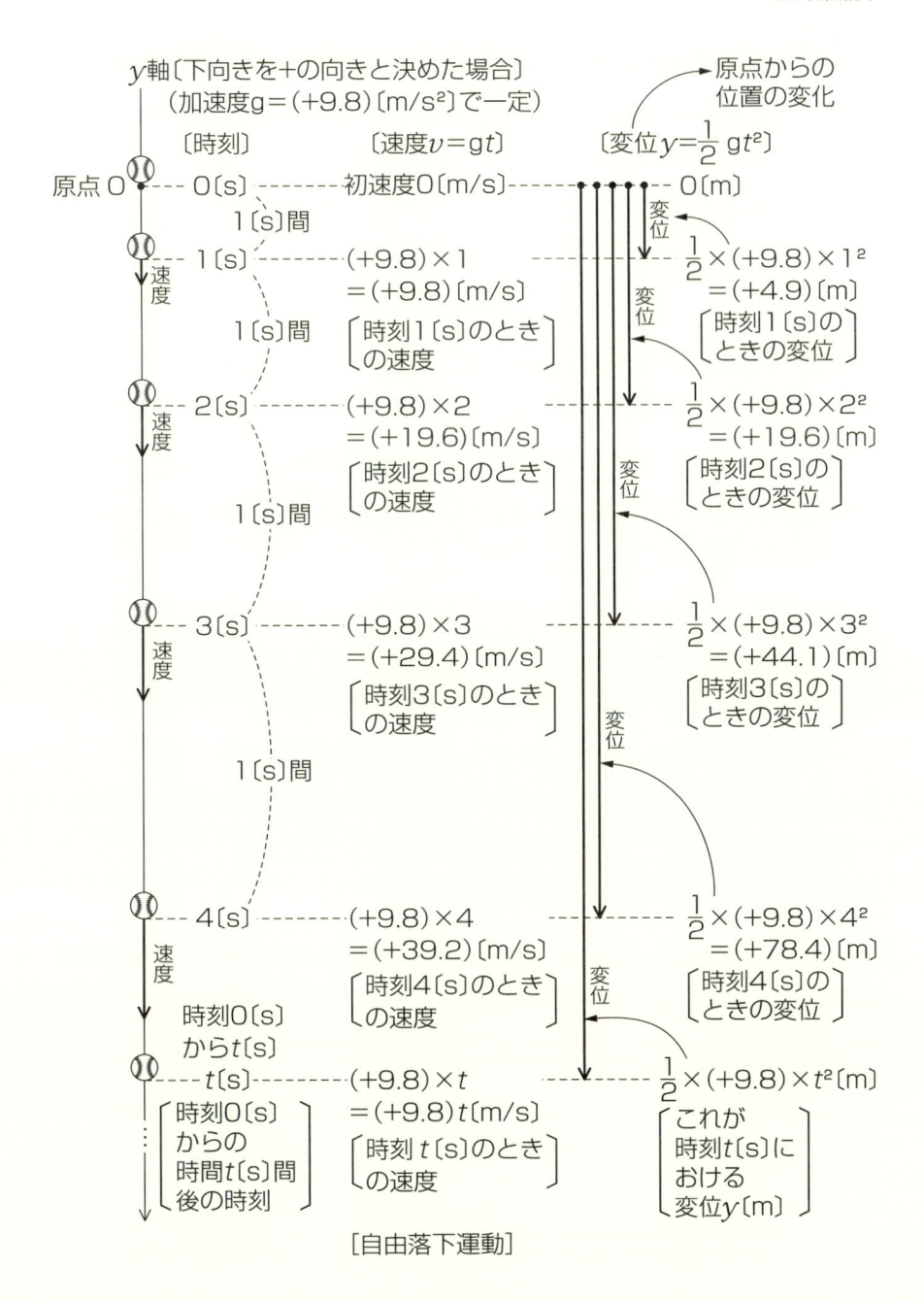

y軸〔下向きを+の向きと決めた場合〕
(加速度$g=(+9.8)$〔m/s²〕で一定)　　　原点からの位置の変化

〔時刻〕　　〔速度$v=gt$〕　　〔変位$y=\frac{1}{2}gt^2$〕

原点O　　0〔s〕　　　初速度0〔m/s〕　　　　　0〔m〕

　1〔s〕間　　　　　　　　　　　　　　変位

　1〔s〕　　　(+9.8)×1　　　　　$\frac{1}{2}$×(+9.8)×1²
　　　　　　　=(+9.8)〔m/s〕　　　　=(+4.9)〔m〕
　　　　　　〔時刻1〔s〕のとき の速度〕　〔時刻1〔s〕のときの変位〕

　1〔s〕間　　　　　　　　　　　　　　変位

　2〔s〕　　　(+9.8)×2　　　　　$\frac{1}{2}$×(+9.8)×2²
　　　　　　　=(+19.6)〔m/s〕　　　=(+19.6)〔m〕
　　　　　　〔時刻2〔s〕のとき の速度〕　〔時刻2〔s〕のときの変位〕

　1〔s〕間　　　　　　　　　　　　　　変位

　3〔s〕　　　(+9.8)×3　　　　　$\frac{1}{2}$×(+9.8)×3²
　　　　　　　=(+29.4)〔m/s〕　　　=(+44.1)〔m〕
　　　　　　〔時刻3〔s〕のとき の速度〕　〔時刻3〔s〕のときの変位〕

　1〔s〕間　　　　　　　　　　　　　　変位

　4〔s〕　　　(+9.8)×4　　　　　$\frac{1}{2}$×(+9.8)×4²
　　　　　　　=(+39.2)〔m/s〕　　　=(+78.4)〔m〕
　　　　　　〔時刻4〔s〕のとき の速度〕　〔時刻4〔s〕のときの変位〕

時刻0〔s〕
からt〔s〕

　t〔s〕　　　(+9.8)×t　　　　$\frac{1}{2}$×(+9.8)×t^2〔m〕
　　　　　　　=(+9.8)t〔m/s〕
〔時刻0〔s〕からの時間t〔s〕間後の時刻〕　〔時刻t〔s〕のとき の速度〕　〔これが時刻t〔s〕における変位y〔m〕〕

〔自由落下運動〕

317

（例題1）地上の高い所から、物体を静かに手放して自由落下させたときについて、次の問いに答えよ。ただし、空気の抵抗は無視するものとする。

(i) 手放したときから2〔s〕後の、物体の速度を求めよ。

(ii) 物体の速度の大きさが25〔m/s〕になったとき、物体は何〔m〕落下したか。

（解答）(i) 物体が落下する鉛直方向をy軸と見なし、y軸の下向きを＋の向きと決めることにする。そして、物体を手放した点を原点Ｏとし、原点Ｏから物体が落下を始めた時刻を0〔s〕とし、また、原点Ｏを位置0〔m〕（即ち、変位$y = 0$〔m〕）とする。

物体が自由落下をするときの速度を求める公式は、等加速度直線運動の速度を求める公式$v = v_0 + at$に、$v_0 = 0$、$a = g$を代入すれば導くことができるから、これらを代入すると、$v = gt$（自由落下の速度の公式）となる。ここで、gは下向きで、9.8〔m/s^2〕という大きさであるという事実から、今下向きを＋と決めているのでgには＋符号が付くことになる。即ち、$(+g) = (+9.8)$〔m/s^2〕、また、時刻$t = 2$〔s〕（即ち、時刻0〔s〕から、時間2〔s〕間後の時刻）における速度v〔m/s〕は、公式$v = gt$を適用して計算すると次のようになる。

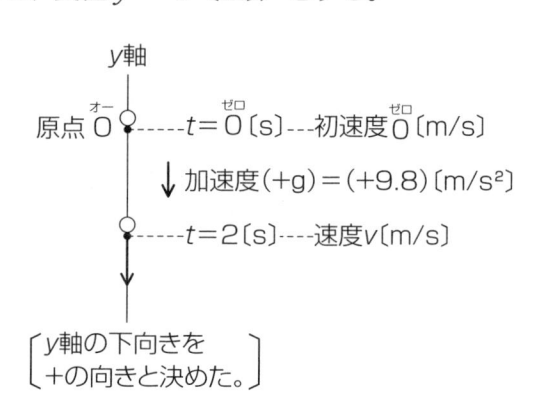

$$v = (+9.8)〔m/s^2〕 \times 2〔s〕 = (+19.6)〔m/s〕$$

v の値に＋の符号が付いているから、v の向きは、y 軸の＋の向き、即ち鉛直下向きであるということを意味している。そして v の大きさは 19.6 〔m/s〕ということである。

（答）鉛直下向きで 19.6 〔m/s〕

(ii)「速度の大きさが 25 〔m/s〕になったとき……」と言っているのは、当然、下向きの速度のことを言っているから、下向きを表わす符号の＋が付くことになる。即ち、$v =$（＋ 25）〔m/s〕ということである。このときの時刻を t 〔s〕とすれば、公式 $v = gt$ から、

$$(+25)〔m/s〕 = (+9.8)〔m/s^2〕 \times t 〔s〕$$

$$\therefore t 〔s〕 = \frac{(+25)〔m/s〕}{(+9.8)〔m/s^2〕} = 2.55 〔s〕$$

この時刻 $t = 2.55$ 〔s〕における物体の変位 y 〔m〕を求めればよいことになる。

自由落下の変位 y を求める公式は、等加速度直線運動の変位を求める公式 $x = v_0 t + \frac{1}{2} at^2$ に、$x = y$、$v_0 = 0$、$a = g$ を代入して、$y = \frac{1}{2} gt^2$ と導くことができる。この自然落下の変位 y を求める公式に、$g = (+9.8)$〔m/s²〕、$t = 2.55$ 〔s〕を代入すると、

$$y = \frac{1}{2} \times (+9.8)〔m/s^2〕 \times (2.55 〔s〕)^2 = (+32)〔m〕$$

変位 y の値に＋の符号が付いているから、その位置は、原点 O (オー) から測って、y 軸の＋の向きに 32 〔m〕の距離という意味である。即ち、32 〔m〕落下した位置である。　　　　　　　　（答）32 〔m〕

(別解)〔y 軸の上向きを＋の向きと決めた場合〕

このときは、事実のことで常に下向きの加速度である g には－の符号を付けて、$(-g) = (-9.8)$〔m/s²〕として公式に代入する必要が

ある。

　y 軸の上向きを＋の向きと決めた場合の自然落下の速度の公式及び変位の公式を導くには次のようにすればよい。

　等加速度直線運動の速度の公式 $v = v_0 + at$ 及び変位の公式 $x = v_0 t + \frac{1}{2} at^2$ に、
$$v_0 = 0、a = -g = (-9.8)〔m/s^2〕、x = y$$
をそれぞれ代入すると、
$$v = (-g) \times t = (-9.8)〔m/s^2〕\times t \qquad \cdots\cdots（式㋐）$$
$$y = \frac{1}{2} \times (-g) \times t^2 = \frac{1}{2} \times (-9.8〔m/s^2〕) \times t^2$$
$$\cdots\cdots（式㋑）$$

この（式㋐）及び（式㋑）が自然落下運動の上向きを＋の向きとしたときの速度 v 及び変位 y を求める公式である。これらの式は覚えるよりも、上のように自分で考えて導けるようにしておくのがよい。今、ここでは上の公式（式㋐）及び（式㋑）を使って、(例題1) を解いてみることにする。

　(i) (式㋐) $v = -gt$ (ただし、g = 9.8〔m/s²〕) に、g = 9.8〔m/s²〕、$t = 2$〔s〕を代入すると、
$$v = -(9.8)〔m/s^2〕\times 2〔s〕= -19.6〔m/s〕$$
v の値には－符号が付いているから、速度の向きは（今、y 軸の上向きを＋の向きと決めているので、その逆向きである y 軸の下向きが－の向きであるから）、下向きである。そして、その大きさは 19.6〔m/s〕である。つまり、下向きの 19.6〔m/s〕の速度であるから、前の解答の答と全く同じ結果が得られた。

　(ii) 自然落下であるから、速度は当然下向きである。そして今、y 軸

の下向きは−の向きと決めているから、速度の大きさ 25〔m/s〕には、−の符号を付ける必要があるから、$v=(-25)$〔m/s〕、そして、gの大きさ 9.8〔m/s²〕にも下向きを表わす−符号を付けなければならない。
（式㋐）に、$v=(-25)$〔m/s〕を代入すると、

$$(-25) \text{〔m/s〕} = (-9.8) \text{〔m/s}^2\text{〕} \times t \text{〔s〕}$$

$$\therefore t \text{〔s〕} = \frac{(-25)\text{〔m/s〕}}{(-9.8)\text{〔m/s}^2\text{〕}} = 2.55 \text{〔s〕}$$

この値を（式㋑）に代入すると、

$$y = \frac{1}{2} \times (-9.8) \text{〔m/s}^2\text{〕} \times (2.55 \text{〔s〕})^2 = (-32) \text{〔m〕}$$

変位 y の値に−符号が付いているから、今の場合は下向きが−の向きなので、この変位 (-32)〔m〕というのは、原点 O から測って、その下側に 32〔m〕の距離の位置であることを表わしている。

従って、前の解答の答と全く同じ結果が得られたことになる。

このように、y 軸の上向きを＋の向きと決めて計算しても、また下向きを＋の向きと決めて計算しても、全く同じ結果が得られるのである。

（解答）の(ii)の別解

時刻（時間）t を含まない公式を使うと、もっと簡単に解くことができる。時刻を含まない自由落下の公式は、等加速度直線運動の時刻を含まない公式 $v^2 - v_0^2 = 2ax$ に、$v_0 = 0$、$a = g$、$x = y$ を代入すれば導くことができる。即ち、$v^2 = 2gy$ なる公式が得られる。そこで、この公式に、

$v = (+25)$〔m/s〕、$g = (+9.8)$〔m/s²〕を代入すると、

$$\{(+25)\text{〔m/s〕}\}^2 = 2 \times (+9.8)\text{〔m/s}^2\text{〕} \times y$$

$$\therefore y = \frac{(+625)\,[\text{m}^2/\text{s}^2]}{(+19.6)\,[\text{m/s}^2]} \fallingdotseq 32\,[\text{m}]$$

となる。　　　　　　　　　　　　　　　（答）32〔m〕

(問題) 空気の抵抗はないものとして、次の諸問に答えよ。

① 高所から物体を自由落下させた。このときの1〔s〕後、2〔s〕後、3〔s〕後の速さ及び落下距離をそれぞれ求めよ。ただし、重力加速度の大きさg = 9.8〔m/s²〕とせよ。

② 高さ10〔m〕の所から、物体を静かに手放すと、何秒後に地面に到達するか。また、地面に到達したときの速さはいくらか。

③ 高所から物体を静かに手放して自由落下させたところ、或る時刻 t_1 と、その後の別の時刻 t_2 との間の物体の落下距離が14.7〔m〕で、$t_2 - t_1 = 0.6$〔s〕であった。重力加速度を9.8〔m/s²〕として、次の問いに答えよ。

(i) 時刻 t_1 は、落下を始めてから何〔s〕後か。

(ii) 時刻 t_2 における落下の速さは何〔m/s〕か。

(参考) 自由落下の運動で、地上のあまり高低差のない範囲においては、重力加速度の大きさは、ほとんど変わりなく9.8〔m/s²〕という大きさで、ほぼ一定とみなしてよいから、「等加速度直線運動」の次の3つの公式を適用することができる。

　　速度の公式　　　　$v = v_0 + at$　　　　……（式14）

　　変位の公式　　　　$x = v_0 t + \frac{1}{2}at^2$　　……（式16）

　　t を含まない公式　$v^2 - v_0^2 = 2ax$　　　……（式18）

自由落下では、物体は必ず下方に向かって、即ち、地球の中心に向

かって落下して（進んで）行くのであるから、このとき物体が進んで行く一直線をy軸と見なすことにする。そしてy軸上の、落下する物体の出発点を原点Ｏ（オー）と決める。更に、この「y軸の下向きを＋の向きと決める」と計算がしやすい。なぜならば、重力加速度 g の向きは事実、下向きであるから、「もともと＋，－の符号など付いていない g ＝ 9.8〔m/s^2〕」という大きさに＋の符号（これはy軸の下向きを表わす意味）を付けて、（＋g）＝（＋9.8）〔m/s^2〕とすればよい（この＋符号は省略して書かなくてもよい）し、また、物体が落下することによる変位（これは、物体が落下によって原点Ｏ（オー）からどれだけ位置を変化したかを表わすもので、＋または－の符号を付けて表わす値である。）にも＋の符号が付くことになり（＋の符号のときは省略可）、各量が＋の値だけとなって計算しやすいからである。このようにすると、自由落下運動の計算に使う公式は、等加速度直線運動の３つの公式（この３つは必ず覚えておくことが必要）から次のようにして導くことができる。即ち、自由落下では、物体は初め静止しているのであるから、物体の初速度v_0＝０（ゼロ）である。また、加速度aに相当するものは、地球の重力加速度 g であり、g は常に下向きという事実であるから、上で述べたように計算の便宜上y軸上を物体が落下するものとして、その「y軸の下向きを＋の向きと決める」と、g ＝ 9.8〔m/s^2〕（この g の値には初めから＋や－の値が付いているものではない。計算の便宜上、y軸を仮定して、その＋，－の向きを決めたことによって、はじめて g の値に＋または－の符号を付けることになるのである。）には＋の符号を付けて、（＋g）＝（＋9.8）〔m/s^2〕とすることになる。また$x＝y$とする（これは、水平方向のときはx軸としたが、今は鉛直方向の場合であるのでy軸とするに過ぎない）。

従って、これら $v_0 = 0$、$+g = (+9.8)$ [m/s²]、$x = y$ を（式14）、（式16）、（式18）に代入すると、次の式が得られる。

（式14）→　$v = (+g) \times t = gt$　即ち、$v = gt$

（式16）→　$y = \dfrac{1}{2} \times (+g) \times t^2 = \dfrac{1}{2} gt^2$　即ち、$y = \dfrac{1}{2} gt^2$

（式18）→　$v^2 = 2 \times (+g) \times t = 2gt$　即ち、$v^2 = 2gt$

これらの式は、自由落下の場合の公式である。自分ですぐに導けるようにしておくことが必要である。

　㊟これらの式は y 軸の下向きを＋の向きと決めた場合の式である。これとは逆に、もし y 軸の上向きを＋の向きと決めた場合には、（式㋐）及び（式㋑）(P.320)となる。　　（以上（参考）終り）

(問題の解答)

①自由落下運動で、或る時刻における物体の「速さ」を求める問題であるから、「自分で覚えておかなければならない等加速度直線運動の公式」のうちの、速度を求める公式 $v = v_0 + at$ を使って速度 v を求めれば、その「速度の大きさ（即ち、＋，−の符号を考えない数値）」が「速さ」である。いま鉛直方向の下向きを＋の向きと決めれば、$v = v_0 + at$ に、$v_0 = 0$、$a = (+g) = (+9.8)$ [m/s²] を代入して、

　　　$v = 0 + (+9.8)$ [m/s²] $\times t$ [s] $= (+9.8) t$ [m/s]

という式が得られるから、この式 $v = 9.8t$ [m/s] の t のところに、それぞれ、$t = 1$ [s]、$t = 2$ [s]、$t = 3$ [s] を代入すれば、それぞれの時刻における速度が求められる。

$t = 1$〔s〕のとき、$v = (+9.8) \times 1$〔m/s〕$= (+9.8)$〔m/s〕
$t = 2$〔s〕のとき、$v = (+9.8) \times 2$〔m/s〕$= (+19.6)$〔m/s〕
$t = 3$〔s〕のとき、$v = (+9.8) \times 3$〔m/s〕$= (+29.4)$〔m/s〕

これらの速度には、どれも＋の符号が付いているから、「速度の向き」は y 軸の＋の向き、即ち、初めに決めたように下向きである。また、「速度の大きさ（即ち、「速さ」）」は、これらから符号を取り除いたものであり、それが答えとなる。

次に、落下距離であるが、これは変位を求める（式16）$x = v_0 t + \frac{1}{2} at^2$ に、自由落下で下向き＋の場合には、$x = y$、$v_0 = 0$、$a = (+g) = (+9.8)$〔m/s²〕を代入すると、

$$y = 0 \times t + \left\{ \frac{1}{2} \times (+9.8) \text{〔m/s²〕} \times (t \text{〔s〕})^2 \right\}$$
$$= \frac{1}{2} \times (+9.8) \text{〔m/s²〕} \times (t \text{〔s〕})^2$$

となるから、この式にそれぞれ $t = 1$、$t = 2$、$t = 3$ を代入すると、次のようになる。

1〔s〕後の変位　$y = \frac{1}{2} \times (+9.8)$〔m/s²〕$\times (1$〔s〕$)^2$
$= (+4.9)$〔m〕

2〔s〕後の変位　$y = \frac{1}{2} \times (+9.8)$〔m/s²〕$\times (2$〔s〕$)^2$
$= (+19.6)$〔m〕

3〔s〕後の変位　$y = \frac{1}{2} \times (+9.8)$〔m/s²〕$\times (3$〔s〕$)^2$
$= (+44.1)$〔m〕

ところで、「変位」とは、位置の変化である。それでは、どこの位置（場所）を基準にして測ったときの位置の変化であるのかというと、x 軸上（または y 軸上）の基準点としてとった原点 $\overset{\text{オー}}{\text{O}}$ を基準点とし、そ

こから測ったときの位置の変化である、とするのである。そのようにすると、x座標（またはy座標）は＋，－の符号を持っている数値なので、その座標そのものが、そのまま物体の位置の変化（変位）の「向き」と「大きさ」の両方を表わすことになって大変都合がよい。つまり、符号の付いた数値のうち、符号は原点O（オー）のどちら側であるかという変位の向きを示し、数値は変位の大きさ（移動した距離）を示すものである。

さて、そこで、上の1〔s〕～3〔s〕後の変位の数値には＋の符号が付いており、この問題を解くに際して初めに、y軸の下向きを「＋の向き」と決めた上で計算を進めてきているので、その結果得られた＋符号付きの変位というものは、原点Oから下向きの変位を表わすことになる。そして、距離というものは、長さのことであるから、それ自体は＋，－などの符号を付けて表わすものではない。（今、ここに付いている＋符号は距離自体に付いている符号なのではなくて、変位の向きを示す符号なのである。）従って、距離を表現するときには、＋，－の符号は付けない。変位はベクトル量であるから向きと大きさを持つ量であるが、この問題では距離がいくらであるかを聞かれているので、「変位の大きさ」（距離）で答えればよいから、符号は付けなくてよいし、向きについても特に答える必要もない。

（答）

	速さ〔m/s〕	落下距離〔m〕
1〔s〕後	9.8	4.9
2〔s〕後	19.6	19.6
3〔s〕後	29.4	44.1

②右図のように、物体が自由落下する鉛直方向の道すじをy軸とし、その下向きを＋の向きと決める。

17. 自由落下

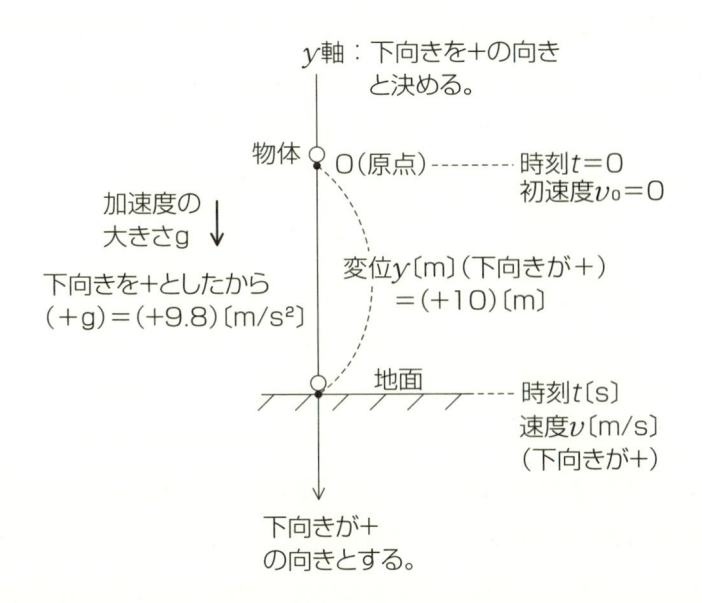

```
           y軸：下向きを+の向き
               と決める。
   物体 ○ ○(原点)-------- 時刻t=0
                          初速度v₀=0
加速度の ↓
大きさg       変位y[m](下向きが+)
下向きを+としたから   =(+10)[m]
(+g)=(+9.8)[m/s²]
         ○  地面 -------- 時刻t[s]
  ///////////////         速度v[m/s]
                         (下向きが+)
           ↓
         下向きが+
         の向きとする。
```

　地面からの高さ 10〔m〕の所、即ち、物体が落下を始める所を原点 O（オー）とし、落下を始める時刻を $t=0$（ゼロ）とする。下向きが+であるから、原点 O から地面までの変位（即ち、位置の変化で、ベクトル量）には、+符号が付くことになるので、$y=(+10)$〔m〕である。また、物体が地面に到達する時刻を t〔s〕、そのときの速度を v〔m/s〕とする。また、地上のこの程度の高さの変化では、重力加速度 g の大きさは一定であると考えてよい。そして g の向きは常に鉛直方向下向きであるという厳然たる事実から、今の場合、下向きを+の向きと決めているので g の向きを表示するためには+符号を付ける必要がある。即ち、+g $=(+9.8)$〔m/s²〕という値を公式に代入することになる。それでは公式を適用して計算に入るが、「わざわざ、自由落下の公式を導いてから、あれこれする必要はなく、次のように、等加速度直線運動の公式をそのまま使って、その公式に直接、数値を代入していけばよい」とい

うことを是非、覚えておいていただきたい。即ち、「等加速度直線運動」の変位の公式 $x = v_0 t + \frac{1}{2} at^2$ に、自由落下の場合の量記号や数値を直接あてはめて、$x = y = (+10)$〔m〕、初速度 $v_0 = 0$、加速度 $a = +g = (+9.8)$〔m/s²〕などを代入すると、

$$(+10)〔m〕 = 0 \times t〔s〕 + \left\{ \frac{1}{2} \times (+9.8)〔m/s²〕 \times (t〔s〕)^2 \right\}$$

$$\therefore (t〔s〕)^2 = \frac{(+10)〔m〕}{\frac{1}{2} \times (+9.8)〔m/s²〕} = 2.04〔s²〕$$

$$\therefore t〔s〕 = \sqrt{2.04〔s²〕} = 1.42〔s〕$$

また、物体が地面に到達したときの速度 v〔m/s〕は、これも、「等加速度直線運動」の速度の公式を直接適用して、公式 $v = v_0 + at$ に、$v_0 = 0$、$a = +g = (+9.8)$〔m/s²〕、$t = 1.42$〔s〕を代入すると、

$$v = 0 + (+9.8)〔m/s²〕 \times 1.42〔s〕$$
$$= 13.9〔m/s〕 \fallingdotseq 14〔m/s〕$$

と求められる。　　　　　（答）約 1.4〔s〕後、約 14〔m/s〕

㊟わざわざ、自由落下の公式を覚えておかなくても「等加速度直線運動の３つの公式」さえ覚えておけば、それを直接適用して、自由落下の諸量をあてはめて計算すればよいということである。

(**参考**) 上の問題②の解で、時間 t を求めたところで、$t ≒ 1.42$ 〔s〕と概数にしてしまわないで、$t = \sqrt{\dfrac{20}{9.8}}$ 〔s〕のままにしておいて、この値を式 $v = v_0 + at$ に代入すれば、

$$v = 0 + (+g)t = (+9.8)\text{〔m/s}^2\text{〕} \times \sqrt{\dfrac{20}{9.8}}\text{〔s〕}$$

$$= \sqrt{(9.8)^2}\text{〔m/s}^2\text{〕} \times \sqrt{\dfrac{20}{9.8}}\text{〔s〕}$$

$$= \sqrt{(9.8)^2 \times \dfrac{20}{9.8}} \times \text{〔m/s}^2\text{〕} \times \text{〔s〕}$$

$$= \sqrt{9.8 \times 20}\text{〔m/s〕} = \sqrt{196}\text{〔m/s〕} = 14.0 \text{〔m/s〕}$$

のように、$v = (+)14$ 〔m/s〕と正しく計算される。

問題③の解答

(ⅰ) 次図のように、物体は y 軸（下向きを＋の向きと決める）上を落下するものとする。

等加速度直線運動の速度の公式 $v = v_0 + at$ において、初速度 $v_0 = 0$ であり、時刻 t_1 〔s〕における速度を v_1 〔m/s〕とする。加速度 $a = +g = (+9.8)$ 〔m/s^2〕であるから、

$$v_1 = 0 + (+9.8)\text{〔m/s}^2\text{〕} \times t_1 \text{〔s〕} = (+9.8)t_1 \text{〔m/s〕}$$

即ち、$v_1 = (+9.8)t_1$ 〔m/s〕　　　　　　　……（式①）

ここで、考え方をわかりやすくするために、この時刻 t_1 での速度 v_1 を初速度にもつ物体が位置 y_1 から新たに落下を始めたと考える。即ち、位置 y_1 において、下向きに v_1 の速度で投げおろされた場合と考える。すると、等加速度直線運動の変位の公式 $x = v_0 t + \dfrac{1}{2}at^2$ に、変位 $x = y = y_2 - y_1 = (+14.7)$ 〔m〕、時間 $t = 0.6$ 〔s〕、初速度 $v_0 = v_1$ 〔m/s〕、加速度 $a = +g = (+9.8)$ 〔m/s^2〕を代入すると、

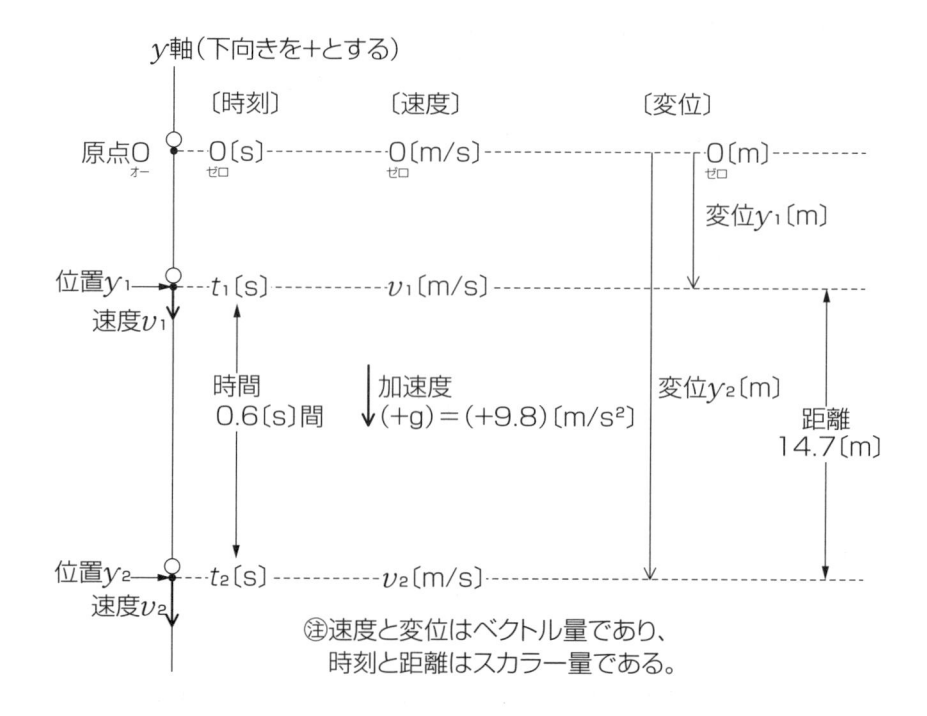

```
           y軸(下向きを+とする)
              │
              │      〔時刻〕      〔速度〕          〔変位〕
   原点O   ○┄┄┄ 0〔s〕┄┄┄┄ 0〔m/s〕┄┄┄┄┄┄┄┄┄┄ 0〔m〕┄┄┄
        オー  │   ゼロ          ゼロ                  ゼロ
              │                                        │
              │                                        ↓
              │                                     変位y₁〔m〕
              │                                        │
              │                                        ↓
   位置y₁  ○┄┄┄ t₁〔s〕┄┄┄┄ v₁〔m/s〕┄┄┄┄┄┄┄┄┄ ─┄┄┄
   速度v₁  ↓                                       │
              │  ↕           ↓加速度                │
              │  時間        (+g)=(+9.8)〔m/s²〕   変位y₂〔m〕  距離
              │ 0.6〔s〕間                           │       14.7〔m〕
              │  ↕                                    ↓        ↕
              │                                        │        │
   位置y₂  ○┄┄┄ t₂〔s〕┄┄┄┄ v₂〔m/s〕┄┄┄┄┄┄┄┄┄ ─┄┄┄
   速度v₂  ↓
              ↓         ㊟速度と変位はベクトル量であり、
                           時刻と距離はスカラー量である。
```

$$(+14.7)〔m〕 = \{v_1〔m/s〕× 0.6〔s〕\}$$
$$+ \left\{\frac{1}{2} × (+9.8)〔m/s^2〕× (0.6〔s〕)^2\right\}$$
$$\therefore v_1〔m/s〕= (+21.56)〔m/s〕$$

この v_1 の値を（式①）に代入すると、

$$(+21.56)〔m/s〕= (+9.8)〔m/s^2〕× t_1〔s〕$$
$$\therefore t_1〔s〕= 2.2〔s〕$$

(答) 2.2〔s〕後

(ii) 速度の公式 $v = v_0 + at$ に、$v = v_2$、$v_0 = 0$、$a = +g = (+9.8)〔m/s^2〕$、$t = t_2 = t_1 + 0.6〔s〕= 2.2〔s〕+ 0.6〔s〕= 2.8〔s〕$ を代入すると、

$$v_2 = 0 + (+9.8)\,[\text{m/s}^2] \times 2.8\,[\text{s}] = 27.44\,[\text{m/s}]$$
$$\fallingdotseq 27.4\,[\text{m/s}] \qquad\qquad (答)\ 約\ 27.4\,[\text{m/s}]$$

(i) の別解

右図のように、物体が自由落下する道すじを y 軸とし、その下向きを＋の向きと決める。そして物体が落下を始める点を原点 $\overset{\text{オー}}{\text{O}}$ とする。

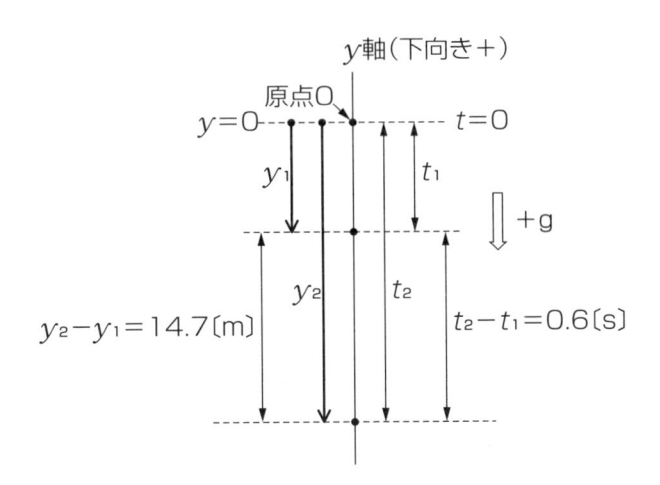

等加速度直線運動の変位の公式 $x = v_0 t + \dfrac{1}{2}at^2$ に、まず、$x = y_1$、$v_0 = 0$、$t = t_1$、$a = +g$ を代入すると、

$$y_1 = \frac{1}{2} \times (+g) \times t_1^2 \qquad\qquad \cdots\cdots (式Ⓐ)$$

次に、同じく変位の公式に、

$x = y_2$、$v_0 = 0$、$t = t_2$、$a = +g$ を代入すると、

$$y_2 = \frac{1}{2} \times (+g) \times t_2^2 \qquad\qquad \cdots\cdots (式Ⓑ)$$

$$(\text{式Ⓑ}) - (\text{式Ⓐ}) = y_2 - y_1 = \frac{1}{2}gt_2^2 - \frac{1}{2}gt_1^2$$

$$= \frac{1}{2}g(t_2^2 - t_1^2)$$

ここで、$t_2^2 - t_1^2 = (t_2 - t_1)(t_2 + t_1)$ と因数分解できるから、$y_2 - y_1 = \frac{1}{2}g(t_2 - t_1)(t_2 + t_1)$

$$\therefore (t_2 + t_1) = \frac{y_2 - y_1}{\frac{1}{2}g(t_2 - t_1)} = \frac{14.7 \text{ [m]}}{\frac{1}{2} \times 9.8 \times 0.6}$$

$$= 5.0 \text{ [s]}$$

この $t_2 + t_1 = 5.0$ [s] 及び $t_2 - t_1 = 0.6$ [s] とから、辺々引き算すると、$(t_2 + t_1) - (t_2 - t_1) = 5.0$ [s] $- 0.6$ [s]

$$\therefore 2t_1 = 4.4 \text{ [s]}$$

$$\therefore t_1 = 2.2 \text{ [s]} \qquad \text{(答)} 2.2 \text{ [s] 後}$$

18. 鉛直投射

　物体を鉛直方向（重りを糸でつるしたときの糸の方向）に投げ下ろした場合あるいは、投げ上げた場合の物体の運動を「鉛直投射」という。

（1）鉛直投げ下ろし

　これは、地上の高所から鉛直方向の下向きに物体を投げ下ろした場合の物体の運動のことである。

　自由落下運動の場合には、初速度が 0 であったが、鉛直投げ下ろしの場合には、鉛直下向きの初速度を持つ運動である。

　即ち、鉛直方向下向きに投げ下ろした物体の運動は、単なる自由落下の場合のような、初速度が 0 [m/s] の運動ではなくて、或る初速度（鉛直方向下向きの初速度）v_0 [m/s] を持つ落下運動である。

　従って、初速度が 0 [m/s] ではないというだけのことであって、あとは、引き続き物体に働き続けている重力によって一定の加速度 g で下向きに加速していく自由落下と同様な「等加速度直線運動」を続けることになる。よって、件の3つの重要な公式、

$$v = v_0 + at,\ x = v_0 t + \frac{1}{2}at^2,\ v^2 - v_0^2 = 2ax$$

を使うことができる。

　さて、次図のように、手で持って静止させていた物体を静かに手放した後の或る時間が過ぎたときの速度が v_0 [m/s] になったとする。このときの時刻を 0 [s] とし、物体はそのまま引き続いて自由落下を続けて、時刻が t [s] になったとき（即ち、時刻 0 [s] から時間が t [s] 間だけ過ぎたときの時刻のこと）の速度が v [m/s] になった場合につ

いて考える。

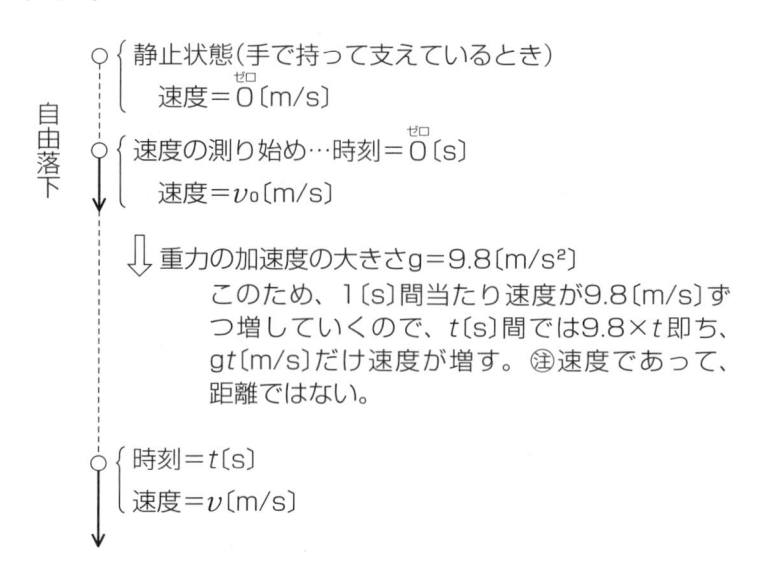

```
    ○ ┌ 静止状態(手で持って支えているとき)
自   │   速度＝0(ゼロ)〔m/s〕
由   ↓
落   ○ ┌ 速度の測り始め…時刻＝0(ゼロ)〔s〕
下   │   速度＝v₀〔m/s〕
    ↓
    ⇓ 重力の加速度の大きさg＝9.8〔m/s²〕
       このため、1〔s〕間当たり速度が9.8〔m/s〕ず
       つ増していくので、t〔s〕間では9.8×t即ち、
       gt〔m/s〕だけ速度が増す。㊟速度であって、
       距離ではない。

    ○ ┌ 時刻＝t〔s〕
    ↓ │ 速度＝v〔m/s〕
```

すると、時刻＝t〔s〕のときの速度 v〔m/s〕は、

v〔m/s〕＝v_0〔m/s〕＋gt〔m/s〕

となる。

　㊟ gt の単位は、速度の単位〔m/s〕である。gの単位 × tの単位 ＝〔m/s²〕×〔s〕＝〔m/s〕

ところで、もし、時刻＝0(ゼロ)〔s〕のときの物体の速度 v_0〔m/s〕が、自由落下によって生じた速度ではなくて、時刻0(ゼロ)〔s〕において、手で物体を投げ下ろすことによって生じた初速度 v_0〔m/s〕のときであっても、やはり、

v〔m/s〕＝v_0〔m/s〕＋gt〔m/s〕

であることに変わりはない。

　それはなぜかと言うと、たとえ、手で物体を投げ下ろして、時刻0〔s〕において物体に速度 v_0〔m/s〕を与えた場合であっても、物体が

手から一旦離れてしまうと、そのあとは、もう手から物体には何の力も働くことはないので、その後は、物体に働く力は重力だけで、その物体は落下していくからである。

つまり、時刻 0 〔s〕において、物体が下向きに持つ速度が、それまでの自由落下によるものであろうが、あるいは手による投げ下ろしによるものであろうが、関係なく、同じことである。

〈注意〉この鉛直投げ下ろしで物体に働く力は、①最初に物体を投げ下ろすときに加えられる力と、②物体に働く重力の2つの力である。しかし、このうち、①の力は、投げ下ろす瞬間にだけ物体に加えられた力であって、物体が手から放れてしまえば、もうそれ以後は、物体には働くことのない力である。これに対して②の力は、物体と地球との間に働く万有引力による力即ち重力であるから、いつまででも引き続いて働き続ける力であり、この力によって、物体に鉛直下向きの加速度 g が生じ続けるため、物体の下向きの速度は加速し続けていくのである。よって、鉛直下向きに投げられた物体の運動は、自由落下の初速度 0 の代りに、或る大きさの初速度をもっているような運動であると考えればよいわけである。即ち、鉛直投げ下ろしは、初速度をもつ、鉛直方向の等加速度直線運動である。

（例題）物体を鉛直方向下向きに 10 〔m/s〕で投げ下ろしたときについて次の問いに答えよ。ただし、重力加速度 $g = 9.8$ 〔m/s^2〕とする。また、空気の抵抗は考えないこととする。
(i) 投げ下ろした 2 〔s〕後の速度を求めよ。
(ii) 投げ下ろした 2 〔s〕後の落下距離は何〔m〕か。

(iii) 物体の速度が 20〔m/s〕になるのは、物体が何〔m〕落下したときか。

（解答）この物体が落下する鉛直方向の道すじを y 軸とし、その下向きを＋の向きと決める。すると、常に下向きである g には＋符号が付くことになり、$(+g) = (+9.8)$〔m/s²〕となる。そして、このときの物体の運動は、加速度 g が一定であるので、「等加速度直線運動」の公式を適用することができる。

(i) 公式 $v = v_0 + at$ に、$v_0 = (+10)$〔m/s〕、$t = 2$〔s〕、$a = +g = (+9.8)$〔m/s²〕を代入すると、

$v = (+10)$〔m/s〕$+ (+9.8)$〔m/s²〕$× 2$〔s〕
$= (+29.6)$〔m/s〕

v の値に＋符号が付いているということは、今の場合下向きを＋の向きと決めているから、速度 v の向きは下向きで、その大きさ（速さ）が 29.6〔m/s〕であるということを意味している。

（答）下向きで、29.6〔m/s〕

(ii) 公式 $x = v_0 t + \dfrac{1}{2} at^2$ に、$x = y$、$v_0 = (+10)$〔m/s〕、$t = 2$〔s〕、$a = +g = (+9.8)$〔m/s²〕を代入すると、

$y = \{(+10)$〔m/s〕$× 2$〔s〕$\}$
$\quad + \left\{\dfrac{1}{2} × (+9.8)\text{〔m/s²〕} × (2\text{〔s〕})^2\right\}$
$= (+20)$〔m〕$+ (+19.6)$〔m〕$= (+39.6)$〔m〕

y の値に＋符号が付いているということは、変位 y が原点（今の場合、物体を投げ下ろした点）よりも下向きの位置で、その距離が 39.6〔m〕であることを意味している。

（答）39.6〔m〕

(iii) 時間を含まない公式 $v^2 - v_0^2 = 2ax$ に、$v = (+20)$ [m/s]、$v_0 = (+10)$ [m/s]、$a = +g = (+9.8)$ [m/s²]、$x = y$ を代入すると、

$$\{(+20)\text{[m/s]}\}^2 - \{(+10)\text{[m/s]}\}^2 = 2 \times (+9.8)\text{[m/s²]} \times y$$

$$\therefore (+400)\text{[m²/s²]} - (+100)\text{[m²/s²]} = (+19.6)\text{[m/s²]} \times y$$

$$\therefore y = \frac{(+300)\text{[m²/s²]}}{(+19.6)\text{[m/s²]}} = (+15.3)\text{[m]}$$

(答) 15.3 [m]

(問題) 初速度 5 [m/s] で、物体を鉛直方向に投げ下ろした場合について、g = 9.8 [m/s²] として、次の問いに答えよ。

(i) 2 [s] 後の速度を求めよ。

(ii) 2 [s] 後の落下距離は何 [m] か。

(iii) 物体の速度が 10 [m/s] になったときの落下距離は何 [m] か。

(解答) この物体が鉛直方向に落下する道すじを y 軸とし、その下向きを+の向きと決める。

(i) 公式 $v = v_0 + at$ に、$v_0 = (+5)$ [m/s]、$t = 2$ [s]、$a = +g = (+9.8)$ [m/s²] を代入すると、

$$v = (+5)\text{[m/s]} + (+9.8)\text{[m/s²]} \times 2\text{[s]}$$
$$= (+24.6)\text{[m/s]}$$

(答) 下向き 24.6 [m/s]

(ii) 公式 $x = v_0 t + \frac{1}{2} at^2$ に、$x = y$、$v_0 = (+5)$ [m/s]、$t = 2$ [s]、$a = +g = (+9.8)$ [m/s²] を代入すると、

$$y = (+5)\text{[m/s]} \times 2\text{[s]} + \frac{1}{2} \times (+9.8)\text{[m/s²]} \times (2\text{[s]})^2$$
$$= (+29.6)\text{[m]}$$

(答) 29.6 [m]

(iii) 公式 $v^2 - v_0^2 = 2ax$ に、$v = (+10)$〔m/s〕、$v_0 = (+5)$〔m/s〕、$a = +g = (+9.8)$〔m/s²〕、$x = y$ を代入すると、

$$\{(+10)〔\text{m/s}〕\}^2 - \{(+5)〔\text{m/s}〕\}^2 = 2 \times (+9.8)〔\text{m/s}^2〕 \times y$$

$$\therefore y = \frac{(+100)〔\text{m}^2/\text{s}^2〕 - (+25)〔\text{m}^2/\text{s}^2〕}{2 \times (+9.8)〔\text{m/s}^2〕}$$

$$= (+3.83)〔\text{m}〕 \fallingdotseq (+3.8)〔\text{m}〕 \qquad (答) 3.8〔\text{m}〕$$

(2) 鉛直投げ上げ

　これは、物体を鉛直方向上向きに、即ち、真上に投げ上げた場合の物体の運動である。このとき物体に働く力は、①物体を、その物体に働いている重力に逆らって投げ上げる力と、②物体に絶えず働き続けている重力の2つである。このうち、①の力は、物体を投げ上げるときにだけ働く力であって、物体が手から放れてしまえば、もうそれ以後働くことはない。即ち、その力は、物体に上向きの初速度を与えるだけの力である。これに対して、②の力は、物体と地球との間の万有引力の力であるから物体に対して常に下向きに、即ち、地球の中心に向かって物体を引く力である。そして、この力によって物体には重力の向きと同じ向きの加速度gが生じているのである。つまり、物体が投げ上げられて上昇しつつあるときにも、また反転して下降（即ち落下）しつつあるときにも物体には「常に下向きの加速度g」＝9.8〔m/s²〕が生じ続けているのである。

　従って、物体の速度vと加速度gとの関係は、

(i) 物体が上昇中の速度vは上向きであり、加速度gは下向きであるから、vとgは互いに逆向きである。

(ii) 物体が下降中（落下中）は、速度vも、加速度gも共に下向きで、

同じ向きである。

そこで、この鉛直投げ上げの運動の場合にも、物体が運動する鉛直方向の道すじを y 軸にとると、物体の速度の「向き」や、物体に生じている加速度の「向き」や、また、物体がどちら向きにどれだけ移動したかを表わす変位の「向き」などを「y 軸の＋あるいは－の向き」によって示すことができるので計算に好都合である。

そしてこの場合も一直線上を一定の大きさの加速度 g をもって運動するので「等加速度直線運動」であることから、件(くだん)の 3 つの公式を適用することができる。

その際、もしも

Ⓐ　y 軸の上向きを＋の向きと決めた場合

物体は上向きに投げ上げるのであるから、物体の初速度 v_0 の値には、＋の符号が付くのはもちろんのこと、上向きの速度には＋の符号が付き、下向きの速度には－の符号が付く。ところで g はどうかというと、この加速度 g は、重力（これは、物体が地球から引かれる万有引力によって生ずるもの）という力によって、重力の向きと同じ向きの下向きに常に生ずるものであるから、物体が上下どちら向きに進んでいるときであっても、その「物体に生ずる重力による加速度の向きは変わることなく常に下向きである」。従って、計算を行う都合上 y 軸の上向きを＋の向きと決めた場合には、下向きは－の向きであるので、g の値には－符号を付けて計算することになる。また、変位 y については、y 軸の上向きを＋の向きと決めた場合には、上向きの変位には＋の符号が付き、逆に、下向きの変位には－の符号が付く。要するに、y 軸上の座標の値で変位を表わすことができるのである。

㊟変位は、上で述べたように、原点 O を基準にして、どちらの向

きに、(直線距離で) どれだけの位置であるかを表わす量(ベクトル)である。この変位に対して「移動距離」というものは、物体が或る位置から別の位置まで移動したときの距離のことで、これは長さを表わす量(スカラー)であるから、＋やーの符号の付かないものである。(強いて言うならば、＋の値だけしかないものである。)

従って、もしも、「y軸の上向きを＋の向きと決めて計算を行う場合についての公式」を導きたいのであれば、次のようにすればよいことになる。

等加速度直線運動の3つの公式に、

$x = y$、$a = -g$ (この g というものは、重力加速度の「大きさ」を表わすものであって、もともとは、＋やーの符号など付いていない量で、地表付近ではだいたい 9.8〔m/s²〕という大きさであり、その向きは常に鉛直・下向きである。従って、計算しやすさのために y 軸などをとって、その向きを示す＋, −の符号を導入したときに初めて g の値に＋やーの符号を付けることになるのである。)

を代入すればよいから、y 軸の上向きを＋の向きと決めた場合の、

速度の公式は、$v = v_0 + (-g)t$　即ち、$v = v_0 - gt$

変位の公式は、$y = v_0 t + \frac{1}{2}(-g)t^2$

即ち、$y = v_0 t - \frac{1}{2}gt^2$

t を含まない公式は、$v^2 - v_0^2 = 2(-g)y$

即ち、$v^2 - v_0^2 = -2gy$

となる。しかし、これらの式をいちいち覚える必要は全くない。覚えておくべき公式は、何回も言うように、「等加速度直線運動の3つの公式」だけでよい。即ち、次の3つの公式である。

$$v = v_0 + at,\ x = v_0 t + \frac{1}{2}at^2,\ v^2 - v_0^2 = 2ax$$

この3つの公式を元にして、必要に応じて、x を y に替えたり、a を g に替えたりし、また、x 軸または y 軸の＋の向きを自分で計算の都合良いように決める（ただし、問題文中で＋の向きをどちらにするか指定されているときは除く）ことによって、v_0, v, g などに＋あるいは－の符号を付けて計算を行えばよいのである。

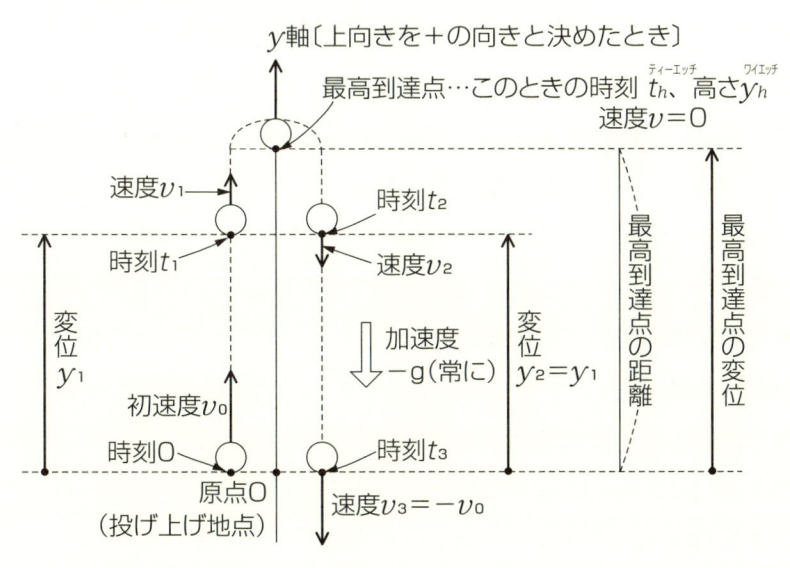

[鉛直投げ上げ]　㊟実際には、物体は y 軸上を上下する運動を行うが、見やすくするため、ずらして描いてある。

〈注意〉変位の「大きさ」は、原点Oからの直線距離（長さ）であり、変位の向きは、原点Oから上下どちら向きであるかで表わすから、上図で、時刻 t_1 における物体の変位 y_1 と時刻 t_2 における物体の変位 y_2 とは、向きも大きさも全く同じであるから、変位は等しい。しかし、物体が実際に移動した経路の距離（長さ）はどうかと言えば、

時刻 t_1 までの経路の距離と時刻 t_2 までの距離の経路とでは異なるのである。

次に、鉛直投げ上げで、物体が最高点に到達するまでの時間 t_h（ティーエッチ）（時刻でもある）及び、最高点の高さ y_h（原点Oからの）は、次のようである。上向きを＋の向きとする。

最高点では、物体が進行を折り返す点である。よって、必ず瞬間的に止まるので、そのときの速度 $v=0$ であるから、件（くだん）の速度の公式 $v = v_0 + at$ に、$v = 0$、$a = -g$、$t = t_h$ を代入すると、$0 = v_0 + (-g)t_h$
∴ $t_h = \dfrac{v_0}{g}$ となる。

また、y_h は、変位の公式 $x = v_0 t + \dfrac{1}{2} at^2$ に、$x = y_h$、$t = t_h = \dfrac{v_0}{g}$、$a = -g$ を代入すると、

$$y_h = \left\{ v_0 \times \dfrac{v_0}{g} \right\} + \left\{ \dfrac{1}{2} \times (-g) \times \left(\dfrac{v_0}{g} \right)^2 \right\} = \dfrac{v_0^2}{2g}$$

となる。即ち、

$$\begin{cases} \text{最高点に到達するまでの時間} \quad t_h = \dfrac{v_0}{g} & \cdots\cdots (\text{式} 26) \\ \text{最高点の高さ} \quad y_h = \dfrac{v_0^2}{2g} & \cdots\cdots (\text{式} 27) \end{cases}$$

また、投げ上げられた物体が最高点に到達した後、落下（これは自由落下である）してきて、投げ上げた元の位置に戻（もど）るまでの時間 t_3（ティースリー）（これは、時刻 t_3 と言ってもよい）は、元の位置（即ち、原点）の変位は 0（ゼロ）（これは、元の最初の位置に戻ったということは、位置の変化なし、即ち変位＝ 0（ゼロ）ということ）であるから、変位の公式 $x = v_0 t + \dfrac{1}{2} at^2$ に、$x = y = 0$、$t = t_3$、$a = -g$ を代入すると、$0 = v_0 t_3 + \dfrac{1}{2} \times (-g) \times t_3^2$（ティースリーの2乗）

$$\therefore \dfrac{1}{2} g t_3^2 - v_0 t_3 = 0 \quad \therefore \left(\dfrac{1}{2} g t_3 - v_0 \right) \times t_3 = 0$$

注（或る数a）×（別の数b）＝ 0 であるならば、a ＝ 0 またはb ＝ 0 である。

よって、$\frac{1}{2}gt_3 - v_0 = 0$　または　$t_3 = 0$　ということになるが、後者の $t_3 = 0$ で確かに変位が 0 であるが、これでは、最初の投げ上げたときの時刻のことであるから、$t_3 = 0$ は適合しない。従って、前者の $\frac{1}{2}gt_3 - v_0 = 0$ が適合する。

$$\therefore \frac{1}{2}gt_3 = v_0 \quad \therefore t_3 = \frac{v_0}{\frac{1}{2}g} = 2\frac{v_0}{g}$$

ここで、$\frac{v_0}{g} = t_h$ であるから（式26）、$t_3 = 2t_h$ ……（式28）

つまり、投げ上げられた物体が落下してきて再び元の位置に戻るまでの時間 t_3 が、最高点に到達するまでの時間 t_h の2倍であるということは、最高点に到達するのに要する時間と、最高点から自由落下して元の投げ上げた位置まで戻るのに要する時間とが等しいということである。

また、元の位置まで落下したときの下向きの速度の大きさ v_3 は、公式 $v^2 - v_0^2 = 2ax$ に $x = y = 0$（元の位置である原点に戻ったときの変位は 0 である）、$v = v_3$、$a = -g$ を代入すると、

$$v_3^2 - v_0^2 = 2 \times (-g) \times 0$$

$$\therefore v_3^2 - v_0^2 = 0 \quad \therefore (v_3 + v_0)(v_3 - v_0) = 0$$

（因数分解した）

$\therefore v_3 + v_0 = 0$ または $v_3 - v_0 = 0$　$\therefore v_3 = -v_0$ または $v_3 = v_0$

このうち、$v_3 = v_0$ は初速度のことであるから、適合しないので捨てる。従って、$v_3 = -v_0$ である。即ち、元の位置に戻ったときの速度 v_3 は、初速度 v_0 と逆向きで、大きさが等しい。

（参考1）動いている乗り物、例えば、電車や飛行機や気球などから、静かに外へ手放した物体は、その乗り物の速度と同じ速度をもっている。例えば、速度 v_0 で真上に上昇中の気球から静かに手放された物体は、初速度 v_0 で真上に投げ上げられた物体と同じ運動をする。

（参考2）物体を手に持って真上に投げ上げたとき、物体が手から離れた後は、その物体には、もうそれ以上、手から力は加わらない。それなのに、物体は、その後も、或る程度の高さまで引き続いて上昇するのはなぜだろうか。それは、物体に慣性があるからである。だからもしも、物体に重力が働いていなければ、物体は、上向きの等速直線運動を続けるはずである（慣性の法則）。ところが、物体には下向きの重力が絶えず働き続けているために、下向きの加速度が生じ続けるので、上向きの速度はだんだん減少してゆき、ついには速度ゼロとなり、進む向きを反転して今度は下向きに落下するわけである。物体に働く重力は、万有引力によるものであるから、物体が地球に触れないで離れていても働く力である。

（参考3）鉛直投げ上げの公式 $y = v_0 t + \frac{1}{2}(-g)t^2$（この式は、上向きを＋の向きと決めた場合の式である）。

この式の中の $v_0 t$ というものは、（速度）×（時間）＝（移動距離）であって、これは、速度 v_0 で時間 t だけ「等速」直線運動をしたときの移動距離である。また、$\frac{1}{2}(-g)t^2$ というものは、初速度 0 で加速度が $-g$ で、時間 t だけ「等加速度」直線運動をしたときの移動距離である。従って真上に投げ上げた物体の運動は、等速直線運動と等加速度直線運動とを組み合わせたものであると考えることができる。このように物体の運動が、いくつかの要素から成り立っているとき、それらの各要素は互いに影響を与え合うことなく、それぞれに独立に進行するも

のである。　　　　　　　　　　　　　　（以上（参考）終り）

（例題1）物体を鉛直方向上向きに、初速度22〔m/s〕で投げ上げた。重力加速度の大きさを9.8〔m/s²〕として、次の問いに答えよ。

(i) 2〔s〕後の速度を求めよ。
(ii) 2〔s〕後の物体の高さは何〔m〕か。
(iii) 物体の速度が8〔m/s〕になったとき、物体は何〔m〕上昇したか。

（解答）この物体が運動する鉛直方向をy軸とし、y軸の上向きを＋の向きと決めて問題を解くこととする。また、物体を投げ上げた点を原点Oとする。そうすると、物体は投げ上げられたのであるから、その初速度22〔m/s〕には＋の符号が付き（＋22）〔m/s〕となる（ただし、＋のときは、符号を省略して書かなくてもよいが、本書では、はっきりわかりやすいようにするため書くことにする）。重力加速度は常に鉛直下向きであるという事実から、gには－の符号が付くことになり、$-g = (-9.8)$〔m/s²〕となる。そしてこの運動は、加速度gの値が一定なので「等加速度直線運動」をする。

p.340で述べた公式 $v = v_0 - gt$、$y = v_0 t - \frac{1}{2} gt^2$、$v^2 - v_0^2 = -2gy$ などは、y軸の上向きを＋の向きとした公式であるから、これらをそのまま使って計算すればよいわけであるが、ここでは、あえて、覚えておいたはずの等加速度直線運動の「基本的な公式」である、$v = v_0 + at$、$x = v_0 t + \frac{1}{2} at^2$、$v^2 - v_0^2 = 2ax$ を適用して解くことにする。

(i) 等加速度直線運動の速度の公式 $v = v_0 + at$ に、初速度 $v_0 = (+22)$〔m/s〕、加速度 $a = -g = (-9.8)$〔m/s²〕、時刻 $t = 2$〔s〕

を代入すると、

$\quad 2$ 〔s〕後の速度 $v = (+22)$〔m/s〕$+ (-9.8)$〔m/s²〕$\times 2$〔s〕
$\quad\quad\quad\quad\quad\quad\quad\quad = (+2.4)$〔m/s〕

速度に＋の符号が付いているから、これは y 軸の＋の向きと同じ向きなので、この速度の向きは上向きで、速度の大きさ（即ち、速さ）は 2.4〔m/s〕である。　　　　　　　　（答）上向きで 2.4〔m/s〕

(ii) 変位の公式 $x = v_0 t + \dfrac{1}{2}at^2$ に、$x = y$、$t = 2$〔s〕、$v_0 = (+22)$〔m/s〕、$a = -g = (-9.8)$〔m/s²〕を代入すると、

$\quad y = \{(+22)$〔m/s〕$\times 2$〔s〕$\}$
$\quad\quad + \left\{\dfrac{1}{2} \times (-9.8)\text{〔m/s²〕} \times (2\text{〔s〕})^2\right\}$
$\quad\quad = (+24.4)$〔m〕

変位に＋の符号が付いているから、y 軸の原点 Ō から＋の側（向き）即ち、Ō より上側の位置で Ō からの距離が 24.4〔m〕の位置である。
　　　　　　　　（答）投げ上げた場所からの高さ 22.4〔m〕

(iii) 時間（時刻）t を含まない公式 $v^2 - v_0^2 = 2ax$ に、$x = y$、$v_0 = (+22)$〔m/s〕、$v = (+8)$〔m/s〕、$a = -g = (-9.8)$〔m/s²〕を代入すると、

$\quad \{(+8)$〔m/s〕$\}^2 - \{(+22)$〔m/s〕$\}^2$
$\quad\quad = 2 \times (-9.8)$〔m/s²〕$\times y$〔m〕
$\quad \therefore y$〔m〕$= \dfrac{(+64)\text{〔m²/s²〕} - (+484)\text{〔m²/s²〕}}{(-19.6)\text{〔m/s²〕}}$
$\quad\quad\quad\quad = (+21.4)$〔m〕

変位 y の値に＋の符号が付いているから y 軸上で原点 Ō から＋の側（向き）に距離 21.4〔m〕の位置である。

㊟ 問いの(iii)の中で、速度 8〔m/s〕と言っているのは、(＋8)〔m/s〕のことである。

(答) 21.4〔m〕

(例題 2) 物体を初速度 v_0 で鉛直方向に投げ上げた。重力加速度の大きさを g として、次の問いに答えよ。

(i) 物体が最高点に達するまでの時間はいくらか。

(ii) 最高点における高さはいくらか。

(解答) 物体を投げ上げた鉛直方向を y 軸にとり、その上向きを＋の向きと決める。そして公式にあてはめて計算することにする。そうすると、重力加速度 g は常に下向きであるから、－の符号を付けて－g とする必要がある。問題文中でも「重力加速度の大きさを g として」と言っているから、これは、「地球上で、それほど高さに差のない範囲内においては、g の値はあまり違わず、ほぼ一定値である」という意味を含んでいるから、加速度が一定であるならば、「等加速度直線運動」の公式を適用してよいということになるわけである。尚、この問題では、初速度及び重力加速度として具体的な数値は与えておらず、それぞれ v_0 及び g と与えているだけであるから、それら v_0 及び g をそのまま使って答えればよい。

(i) 投げ上げられた物体が最高点に達したときには、物体の速度 v は $\overset{\text{ゼロ}}{0}$ になる。そこで、等加速度直線運動の速度の公式 $v = v_0 + at$ に、$v = 0$、$v_0 = v_0$、$a = -g$、$t = t_h$ を代入すると、

$$0 = v_0 + (-g) \times t_h \quad \therefore t_h = \frac{v_0}{g} \quad (答) \frac{v_0}{g}$$

(ii) 等加速度直線運動の変位の公式 $x = v_0 t + \frac{1}{2} at^2$ に、$x = y_h$、

$v_0 = v_0$、$t_h = \dfrac{v_0}{g}$（これは最高点に達するまでの時間）、$a = -g$ を代入すると、

$$y = v_0 \times \dfrac{v_0}{g} + \dfrac{1}{2} \times (-g) \times \left(\dfrac{v_0}{g}\right)^2 = \dfrac{v_0^2}{g} + \dfrac{-v_0^2}{2g}$$

$$= \dfrac{2v_0^2 - v_0^2}{2g} = \dfrac{v_0^2}{2g} \qquad \text{（答）} \quad \dfrac{v_0^2}{2g}$$

（参考）上の（例題2）の(i)の（解答）によると、物体を鉛直方向に投げ上げたときに、最高点に達するまでの時間 t_h は、

$$t_h = \dfrac{v_0}{g} \, \text{[s]}$$

（単位は、$\dfrac{v_0 \text{の単位}}{g \text{の単位}} = \dfrac{\text{[m/s]}}{\text{[m/s}^2\text{]}} = \text{[m/s]} \times \text{[s}^2\text{/m]} = \text{[s]}$）

ということであるから、もし、投げ上げたときから、ちょうど1[s]後に最高点に達するようにしたいのであれば、$t_h = \dfrac{v_0}{g} = 1$ [s] であればよいのであるから、

$$v_0 = g \times 1 \, \text{[s]} = 9.8 \, \text{[m/s}^2\text{]} \times 1 \, \text{[s]} = 9.8 \, \text{[m/s]}$$

という初速度で鉛直方向・上向きに投げ出せばよいことになる。

また、もし、2[s] 後に最高点に達するようにするためには、$t_h = \dfrac{v_0}{g} = 2$ [s] であればよいから、

$$v_0 = g \times 2 \, \text{[s]} = 9.8 \, \text{[m/s]} \times 2 \, \text{[s]} = 19.6 \, \text{[m/s]}$$

という初速度で真上に投げ上げればよいわけである。

次に、同じく(ii)の（解答）から、もし、最高の高さが 100 [m] となるようにするためには、鉛直方向・上向きの初速度をいくらにすればよいかというと、

$y_h = \dfrac{v_0^2}{2g} = 100$ [m] となるような初速度 v_0 であればよいから、

$$v_0^2 = 2g \times 100 \text{ (m)} = 2 \times 9.8 \text{ (m/s}^2\text{)} \times 100 \text{ (m)}$$

$$\therefore v_0 = \sqrt{2 \times 9.8 \text{ (m/s}^2\text{)} \times 100 \text{ (m)}} = \sqrt{1960 \text{ (m/s)}^2}$$
$$= 44.27 \text{ (m/s)}$$

ということで約 44.3 〔m/s〕の初速度でよいことになる。

(以上（参考）終り)

(例題 3) 高い塔の上で高さ h_1（エッチワン）の所から物体 A を自由落下させると同時に、地上から鉛直上向きに物体 B を投げ上げたところ、B は地上からの高さ h_2 の所で上から落ちてきた A と衝突（しょうとつ）した。重力加速度の大きさを g として次の問いに答えよ。

(i) 物体 A と B とが衝突するまでの時間を求めよ。

(ii) 投げ上げられた物体 B の初速度はいくらか。

(解答) この問題は 2 つの物体の運動を組み合わせたものであるから、物体 A と B のそれぞれについて原点を別々にとって計算を行ってよい。そして物体が同時に出発しているから、衝突するまでの時間は等しいことになる。

今、この 2 つの物体 A と B が運動する鉛直方向を y 軸とし、y 軸上で物体 A が自由落下を始める点を O、物体 B が投げ上げられる点を P、そして A, B 両物体が衝突する点を Q とすると、距離としては、OP $= h_1$、PQ $= h_2$、OQ $= h_1 - h_2$ である。

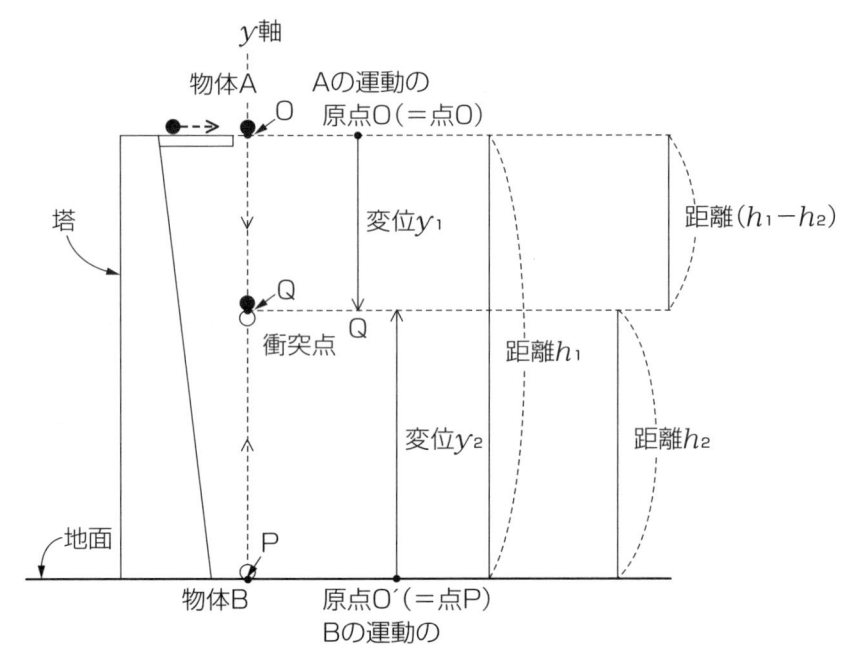

図中ラベル:
- y軸
- 物体A
- Aの運動の原点O(＝点O)
- 塔
- 変位y₁
- 距離(h₁−h₂)
- Q
- 衝突点
- 変位y₂
- 距離h₁
- 距離h₂
- 地面
- P
- 物体B
- 原点O′(＝点P) Bの運動の

㊟物体は、この図では大きく描いてあるが、実際には、その直径はh₁やh₂に比べて非常に小さく、無視できる程なので、ほとんど点の扱いをしてさしつかえない。

(i) 物体 A は自由落下するから、今、y 軸の下向きを＋の向きと決め、点 O を原点とする。すると、衝突するまでの物体 A の変位 y_1 は、ベクトル $\overrightarrow{OQ}$ であり、これは OQ の距離 $(h_1 - h_2)$ に向きを示す＋の符号を付けて表わすから $\{+(h_1 - h_2)\}$ である（＋符号は省略しても可）。即ち、変位 $y_1 = \{+(h_1 - h_2)\}$ である。また、g は常に下向きであるから、これにも＋符号を付けるので $(+g)$ と表わされる。そして、物体 A は自由落下するから、その初速度 v_0 は $\overset{\text{ゼロ}}{0}$ である。そこで、これらの値を等加速度直線運動の変位の公式 $x = v_0 t + \dfrac{1}{2} at^2$ に代入すると、

$$\{+(h_1-h_2)\} = 0 \times t + \frac{1}{2} \times (+g) \times t^2$$
$$= \frac{1}{2} \times (+g) \times t^2$$
$$\therefore t^2 = \frac{\{+(h_1-h_2)\}}{\frac{1}{2} \times (+g)} = \frac{2(h_1-h_2)}{g} \quad （＋符号は省略）$$

$$\therefore t = \pm\sqrt{\frac{2(h_1-h_2)}{g}}$$ ここで、t は＋の値であるから、√の前の－の場合は、適合しないので捨てると、

$$t = \sqrt{\frac{2(h_1-h_2)}{g}} \quad となる。\quad （答）\sqrt{\frac{2(h_1-h_2)}{g}}$$

(ii) 物体Bは、物体Aに衝突するまではAには何の関係もなく独立した運動をするので、いま、y 軸の上向きを＋の向きと決め、Bの投げ上げられる点Pを、この場合の原点 O′（オーダッシュ）とすると、BがAと衝突したときのBの変位 y_2 は、ベクトル $\overrightarrow{PQ} = \overrightarrow{O'Q}$ であり、その向きを表わすためには、その距離（長さ）に＋の符号を付けて、上向きであることを示せばよいから（＋h_2）とすればよい。即ち、$y_2 = (+h_2)$ である。そして、gは常に下向きであるから、今、上向きを＋の向きと決めている関係上、－の符号を付けて（－g）とする。

そこで、これらの値を、等加速度直線運動の変位の公式 $x = v_0 t + \frac{1}{2} at^2$ に代入すると、

$$y_2 = (+h_2) = v_0 t + \left\{\frac{1}{2} \times (-g) \times t^2\right\}$$
$$\therefore v_0 t = (+h_2) - \frac{1}{2} \times (-g) \times t^2$$
$$\therefore v_0 = \frac{h_2 + \frac{1}{2}gt^2}{t} \quad （＋の符号は煩雑（はんざつ）なので省略）$$

ここで、(i)の場合の t の値と(ii)の場合の t の値とは等しいはずであるから、(i)の答の $t = \sqrt{\frac{2(h_1-h_2)}{g}}$ を(ii)の場合の t の値としてよいか

351

ら、

$$v_0 = \frac{h_2 + \frac{1}{2}g\left\{\sqrt{\frac{2(h_1-h_2)}{g}}\right\}^2}{\sqrt{\frac{2(h_1-h_2)}{g}}}$$

$$= \frac{h_2 + \frac{1}{2}g \times \frac{2(h_1-h_2)}{g}}{\sqrt{\frac{2(h_1-h_2)}{g}}}$$

$$= \frac{h_2 + \frac{\cancel{g}}{\cancel{2}} \times \frac{2(h_1-h_2)}{\cancel{g}}}{\sqrt{\frac{2(h_1-h_2)}{g}}} = \frac{h_1}{\sqrt{\frac{2(h_1-h_2)}{g}}}$$

$$= h_1 \times \sqrt{\frac{g}{2(h_1-h_2)}} \qquad \text{(答)}\ h_1\sqrt{\frac{g}{2(h_1-h_2)}}$$

(参考)

$$\frac{h_1}{\sqrt{\frac{2(h_1-h_2)}{g}}} = h_1\sqrt{\frac{g}{2(h_1-h_2)}} \quad \text{について}$$

一般に、$A > 0$、$B > 0$ ならば、

$$\frac{\sqrt{A}}{\sqrt{B}} = \sqrt{\frac{A}{B}} \quad \left(例、\frac{\sqrt{16}}{\sqrt{4}} = \frac{4}{2} = 2、\sqrt{\frac{16}{4}} = \sqrt{4} = 2\ \text{である}\right.$$
$$\left.\text{から、}\frac{\sqrt{16}}{\sqrt{4}} = \sqrt{\frac{16}{4}}\text{である。}\right)$$

今、距離 $(h_1 - h_2) > 0$、g の大きさ $9.8 > 0$ なので、

$$\sqrt{\frac{2(h_1-h_2)}{g}} = \frac{\sqrt{2(h_1-h_2)}}{\sqrt{g}}$$ とすることができる。

従って、

$$\frac{h_1}{\sqrt{\frac{2(h_1-h_2)}{g}}} = \frac{h_1}{\frac{\sqrt{2(h_1-h_2)}}{\sqrt{g}}} = h_1 \times \frac{\sqrt{g}}{\sqrt{2(h_1-h_2)}}$$
$$= h_1 \times \sqrt{\frac{g}{2(h_1-h_2)}}$$

となる。　　　　　　　　　　　　　　　　　　（以上（参考）終り）

（問題）次問はいずれも空気の抵抗は無視するものとし、また g は一定値とする。

① ボールを鉛直上方に投げ上げたら、5〔s〕後に再び元の地面に落ちた。
　(i) ボールの上昇と落下の時間は、それぞれ何〔s〕か。
　(ii) 最高点の高さは何〔m〕か。
　(iii) ボールを投げ上げたときの初速度の大きさは何〔m/s〕か。

② 物体を初速度 v_0 で鉛直上方に投げ上げた。この物体が再び地面に到達するまでの時間を求めよ。また、物体が地面に到達した瞬間の速さは何〔m/s〕か。

③ 海面上に突き出した崖の先端から、鉛直上方に 19.6〔m/s〕の速度で石を投げ上げたところ、石は間もなく落下してきて、その崖の先端から 4.9〔m〕下方の静かな海面に落ちた。このことについて次の問いに答えよ。ただし、重力の加速度の大きさは g ＝ 9.8〔m/s²〕とする。

(i) 石が最高点に達するまでの時間と、最高点の高さはいくらか。

(ii) 投げ上げられた石が最高点に達した後、反転して、再び投げた元の位置に戻ってきたときの時間と速さはいくらか。

(iii) 投げ上げたときから海面に達するまでの時間はいくらか。

(iv) 崖の先端から 14.7〔m〕上方の位置を石が通るときまでの時間と、そのときの速度はいくらか。

(解答) ①このボールが運動する鉛直線を y 軸と見なし、その y 軸に「上向きを＋の向きであると決め」て問題を解くことにする。このことによって、厳然たる事実の g には－符号を付けて、－9.8〔m/s²〕とすることになる。

(i) ボールが最高点に達したときには、運動する向きが反転するので、その一瞬の速度は $\overset{\text{ゼロ}}{0}$〔m/s〕となる。いま、最高点に達するまでの時間を t_1 とすれば、「等加速度直線運動」の速度の公式 $v = v_0 + at$ に $v = 0$〔m/s〕、$a = -g$、$t = t_1$ を代入すると、

$$0 = v_0 + (-g)t_1$$ となる。この式を変形すると、

$$-v_0 = -gt_1 \quad \therefore t_1 = \frac{-v_0}{-g} = \frac{(+)v_0}{(+)g} \quad \cdots\cdots (式①)$$

注 v_0 自体及び g 自体は元々＋, －の符号なしの数値。

また、ボールが再び原点 $\overset{\text{オー}}{\text{O}}$（投げ上げた点）に戻ってくる時間 t_2 は、「等加速度直線運動」の変位の公式 $x = v_0 t + \frac{1}{2}at^2$ に、変位 $x = y = \overset{\text{ゼロ}}{0}$（この変位は、原点 O からの位置の変化のことであるから、ボールが元の位置である原点 O に戻ったときの変位は $\overset{\text{ゼロ}}{0}$〔m〕である。）$t = t_2$、$a = -g$ を代入すると、$0 = v_0 t_2 + \frac{1}{2}(-g)t_2^2$

$\therefore t_2 (v_0 - \frac{1}{2}gt_2) = 0$ 左の式のように掛け合わせたものが $\overset{\text{ゼロ}}{0}$ ということは、少なくとも、どちらか一方は $\overset{\text{ゼロ}}{0}$ ということであるから、

$t_2 = 0$ または $v_0 - \frac{1}{2} g t_2 = 0$、ここで $t_2 = 0$ とは、投げ上げたときの時刻であるから、これは捨てて、$v_0 - \frac{1}{2} g t_2 = 0$ の方が適合するものなので、これから t_2 を求めると、$t_2 = 2\frac{v_0}{g}$ ……（式②）

（式①）と（式②）とを比べてみると、$t_2 = 2\frac{v_0}{g} = 2t_1$ となり、これは投げ上げられた物体が再び元の位置（原点）に戻ってくるまでの時間 t_2 が最高点に達するまでの時間 t_1 の2倍に等しいということであるから、

$$t_2 = 5 \text{ (s)} = 2t_1 \quad \therefore t_1 = \frac{5 \text{ (s)}}{2} = 2.5 \text{ (s)}$$

そしてまた、$t_2 - t_1 = 5 \text{ (s)} - 2.5 \text{ (s)} = 2.5 \text{ (s)}$
となり、上昇するときの時間と落下するときの時間とは等しく、どちらも 2.5 〔s〕 である。　　　　　　　　　　　　　（答）2.5 〔s〕

(ii) 最高点に達するまでの時間が 2.5 〔s〕 とわかったから、（式①）の $t_1 = \frac{v_0}{g}$ から

$$v_0 = t_1 \times g = 2.5 \text{ (s)} \times 9.8 \text{ (m/s}^2\text{)} = 24.5 \text{ (m/s)}$$

そこで、等加速度直線運動の変位の公式 $x = v_0 t + \frac{1}{2} a t^2$ に、$x = y$、$v_0 = 24.5$ 〔m/s〕、$a = -g = -9.8$ 〔m/s²〕 を代入して y を求めると、

$$y = \{24.5 \text{ (m/s)} \times 2.5 \text{ (s)}\}$$
$$+ \left\{\frac{1}{2} \times (-9.8) \text{ (m/s}^2\text{)} \times (2.5 \text{ (s)})^2\right\}$$
$$= 30.6 \text{ (m)} \qquad （答）30.6 \text{ (m)}$$

(iii) 前の(ii)で求めたように加速度 $v_0 = 24.5$ 〔m/s〕 である。

（答）24.5 〔m/s〕

②この物体が運動する鉛直方向の道すじを y 軸とし、その上向きを＋の向きと決める。そして、物体を投げ上げた点を原点 O とする。そ

うすると、gは常に下向きという事実であるから－の符号が付いて－gとなる（g自体にはもともと符号は付いていない）。そして、原点Oから投げ上げられた物体が最高点に達して反転し、落下して再び原点Oに戻ったときには、物体の変位（即ち、原点からの位置の変化）は$\overset{\text{ゼロ}}{0}$であるから、$x = y = 0$となる。また、初速度$v_0 = v_0$、加速度$a = -g$などの値を変位の公式$x = v_0 t + \frac{1}{2} a t^2$に代入すると、

$$y = 0 = v_0 t + \frac{1}{2} \times (-g) \times t^2 = t \left(v_0 - \frac{1}{2} g t \right)$$

つまり、$t \left(v_0 - \frac{1}{2} g t \right) = 0$ということは、$t$と$\left(v_0 - \frac{1}{2} g t \right)$とを掛け合わせたものが0ということであるから、$t$が0であるか、または$\left(v_0 - \frac{1}{2} g t \right)$が0であるかのどちらかであればよいわけである。もし$t = 0$というのであれば、これは投げ上げたときの時刻であるから、物体が再び地面に到達する時間には適合しないので捨てる。そこで、$\left(v_0 - \frac{1}{2} g t \right)$の方が0だということになる。すると、$v_0 - \frac{1}{2} g t = 0$から、

$$t = \frac{v_0}{\frac{1}{2} g} = \frac{v_0}{\frac{g}{2}} = v_0 \times \frac{2}{g}$$

$$= 2 \times \frac{v_0}{g}$$

（答）$\frac{2v_0}{g}$

となる。

次に、この物体が、最高点に達した後、自由落下して原点Oに戻るまでの時間は、上下往復する時間$\frac{2v_0}{g}$（これは、上の答の値）の半分であるから、$\frac{v_0}{g}$である。そこで今、最高点から物体が自由落下した場合について考えると、$v_0 = 0$、物体が地面に到達した瞬間の速度をvとして、速度の公式$v = v_0 + at$に、今、上向きを＋としているから、$a = -g$、$t = \frac{v_0}{g}$を代入すると、

$$v = 0 + (-g) \times \frac{v_0}{g} = (-v_0)$$

地面に到達したときの速度 v が $-v_0$ のように－符号が付いているということは、＋の向きと決めた上向きとは逆向き（即ち、下向き）を意味し、その大きさが等しいということである。従って速さは向きを表わしている符号の－を取り除いて答えればよいから v_0 である。

(答) v_0

㊟このように地面から鉛直方向で上向きに初速度 v_0 で投げ上げた物体が、反転して落下し、再び地面に戻ってきたときの速度というものは、初速度（これは投げ上げた速度のこと）と大きさが等しく、向きが逆向きである。つまり、速度の大きさ（即ち速さ）は同じである。

③石を投げ上げた崖の先端を通る鉛直線を y 軸とし、投げ上げた地点を原点Oとすれば、石は y 軸上を上昇し、再び y 軸上を落下してくることになる。

そこで、いまこの y 軸の上向きを＋の向きと決める。すると、常に下向きである加速度は $(-g) = (-9.8)$ [m/s²] となり、これは一定と考えてよいから、等加速度直線運動の公式を適用することができる。

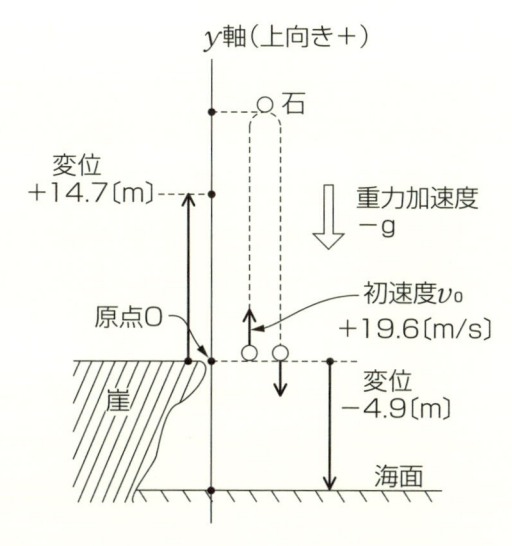

(i) 石が最高点に達したときには速度 $v = 0$ である。そして今、初速

度 $v_0 = (+19.6)$ [m/s]、加速度 $a = -g = (-9.8)$ [m/s^2] であるから、これらの値を速度の公式 $v = v_0 + at$ に代入すると、

$$0 = (+19.6)\text{[m/s]} + (-9.8)\text{[m/s}^2\text{]} \times t$$

$$\therefore t = \frac{(+19.6)\text{[m/s]}}{(+9.8)\text{[m/s}^2\text{]}} = 2 \text{[s]}$$

また、このときの最高点の高さ y は、変位の式 $x = v_0 t + \frac{1}{2}at^2$ に、$x = y$ [m]、$v_0 = (+19.6)$ [m/s]、$a = -g = (-9.8)$ [m/s^2]、$t = 2$ [s] を代入すると、

$$y = (-19.6)\text{[m/s]} \times 2 \text{[s]}$$
$$+ \frac{1}{2} \times (-9.8)\text{[m/s}^2\text{]} \times (2 \text{[s]})^2$$
$$= (+39.2)\text{[m]} + (-19.6)\text{[m]} = (+19.6)\text{[m]}$$

(答) 2 [s] 後で、崖の先端から 19.6 [m] の高さ。

(ii) 元の投げ上げられた位置というのは、原点 O のことを指している。従って、石が落下してきて、原点 O に戻ったときには、変位（これは原点からの位置の変化）は 0 である。そこで、変位の公式 $x = v_0 t + \frac{1}{2}at^2$ に、

$x = y = 0$、$v_0 = (+19.6)$ [m/s]、$a = -g = (-9.8)$ [m/s^2] を代入すると、

$$0 = (+19.6)\text{[m/s]} \times t \text{[s]}$$
$$+ \frac{1}{2} \times (-9.8)\text{[m/s}^2\text{]} \times (t \text{[s]})^2$$

$\therefore 19.6t - 4.9t^2 = 0$ ……（単位記号と＋符号省略）

$\therefore t(19.6 - 4.9t) = 0$　$\therefore t = 0$ または、$19.6 - 4.9t = 0$

ここで、石が、元の原点まで戻る時間は 0 ではないから、$t = 0$ は捨てると、$19.6 - 4.9t = 0$ から $t = 4$ [s]

また、落下してきた石が原点 O に戻ったときの速度 v は、速度の公

式 $v = v_0 + at$ に、$v_0 = (+19.6)$ [m/s]、$a = -g = (-9.8)$ [m/s²]、$t = 4$ [s] を代入すると、

$$v = (+19.6) \text{[m/s]} + (-9.8) \text{[m/s²]} \times 4 \text{[s]}$$
$$= (-19.6) \text{[m/s]}$$

この速度 v の値に－符号が付いているのは、この速度が初めに決めた y 軸の＋の向きである上向きとは逆向きの下向きであることを表わしている。そして速度の大きさ（速さ）は 19.6 [m/s] である。

(答) 4 [s] 後で 19.6 [m/s]

(iii) y 軸の上向きを＋の向きと決めているから、原点 O よりも下側の位置の座標は − (マイナス) の値である。即ち、原点より下側の変位には－の符号が付く。そこで変位の公式 $x = v_0 t + \dfrac{1}{2} at^2$ に、

$x = y = (-4.9)$ [m]、$v_0 = (+19.6)$ [m/s]、$a = -g = (-9.8)$ [m/s²] を代入すると、

$$(-4.9) \text{[m]} = (+19.6) \text{[m/s]} \times t \text{[s]}$$
$$+ \frac{1}{2} \times (-9.8) \text{[m/s²]} \times (t \text{[s]})^2$$

ここで、単位記号や＋符号を付けると煩雑であるから省くと、

$$-4.9 = 19.6t - 4.9t^2 \quad (\text{移項して整頓すると})$$

$$4.9t^2 - 19.6t - 4.9 = 0$$

∴ $4.9(t^2 - 4t - 1) = 0$　この式の左辺が 0 (ゼロ) であるためには、

$t^2 - 4t - 1 = 0$　この 2 次方程式を根の公式を使って解くと、

$$t = \frac{4 \pm \sqrt{20}}{2} = \frac{4 \pm 4.47}{2}$$

∴ $t = -0.24$ [s]　または　4.24 [s]

時間は＋の値であるから、-0.24 [s] は捨てると、

$$t = 4.24 \text{[s]}$$

(答) 4.24 [s]

359

(iv) 変位の公式 $x = v_0 t + \frac{1}{2} at^2$ に、
$x = y = (+14.7)$〔m〕、$v_0 = (+19.6)$〔m/s〕、$a = -g = (-9.8)$〔m/s²〕を代入すると、

$$(+14.7)〔m〕 = (+19.6)〔m/s〕 \times t〔s〕 + \frac{1}{2}(-9.8)〔m/s²〕 \times (t〔s〕)^2$$

以後、単位と＋符号を省いて計算する。

∴ $14.7 = 19.6t - 4.9t^2$ （これを移項して整頓すると）

∴ $4.9t^2 - 19.6t + 14.7 = 0$ （4.9で割ると）

∴ $t^2 - 4t + 3 = 0$ （これを因数分解すると）

∴ $(t-1)(t-3) = 0$ （掛けたものが0だからどちらかが0）

∴ $t - 1 = 0$ または $t - 3 = 0$

∴ $t = 1$ または $t = 3$

即ち、石が崖の先端の上方14.7〔m〕の点を通るときの時刻は、$t = 1$〔s〕または$t = 3$〔s〕のときである。そこで先ず$t = 1$〔s〕のときの速度v_1（これは上昇速度）を速度の公式$v = v_0 + at$を適用して求めると、

$v_1 = (+19.6)$〔m/s〕$+ (-9.8)$〔m/s²〕$\times 1$〔s〕
　　$= (+9.8)$〔m/s〕

次に、$t = 3$〔s〕のときの速度v_2を求めると、

$v_2 = (+19.6)$〔m/s〕$+ (-9.8)$〔m/s〕$\times 3$〔s〕
　　$= (-9.8)$〔m/s〕

このv_2の値に－符号が付いているということは、今、上向きを＋の向きと決めているので、その逆向き、即ち下向きを表わしている。つまり、この$t = 3$〔s〕のときの石の持つ速度は下向きで、その大きさが9.8〔m/s〕という意味である。

(答) $\begin{cases} 1\,[\mathrm{s}]\text{後の速度は上向きで、大きさ }9.8\,[\mathrm{m/s}] \\ 3\,[\mathrm{s}]\text{後の速度は下向きで、大きさ }9.8\,[\mathrm{m/s}] \end{cases}$

(まとめ) 自由落下、鉛直投げ下ろし、鉛直投げ上げの場合には、次のようにすればよい。

① 先ず、物体の運動する鉛直方向の道すじを y 軸にとり、その y 軸の正（＋）の向きを上向きとするか、あるいは下向きとするかを決める。

② それによって、v_0, v, g, y などに付ける正（＋）または負（－）の符号が決まる。

③ それら符号付きの数値を「等加速度直線運動の公式」に代入して計算をする。

④ 特に鉛直投げ上げの場合には、

$\begin{cases} \text{最高点と言ったら、}v=0\text{とおく。} \\ \text{元の位置に戻ったと言ったら、}y=0\text{とおく。} \end{cases}$

そして③の計算をする。

19. 滑らかな㋕斜面上の落下運動

㋕滑らか……物体と面との間の摩擦が小さいので摩擦力を無視してよいという意味。

斜面上にある物体は、物体と斜面との間に摩擦力が働かない場合には、斜面に沿って落下運動をする。しかし、このときには、「自由落下とは異なり」、物体には重力㋥のほかに、斜面からの「垂直抗力」㋨が働く。ここでは、複雑にしないために、斜面は摩擦のない（即ち、滑らかな）斜面であると仮定し、その斜面上を物体が滑り落ちる場合について考えることとする。

㋥重力……物体に或る力が働くと、その物体には、力の向きと同じ向きに加速度が生ずる。

質量 m の物体に働く力が F であれば、その物体に生ずる加速度 a は、

$$F = m \times a$$

の関係があるということは前に運動の法則で学んだ。

地球表面付近の物体には、$g = 9.8 \,[\text{m/s}^2]$ というほぼ一定の大きさの加速度が下向き（即ち、地球の中心に向かって）生ずることが、実測によってわかっている。

つまり、$F = m \times a$ の加速度 a に相当する、地球の引力によって生ずる加速度が g なのであるから、「質量 m の物体が、地球によって下向きに引かれる力 F」は、

$$F = m \times g$$

である。そして、この力「$m \times g$」のことを特に「重力」と呼ぶ

のである。

　地表付近では、質量が m の物体には、地表に接触している（即ち、地上に置かれている）ときだけでなく、地表から少し離れた空中に存在しているときでも、物体には、この mg という重力が絶えず働き続けているのである。

㊅垂直抗力……地面から離れて空中にある物体は、もし何か他の物体によって支えられていなければ、重力を受けているため直ちに落下してしまう。しかし、床面や机上面などに置かれて、それらの面によって支えられていれば、落下しない。そのわけは、それらの面が物体に鉛直上向きの力を及ぼして、その力が物体に働いている重力とつり合っているからである。つまり、物体には mg という重力が働いているのに、物体は静止したままでいるということは、この物体には、重力を打ち消すような力（即ち、重力とつり合う力）が働いていることになる。「面が、その面に接触している物体に及ぼす力」のことを面の「抗力」といい、特に面に垂直な抗力を「垂直抗力」という。

上図（A）では、1つの物体に働く2つの力即ち、重力 mg と垂直抗力 N とがつり合っている。また図（B）では、1つの物体に働く垂直抗力 N と mg の分力のうち、斜面に垂直な分力 $mg \cdot \cos\theta$ とがつり合っている。

また、図（B）で、もしも、物体と

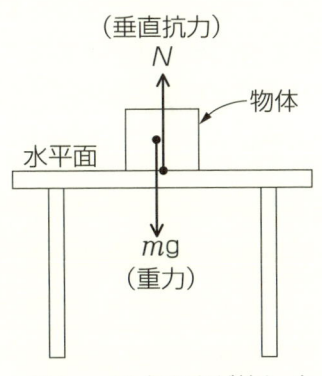

N と mg は大きさが等しく、向きが逆で、つり合っている。

図(A)

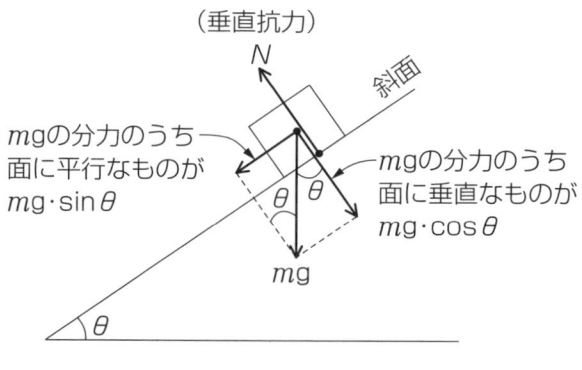

（垂直抗力）

mg の分力のうち面に平行なものが $mg \cdot \sin \theta$

mg の分力のうち面に垂直なものが $mg \cdot \cos \theta$

N と $mg \cdot \cos \theta$ は大きさが等しく、向きが逆で、つり合っている。　図(B)

斜面との間に摩擦力㋔が働かない場合（滑らかな斜面）には、物体は mg の分力 $mg \cdot \sin \theta$ によって、斜面を滑り落ちる。このとき、斜面に垂直な N と $mg \cdot \cos \theta$ とは、つり合っているので、斜面に平行な運動には影響しない。

　㋔摩擦力……面に接している物体に対して、その物体の運動を妨げるように、面から物体に働く力。

　尚、右図（C）のように面と物体との間に摩擦があって、物体が面から摩擦力を受ける場合に、

①物体が斜面上で静止しているときには、その摩擦力と、重力 mg の分力のうちの斜面に平行な分力である $mg \cdot \sin \theta$ とがつり合っている。（N と、mg の斜面に垂直な分力

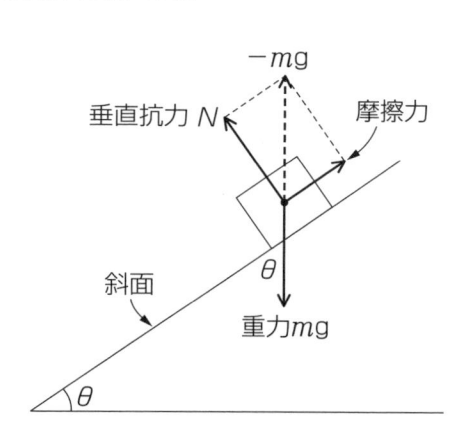

mg と $-mg$（これは N と摩擦力との合力）とがつり合っている。　図(C)

$mg\cdot\cos\theta$ とは、もちろんつり合っている。)

② この斜面と水平面とがなす角度 θ をだんだん大きくしていくと、ついには物体は斜面上を左下方に向かって滑り出すが、その滑り出す直前のときの摩擦力のことを「最大静止摩擦力」または単に「最大摩擦力」という。

斜面上の物体に対して、斜面と平行な方向の分力 $mg\cdot\sin\theta$ の値が、この最大静止摩擦力よりも、わずかでも大きくなると、物体は、斜面上を滑り落ち始める。そして物体が滑っている間も摩擦力は物体に働き続けるのであるが、このような物体が動いているときに受ける摩擦力のことを「動摩擦力」という。そして、この動摩擦力は、最大静止摩擦力よりは小さい。

③ 下の〔図1〕のように、水平面の上に静かに置かれている物体には、地球の引力によって物体に生ずる重力 W と、その下に接触している水平面から物体に働く垂直抗力 N とがつり合っている。そして、このほかに外部から何の力も働かないときには、この物体はいつまでも静止を続ける（慣性の法則）。

ところが〔図2〕のように、この物体に糸を結び付けて水平方向の力（糸の張力）T で引いたときには次のようである。

(a) もしも、物体の置かれている水平面が「なめらかな面」（これは、

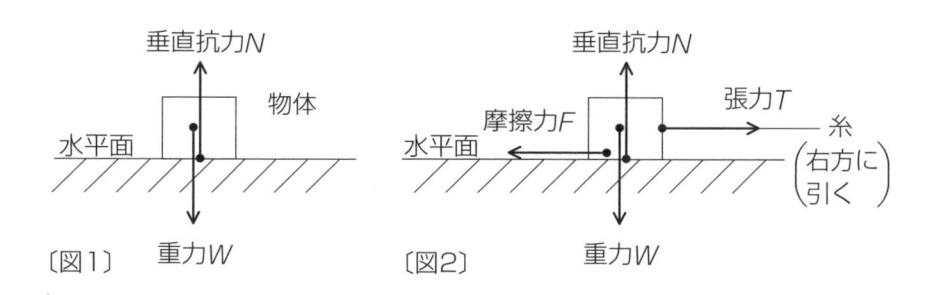

〔図1〕 垂直抗力 N、物体、水平面、重力 W

〔図2〕 垂直抗力 N、摩擦力 F、張力 T、糸（右方に引く）、水平面、重力 W

「摩擦力を無視できる面」のこと)である場合には、この物体がどれほど重い物体であっても、張力 T として非常に小さな力を加えただけであっても、物体は動き出す。

(b) ところが、実際の多くの場合のように、物体の置かれている面が摩擦のある「あらい面」(これは「摩擦力が働く面」のこと)である場合には、水平方向に引く力 T が、まだ小さな力であるうちは、物体は動き出さずに静止したままである。そのわけは、面があらいために、面から物体に摩擦力 F が働いて、この F と T とがつり合っているからである。即ち、このとき、F と T とは互いに大きさが等しく向きが逆の力だからである。

もちろん、物体に引く力 T を働かせないときには、摩擦力 F は発生しない。即ち、摩擦力というものは、面上に接触している物体を動かそうとして引く(あるいは押す)力を物体に働かせたときに初めて発生する、面から物体に働く力なのである。

さて、この引く力 T をもっと大きくしていくとどうなるかというと、張力 T をだんだん大きくしていくと、それに応じて、面から物体に働く摩擦力 F もだんだん大きくなっていくのであるが、それでもまだ、物体が静止している間は、T と F とがつり合った状態になっているのである。しかし更に引く力 T を大きくしていくと、面から物体に働く摩擦力の大きさには、実は、限度があって、引く力 T の大きさが或る大きさを越えると、物体は、あらい面上を滑って動き出す。この物体が動き出す直前の摩擦が一番大きいので、このときの摩擦力が②で述べた「最大(静止)摩擦力」のことである。

実験によってわかっていることであるが、最大摩擦力 F' は、面から物体に働く垂直抗力 N (これは、物体の重さ《重力の大きさ》と等

しい大きさである）に比例する。このときの比例定数を μ（ミュー）とおくと、$F' = \mu \times N$ と表わされる。この μ のことを「静止摩擦係数（けいすう）」という。そしてこの μ の値は、物体の表面の性質と、それと接触している面の（表面の）性質によって決まり、接触面積には、ほとんど関係ない。従って、物体を面の上に置くときに、物体のどの面を下に向けて置いた場合でも、最大静止摩擦力はほとんど同じである。

尚、物体が、あらい面の上を滑り動いているときに、面から物体に働く動摩擦力 f（エフ）についても、次式で表わされるように、f は垂直抗力 N に比例する。$f = \mu' N$

この μ'（ミューダッシュ）のことを動摩擦係数という。

そして、動摩擦係数 μ' は静止摩擦係数 μ よりも小さい。

（例）

接触する2つの物体	動摩擦係数 μ'	静止摩擦係数 μ
鋼鉄と鋼鉄（乾燥状態）	0.42	0.78
鋼鉄と鋼鉄（油を塗布（とふ）した状態）	0.003～0.1	0.005～0.1

（参考1）力のつり合い

1つの物体にいくつかの力が働いているにもかかわらず、その物体が静止している場合には、これらの「力はつり合っている」という。

運動の第2法則によると、式 $\vec{F} = m\vec{a}$ で表わされるように、質量 m の物体に力 $\vec{F}$ が働くと、その物体には加速度 $\vec{a}$ を生ずる。つまり、物体に力が働けば、物体は運動を起こしたり、あるいは、運動の状態を変えたりするはずである。ところが、物体にいくつかの力が働いていても、物体が静止している場合には、それらの力の働きが互いに打ち消し合っ

ていることになる。

① 2力のつり合い

　1つの物体に、向きが反対（即ち、逆向き）で、大きさが等しく、一直線上に2つの力が働くとき、これらの2力はつり合う。

② 3力のつり合い

　1つの物体に働く3つの力がつり合うのは、それら3力のうちのどれが2力の合力と、残りの1力とが、大きさが等しく、一直線上にあって反対向きであれば、これらの3力はつり合う。

(参考2) 2力のつり合いと、作用・反作用

　つり合う2力は、「1つの物体に働く2力」について言うのであるが、作用と反作用とは、「それぞれ別の物体に働いている2力」について言うのであるから、混合してはならない。今、次図のように一端をおもり

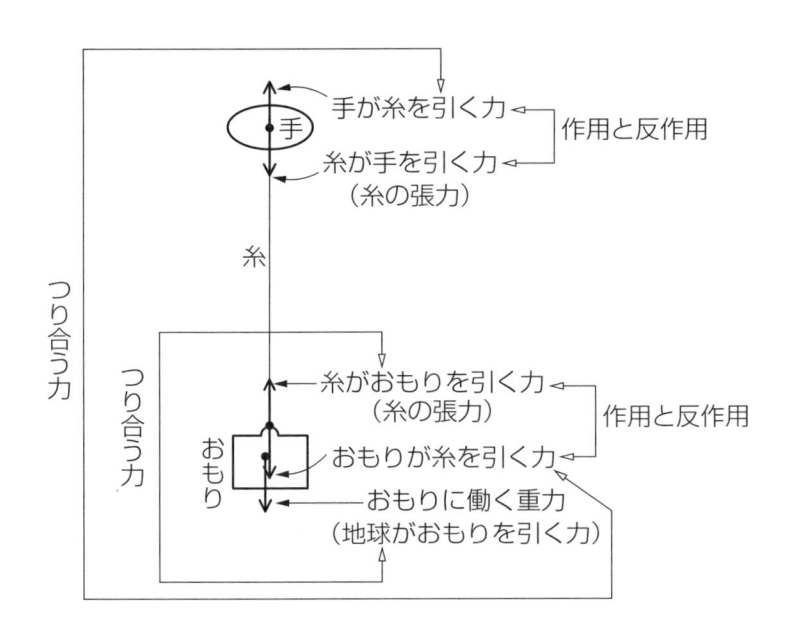

に結んだ糸の上端を手でつまんで支えている場合について考えると前図のようである。　　　　　　　　　　　　　　　　（以上（参考）終り）

　さて、次図のように、滑(なめ)らかな斜面（即ち、摩擦力が小さくて無視してよい斜面）が、水平面と角度θ(シータ)をなしているとする。この斜面上にある質量mの物体には、鉛直方向で下向きの重力mgが働いている。今、この重力mgを「斜面に垂直な分力(ぶんりょく)」と「斜面に平行な分力」とに分解すると次のようになる。

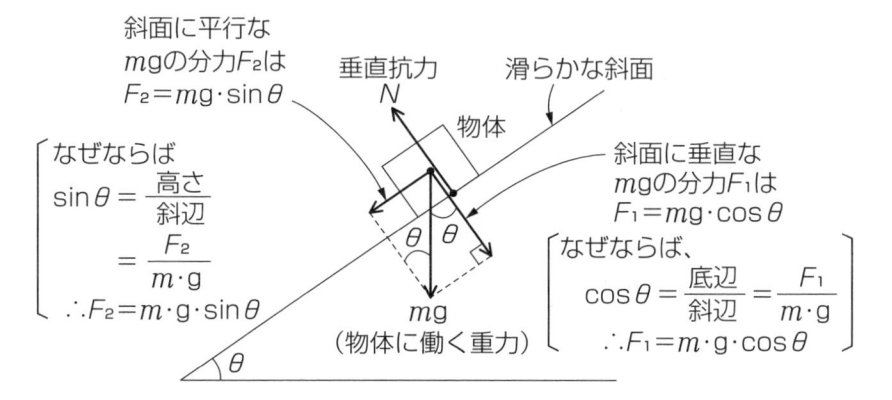

斜面に平行なmgの分力F_2は
$F_2 = mg \cdot \sin\theta$

垂直抗力 N
物体
滑らかな斜面

斜面に垂直なmgの分力F_1は
$F_1 = mg \cdot \cos\theta$

なぜならば
$\sin\theta = \dfrac{高さ}{斜辺}$
$= \dfrac{F_2}{m \cdot g}$
$\therefore F_2 = m \cdot g \cdot \sin\theta$

mg
（物体に働く重力）

なぜならば、
$\cos\theta = \dfrac{底辺}{斜辺} = \dfrac{F_1}{m \cdot g}$
$\therefore F_1 = m \cdot g \cdot \cos\theta$

$\begin{cases} 斜辺に垂直な分力 F_1 = mg \cdot \cos\theta \\ 斜辺に平行な分力 F_2 = mg \cdot \sin\theta \end{cases}$

である。（下図参照）

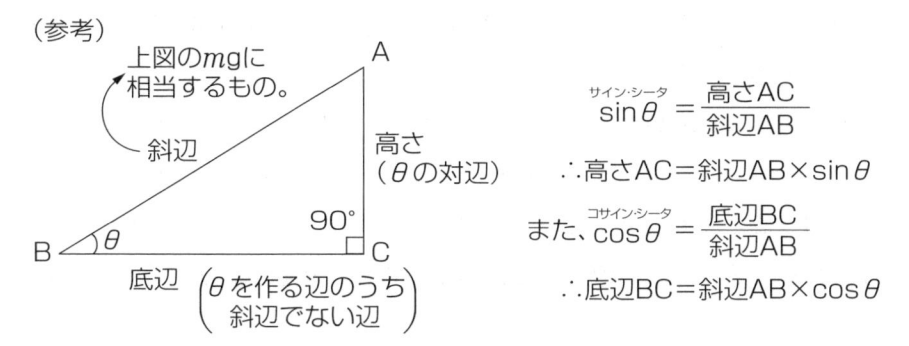

（参考）

上図のmgに相当するもの。
斜辺
高さ（θの対辺）
90°
B　θ　　　C
底辺（θを作る辺のうち斜辺でない辺）

$\sin\theta$(サイン・シータ)$= \dfrac{高さAC}{斜辺AB}$

$\therefore 高さAC = 斜辺AB \times \sin\theta$

また、$\cos\theta$(コサイン・シータ)$= \dfrac{底辺BC}{斜辺AB}$

$\therefore 底辺BC = 斜辺AB \times \cos\theta$

そして、「物体は斜面に垂直な方向には運動しない」から、その方向の力はつり合っていることになる。つまり、

　　　垂直抗力 N の大きさ ＝ 重力 mg の斜面に垂直な分力の大きさ F_1

即ち、　$N = mg \cdot \cos\theta$

である。

　㊟重力 mg を、その2つの分力 F_1 及び F_2 で考えることにすれば、
　　　元の力 mg は、もう考えないでもよいことになる。

この物体に斜面に平行な方向に働く分力の大きさは、

　　　$F_2 = mg \cdot \sin\theta$

だけである。尚、この斜面には摩擦がないものとしているから、斜面方向の運動方程式、力 ＝ 質量 × 加速度

即ち、　$F_2 = m \times a$

ということから、斜面方向については、

　　　$mg \cdot \sin\theta = m \times a$

　　　$\therefore a = \dfrac{mg \cdot \sin\theta}{m} = g \cdot \sin\theta$

即ち、　　　　　$a = g \cdot \sin\theta$ 　　　　　……（式29）

である。

　つまり、このときの「加速度の大きさは $g \cdot \sin\theta$」であるから、次のように表現できる。

「滑らかな斜面上の物体は、その斜面の方向に加速度 $g \cdot \sin\theta$ で、等加速度直線運動をする。」

　従って、この運動のときにも、「等加速度直線運動の3つの公式」

　　　$v = v_0 + at$、$x = v_0 t + \dfrac{1}{2}at^2$、$v^2 - v_0^2 = 2ax$

を適用することができることになる。ただし、a の値は（式29）の通りである。そして、このことは物体が滑らかな斜面上を滑り落ちるとき

19. 滑らかな斜面上の落下運動

はもちろんのこと、物体に斜め上向きに力を加えて、斜面に沿って引き上げるときにもあてはまる。

(例題) 水平面と角度 θ をなす滑らかな斜面上で、高さ h の所から物体を静かに初速度を与えずに滑り落とさせた。このことについて、次の問いに答えよ。
(i) 物体が水平面に達するまでの時間を求めよ。
(ii) 水平面に達したときの物体の速度はいくらか。

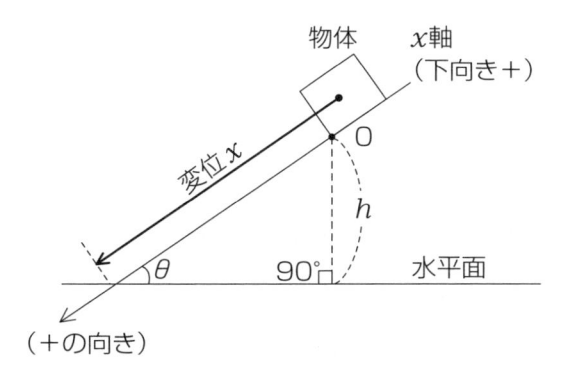

(解答)(i) 物体が滑り落ちる斜面上の道すじを x 軸とし、x 軸の斜め下向きを＋の向きと決める。そして物体が落下を始める点を原点 O とする。物体の初速度は 0 であり、加速度 $(+g)\cdot\sin\theta$ で斜面に沿って等加速度直線運動をする。物体が水平面に達するまでの時間を t、そのときの物体の変位を x とする。これらの値を変位の公式 $x = v_0 t + \frac{1}{2}at^2$ に代入すると、

$$x = 0 \times t + \left\{\frac{1}{2} \times (+g)\sin\theta \times t^2\right\}$$

ここで、図から x を h と θ を使って表わすと、

$$\sin\theta = \frac{高さ}{斜辺} = \frac{h}{x} \quad \therefore x = \frac{h}{\sin\theta}$$

となるので、これを上の式の x に代入すると、

$$\frac{h}{\sin\theta} = \frac{1}{2} \times (+g)\sin\theta \times t^2$$

$$\therefore t^2 = \frac{\dfrac{h}{\sin\theta}}{\dfrac{1}{2}\times(+g)\sin\theta} = \frac{h}{\sin\theta} \times \frac{2}{g\cdot\sin\theta}$$

$$= \frac{2h}{g\cdot(\sin\theta)^2}$$

$$\therefore t = \sqrt{\frac{2h}{g(\sin\theta)^2}} = \frac{1}{\sin\theta}\sqrt{\frac{2h}{g}} \quad \text{(答)}\frac{1}{\sin\theta}\sqrt{\frac{2h}{g}}$$

(ii) 速度の公式 $v = v_0 + at$ に、

$v_0 = 0$、$a = (+g)\cdot\sin\theta$、$t = \dfrac{1}{\sin\theta}\sqrt{\dfrac{2h}{g}}$ を代入すると、

$$v = 0 + g\cdot\cancel{\sin\theta} \times \frac{1}{\cancel{\sin\theta}}\sqrt{\frac{2h}{g}} = g\sqrt{\frac{2h}{g}} = \sqrt{g^2}\cdot\sqrt{\frac{2h}{g}}$$

$$= \sqrt{g^2\cdot\frac{2h}{g}} = \sqrt{2gh} \qquad \text{(答)}\sqrt{2gh}$$

（問題）水平面と30°の角度をなす滑らかな斜面上を、斜め上向きに、物体を滑らせつつ投げ上げたところ、5〔s〕後に再び元の位置に戻ってきた。このことについて次の問いに答えよ。

(i) 初速度を求めよ。

(ii) 最高点に達するまでに何〔m〕滑ったか。

（解答）この物体の運動する道すじを x 軸とし、その斜面に沿って上向きを正（＋）の向きと決め、物体の初めの位置を原点 O とす

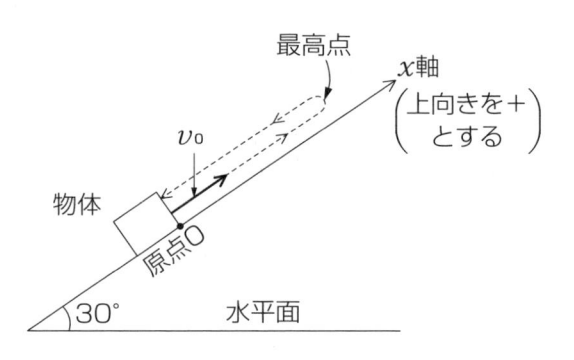

る。このとき物体に生ずる加速度の「大きさ」は、g・sin30° = 9.8 × $\frac{1}{2}$ であるが、「向き」はどちら向きかというと、g は常に下向きであるから g・sinθ なる加速度は斜面に沿って「下向き」である。そして、今の場合には、斜面に沿って上向きを＋の向きと決めて計算することにしているので、ここでは、－の符号を付けて示す必要がある。即ち、加速度 a ＝－g・sin30°＝－9.8 × $\frac{1}{2}$ とすることになる。（注 sin30°＝$\frac{1}{2}$、p.483 参照）

つまり、この物体が投げ出された瞬間から後に、この物体に働く力は重力だけである。そして、その重力によってこの「物体に生ずる加速度 a」は、次のようなものである（それは滑らかな斜面上の運動だからである）。即ち、加速度の「大きさ」は g・sinθ である。また加速度の「方向と向き」は、水平方向と 30°の角度の斜め方向の斜め下向きである。

従って、今この問題を解くために、水平方向と 30°をなす斜め上向きを＋の向きと決めたのであるから、その方向の斜め下向きは、－の向きということになる。それで、このときの加速度は、大きさ g・sinθ に、向きを表わすための－符号を付けて、－g・sinθ とするのである。

つまり、加速度はベクトル量であるから、大きさと、方向及び向きを同時に 1 つの数値として表現することによって、計算が大変便利となるのである。

そうすると、この物体の運動は、－g・sin30°＝－9.8〔m/s²〕× $\frac{1}{2}$ という一定の加速度を生ずる運動をすることになるので、件の「等加速度直線運動の 3 つの公式」を適用して計算を行なうことができるわけである。

（ⅰ）物体を斜面上で投げた点（これを原点 O とする）から、或る時間

後に、その物体がどんな位置（場所）に存在するかということを表わす点Aまでの位置の変化を表わす量が「変位」と呼ばれる量である。ベクトル量は大きさと方向・向きとを持つから、大きさは、原点から点Aまでの直線距離のことであり、方向はx軸の方向で、向きはx軸の＋の向きまたは－の向きで表わされる。つまり、変位は、物体が運動するx軸上の原点Oから、どちら向きに、どれだけの距離移動したかを表わすものである。

問題(i)では、投げた5〔s〕後に再び元の位置即ち、原点O（オー）に戻ってきたというから、変位の大きさは、原点から同じ原点O（オー）までの直線距離（これは、経路(けいろ)のことではない）ということで0(ゼロ)である。即ち、

$x = 0$〔m〕である。

そこで、変位の公式 $x = v_0 t + \dfrac{1}{2} at^2$ に、
$x = 0$、$a = (-9.8) \times \dfrac{1}{2}$〔m/s²〕、$t = 5$〔s〕を代入すると、

$0 = v_0 \times 5$〔s〕$+ \dfrac{1}{2} \times (-9.8) \times \dfrac{1}{2}$〔m/s²〕$\times (5$〔s〕$)^2$

∴ $v_0 \times 5$〔s〕$= -\dfrac{1}{4} \times (-9.8)$〔m/s²〕$\times 25$〔s²〕

∴ $v_0 = \dfrac{\left(+\dfrac{9.8}{4}\right) \times 25 \text{〔m〕}}{5 \text{〔s〕}} = (+12.25)$〔m/s〕

初速度 v_0 の値に＋符号が付いているから斜め上向きで、その大きさは 12.25〔m/s〕である。

（答）斜面に沿って上向きに 12.25〔m/s〕

(ii) 最高点に達すると、速度が0(ゼロ)になるから、速度の公式 $v = v_0 + at$ に、$v = 0$、$v_0 = (+12.25)$〔m/s〕、$a = -g \cdot \sin 30° = (-9.8) \times \dfrac{1}{2}$〔m/s²〕を代入すると、

$$0 = (+12.25) \text{[m/s]} + (-9.8) \times \frac{1}{2} \times t \text{ [s]}$$

$$\therefore t \text{ [s]} = \frac{(+12.25) \text{[m/s]}}{\left(+9.8 \times \frac{1}{2}\right) \text{[m/s}^2\text{]}} = 2.5 \text{ [s]}$$

この時間 $t = 2.5$ 〔s〕その他の値を、変位の公式 $x = v_0 t + \frac{1}{2} a t^2$ に代入すると、

$$x = \{(+12.25) \text{[m/s]} \times 2.5 \text{ [s]}\}$$
$$+ \left\{\frac{1}{2} \times \left(-9.8 \times \frac{1}{2}\right) \text{[m/s}^2\text{]} \times (2.5 \text{ [s]})^2\right\}$$
$$\fallingdotseq (+30.63) \text{[m]} + (-15.31) \text{[m]} = (+15.3) \text{[m]}$$

x の値に＋符号が付いているから、このことは、変位が斜面に沿って上向きであることを意味するものであり、その大きさが 15.3 〔m〕であるということを表わしている。

(答) 15.3 〔m〕

20. 水平投射

（1）水平投射

水平投射とは、物体を水平方向⑦、即ち、真横に投げることをいう。

⑦水平方向……静止している水面の方向。即ち、容器中で動かずに静止している水の表面の方向が水平方向である。

従って、1点Aを通る水平方向というものは、右図のように、点Aのまわりの360°にわたって、数限りなく存在する。しかし、点Aを通り、正確に東西の方向というものは、ただ1つしか存在しない。つまり、右図で「点Aを通り、東西方向で東向き」と言えば、図のような水平面

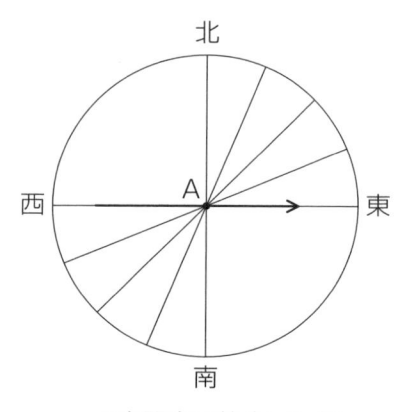

〔容器中で静止した水を真上から見た場合〕

上での場合には矢印で表わされるような、ただ1つの方向と向きのことである。

さて、物体を水平方向に投げるときには、投げる瞬間だけ物体に（例えば手から）力を加えるわけである。このように物体に外部から力を加えると、運動の第2法則（式は、$\vec{F} = m\vec{a}$）で言っているように、その物体には加速度を生ずる。そして、このとき物体に生ずる加速度の向きは、加えた力の向きと同じ向きである。

もし、1つの物体に対して、外部から同じ向きの力を加え続ければ、

その物体には同じ向きに加速度が生じ続けるので、力の向きの物体の速度は増加し続けることになる。

　しかし、物体に加える力が1度だけで、あとは加えない場合には、物体に生ずる加速度は1度だけであるから、その加速度によって変化した新たな速度をずーっと保ったまま、物体は等速直線運動を続けることになる（これは、慣性の法則から言えること）。

　さて、それでは、地上の塔の上から、水平方向に物体を投げ出した場合には、その物体はどんな運動をするであろうか。このときには、物体に2種類の力が外部から加えられることになる。

　その1つは、水平方向に投げる瞬間だけに物体に働く力であり、この力は、物体が手から放れてしまえば、もう、その後、物体に働くことはない。そしてこの水平方向の力は、物体に対して鉛直方向には全然働くことのない力である。この物体を水平に投げ出すときにだけ加えられる力によって、物体には新たな加速度が生じて、物体に初速度（水平方向の）が与えられる。そして、その物体が手から放れた後は、物体には、外部から水平方向の力は加えられないのであるから、この物体は投げ出されたときの初速度を保ったまま、慣性の法則どおりに、等速直線運動を続けようとする。つまり、1秒間毎に物体の進む距離が等しい（即ち、水平方向の速さが等しい）。

　ところが、この水平投射された物体には、もう1つの外力である重力が鉛直方向・下向きに働く。しかも、この重力は、とぎれることなく、絶えず続いて物体に働き続ける力である。この重力は、地上の、あまり高低差の大きくない範囲においては、ほぼ一定の大きさであると考えてよい(ア)から、その物体に働く重力によって、物体に生ずる加速度の大きさ（これがg）もほぼ一定であると見なしてよい。

377

㈅考えてよい……地上の高低差の小さい範囲においては、或る1つの物体に働く重力の大きさが、ほぼ一定であると考えてもよいわけは、次のようである。そもそも、物体に重力が働くのは、物体と地球との万有引力によって生ずるものであり、その万有引力の大きさは、地球の中心から物体の中心までの距離 r に関係するものであるが、地面に接して存在する物体から地球の中心までの距離と、地上の塔の上から地球の中心までの距離とのちがいは、ほんのわずかなもので、ほとんど、両者の距離のちがいは認められないぐらい小さなものである。従って万有引力の大きさも、物体が地上面にあるときも、塔の上にあるときも、ほとんど、ちがいはない。つまり、地面にあった物体を少しばかり高い塔の上に持って行っても、その物体に働く重力の大きさは、ほとんど変わりないと考えてよい。

従って、重力によって物体には、ほぼ一定の大きさの加速度 g が生じ続けるので、水平投射した物体には、鉛直方向・下向きの速度が増加し続けるという等加速度直線運動をしようとする。

以上のように、水平投射された物体の運動は、
①水平方向には、等速直線運動をしようとし、
②鉛直方向には、等加速度直線運動をしようとする。

ところが、この①と②の運動が同時に起こるため、この物体は直線運動ではなく、次図のような曲線運動をする。

水平方向（x 軸方向）は、速さが一定である。これに対して鉛直方向（y 軸方向）は、速さが、だんだん増して行き、自由落下の場合と同じである。

このように水平投射された物体の運動は、水平方向の初速度が v_0

〔m/s〕の等速運動（即ち、速さが一定の運動）と、鉛直方向の初速度が０の落下運動（即ち、自由落下運動）との２つの運動が組み合わさった運動であると考えればよい。

㊟水平投射では、物体は、x軸上やy軸上を直線的な運動はせず、曲がって進んで行く運動である。

①水平方向の「速さ」＝ $\dfrac{\text{水平方向の「移動距離」}}{\text{その移動に要した「時間」}}$

②鉛直方向には、物体に常に重力加速度ｇが生じ続けるので、自由落下と同じ公式を適用することができる。

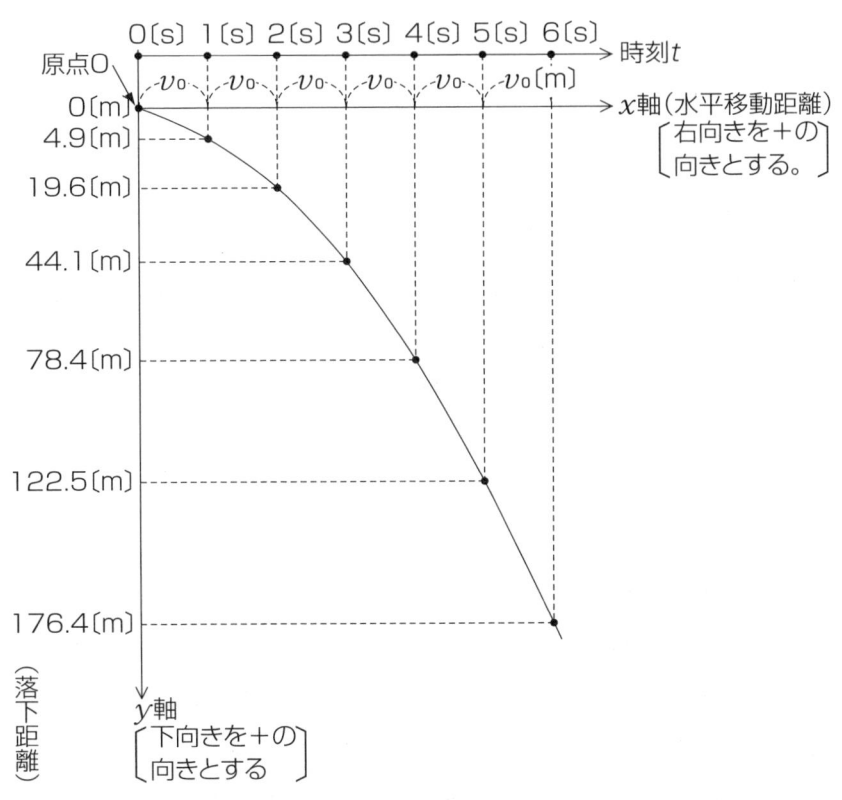

〔水平方向に初速度v_0〔m/s〕で投げた場合の水平投射のグラフ〕

（補足説明）

　加速度とは、前に述べたように、「物体の運動の速度が単位時間当たり、どれだけ変化するか」ということを表わす量である。従って、等加速度直線運動というのは、その名の通り、「等加速度」即ち、「物体に一定の加速度が生じ続けている」直進運動のことである。

　ニュートンの運動の第 2 法則によると、
「物体に力が働いたときには、その物体に加速度が生ずる。その加速度の方向・向きは、力の方向・向きと同じであり、その加速度の大きさは、力の大きさに比例し、物体の質量に反比例する。」
ということである。

　これを式で書くと、加速度 $\vec{a} \propto \dfrac{力\vec{F}}{質量 m}$

であり、このときの比例定数を k とおくと、次のように等式で書き表わされる。　　$\vec{a} = k\dfrac{\vec{F}}{m}$

　この式の右辺の k 及び（分母の）質量 m は一定であるから、もし、（分子の）$\vec{F}$ も一定であれば、左辺の $\vec{a}$ も一定となる。つまり、「物体に一定の力が働き続けていれば、その物体には一定の加速度が生じ続ける」ということである。このとき、物体は、等加速度直線運動を続けるのである。

　例えば、地表近辺の、あまり高低差の大きくない空間の上下 2 点間において、物体が自由落下するときには、ほぼ一定の重力が物体に働き続けるので、この物体には、ほぼ一定の加速度が生じ続けるのである。ただし、このことは、短い落下時間の場合にあてはまることであって、地表から幾拾キロメートルもの上空から物体を自由落下させるときについては、あてはまらないことである。それは、何故かというと、地球

の中心から物体までの距離の違いによる万有引力の違いによって、物体に働く重力の大きさが異なってくるからである。そのため、物体に生ずる鉛直方向・下向きの加速度 g の大きさが変わってくるために、物体が等加速度直線運動を続けるとは言えないわけである。つまり、自由落下で等加速度直線運動をするのは、あくまでも、地上のあまり高くない所からの短時間内の落下運動（そこでは g ≒ 9.8 〔m/s²〕で一定であると見なし、且つ、空気の抵抗も考えないことにした場合）について言えることなのである。

そこで今、地上の、あまり高くない所、即ち、重力加速度 g の値が 9.8 〔m/s²〕で、ほぼ一定であると考えてよい範囲内の所で、「物体を水平方向に投げ出した場合の運動」では、物体の運動を 2 つの方向の運動に分解して考えるとわかりやすい。その方向は、水平方向と鉛直方向の 2 方向である。

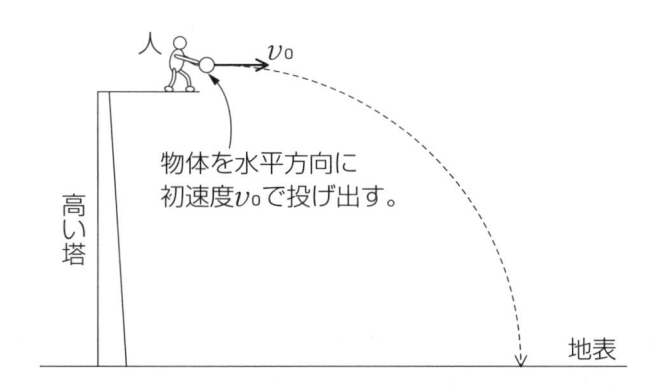

物体を水平方向に投げ出したときに物体に働く力は、
①物体に水平方向に働く力は、物体を投げ出す瞬間にだけ物体に加えられる力のみであって、その力によって物体には初速度が与えられるのである。

②物体に鉛直方向に働く力は、下向きの重力だけがずーっと働き続ける。

　物体を投げ出すときの力は水平方向だけに働いて、それと90°の角をなす鉛直方向には少しも働かないから、鉛直方向の運動は、物体を静かに手放したときと同様の運動、即ち、自由落下のときと同じ大きさの加速度を物体に生ずる運動をする。

　つまり、水平方向に投げ出された物体は、次の①′及び②′の運動を同時にすることになる。

①′ 水平方向の運動

　物体に加えられる水平方向の力は、投げ出す瞬間の一度だけで、その後は物体に水平方向の力は全く加えられない（重力は鉛直方向に物体に働くだけであって水平方向には働かない）。

　慣性の法則によると、物体に力が働いていないときは、運動している物体は、そのまま等速度運動を続けるということであるから、この物体は水平方向には、投げ出された瞬間の初速度 v_0 を保ったまま、等速直線運動（加速度なし）を続けようとする（注 もちろん、いま考えている物体の運動は、2つの方向に分けて考えているのであって、次の②′の運動も同時に起こっているのであるから、物体は水平方向にだけ進んでいくのではない。）

②′ 鉛直方向の運動

　物体には絶えず鉛直方向に一定の力（即ち重力 mg）が働き続けているから、物体は鉛直下向きの加速度 g の大きさが一定の運動を続けようとする。しかも鉛直方向に物体に働く力は②で述べたように、この重力だけであって、物体を水平方向に投げ出したときでも、鉛直方向の初速度はなく、0 であるから、鉛直方向には自由落下と同様の運動をする。

　以上①′及び②′のように、物体を水平方向に投げ出したときの物体の

運動は、2方向に分解して考えると、

　　　{ 水平方向には、等速運動をし、
　　　{ 鉛直方向には、加速度の大きさが一定の運動をする。

そして、この2つの運動を同時にすると考えると、わかりやすくなる。

　　　　　　　　　　　　　　　　　　　　（以上（補足説明）終り）

（2）水平投射の平面座標上での考え方

　水平投射の場合の座標軸のとり方であるが、今まで述べてきたような、物体が一直線上だけを移動する運動ではないので、一方向だけの座標軸（x軸またはy軸）だけでは、時間と共に座標軸の方向が変わってしまうことになり何が何だかわからなくなってしまうので、放物運動の場合には、

　　　{ 水平方向にx軸をとり、
　　　{ 鉛直方向にy軸をとる。

このように直交する2本の座標軸をとって、そのx-y座標平面上での物体の運動を考えるとわかりやすい。つまり、放物運動という曲線運動をx軸方向とy軸方向とに分けて別々に考えるのである。そしてその際、x軸、y軸とも、それらのどちら向きを正（＋）の向きあるいは負（－）の向きと決めて計算しても同じ結果が得られる。

　さて、そこで、水平投射の場合の式を導くと、次図のように、水平方向の左右の一直線をx軸とし、その右向きを正（＋）の向きと決め、また、そのx軸と直交する鉛直方向の一直線をy軸とし、その下向きを正（＋）の向きと決める（水平投射では、物体は下方に落下して行くし、また、重力加速度は常に下向きであるから、y軸の下向きを＋の向きと決めることによって、重力加速度《これは常に下向き》には＋符号

383

が付くことになるので、その方が好都合だからである)。原点 O から物体は、x 軸上を正（＋）の向き（右向き）に投げ出されるものとし、且つ、その時刻を時刻 0 として、その後の時刻を表わす基準とする。

注 $t = 0$ は、時刻＝0 の意味。

（図：水平投射の様子を示す図。原点 O から初速度 v_0 で x 軸の正の向きに物体が投げ出され、時刻 t において物体は x 軸方向の変位 x、y 軸方向の変位 y の位置にあり、速度 $\vec{v}$ はその x 成分 v_x と y 成分 v_y に分解される。右向きを正（＋）の向き、下向きを正（＋）の向きと決めた場合。）

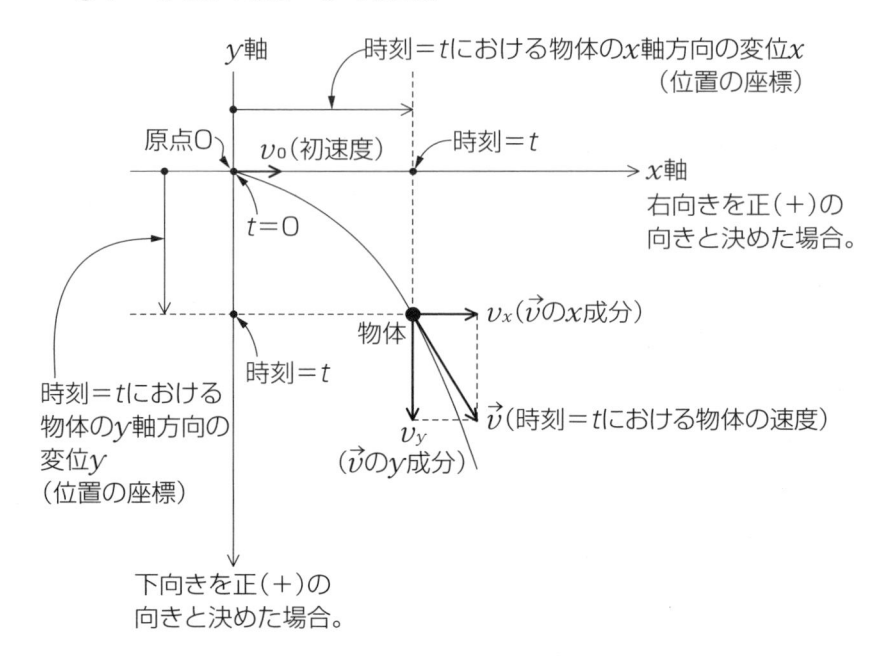

そうすると、物体を x 軸の＋の向きに初速度 v_0〔m/s〕で水平投射したときの t〔s〕後（即ち、時刻 t〔s〕）における物体の速度 $\vec{v}$〔m/s〕を x 軸方向及び y 軸方向の 2 方向に分解したときの x 成分を v_x〔m/s〕、y 成分を v_y〔m/s〕とすると、

①水平方向（x 軸方向）の運動は等速運動であるから、

時刻 t における $\begin{cases} 速度\ v_x = v_0\ (一定) & \cdots\cdots（式30） \\ 変位\ x = v_0 t\ (=速度 \times 時間) & \cdots\cdots（式31） \end{cases}$

②鉛直方向（y 軸方向）の運動は、自由落下運動と同様であるから、

時刻 t 〔s〕における $\begin{cases} 速度\ v_y = (+g) \times t \ [\text{m/s}] \\ \qquad\qquad\qquad\qquad\cdots\cdots (式32) \\ この式は、等加速度直線運動の速度の公 \\ 式\ v = v_0 + at\ に、v = v_y、v_0 = 0、a \\ = (+g)\ を代入して、v_y = 0 + (+g) \\ \times t = (+g) \times t\ としたものである。 \\ 変位\ y = \dfrac{1}{2} \times (+g) \times t^2\ [\text{m}] \\ \qquad\qquad\qquad\qquad\cdots\cdots (式33) \\ この式は、等加速度直線運動の変位の公 \\ 式\ x = v_0 t + \dfrac{1}{2}at^2\ に、x = y、v_0 \\ = 0、a = (+g)\ を代入して、y = 0 \\ \times t + \dfrac{1}{2} \times (+g) \times t^2 = \dfrac{1}{2} \times \\ (+g) \times t^2\ としたものである。 \end{cases}$

③このとき、物体が運動する経路㋑を表わす式

㋑経路……通って行く道。

（式31）と（式33）とから t を消去することによって得られる式が、物体の運動する経路を表わす式である。

（式31）の $x = v_0 t$ から $t = \dfrac{x}{v_0}$ であるので、これを（式33）の t のところに代入すると、

$$y = \dfrac{1}{2}gt^2 = \dfrac{1}{2}g \times \left(\dfrac{x}{v_0}\right)^2 = \dfrac{gx^2}{2v_0^2} = \dfrac{g}{2v_0^2}x^2$$

即ち、 $y = \dfrac{g}{2v_0^2}x^2$ 　　　　　　　……（式34）

である。この式は x の2次式（x^2 を含む式）であるから、そのグラフは放物線となる。

(参考) 直線のグラフと放物線のグラフ

(A) $y=x$ のグラフ(直線)

x	-3	-2	-1	0	+1	+2	+3
y	-3	-2	-1	0	+1	+2	+3

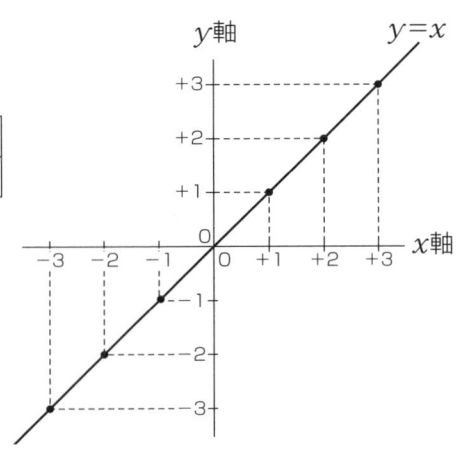

(B) $y=x^2$ のグラフ(放物線)

x	-3	-2	-1	0	+1	+2	+3
y	+9	+4	+1	0	+1	+4	+9

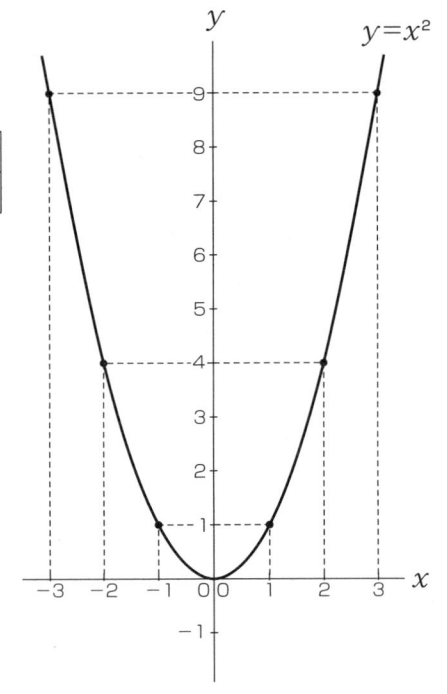

(C) $y=-2x^2$ のグラフ（放物線）

x	-3	-2	-1	0	$+1$	$+2$	$+3$
y	-18	-8	-2	0	-2	-8	-18

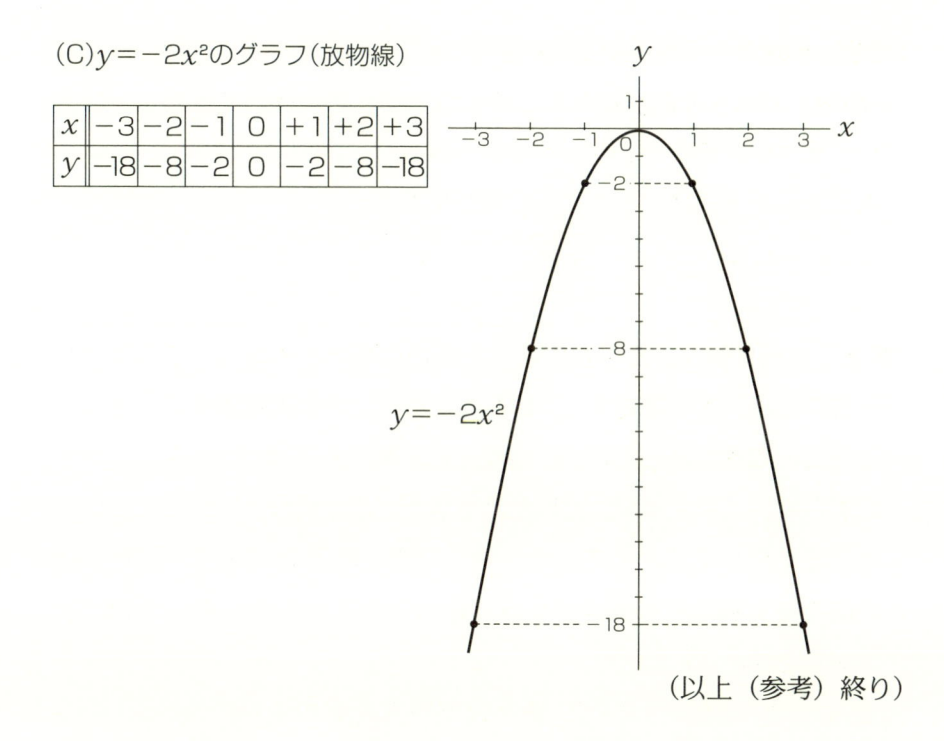

$y=-2x^2$

（以上（参考）終り）

　以上の（式32）〜（式34）は、どれも覚える必要はない。というのは、鉛直投射の公式と同様に、これらの式もみな、「等加速度直線運動の3つの公式」$v=v_0+at$、$x=v_0t+\dfrac{1}{2}at^2$、$v^2-v_0^2=2ax$ から導くことができるからである。ただし、（式30）と（式31）は、「等速運動」であるから、その他の公式とは異なるが、この2つの式は、その内容を自分の頭で考えれば、すぐにわかることである。つまり、等速運動であるから、速度の大きさ（速さ）が一定ということなので、$v_x=v_0$ のように、x 軸方向の速さは一定である。そして、変位 x は物体が x 軸方向に進んだ（移動した）位置の座標であり、これは、「変位＝速度×時間」であるから、これを式で表わすと、$x=v_0\times t$ ということなので、これもすぐわかることである。

387

(例題) 水面からの高さが 10 [m] の飛び込み台から人が水平方向に 2 [m/s] の速さで飛び込んだときについて、次の問いに答えよ。ただし、重力加速度の大きさ g = 9.8 [m/s²] とせよ。

(i) この人が水面に達するまでの時間を求めよ。

(ii) この人は飛び込む前の位置から何 [m] 前方の水中に飛び込むか。

(解答) これは物体が水平投射された場合に相当するから、この人は水平方向には、等速運動をし、鉛直方向には、等加速度運動をする。そしてこの問題では、人の手足の長さとか背の高さなどは考えに入れてはおらず、この人を単に位置だけを考えた点と見なしていることに注意する必要がある。そこで今、その位置を原点 O にとり、水平方向右向きを x 軸の＋の向き、また、鉛直方向下向きを y 軸の＋の向きであると決める。

(i) 鉛直方向の運動について、等加速度直線運動の変位の公式 $x = v_0 t + \frac{1}{2} a t^2$ を適用すると、この式に、$x = y = (+10)$ [m]、$v_0 =$

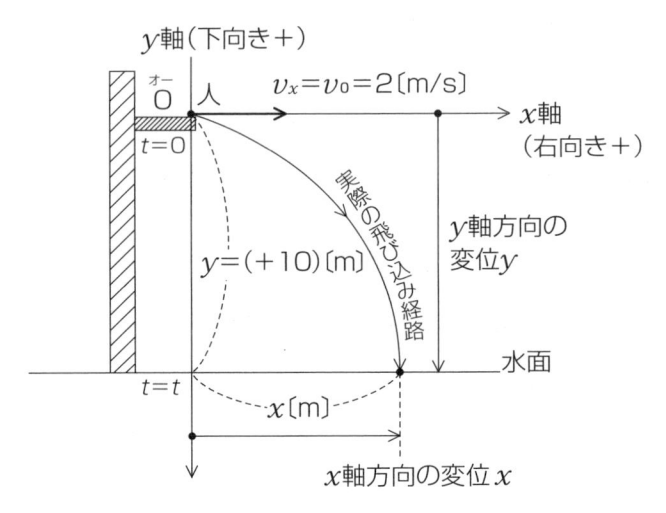

20. 水平投射

0（水平投射だから鉛直方向の初速度は0）、$a = +g = (+9.8)$ $[m/s^2]$ を代入すると、

$$(+10)[m] = 0 \times t [s] + \frac{1}{2} \times (+9.8)[m/s^2] \times (t[s])^2$$

$$\therefore (t[s])^2 = \frac{(+10)[m]}{\frac{1}{2} \times (+9.8)[m/s^2]} = 2.04 [s^2]$$

$$\therefore t[s] = \sqrt{2.04 [s]} = 1.43 [s] \qquad (答) 1.43 [s]$$

(ii) この人は水平方向には等速運動をするから、x 軸方向の速度 $v = $ 初速度 $(+2)[m/s] = $ 一定　ということなので、

x 軸方向の移動距離 $x [m] = $ （速さ）×（時間）

$$= (+2)[m/s] \times 1.43 [s]$$

$$= (+2.86)[m]$$

つまり、飛び込み台上に居た位置から右向きに距離 2.86 [m] の位置（即ち、2.86 [m] 前方）の水面に飛び込むことになる。

(答) 2.86 [m]

(ii)の別解

水平投射の場合に、物体が運動して描く放物線は、（式34）で表わされるから、この式 $y = \frac{g}{2v_0^2} x^2$ に、$y = (+10)[m]$、$v_0 = (+2)$ $[m/s]$、$g = (+9.8)[m/s^2]$ を代入すると、

$$10 = \frac{9.8}{2 \times 2^2} x^2 \quad \therefore x^2 = \frac{80}{9.8} \quad \therefore x = \sqrt{\frac{80}{9.8}} \fallingdotseq 2.86$$

(答) 2.86 [m]

21. 斜方投射(しゃほうとうしゃ)

これは、物体を斜め方向に投げる場合である。斜方投射された物体は、

$$\begin{cases} 水平方向には、等速運動をし \\ 鉛直方向には、一定加速度 g の等加速度運動をする。\end{cases} \begin{pmatrix} 投射後は、もう力が水平方向に \\ は働かないので、慣性による運 \\ 動をするから。\end{pmatrix}$$

従って、

$$\begin{cases} 水平方向（x 軸方向）については、等速運動の公式を使い、\\ 鉛直方向（y 軸方向）については、等加速度直線運動の公式を使う \end{cases}$$

ことができる。

そして、

初速度 v_0 の $\begin{cases} x 成分の向きを x 軸の正（＋）の向きと決め、\\ y 成分の向きを y 軸の正（＋）の向きと決める \end{cases}$

のが普通である。

〈注意〉幾度(いくど)も述べてきたように、重力加速度 g というものは常に鉛直下向きで、地表付近では、その大きさは、大体 9.8〔m/s²〕である。つまり、物体の落下速度を 1〔s〕間毎(ごと)に 9.8〔m/s〕ずつ増加させる大きさである。そして g の向きは下向きであるという事実があるだけで、それに初めから、＋や－の符号が付いているのではない。物体の運動を考えやすくするために、その物体が y 軸上（または x 軸上）を運動するものと見なして、その y 軸の＋，－の向きをどちら向きとするか決めたときに初めて、g に＋か－かの符号が付くようになるの

390

である。

物体が上昇中であっても、落下中であっても、重力加速度 g は常に鉛直下向きに物体に生じている。(右図上)
(以上〈注意〉終り)

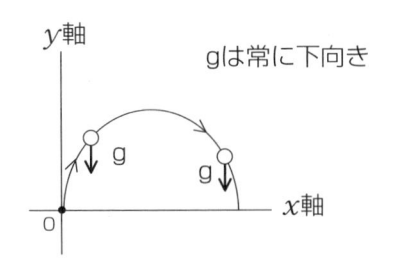

右図（下）のように水平方向と角度 θ をなす斜め上方に初速度 $\vec{v_0}$ で物体を投げ出した場合に、この初速度 $\vec{v_0}$ を x 軸方向と、y 軸方向とに分解すると、

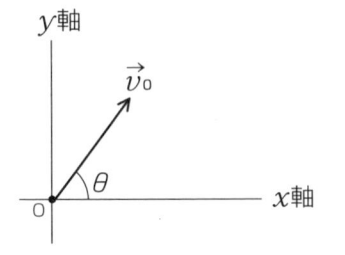

初速度 $\vec{v_0}$ の
$\begin{cases} x \text{ 軸方向の成分は、} v_0 \cdot \cos\theta \quad \cdots\cdots（式①） \\ （これは、x \text{ 軸方向の初速度の大きさが } v_0 \cdot \cos\theta \\ \quad であるということ。） \\ y \text{ 軸方向の成分は、} v_0 \cdot \sin\theta \quad \cdots\cdots（式②） \\ （これは、y \text{ 軸方向の初速度の大きさが } v_0 \cdot \sin\theta \\ \quad であるということ。） \end{cases}$

である。

(参考)

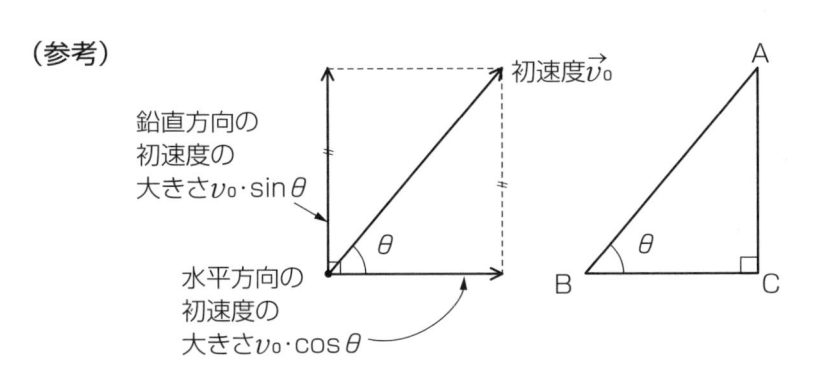

（解説）

上図右側の直角三角形 ABC において、

$$BC = BC \times 1$$
$$= BC \times \frac{AB}{AB}$$
$$= AB \times \frac{BC}{AB} \quad (BC と分子の AB を入れ替えた)$$
$$= AB \times \frac{底辺}{斜辺}$$
$$= AB \cdot \cos\theta$$

また、$AC = AC \times 1 = AC \times \dfrac{AB}{AB}$

$$= AB \times \frac{AC}{AB} = AB \times \frac{高さ}{斜辺}$$
$$= AB \cdot \sin\theta \hspace{4em} （以上（参考）終り）$$

斜方投射では、上述のように、x 軸方向の初速度の大きさと、y 軸方向の初速度の大きさとを、それぞれ別々に考えることによって、

$\begin{cases} x \text{軸方向には、「等速運動の公式」を適用し、} \\ y \text{軸方向には、「等加速度直線運動の公式」を適用して、} \end{cases}$

計算すればよい。

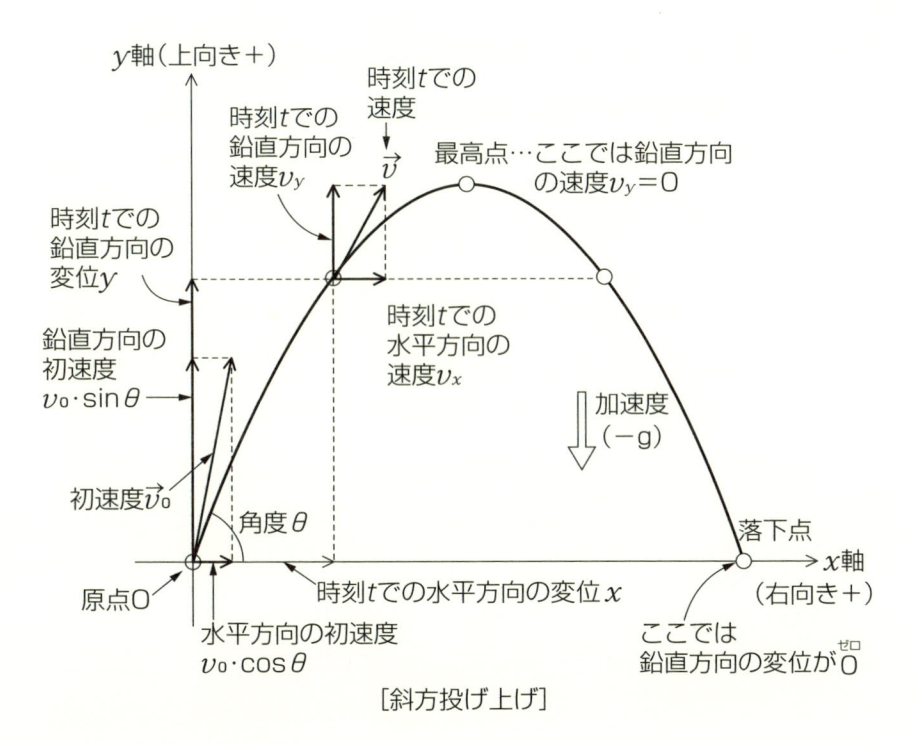

21. 斜方投射

[図: 斜方投げ上げ]

- y軸（上向き＋）
- 時刻tでの鉛直方向の速度 v_y
- 時刻tでの速度 $\vec{v}$
- 最高点…ここでは鉛直方向の速度 $v_y = 0$
- 時刻tでの鉛直方向の変位 y
- 鉛直方向の初速度 $v_0 \cdot \sin\theta$
- 初速度 $\vec{v_0}$
- 時刻tでの水平方向の速度 v_x
- 加速度（−g）
- 角度 θ
- 落下点
- 原点O
- 時刻tでの水平方向の変位 x
- 水平方向の初速度 $v_0 \cdot \cos\theta$
- ここでは鉛直方向の変位が0(ゼロ)
- x軸（右向き＋）

[斜方投げ上げ]

斜方投げ上げの場合の

① 水平方向の運動……等速運動

投射 t〔s〕後における（即ち、時刻 t〔s〕における）

(i) 水平方向の速度　$v_x = v_0 \cdot \cos\theta$ ……（式35）

（水平方向の初速度の大きさと同じで一定）

(ii) 水平方向の変位　$x = v_0 \cdot \cos\theta \times t$ ……（式36）

（移動距離 ＝ 水平方向の初速度の大きさ $v_0 \cdot \cos\theta$ × 時間 t）

② 鉛直方向の運動……鉛直投げ上げと同様の運動

投射 t〔s〕後における（即ち、時刻 t〔s〕における）

(i) 鉛直方向の速度の大きさ　$v_y = v_0 \cdot \sin\theta - gt$ ……（式37）

㊟これは等加速度直線運動の速度の公式 $v = v_0 + at$ に $v =$

v_y、$v_0 = v_0 \cdot \sin\theta$、$a = -g$（今 y 軸の上向きを＋の向きと決めているから g には－符号が付く）を代入すると、
$$v_y = v_0 \cdot \sin\theta + (-g)t = v_0 \cdot \sin\theta - gt$$
となる。

(ii) 鉛直方向の変位　　$y = v_0 \cdot \sin\theta \cdot t - \dfrac{1}{2}gt^2$　　……（式38）

㊟これは等加速度直線運動の変位の公式 $x = v_0 t + \dfrac{1}{2}at^2$ に、$x = y$、$v_0 = v_0 \cdot \sin\theta$、$a = -g$ を代入すると、
$$y = v_0 \cdot \sin\theta \cdot t + \dfrac{1}{2} \times (-g) \times t^2$$
$$= v_0 \cdot \sin\theta\, t - \dfrac{1}{2}gt^2 \quad \text{となる。}$$

また、時間 t を消去した公式は、
$$v_y^2 - (v_0 \cdot \sin\theta)^2 = -2gy \qquad \text{……（式39）}$$

㊟これは、等加速度直線運動の時間 t を含まない公式 $v^2 - v_0^2 = 2ax$ に、$v = v_y$、$v_0 = v_0 \cdot \sin\theta$、$a = -g$、$x = y$ を代入すると、
$$v_y^2 - (v_0 \cdot \sin\theta)^2 = 2 \times (-g) \times y = -2gy$$
となる。

　　（参考）$(\sin\theta)^2$ のことを $\sin^2\theta$ とも書く。

③物体の運動の経路の式

（式36）と（式38）とから t を消去すると、「斜方投げ上げ」の場合の物体の運動の経路を表わす式が得られる。

まず（式35）から、$t = \dfrac{x}{v_0 \cdot \cos\theta}$、これを（式37）の t のところに代入すると、

$$y = v_0 \cdot \sin\theta \times \frac{x}{v_0 \cdot \cos\theta} - \frac{1}{2}g\left(\frac{x}{v_0 \cdot \cos\theta}\right)^2$$

$$= \frac{\cancel{v_0} \cdot \sin\theta \times x}{\cancel{v_0} \cdot \cos\theta} - \frac{gx^2}{2v_0^2 \cdot \cos^2\theta}$$

$$\therefore y = \tan\theta \cdot x - \frac{g}{2v_0^2 \cdot \cos^2\theta}x^2 \qquad \cdots\cdots (式40)$$

注 $\dfrac{\sin\theta}{\cos\theta} = \tan\theta$

$\sin\theta = \dfrac{\text{AC}}{\text{AB}}$、$\cos\theta = \dfrac{\text{BC}}{\text{AB}}$

$$\frac{\sin\theta}{\cos\theta} = \frac{\frac{\text{AC}}{\text{AB}}}{\frac{\text{BC}}{\text{AB}}} = \frac{\text{AC}}{\cancel{\text{AB}}} \times \frac{\cancel{\text{AB}}}{\text{BC}}$$

$$= \frac{\text{AC}}{\text{BC}} = \frac{\text{高さ}}{\text{底辺}} = \tan\theta$$

　（式40）は、x の 2 次式で、上に凸の放物線である。水平投射や斜方投射の場合の物体の運動の経路は放物線を描くので、これらの運動を「放物運動」という。

　以上の（式35）〜（式40）の公式も覚えておく必要はない。これらの式は、初速度の x 成分 $v_0 \cdot \cos\theta$ と、y 成分 $v_0 \cdot \sin\theta$ の求め方を知っていて、且つ、（式35）は、「等速運動の速さの定義」を知っていれば、自分で導くことができるし、（式37）〜（式39）も「等加速度直線運動の 3 つの公式」さえ覚えておけば、それを基にして導くことができるからである。

[放物運動]

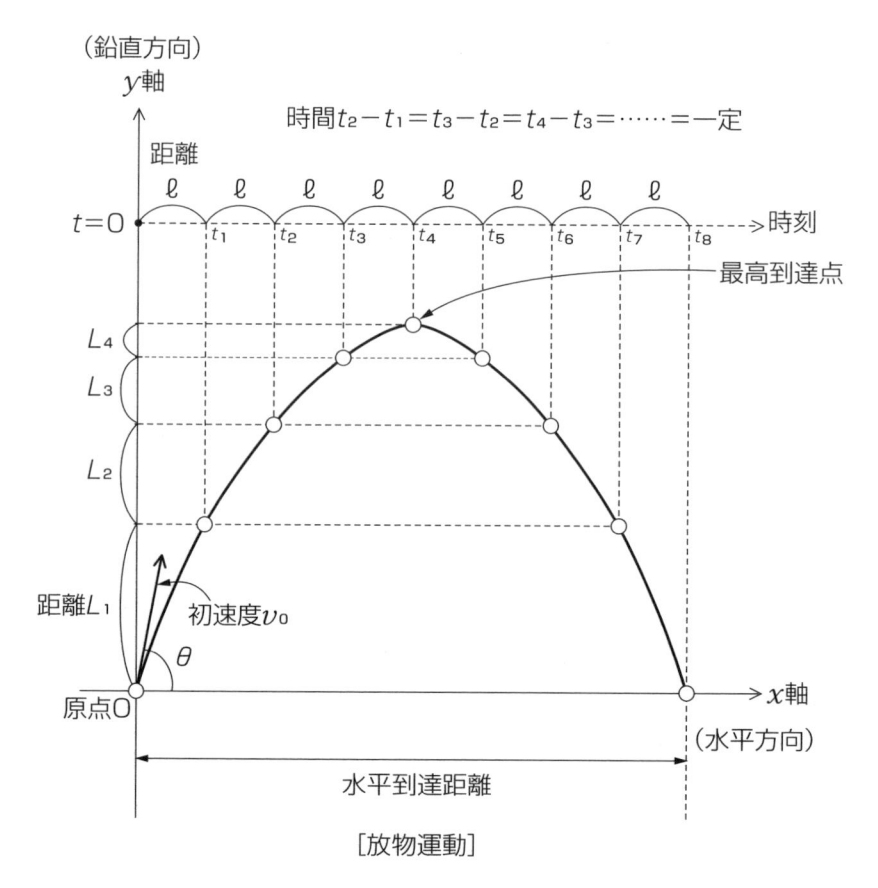

放物運動では、
① 物体が x 軸方向に、一定時間毎に進む移動距離は、いつも ℓ で等しい（等速運動）。

　これは、物体を投げ出した後は、もうそれ以上、水平方向には力が働かないので、物体は慣性によって等速運動を続けるからである。（慣性の法則を参照）

②物体のy軸方向の変位（位置の変化）は、次のようである。

㊟ y軸方向というのは、x軸と垂直（即ち、直角）の直線なら、どれでも皆、y軸方向の直線である。変位は、原点Oからの位置の変化のことであるが、「y軸方向の変位」と言えば、x軸上からの変位のことを表わす。

長さが等しく且つ方向・向きが同じのベクトル$\vec{a}$とベクトル$\vec{b}$とは等しいベクトルである。　　$\longrightarrow \vec{a}$
　　　　　　　　　　　　　　　　　　　　　　　　　　　　$\longrightarrow \vec{b}$

[物体のy軸方向の変位]

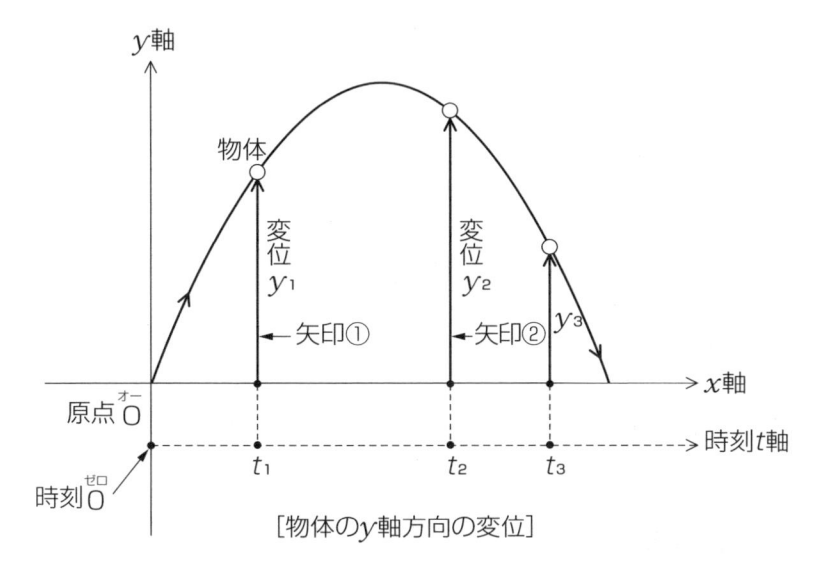

時刻t_1における変位y_1は、

変位の $\begin{cases} 大きさが、矢印①の長さ（距離）であり、\\ 方向・向きが、矢印①の方向・向きである。 \end{cases}$

時刻t_2における変位y_2は、

変位の $\begin{cases} 大きさが、矢印②の長さ（距離）であり、\\ 方向・向きが、矢印②の方向・向きである。 \end{cases}$

③放物運動における種々の値を求める式

(i) 最高点

放物運動で物体が最高点に達したときは、y 軸方向の速度が $\overset{ゼロ}{0}$ になるから、$v_y = 0$　ゆえに（式 37）の

$v_y = v_0 \cdot \sin\theta - gt$ に $v_y = 0$ を代入すると、

$0 = v_0 \cdot \sin\theta - gt$、よって

最高点に達するまでの時間 $t = \dfrac{v_0 \cdot \sin\theta}{g}$ ……（式 41）

そして、この t の値を（式 38）$y = v_0 \cdot \sin\theta \cdot t - \dfrac{1}{2} gt^2$ に代入すると最高到達点の高さ y を求める式が得られる。

$$\begin{aligned}
y &= v_0 \cdot \sin\theta \times \dfrac{v_0 \cdot \sin\theta}{g} - \dfrac{1}{2} g \times \left(\dfrac{v_0 \cdot \sin\theta}{g}\right)^2 \\
&= \dfrac{(v_0 \cdot \sin\theta)^2}{g} - \dfrac{\cancel{g}}{2} \times \dfrac{(v_0 \cdot \sin\theta)^2}{g^{\cancel{2}}} \\
&= \dfrac{(v_0 \cdot \sin\theta)^2}{g} - \dfrac{(v_0 \cdot \sin\theta)^2}{2g} \\
&= \dfrac{2(v_0 \cdot \sin\theta)^2 - (v_0 \cdot \sin\theta)^2}{2g} = \dfrac{(v_0 \cdot \sin\theta)^2}{2g}
\end{aligned}$$

即ち、最高到達点の高さ　$y = \dfrac{(v_0 \cdot \sin\theta)^2}{2g}$　……（式 42）

となる。

(ii) 水平到達距離

斜め上方に投げ上げられた物体が最高点に到達した後、落下してきて再び元と同じ高さに達したときには、y 軸方向の変位 y は 0 である。そこで、物体が投げられたときから、再び元の高さに戻るまでの時間を t' とすれば、（式 38）の y のところに 0 を、また、t のところに t' を代入して t' を求める式を導くと、

$$0 = v_0 \cdot \sin\theta \times t' - \frac{1}{2}gt'^2$$
$$= t'(v_0 \cdot \sin\theta - \frac{1}{2}gt')$$ この右辺が 0 であるためには、$t' = 0$ または、$v_0 \cdot \sin\theta - \frac{1}{2}gt' = 0$ かのどちらかであるが、$t' = 0$ というのは、物体を投げ出した時刻のことであるから、これは捨てると、

$$v_0 \cdot \sin\theta - \frac{1}{2}gt' = 0 \text{ である。}$$
$$\therefore t' = \frac{v_0 \cdot \sin\theta}{\frac{1}{2}g} = 2 \times \frac{v_0 \cdot \sin\theta}{g} \quad \cdots\cdots (\text{式 43})$$

ただし、t' は、斜め上方に投げ上げられた物体が再び元の同じ高さまで戻ってくる時間である。そして、この t' は（式 41）の t の 2 倍の時間であるから、物体が最高点に達するまでの時間と、最高点から、元と同じ高さまで戻ってくる時間とは、等しいことがわかる。

この時間 t' の間に物体が水平方向に移動する距離（即ち、水平到達距離）x は、（式 36）の水平方向の変位 $x = v_0 \cdot \cos\theta \cdot t$ の t のところに $t' = 2 \times \frac{v_0 \cdot \sin\theta}{g}$ を代入したものであるから、

$$x = v_0 \cdot \cos\theta \times 2 \times \frac{v_0 \cdot \sin\theta}{g}$$
$$= \frac{2v_0^2 \cdot \sin\theta \cdot \cos\theta}{g} \quad \text{即ち、}$$

水平到達距離 $\quad x = \dfrac{2v_0^2 \cdot \sin\theta \cdot \cos\theta}{g}$

$$\therefore \quad x = \frac{v_0^2 \cdot \sin 2\theta}{g} \quad \cdots\cdots (\text{式 44})$$

㊟ $2\sin\theta \cdot \cos\theta = \sin 2\theta$ （証明は省略）

或る角度の sin（正弦）の値のうち、最も大きいのは、角度が 90°の sin の値で、それは 1 である。

$\sin 2\theta$ の値は、$2\theta = 90°$（即ち、$\theta = 45°$）のときに最大値 1 となるから、$\theta = 45°$ となるように斜め上方に投げ上げたとき、物体は最も遠くまで飛んで行く。

（例題 1）ボールを水平な地面と 30°の角度をなす斜め上方に、初速度 9.8〔m/s〕で投げた場合について、次の問いに答えよ。ただし、空気の抵抗は無視する。

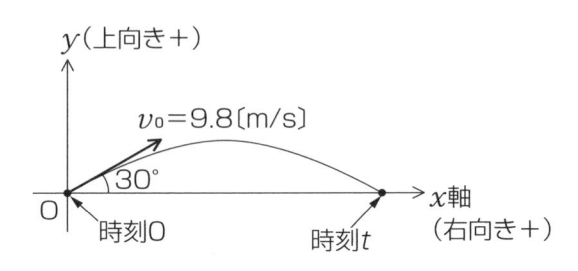

(i) ボールが再び地面に達するのは何〔s〕後か。

(ii) ボールが最高点に達したときの地面からの高さは何〔m〕か。

（解答）ボールを投げ出した点を原点 O（オー）とし、水平な地面の O を通る左右方向を x 軸、鉛直方向を y 軸とする。

(i) 投げられたボールが再び地面に達したときには、変位 $y = 0$（ゼロ）となる（即ち、y 座標 $= 0$（ゼロ）のことである）。放物運動の鉛直方向については、一定の加速度 g が生じているので、等加速度直線運動の公式が適用できるので、その変位の公式 $x = v_0 t + \frac{1}{2} a t^2$ に、$x = y = 0$、$v_0 = (+9.8)$〔m/s〕$\times \sin 30° = \left(+9.8 \times \frac{1}{2}\right)$〔m/s〕、$a = -g = (-9.8)$〔m/s²〕を代入すると、

$$0 = (+9.8) \times \frac{1}{2} \text{[m/s]} \times t \text{[s]}$$
$$+ \frac{1}{2} \times (-9.8) \text{[m/s}^2\text{]} \times (t \text{[s]})^2$$
$$= 4.9 \text{[m/s]} \times t \text{[s]} - 4.9 \text{[m/s}^2\text{]} \times (t \text{[s]})^2$$
$$= 4.9t \text{[s]} \times \{1 \text{[m/s]} - 1 \text{[m/s}^2\text{]} \times t \text{[s]}\}$$

この掛け合わせたものが0ということは、どちらか一方が0ということであるから、$t \text{[s]} = 0$ または、$1 \text{[m/s]} - 1 \text{[m/s}^2\text{]} \times t \text{[s]} = 0$

ここで、$t = 0 \text{[s]}$ というのは投げ上げたときの時刻であるから捨てる。よって、$1 \text{[m/s]} - 1 \text{[m/s}^2\text{]} \times t \text{[s]} = 0$
ゆえに、$t \text{[s]} = \dfrac{1 \text{[m/s]}}{1 \text{[m/s}^2\text{]}} = 1 \text{[m/s]} \div \text{[m/s}^2\text{]}$
$= 1 \left[\dfrac{\text{m}}{\text{s}}\right] \times \left[\dfrac{\text{s}^2}{\text{m}}\right] = 1 \text{[s]}$　　（答）1 [s] 後

(ii) ボールが最高点に達したときには、一旦(いったん)止まるので、そのときの鉛直方向の速度は0になるので、$v_y = 0$。等加速度直線運動のtを含まない公式 $v^2 - v_0^2 = 2ax$ に、$x = y$, $v = v_y = 0$, $v_0 = v_0 \cdot \sin\theta = (+9.8)\text{[m/s]} \times \sin 30° = (+9.8)\text{[m/s]} \times \dfrac{1}{2}$、$a = -g = (-9.8)\text{[m/s}^2\text{]}$ を代入すると、

$$0^2 - \left\{(+9.8)\text{[m/s]} \times \frac{1}{2}\right\}^2 = 2 \times (-9.8)\text{[m/s}^2\text{]} \times y \text{[m]}$$

$$\therefore y \text{[m]} = \frac{-\left\{(+9.8)\text{[m/s]} \times \dfrac{1}{2}\right\}^2}{2 \times (-9.8)\text{[m/s}^2\text{]}}$$

$$= \frac{-9.8^2 \times \dfrac{1}{4} \text{[m}^2\text{/s}^2\text{]}}{-2 \times 9.8 \text{[m/s}^2\text{]}}$$

$$\fallingdotseq 1.2 \text{[m]} \quad\quad\quad \text{（答）} 1.2 \text{[m]}$$

（例題2）物体を高さ h の塔頂から水平面と角度 θ をなす方向に、初速度 v_0 で投げ上げた場合について次の問いに答えよ。ただし、重力加速度を g とし、空気の抵抗は無視する。

(i) 物体が地上に達するまでの時間を求めよ。

(ii) 物体を投げ上げた点の真下の地点から、物体の落下地点までの水平距離はいくらか。

（解説）物体が、初め原点 O にない場合の公式を導くと、物体が次図のように原点 O からではなく、点 A から水平面と角度 θ をなす斜め上向きに初速度 v_0 で投げ出されたとする。この初速度 $\vec{v_0}$ を含む平面と、原点 O で直交する x-y 平面とが同じ平面で、x 軸が水平方向で、y 軸が鉛直方向であるとする。

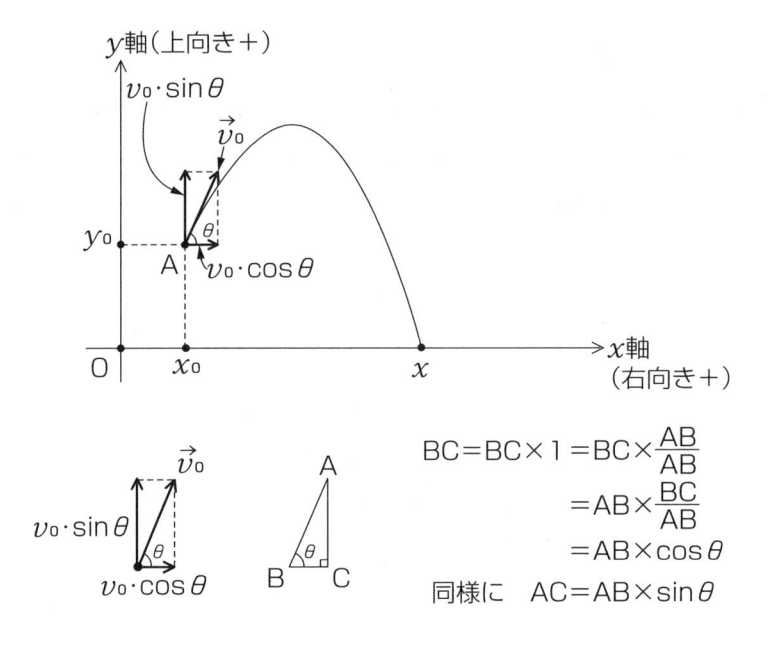

$$BC = BC \times 1 = BC \times \frac{AB}{AB}$$
$$= AB \times \frac{BC}{AB}$$
$$= AB \times \cos\theta$$

同様に $AC = AB \times \sin\theta$

初速度 $\vec{v_0}$ の x 成分 v_x（これが水平方向の初速度の大きさ）と y 成分 v_y（これが鉛直方向の初速度の大きさ）は、それぞれ

$$v_x = v_0 \cdot \cos\theta, \quad v_y = v_0 \cdot \sin\theta$$

である。

初速度 $\vec{v_0}$ で投げ出された物体には、投げ出された後は x 軸方向には何の力も働かないので、物体は、その慣性によって、x 軸方向には等速運動を続けるが、y 軸方向には、地球の引力によって重力が働き続けるため加速度 g が鉛直下向きに物体に生じ続けて、速さが変化していく。従って、水平方向には等速運動の公式を適用し、鉛直方向には等加速度運動の公式を適用する。

まず、水平方向の「等速運動」は、加速が生じないから $a = \overset{\text{ゼロ}}{0}$ とすればよいだけのことであって、この場合にも、等加速度直線運動の公式、速度 $v = v_0 + at$、変位 $x = v_0 t + \dfrac{1}{2} at^2 + x_0$　㊟ x_0 は、初めの位置である。

を適用することができるから、これらの公式に、

加速度 $a = 0$、水平方向の初速度 $v_0 = v_0 \cdot \cos\theta$ を代入すると、

水平方向の $\begin{cases} \text{速度 } v_x = v_0 \cdot \cos\theta + 0 \times t = v_0 \cdot \cos\theta \text{（一定）} \\ \text{変位（位置）} x = v_0 \cdot \cos\theta \cdot t + \dfrac{1}{2} \times 0 \times t^2 + x_0 \\ \qquad\qquad\quad = v_0 \cdot \cos\theta \cdot t + x_0 \end{cases}$

（x_0 は初めの位置）

のような公式を導くことができる。

次に鉛直方向の公式を導くと、y 軸方向の運動は、一定の大きさの加速度 g をもつ運動であるから、等加速度直線運動の速度の公式 $v = v_0 + at$、及び変位の公式 $x = v_0 t + \dfrac{1}{2} at^2$ を適用することができるから、これらの式に、$x = y$、$a = -g$、y 軸方向の初速度 $v_0 = v_0 \cdot \sin\theta$、

403

及び変位 y には更に「初めの位置の分である y_0」も加えるので、

鉛直方向の $\begin{cases} 速度\ v_y = v_0 \cdot \sin\theta + (-g)t = v_0 \cdot \sin\theta - gt \\ 変位（位置）y = v_0 \cdot \sin\theta \cdot t + \dfrac{1}{2}(-g)t^2 + y_0 \\ = v_0 \cdot \sin\theta \cdot t - \dfrac{1}{2}gt^2 + y_0 \end{cases}$

となる。

(以上（解説）終り)

(解答) 次図のように、物体が運動する面を x-y 平面とし、物体は y 軸上で高さ h の位置から x 軸方向と角 θ をなす斜め上方に向けて投げられたものとする。そして x 軸は右向きを、y 軸は上向きを、それぞれ＋の向きと決める。

(i) 上の（解説）中の公式のうち、鉛直方向の変位 $y = v_0 \sin\theta \times t - \dfrac{1}{2}gt^2 + y_0$ なる式を適用する。

物体が地上に達したときの y 軸方向の変位は、原点 O と同じ高さであるから、そのときの物体の y 軸方向の変位は 0 である。

また、初めの位置（即ち、原点 O からの距離）$y_0 = (+h)$ である。これらの値を公式に代入すると、次のようである。

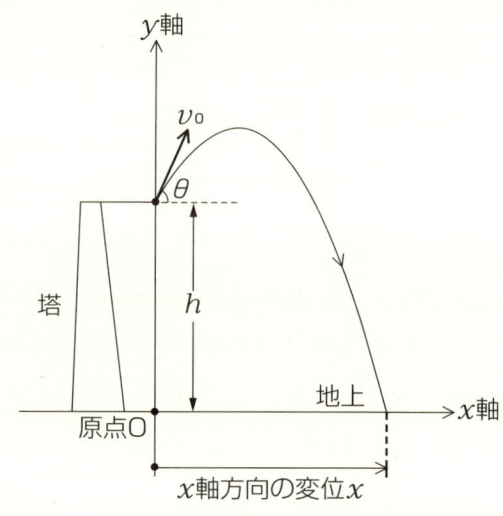

404

$$0 = v_0 \cdot \sin\theta \cdot t - \frac{1}{2}gt^2 + (+h)$$

移項して整頓すると、

$$\frac{1}{2}g \cdot t^2 - v_0 \cdot \sin\theta \cdot t - h = 0$$

両辺に 2 を掛けて分母を払うと、

$$g \cdot t^2 - 2v_0 \cdot \sin\theta \cdot t - 2h = 0$$

この式は t に関する 2 次方程式であるから、今、t の値を求めるために、2 次方程式の「根の公式」を使うと、

$$t = \frac{2v_0 \cdot \sin\theta \pm \sqrt{(2v_0 \cdot \sin\theta)^2 - 4 \times g \times (-2h)}}{2g}$$

$$= \frac{2v_0 \cdot \sin\theta \pm \sqrt{4v_0^2 \cdot \sin^2\theta + 8gh}}{2g}$$

$$= \frac{\cancel{2}v_0 \cdot \sin\theta \pm \cancel{2}\sqrt{v_0^2 \cdot \sin^2\theta + 2gh}}{\cancel{2}g}$$

$$\therefore t = \frac{v_0 \cdot \sin\theta \pm \sqrt{v_0^2 \cdot \sin^2\theta + 2gh}}{g}$$

この右辺の分子の複号 $\pm$ のうち、$-$ の方を採用した時刻は、p.402 の図の原点 O に相当する時刻であるから、これは捨てて、$+$ の方を採用した時刻の方が答となる。

$$\text{(答)}\ t = \frac{v_0 \cdot \sin\theta \pm \sqrt{v_0{}^2 \cdot \sin\theta + 2gh}}{g}$$

(ii) x 軸方向には、物体は等速運動をするから、(i)と同じ時間をかけて、移動する x 軸方向の距離 x は、

$$x = (x\ \text{軸方向の初速度}\ v_0 \cdot \cos\theta) \times \text{時間}\ t$$

であり、この式の t に(i)で求めた t の値を代入すると、

$$x = v_0 \cdot \cos\theta \times \frac{v_0 \cdot \sin\theta + \sqrt{v_0^2 \cdot \sin^2\theta + 2gh}}{g} \quad \text{(答)}$$

である。

（問題）物体を地面から45°の方向に投げ上げたところ、水平到達距離が100〔m〕であった。このときの物体の初速度の大きさを求めよ。

（解答）物体は放物運動をするので、右図のように、水平方向（x軸方向）と鉛直方向（y軸方向）を別々に考える。いま、x軸の右向きを＋の向き、y軸の上向きを＋の向きと決める。「物体を地面から45°の方向に投げ上げた」というから、初速度$\vec{v_0}$は水平方向と45°の角度をなす方向である。そうすると、

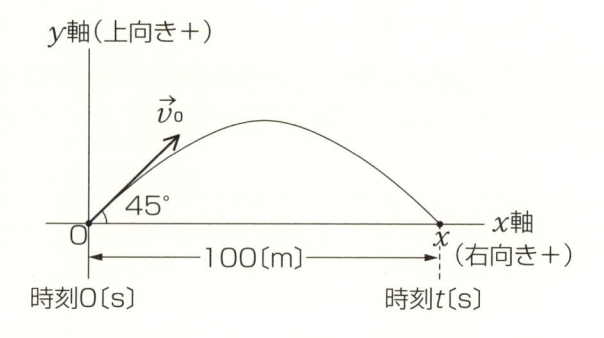

$$\begin{cases} x\text{軸方向の初速度の大きさは、} v_0 \cdot \cos 45° = v_0 \times \dfrac{1}{\sqrt{2}} = \dfrac{v_0}{\sqrt{2}} \\ y\text{軸方向の初速度の大きさは、} v_0 \cdot \sin 45° = v_0 \times \dfrac{1}{\sqrt{2}} = \dfrac{v_0}{\sqrt{2}} \end{cases}$$

である。

そこで、「等加速度直線運動」の変位の公式 $x = v_0 t + \dfrac{1}{2} a t^2$ を適用すると、x軸方向には、物体を投げ上げた瞬間よりも後は、物体には何の力も働かないから、x軸方向の加速度 $a = 0$ である。そして、x軸方向の初速度 $= \dfrac{v_0}{\sqrt{2}}$ であるから、これらの値を変位の公式に代入すると、

$$x = \frac{v_0}{\sqrt{2}} \times t + \frac{1}{2} \times 0 \times t^2 = \frac{v_0}{\sqrt{2}} \times t$$

となる。そして、$x = 100$ 〔m〕であるということから、

$$100 = \frac{v_0}{\sqrt{2}} \times t \quad \therefore t = \frac{100\sqrt{2}}{v_0} \qquad \cdots\cdots (式①)$$

また、y 軸方向について考えると、「等加速度直線運動」の変位の公式 $x = v_0 t + \frac{1}{2} at^2$ に、
$x = y$、$v_0 = \frac{v_0}{\sqrt{2}}$、$a = -g = (-9.8)$〔m/s²〕（上向きを＋の向きと決めているから、常に下向きの g には－符号を付ける。）
を代入すると、

$$y = \frac{v_0}{\sqrt{2}} \times t + \frac{1}{2} \times (-9.8)〔\text{m/s}^2〕\times t^2$$

となる。そして、物体が 100〔m〕離れた地点に達したときには、y 軸方向の変位は、原点と同じ高さなので $y = 0$ である。この y の値を上の式の左辺に代入すると、

$$0 = \frac{v_0}{\sqrt{2}} \times t - \frac{1}{2} \times 9.8 \times t^2$$

両辺に 2 を掛けて分母を払い、整頓（せいとん）すると、

$$9.8t^2 - \sqrt{2} v_0 t = 0$$

$\therefore t(9.8t - \sqrt{2} v_0) = 0$ 　　t と $(9.8t - \sqrt{2} v_0)$ とを掛けると 0 ということは、$t = 0$ または $9.8t - \sqrt{2} v_0 = 0$ ということである。ここで $t = 0$ というのは、投げ上げた時刻であるから、これは捨（す）てると、
$9.8t - \sqrt{2} v_0 = 0$

$$t = \frac{\sqrt{2} v_0}{9.8} \qquad \cdots\cdots (式②)$$

（式①）の t と（式②）の t とは等しいから、それぞれの式の右辺どう

407

しが等しいので、

$$\frac{100\sqrt{2}}{v_0} = \frac{\sqrt{2}\,v_0}{9.8}$$

$$\therefore v_0 \times \sqrt{2}\,v_0 = 100\sqrt{2} \times 9.8$$

$$\therefore v_0^2 = \frac{100\sqrt{2} \times 9.8}{\sqrt{2}}$$

$$= 100 \times 9.8 = 980$$

$$\therefore v_0 = \pm\sqrt{980} = \pm 31.3 \,[\text{m/s}] \quad (答) 31.3\,[\text{m/s}]$$

ここで、複号±が付いているが、初速度は上方に向かって投げたのであり、ここでは上向きを＋の向きと決めているから、－符号の方は捨てて＋31.3〔m/s〕を採用する。

もっとも、問題文中で問われているのは、初速度の「大きさ」であるから、＋，－の符号は削除して答えればよいわけである。

22. 摩擦力の働く面上での物体の運動

(1) 摩擦力とは

水平な地面に接して置かれている重い物体を引いて（あるいは押して）、地面上を横向きに滑らせて動かすときに、引く力（あるいは押す力）がまだ小さいうちは、物体は静止したまま動かない。

ニュートンの運動の第2法則によると「物体に力が働くとき、物体の加速度（1秒間当たりの速度の変化）は、力の向きに生じ……」とあるから、静止している物体に力を加えると、物体は動き出すはずであるにもかかわらず、上述のように、静止したままであるというのは、どうしてであろうか。

それは、地面と物体の表面とが接触しているため、地面から物体に、その物体が滑り動くのを妨げる力が面に平行に働くからである。この「物体が面上を滑り動く運動を妨げる力」のことを「摩擦力」という。

注 摩擦……こすること。すれ合うこと。

摩擦力には、静止摩擦力（静止している物体に働く摩擦力）と、動摩擦力（面に接して、滑り動いている物体に働く摩擦力）とがある。

(2) 静止摩擦力

摩擦力は、面に接している物体を動かそうとする力が働いたときに初めて発生するものであって、もし、物体を動かそうとする力が加わっていないときには、摩擦力は発生しない。

摩擦力の向きは、物体の運動を妨げる向きに発生する。（次図）

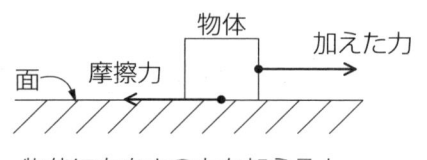

物体に右向きの力を加えると、左向きの摩擦力が面から物体に働く。

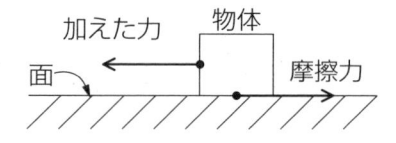

物体に左向きの力を加えると、右向きの摩擦力が面から物体に働く。

さて、それでは、次図のように、水平面上に静置している物体に、右向きに引く力を加える場合について考えてみることにする。

先ず初めに、小さな力で物体を右向きに引いてみる。すると、物体が右向きに動くのを妨げるような左向きの摩擦力が面から物体に働く。この摩擦力の大きさは、物体を右に引く力の大きさと等しく、向きは逆向きである。そのため、引く力と摩擦力とがつり合うので、物体は静止したまま動かない。次に、引く力をだんだん大きくしていくと、それにつれて、静止摩擦力もだんだん大きくなっていく。

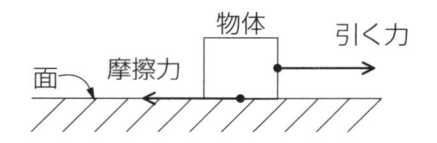

物体が静止しているときは、引く力の大きさと、摩擦力の大きさとが等しく、向きが逆向きである静止摩擦力が面から物体に働いている。

それならば、静止摩擦力は、どこまでも大きくなっていくものなのかというと、そうではない。静止摩擦力の大きさには限度(限界)があり、その限度よりも大きい摩擦力は発生しない。そのため、物体を引く力が、その限度よりも大きくなると、もはや、つり合いを保つことはできず、物体は引く力の向きに滑って動き出す。この物体が動き出す直前の一番大きくなったときの静止摩擦力のことを「最大静止摩擦力」という。

物体を引く力を次第に大きくしていき、最大摩擦力よりも大きくなる

410

と、物体は滑り出し、今度は、静止摩擦力ではなく、動摩擦力が物体に働くように変わる。そしてこの動摩擦力は最大静止摩擦力よりも小さい力であり、しかも、物体が動く速さに関係なく、ほぼ一定の大きさである。

〈注意〉摩擦のある面上で物体を滑り動かす仕事について考える場合の摩擦力は、動摩擦力である。

(3) 最大静止摩擦力と垂直抗力

物体があらい水平面上に静止しているとき、この物体には面から垂直抗力 N（後述の（参考）を参照）が働いており、この N が大きいほど（即ち、物体が重いほど）、最大静止摩擦力も大きくなる。

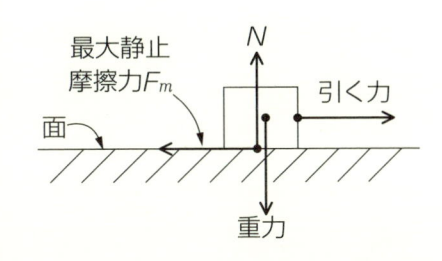

最大静止摩擦力 F_m（m は maximum 最大限の m）は、面から物体に働く垂直抗力 N に比例することがわかっている。このときの比例定数を μ（これを「静止摩擦係数」という）とすれば、次式で表わされる。

$$F_m = \mu \times N \quad \cdots\cdots (式1)$$

（最大静止摩擦力）＝（静止摩擦係数）（垂直抗力）

〈注意〉静止摩擦係数 μ の値は、最大静止摩擦力に関する値であって、最大静止摩擦力よりも小さい摩擦力のときのものではないことに注意。

つまり、最大静止摩擦力 F_m は、垂直抗力 N に比例する、ということである。

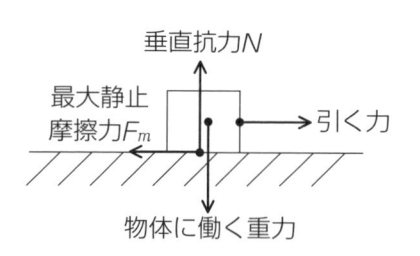

〔図1〕
垂直抗力Nは、物体に働く重力が（即ち物体が）面を下向きに押す力に対する反作用として面が物体を押し返えす力である。

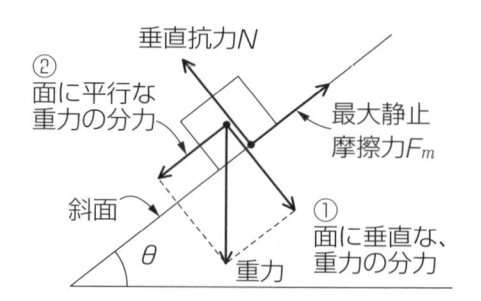

〔図2〕
垂直抗力Nは①の分力の反作用であって、斜面が物体を垂直方向に押し返えす力である。②の、重力の面に平行な分力が、物体を斜面に沿って滑り落とそうとする力である。

接する物質		静止摩擦係数 μ	動摩擦係数 μ'
鋼鉄と鋼鉄	（乾燥状態）	0.15	0.03
	（塗油状態）	0.11～0.12	—
かし材とかし材	（乾燥状態）	0.6	0.5
鋼鉄と氷	（乾燥状態）	0.027	0.014
ガラスとガラス	（乾燥状態）	0.9	0.4

　静止摩擦係数 μ の値は、物体が接している面のざらつき具合い（即ち、表面の凹凸の程度であって、面の粗さともいう）や、乾いているか、ぬれているかなどによって異なるものである。つまり、物体の種類と面の種類との組み合わせによって μ の大きさは異なり、その値は、実験によって求められるものである。

μ の値が大きいということは、最大静止摩擦力 F_m が大きいということであるから、その物体を滑り動かしにくいということである。

物理の表現では、摩擦力の働く面のことを「粗い面」といい、摩擦力のない仮想的な面のことを「滑らかな面」と言って区別する。滑らかな面と言った場合には、摩擦係数が 0、即ち、摩擦力が働かないことを意味する。

尚、静止摩擦力は、「物体を動かそうとする力」と、つり合う力であるから、この2力は大きさが等しく、向きが反対向きの力である。

尚、質量の小さな物体について、最大静止摩擦力のおよその値を調べるには、次のようにすればよい。

右図のように、水平な面の上に糸を付けた物体を置き、糸の他端を滑車を通して、ばねばかりに結び付ける。そして、ばねばかりを、ゆっくり引き上げていくと、やがて物体は面の上を滑り出すので、その滑り出す直前の、ばねばかりの指針の示す目盛りを読み取れば、その値が、この場合の最大静止摩擦力である。

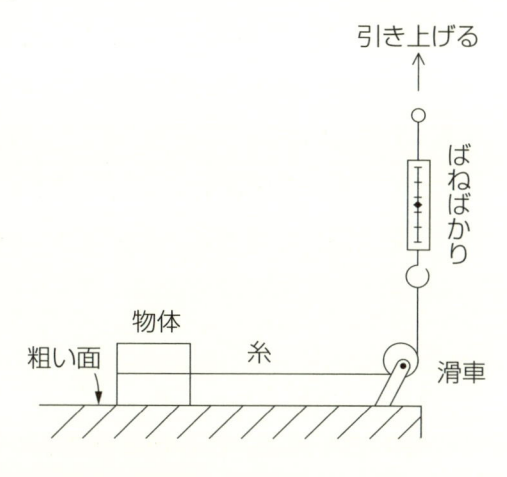

注このとき、ばねばかりの指針の位置を決めるのは、摩擦力であって、ばねばかりの重さは関係しない。

（例題1）質量5〔kg〕の物体が水平な床の上に静置されている。この物体と床との間の静止摩擦係数が0.5であれば、この物体を横に引いて滑り動かすためには、最小限何〔N〕の力が必要か。

（解答）摩擦力の生ずる面上に静止している物体を滑り動かすためには、最大静止摩擦力をほんのわずかに越える力を加える必要がある。従って、ここで求められている最小限の力としては、最大静止摩擦力の値を答えればよい。そのためには、式 $F_m = \mu N$ を適用する。この式の中の垂直抗力 N の大きさは、物体に働いている重力の大きさに等しく、向きは、重力の向きと逆向きであるから、

$N =$ 物体の質量 m × 重力の加速度 g
　 $= 5$〔kg〕× 9.8〔m/s²〕$= 49$〔kg·m/s²〕
　 $= 49 \times 1$〔kg·m/s²〕$= 49 \times 1$〔N〕$= 49$〔N〕

そして、静止摩擦係数 $\mu = 0.5$ であるというから、

最大静止摩擦力 $F_m = \mu \times N = 0.5 \times 49$〔N〕$= 24.5$〔N〕

（答）24.5〔N〕

（例題2）水平面上にある重さ W（ダブリュ）の物体に、鉛直方向上向きに、大きさ K（ケー）の力を加え、この物体を大きさ T の力で横に引っ張るとする。この物体が滑らずに静止しているための条件を求めよ。
ただし、物体と水平面との間の静止摩擦係数を μ（ミュー）とする。

(解答）物体が面上で静止しているために必要な条件は、次の①及び②である。

①力がつり合っていること。

②摩擦力Fが最大静止摩擦力$F_m = \mu N$以下であること。

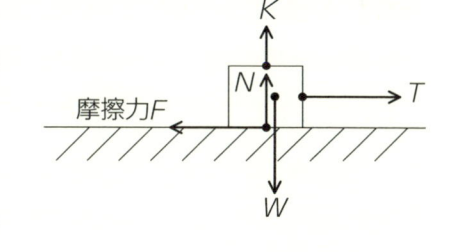

①の条件から、　　$T = F$　　　　　　　　……（式①）

$$W = N + K \quad \text{……（式②）}$$

②の条件から、　　$F \leqq F_m$　　　　　　　……（式③）

(注)≦は、これの左右の数または式の大小関係を表わす記号で「不等号(ふとうごう)」という。$F \leqq F_m$とは、「FはF_mより小さいか、または等しい」という意味を表わす。また、$A \leqq x < B$と書けば、これは「xはAより大きいか、または等しく、Bより小さい」ということを表わす。

さて、ここで（式③）のFのところにTを……これは（式①）から、また、F_mのところにμNを……これは$F_m = \mu N$ということから、それぞれ代入すると、　$T \leqq \mu N$　　　　　　　……（式④）

更(さら)に、（式②）から$N = W - K$なので、これを（式④）に代入すると、$T \leqq \mu(W - K)$

となる。これが、求められている条件である。　　（答）$T \leqq \mu(W - K)$

(注)（答）に使われている記号は、どれもみな、問題文中に与えられている記号であって、それ以外のFとF_mは含まれていないことに注意！

(参考) 抗力について
(1) 作用と反作用

　右図のように、人が手で壁を押すと、壁もまた手を同じ大きさの力で押し返す。このとき、手が壁を押す力を「作用」と呼ぶと、壁が手を押し返す力を「反作用」と呼ぶ。

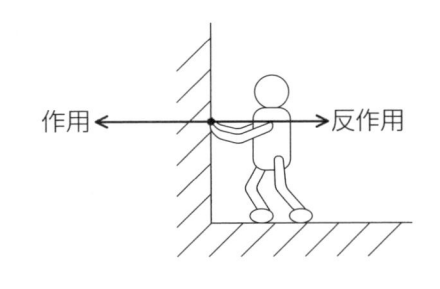

　作用と反作用とは、必ず同時に「互いに相手の物体に働くもの」で、その両方の大きさは等しく、向きは反対である。

　このことを、むずかしそうな記号を使って表現すると、次のようである。

　「物体 A が物体 B に力 $\vec{F}$ を及ぼすと、必ず物体 A には物体 B から $-\vec{F}$ の力が働く。」

　これを、ニュートンの運動の第 3 法則あるいは「作用・反作用の法則」という。

　注　$\vec{F}$（ベクトル・エフと読む）は、「力の大きさと方向・向き」を表わす記号である。$-\vec{F}$ というのは $\vec{F}$ と大きさが等しく、逆向きの力を表わす。

　力は、必ず 2 つの物体の間で働くものであるから、力を考えるときには、その力が、どの物体からどの物体に働いているものであるかということを、はっきりと示すことが必要である。

　作用・反作用の法則を、もう少しかみくだいて表現すると次のようである。

　作用と反作用は、

　(1) 互いに相手の物体に働く。

(2) 両者は、同一直線上で、反対向きに働く。
(3) 両者の力の大きさは等しい。

　㊟力の「大きさ」と表現した場合には、力の方向・向きは考えないで、どちら向きでもかまわない単なる大きさだけをいうものである。
　　力は、ベクトル量であるから、「大きさ」と「方向・向き」の両方を同時に持つ量である。そこで、単に、その大きさだけを言う場合には「力の大きさ」と言い、その「方向・向き」だけを言う場合には、「東向き」「上向き」「右向き」などと表現する。

(2) 抗力（こうりょく）

　作用と反作用において「反作用を及（およ）ぼす力」を「抗力」という。右の〔図1〕において、壁が人を押し返す力（反作用）が「抗力」である。

人が壁を押す力（作用）　　壁が人を押し返す力（反作用）

〔図1〕

　さて、右の〔図2〕のように、水平な机上面（きじょうめん）の上に物体が置かれて静止しているときに、この物体には鉛直（えんちょく）方向の下向きに重力 W が働いている。従って、この物体自体の下側の面が机上面を下向きに W の力で押していることになる（作用）。すると、

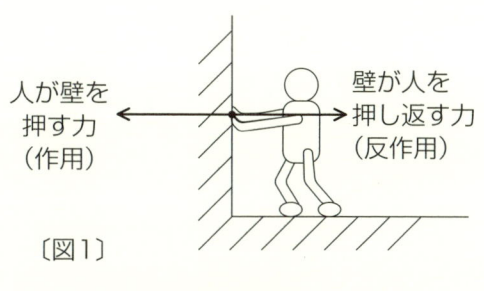

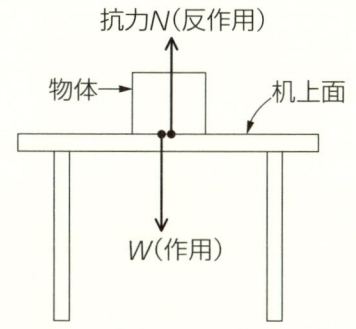

抗力N（反作用）
物体　　机上面
W（作用）

〔図2〕
㊟NとWは一直線上にあるものであるが、わかりやすくするため、少しずらして描いている。

417

その反作用として机上面は物体を上向きに押し返す。このように、「面が物体を押し返す力」のことを「面の抗力」という。〔図2〕の場合には、抗力 N は、物体に働く重力と大きさが等しく、向きは反対向きである。そして、面に垂直な抗力を「垂直抗力」という。従って、垂直抗力の値は、物体の重さが重くなるほど大きくなる。

注1 「つり合いの力」は「1つの物体」に働く2力を考えるものであるが、「作用・反作用」は、「2つの物体」どうしの間で互いに働き合う力を考えるものである。

注2 重力 W は物体の重心に働く力であるとされているものである。〔図2〕中の W（作用）となっているものは、その重力 W をずらして描いたもので、物体の下面が机上面を押す力は、重力 W に等しい。

　重力 W も抗力 N も、どちらも1つの物体に働いている力であるから、それら2力は、つり合いの力であり、この2力は、一直線上にあり、大きさが等しく向きは逆向き（反対向き）である。2力がつり合っているために、物体に力が実際には働いているにもかかわらず、物体は、いぜんとして静止したままである。このことは、ニュートンの運動の第1法則（慣性の法則）……物体に力が働かないと、あるいは物体に幾つかの力が働いていても、それらの力がつり合っているときには、初めから静止していた物体はそのまま静止を続けるし、また、初めから運動していた物体は等速直線運動を続ける……ということで説明される。

　抗力というものは、弾性の力（これは、力を加えられて変形した物体が元に戻ろうとする力）の1種である。

22. 摩擦力の働く面上での物体の運動

抗力は一定の大きさの力なのではなく、作用・反作用から考えてもわかるように、加えられる力（即ち、作用）の大きさ次第で決まる力である。つまり、加えられる力が小さければ抗力も小さく、加えられる力が大きければ抗力も大きい。

(3) 垂直抗力

滑らかな面（その面の上の物体を滑り動かすとき、全く摩擦のない仮に想像した面のこと）の抗力は、面に垂直であるが、粗い面（摩擦力の発生する面）の抗力は必ずしもそうとは限らない。

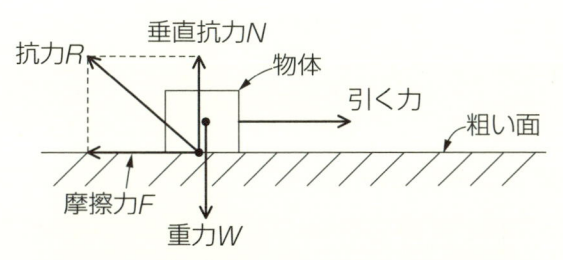

次図のように粗い面、即ち摩擦の生ずる面の上に物体を置き、面に沿って物体に引く力を加えたときの抗力 R は図のように現われる。

注）粗い平が水平面であるときは、物体に働く重力Wと垂直抗力Nは、つり合っている。

つまり、上図の抗力Rの2つの分力NとFのうちの、「粗い面と物体との接触面の方向の分力Fのことを「摩擦力」というのである。

（例）右図のように、粗い面を指先で斜めにF_0の力で押した場合には、F_0が作用であり、その反作用とし

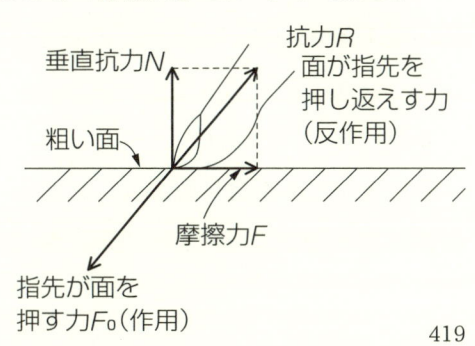

て面は指先を R の力で押し返す。この作用 F_0 の反作用の R が抗力である。この抗力 R を粗い面に対して①垂直な力 N と、②平行な力 F の2力に分解したときの、①の面に垂直な分力 N が垂直抗力であり、②の面に平行な分力 F が摩擦力である。

(以上（参考）終り)

(4) 粗い斜面上の物体

右図のように、水平面と θ の角をなす粗い斜面上に、重さ W の物体が「静止」しているとする。

注 重さとは、「物体に働く重力の大きさ」のことで、「地球が物体を引く力の大きさ」のことをいう。

この重さ W を、斜面に平行な分力 $W\sin\theta$ と、斜面に垂直な分力 $W\cos\theta$ とに分解して考えると、今、この物体は斜面上で静止しているのであるから、

(1) 斜面に平行な方向の力のつり合いを考える（力の大きさで考える）と、

摩擦力 $F = W\sin\theta$ ……（式1）

そして、物体が滑り出さないためには、この摩擦力 F が最大静止摩

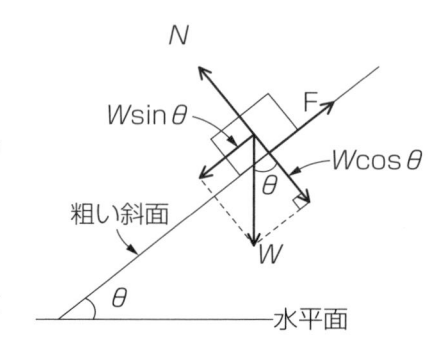

注 右図のような直角三角形において、「高さ」というのは、注目している角 θ の対辺、即ち、θ と向かい合っている辺のことをいう。

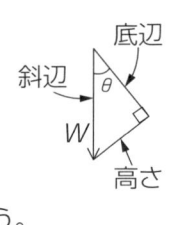

或る量に、何かの数を掛けた後で再び、その同じ数で割れば、元々の量と同じになることから、

①高さ ＝ 高さ × $\dfrac{斜辺}{斜辺}$

　　　＝ 斜辺 × $\dfrac{高さ}{斜辺}$

　　　＝ 斜辺 × $\sin\theta$

　　　＝ $W \times \sin\theta$

②底辺 ＝ 底辺 × $\dfrac{斜辺}{斜辺}$ ＝ 斜辺 × $\dfrac{底辺}{斜辺}$

　　　＝ 斜辺 × $\cos\theta$

　　　＝ $W \times \cos\theta$

擦力 $F_m (= \overset{\text{ミュー・エヌ}}{\mu N})$ よりも小さいか、あるいは等しいことが必要であるから、

$\quad\quad F \leqq F_m$ 　　（これは、「F が F_m に比べて小さいか、または、等しい」という意味である。）

ところで、$F_m = \mu N$ であるから、

$\quad\quad F \leqq \mu N$

この式に（式1）の $F = W\sin\theta$ を代入すると、

$\quad\quad W\sin\theta \leqq \mu N$ 　　　　　　　　　　　　……（式2）

であることが必要である。

(2) 斜面に垂直な方向の力のつり合いを考えると、

$\quad\quad N = W\cos\theta$ 　　　　　　　　　　　　……（式3）

である。

　そこで、（式3）を（式2）に代入すると、

$\quad\quad W\sin\theta \leqq \mu \cdot W\cos\theta$

この式の両辺を $W\cos\theta$ で割ると、

$\quad\quad \dfrac{W\sin\theta}{W\cos\theta} \leqq \dfrac{\mu W\cos\theta}{W\cos\theta} \left(= \mu \times \dfrac{W\cos\theta}{W\cos\theta} = \mu \times 1 \right.$

$\quad\quad \therefore \dfrac{\sin\theta}{\cos\theta} \leqq \mu$ 　即ち、 $\tan\theta \leqq \mu$ 　　　……（式4）

　つまり、「物体が斜面を滑り出さないためには、$\tan\theta \leqq \mu$」であることが必要である。

　ただし、μ は物体と面との間の静止摩擦係数である。

（例題）水平面と θ の角をなす斜面に、質量が m の物体が静置されている。物体と斜面との摩擦係数が $\overset{\text{ミュー}}{\mu}$ であるとき、次の問いに答えよ。

421

(i)斜面に平行な力を加えて、この物体を下方に動かすためには、最低どれだけの力が必要か。
(ii)斜面に平行な力を加えて、この物体を、斜面に沿って引き上げるためには、最低どれだけの力が必要か。

(解説)(i)右図のように、物体に加える最低必要な力をKとし、斜面から物体に働く最大静止摩擦力をF_m、また、斜面から物体に働く垂直抗力をNとする。

物体は下方に滑り動こうとするから、摩擦力は、その逆向きの斜面に沿った上方に働く。

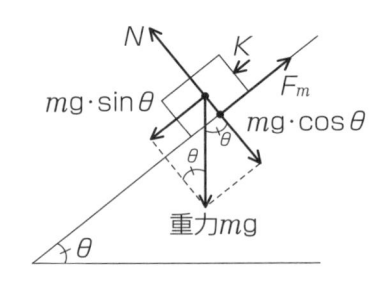

物体に働いている重力 = 質量 × 重力加速度 = mg を斜面に対して平行な分力と垂直な分力とに分解すると、前者は$mg\cdot\sin\theta$であり、後者は$mg\cdot\cos\theta$となる。

そして、物体を斜面に沿って下向きに滑り始めさせるのに必要な最低の大きさの力Kというものは、$(K + mg\sin\theta)$の合力の大きさが、その合力とは逆向きに物体に働く最大静止摩擦力の大きさF_mよりも、ほんのごくわずかだけ大きければ、物体は下向きに動き出すのである(これは、力のつり合いが、くずれるからである)。つまり、ほとんど、$K + mg\sin\theta = F_m$であるような力Kを物体に加えればよいと言ってもよいことになる。

㊟このことは、例えば、水平な地面に置かれて静止している物体に上向きの力を加えて持ち上げるときには、少なくとも、物体が動

き始める瞬間だけには、その物体に働いている重力の大きさよりも、ほんのごくわずかだけ大きな力を上向きに加えれば、物体は上向きに動き始めるから、その後は、物体に働いている重力の大きさと同じ大きさの力を上向きに物体に加え続けていれば、物体は動き出したときの速さを保ったまま、上向きの直線運動を続けながら上がって行くことになる（慣性の法則）のと同様である。

そこで、この物体に働く「力のつり合い」を考えてみると次のようである。

$\begin{cases} 斜面に平行な方向の力のつり合いは、K + mg\sin\theta = F_m \\ 斜面に垂直な方向の力のつり合いは、N = mg\cos\theta \end{cases}$

である。

更に、物体が滑り出す直前では、$F_m = \mu N$

という関係がある。従って、これら3つの式を組み合わせることによって、Kの値を問題中に与えられている量記号の θ, m, μ 及び g を使って表わせばよいことになる。

(ii) 垂直抗力 N は、（1）のときと同じであるから、

$N = mg\cos\theta$

そして、次図のように、物体を斜面に沿って引き上げる力を T とすれば、摩擦力は今度は、斜面に沿って下向きに働く。そこで、斜面に平行な力のつり合いを考えると、

$T = F_m + mg \cdot \sin\theta$

である。

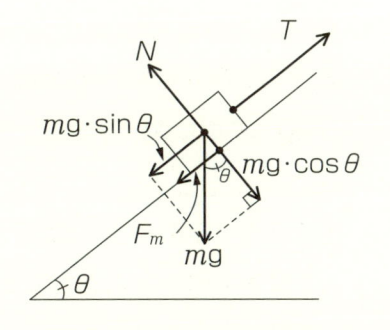

（解答）(i) 求めようとしている力を K とし、物体と面との間の最大静止摩擦力を F_m、斜面から物体に働く垂直抗力を N とする。するとまず、N は、この物体に働いている重力を斜面に対して平行及び垂直な2力に分解したときの、斜面に垂直な分力に等しい。即ち、

$$N = mg \cdot \cos\theta \qquad \cdots\cdots 式①$$

である。次に、物体が斜面上で滑り出す直前では、摩擦力は最大静止摩擦力 F_m となり、これは μN に等しい。即ち、

$$F_m = \mu N \qquad \cdots\cdots 式②$$

である。この式②に式①を代入すると、

$$F_m = \mu \cdot mg \cdot \cos\theta \qquad \cdots\cdots 式③$$

となる。

他方、斜面に平行な方向の分力は、$mg \cdot \sin\theta$ であり、これと、物体を下方に滑り動かすために加えるべき力 K とを加え合わせた力である $mg \cdot \sin\theta + K$ が、最大摩擦力 F_m に等しければよいから、

$$mg \cdot \sin\theta + K = F_m \qquad \cdots\cdots 式④$$

ここで、式③を式④に代入すると、

$$mg \cdot \sin\theta + K = \mu \cdot mg \cdot \cos\theta$$

$$\therefore K = \mu \cdot mg \cdot \cos\theta - mg \cdot \sin\theta$$

$$= mg\,(\mu \cdot \cos\theta - \sin\theta)$$

つまり、この物体を下方に動かすために最低必要な力は、
$mg\,(\mu \cdot \cos\theta - \sin\theta)$ である。

（答）$mg\,(\mu \cdot \cos\theta - \sin\theta)$

㊟これで、求める K の値を、問題文中に与えられている m, μ, θ を使って表わすことができたわけである。尚、g は地球の重力加速度の大きさであるから、測る場所によって、やや異なるが、普

通は、9.8〔m/s²〕としてよい値である。

(ii)斜面に垂直な力のつり合いから、
$$N = mg \cdot \cos\theta$$
従って、物体が斜面に沿って上方に滑り出す直前では（1）の場合と全く同じことであるから、
$$F_m = \mu \cdot mg \cdot \cos\theta \qquad \cdots\cdots 式③$$

次に、斜面に平行な力のつり合いを考えると、このとき、斜面に沿って上方に引き上げる力をTとすれば、このTの大きさは、物体に働く重力mgの斜面に平行な分力$mg \cdot \sin\theta$と、物体に斜面に沿って下向きに働く最大静止摩擦力F_m（摩擦力は、物体を滑り動かそうとする力と逆向きに生ずるので、この場合には、下向きである）との和に等しいから、
$$T = mg \cdot \sin\theta + F_m \qquad \cdots\cdots 式⑤$$
式⑤に式③を代入すると、
$$T = mg \cdot \sin\theta + \mu \cdot mg \cdot \cos\theta$$
$$= mg(\mu \cdot \cos\theta + \sin\theta)$$

つまり、この物体を斜面に沿って引き上げるためには、最低$mg(\mu \cdot \cos\theta + \sin\theta)$の力が必要である。

（答）$mg(\mu \cdot \cos\theta + \sin\theta)$

〈注意〉次頁（問い）に対する（解答として）と書いてあるものは、間違いの例であるから、注意して欲しい。

（問い）右図のように、粗い斜面の上に物体がある。この物体に働く静止摩擦力 F の大きさはいくらか。

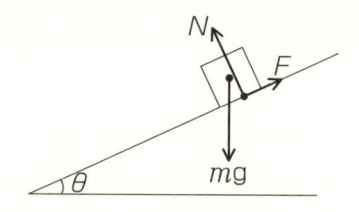

（解答として）

右図のように、物体に働いている重力 mg を、斜面に対して平行な力と垂直な力の2力に分解すると、それぞれ $mg \cdot \sin\theta$ と $mg \cdot \cos\theta$ とになる。物体が斜面から受ける垂直抗力 N の大きさは、この $mg \cdot \cos\theta$ に等しい。即ち、

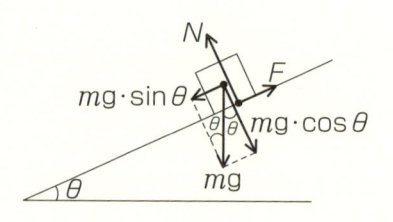

$$N = mg \cdot \cos\theta \quad \cdots\cdots (式ア)$$

他方、斜面から物体に働く摩擦力 F は μN に等しい。即ち、

$$F = \mu N \quad \cdots\cdots (式イ)$$

注 この部分が間違っている。

であるから、（式イ）の N に（式ア）を代入すると、

$$F = \mu \cdot mg \cdot \cos\theta \quad （答）F = \mu \cdot mg \cdot \cos\theta$$
（間違い）

注 物体が粗い斜面上に静止しているからといって、そのとき必ずしも、物体に斜面から働いている摩擦力が最大静止摩擦力であるとは限らない。むしろ、もっと小さい摩擦力である場合の方が多い。それにもかかわらず、（式イ）のように、最大静止摩擦力 $F_m = \mu N$ なる式を適用してしまったことが、間違いなのである。

(正解)

静止摩擦力の大きさ F は、この物体が斜面を滑り落ちようとする力、即ち、物体に働いている重力 mg の斜面に平行な分力の大きさに等しく、その向きは、反対向きに生ずるから、$F = mg \cdot \sin\theta$ である。

(答) $F = mg \cdot \sin\theta$

(5) 摩擦角 θ_m

右の〔図1〕のように粗い斜面上に質量 m の物体を置いたとき、角 θ（傾斜角）が小さいときには、物体は斜面を滑り落ちずに静止している。

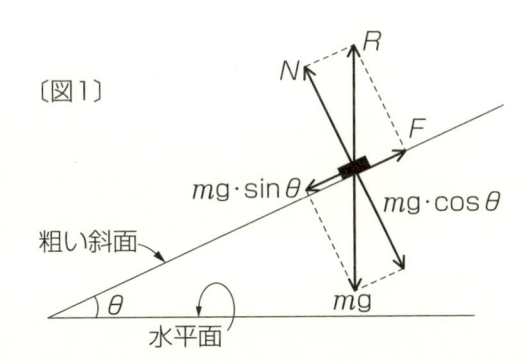

〔図1〕

それは、粗い斜面から物体に摩擦力 F が働いているからである。このとき、物体に働いている力は、重力 mg（これは、物体の重さのこと）と、斜面から物体に働く抗力 R の2力であり、この2力はつり合っている。そこで、重力 mg を斜面に対して平行な力 $mg \cdot \sin\theta$ と斜面に垂直な力 $mg \cdot \cos\theta$ とに分解し、抗力 R も同様に、斜面に平行な力 F（これが摩擦力）と斜面に垂直な力 N（これが垂直抗力）とに分解すると、物体が静止しているのであるから、力のつり合いを考えると、

$F = mg \cdot \sin\theta$ 及び $N = mg \cdot \cos\theta$

である。

さて、粗い斜面の傾斜角 θ を次第に大きくしていくと $\sin\theta$ の値が次第に大きくなっていくから $mg \cdot \sin\theta$ の値が次第に大きくなっていく。

すると、それにつれて、$mg \cdot \sin\theta$と大きさが等しく反対向きに生ずる摩擦力の値も次第に大きくなっていく。しかし、摩擦力Fの値が、最大静止摩擦力F_mに達すると、物体は滑り出す直前の限界の状態となる〔図2〕。このときの傾斜角θ_mのことを「摩擦角」という。

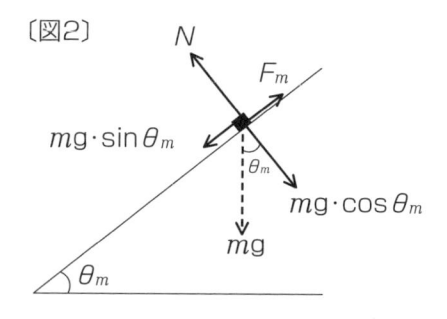

そこで、この摩擦角θ_mと、$mg \cdot \sin\theta_m$、$mg \cdot \cos\theta_m$、垂直抗力N、最大静止摩擦力F_m、静止摩擦係数μなどの互いの関係（次の式①②③）から、θ_mとμとの関係式を導くことにする。

　最大静止摩擦力 $F_m = \mu N$ 　　　　　　　　　　　……①
　斜面に平行な方向の力のつり合いから　$F_m = mg \cdot \sin\theta_m$　……②
　斜面に垂直な方向の力のつり合いから　$N = mg \cdot \cos\theta_m$　……③

①を②に代入すると、$\mu N = mg \cdot \sin\theta_m$ 　　　　　　　　……②′

③を②′に代入すると、$\mu \cdot mg \cdot \cos\theta_m = mg \cdot \sin\theta_m$

この式の両辺をmgで割ると、$\mu \cdot \cos\theta_m = \sin\theta_m$

この式の両辺を$\cos\theta_m$で割ると、

$$\mu = \frac{\sin\theta_m}{\cos\theta_m} = \tan\theta_m \qquad \cdots\cdots (式5)$$

つまり、物体が、粗い斜面上を滑り出す直前の傾斜角θ_mの正接である$\tan\theta_m$が静止摩擦係数μに等しい。

(例題)
　或る物体を平らな板の上に載せ、板が水平面となす傾斜角θを次第に

22. 摩擦力の働く面上での物体の運動

大きくしていったところ、$\theta = 30°$ を越すと、物体は滑り出した。物体と板との間の摩擦係数 μ の値はいくらか。

(解説)「30°を越すと滑り出した」、あるいは「30°になったら滑り出した」という文章表現は、「30°で、滑り出す直前の限界である最大静止摩擦力の状態に達した」という意味である。従って、30°よりも、ほんのわずかであっても傾斜角が大きくなると、物体は滑り出すということであるから、30°が摩擦角である。

(解答) 摩擦角が30°であるから、

$$\text{摩擦係数}\ \mu = \tan 30° = \frac{1}{\sqrt{3}} = 0.58 \qquad \text{(答)}\ 0.58$$

(問題) 質量5〔kg〕の物体を平らな板に載せ、板を傾けていったところ、傾斜角が30°になったとき物体は滑り出した。板を水平にして、この物体を水平方向に引く場合には、何〔N〕の力で引くと、この物体は動き出すか。

(解答) 静止摩擦係数 $\mu = \tan 30° = \dfrac{1}{\sqrt{3}} = 0.578$

板を水平にして、物体を水平方向に引いて滑らせ動かし出すために必要な力 T は、最大静止摩擦力に等しい。また、このときの垂直抗力 N は、物体に働いている重力の大きさ（即ち、重さ）に等しい。従って、

$$T = F_m = \mu N = \mu \cdot mg = 0.578 \times 5\ \text{〔kg〕} \times 9.8\ \text{〔m/s}^2\text{〕}$$
$$= 28.3\ \text{〔kg·m/s}^2\text{〕} \fallingdotseq 28\ \text{〔N〕} \qquad \text{(答)}\ 28\ \text{〔N〕}$$

㊟ 本当は、物体を水平方向に引く力は、最大静止摩擦力 F_m よりも、ほんのわずかだけ大きい力で引く必要がある。なぜならば、もしも、ちょうど最大静止摩擦力と等しい力で引くだけでは、物体は依然として静止したままのはずだからである。しかし、このわずかだけ大きい力というのは、ごく微小の力でよいため、取

るに足らない量である。従って、物体を引き動かす力は F_m と等しい力であるとしてかまわないのである。

〈注意〉$F_m = \mu N$ の N は、垂直抗力を表わす量記号（従って斜体文字で表わす）であり、28〔N〕の N は、力の単位記号（従って立体文字で表わす）である。

（6）動摩擦力

　水平な粗い面の上で、物体にひもを付けて水平方向に引くと、この引く力が小さいうちは、物体は静止したまま動かないが、引く力を次第に大きくしていくと、物体は粗い面の上を滑って動き出すのであることは前述の通りである。それでは、この物体が動き出して運動しているときに、引く力を加えるのをやめてしまうと、どうなるかというと、物体は、滑り動くことをやめて再び静止してしまう。ニュートンの慣性の法則によると、運動している物体に、外部から力が働かない場合には、その物体は、等速直線運動をいつまでも続けるはずである。然るに、粗い面上を滑り動く運動をしていた物体は、ひもを引くという外部から加えていた力を働かせなくした場合であるから、いつまでも等速直線運動を続けるはずであるのにもかかわらず静止してしまう。これは、なぜかというと、p.413 の図のような実験をしてみるとわかるように、物体が粗い面上を滑り動いて運動しているときにも、面から物体に対して、物体の運動を妨げる向きに摩擦力が働くからである。この「動いている物体に働く摩擦力」のことを「動摩擦力」という。

　動摩擦力の大きさ F' は、垂直抗力 N に比例することが実験事実からわかっている。このときの比例定数 μ'（ミューダッシュ）を「動摩擦係数」といい、次の式で表わされる。

$$F' = \mu' N \qquad \cdots\cdots (式6)$$

μ′の値は、接触面の凹凸の状態等の面の性質によって決まる定数であって、接触面の広さや、物体が滑り動く速さなどには、ほとんど無関係である。

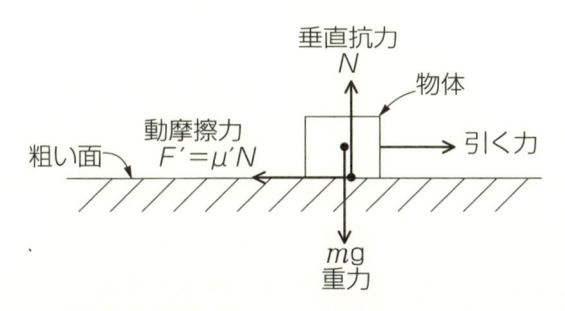

動摩擦力には、「滑り摩擦力」と「ころがり摩擦力」とがある。滑り摩擦力は、物体が面上を滑るときの摩擦力であり、ころがり摩擦力は、物体が面上をころがるときの摩擦力であり、後者の方が前者に比べて非常に小さい。

また、物体と面とが接触する間に潤滑油を入れると、物体と面とが直接、触れ合わなくなるので、摩擦力は小さくなる。

(7) 摩擦力が働く面上での物体の運動

右図のように、水平な粗い面上を物体が滑り動く運動をしているものとする。

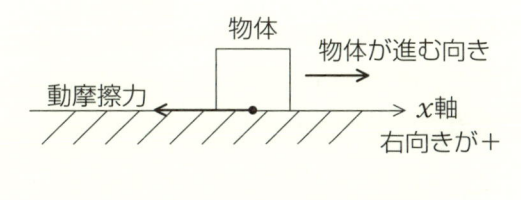

そして、この物体が運動する方向をx軸にとり、物体はx軸上を右向き（この向きを＋の向きと決める）に進んでいるものとする。

この物体には、現時点においては、右向きの力は働いてはいないので

あるが、過去の或る時点において、右向きの力が加えられたために、現在は右向きに滑り動いているのであると考えることにする。

さて、物体は粗い面上を右向きに滑り動いているのであるから、粗い面からは、この物体の運動を妨げる向き、即ち、左向きに動摩擦力が働いていることになる。

ところで、力というものは、大きさと方向（向きも）を持つベクトル量であるから、今、動摩擦力の「大きさをF'」とすれば、F'は左向き、即ち、x軸の－の向きに働くのであるから、動摩擦力$\vec{F}$を表示するためには、大きさを表わすF'に－符号を付けて「$-F'$」と表わせば、この力は、左向きで大きさがF'の力であることになる。

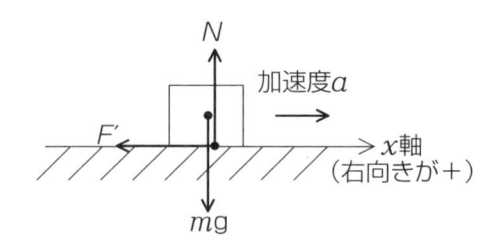

また、物体には、動摩擦力という力が働いており、しかもこの力とつり合うような力は、今この物体には働いていないから、動摩擦力によって、この物体には加速度が生じているはずである。そこでこの加速度を$\vec{a}$とし、物体の質量をmとすれば、ニュートンの運動方程式（運動の第2法則）$\vec{F}=m\vec{a}$から、

$$-F'=m\vec{a} \quad \cdots\cdots（式①）$$

と書くことができる。従って、

$$\vec{a}=-\frac{F'}{m} \quad \cdots\cdots（式②）$$

となり、（式②）で、mは質量であるから、当然＋の値であり、また、F'も動摩擦力の大きさだけを表わすものである（向きは表わしていない）

から、+の値であるので、
$$\vec{a} = -\frac{F'}{m} = -\frac{+の値}{+の値} = -の値$$
ということで、$\vec{a}$ は負（−）の値、即ち、x 軸の左向きに物体に生ずることになる。

（もちろん、運動の第2法則で、「物体に力が働くとき、物体に生じる加速度は、力の向きに生じ、その加速度の大きさは力の大きさに比例し、物体の質量に反比例する」と言っているから、上述のようなことを考えなくても、加速度は、動摩擦力の向きと同じ左向きに生じることは、わかっていることである。）

ところで、前に述べたように、動摩擦力の大きさ F' は、面から物体に働く垂直抗力 N に比例し、その比例定数 μ' が動摩擦係数と呼ばれるものであったから、

$$F' = \mu' N \qquad \cdots\cdots (式③)$$

そして、水平面上に置かれた物体に面から働く垂直抗力の大きさ N は、その物体に働いている重力の大きさ（即ち重さ）に等しいから、

$$N = 重さ = （質量）×（重力加速度の大きさ）$$
$$= mg \qquad \cdots\cdots (式④)$$

である。この（式④）を（式③）に代入すると、

$$F' = \mu' mg \qquad \cdots\cdots (式⑤)$$

（式①）の F' に（式⑤）を代入すると、

$$-\mu' mg = m\vec{a}$$
$$\therefore -\mu' g = \vec{a} \quad 即ち、\vec{a} = -\mu' g \qquad \cdots\cdots (式⑥)$$

この（式⑥）で、μ' は+の値であり、g の値も $9.8 \, [\text{m/s}^2]$ という値であって、もともと、+，−の符号の付いている値ではないから、このとき物体に生ずる加速度 $\vec{a}$ は負（−）の値となることが、（式⑥）か

433

らもわかる。

> 注 重力加速度 g は地球の中心に向かうベクトル量であるという事実であるが、その値 9.8〔m/s²〕には、初めから＋や－の符号が付いているものではない。ただし、鉛直方向下向きであることは厳然たる事実である。それで、落下に関する運動を考える場合に、g が下向きであることを表わすために、もしも、下向きを＋の向きと決めて、運動を考えるときには、g の値 9.8〔m/s²〕には、当然＋符号が付くし、逆に、もしも上向きを＋の向きと決めてから物体の運動を考えるのであれば、これも当然 g の値には－符号を付けて g は必ず下向きに生ずるものであることを表わす必要があるわけである。

そして、（式⑥）で、μ' の値は、物体及び接触面が変わらなければ一定であるし、g の値もまた同じ場所であれば一定であるから、加速度 $\vec{a}$ の大きさ a は一定である。

従って、摩擦力が働く粗い面上で一直線に滑り動く運動をする物体は「等加速度運動」をするということになる。

そうすると、この運動についても、彼の「等加速度直線運動に関する3つの公式」

$$v = v_0 + at,\quad x = v_0 t + \frac{1}{2}at^2,\quad v^2 - v_0^2 = 2ax$$

を、そっくりそのまま適用することができる、ということになるのである。

> 注 尚、このとき物体に働いている鉛直方向の力は mg と N の2力であるが、この2力はつり合っている。なぜならば、この物体は鉛直方向には少しも移動しないからである。

(例題1) 水平な床の上で、静止している物体に初速度 v_0 を与えて、その物体を滑り動かす。物体と床との間の動摩擦係数を μ' として、次の問いに答えよ。

(i) 物体が止まるまでの時間は、どれだけか。

(ii) 物体が止まるまでに進む距離は、どれだけか。

(解説) (i) 物体は、(式⑥) のような $a = -\mu' g$ という一定の加速度をもつ等加速度直線運動を行うから、件の3つの公式 $v = v_0 + at$、$x = v_0 t + \frac{1}{2} at^2$、$v^2 - v_0^2 = 2ax$ を適用することができる。

そこで、速度の公式 $v = v_0 + at$ の a のところに (式⑥) の $a = -\mu' g$ を代入すると、$v = v_0 + (-\mu' g)t = v_0 - \mu' gt$ 即ち、$v = v_0 - \mu' gt$ となる。そしてこの式において、物体が止まるということは、速度 v が 0 となることであるから、

$0 = v_0 - \mu' gt$ ∴ $t = [\quad]$ という式を導けばよい。

(ii) 等加速度直線運動の距離 x を求める公式 $x = v_0 t + \frac{1}{2} at^2$ を適用する。この式に加速度 $a = -\mu' g$ を代入して $x = v_0 t - \frac{1}{2} \mu' g t^2$ とし、この式に(i)で求めた t の値を代入すれば、x の値を求める式が得られる。

あるいはまた、等加速度直線運動の時間 t を含まない公式 $2ax = v^2 - v_0^2$ に $a = -\mu' g$ を代入して、

$2 \times (-\mu' g) \times x = v^2 - v_0^2$

∴ $x = \dfrac{v^2 - v_0^2}{-2\mu' g} = \dfrac{-(v_0^2 - v^2)}{-2\mu' g} = \dfrac{v_0^2 - v^2}{2\mu' g}$

とし、この式の $v = 0$ (物体が止まる意味) としても、同じ結果が得られる。

(解答)

(i) 物体の質量を m、加速度を a、動摩擦力の大きさを F' とすれば、物体の運動方程式は、

$$ma = -F' \qquad \cdots\cdots ①$$

　㊟ F' にー符号が付くわけは、動摩擦力の向きが、物体の進む向き（これを＋の向きとした）と逆向きであるからである。

また、$F' = \mu' N$ 　　　　　　　　　　　……②

そして、床から物体に働く垂直抗力は、物体に働く重力 mg に等しいから、

$$N = mg \qquad \cdots\cdots ③$$

である。

物体に生ずる加速度 a を求めるため、③を②に代入して、

$$F' = \mu' mg \qquad \cdots\cdots ④$$

とし、④を①に代入すると、

$$ma = -\mu' mg$$

となるので、この式の両辺を m で割ると、次のように a が求まる。

$$a = -\mu' g \qquad \cdots\cdots ⑤$$

この動摩擦係数 μ' は一定値であり、重力加速度 g の値は、場所によって決まった一定値であるから、加速度 a も一定である。従って、水平面上で動摩擦力が働いている物体の運動は、等加速度直線運動を行うから、それに関する3つの公式 $v = v_0 + at$、$x = v_0 t + \dfrac{1}{2} at^2$、$v^2 - v_0^2 = 2ax$ を適用することができる。

そこで、時刻 t における物体の速度を求める公式 $v = v_0 + at$ の a のところに、⑤を代入すると、

$$v = v_0 - \mu' gt \qquad \cdots\cdots ⑥$$

そして、物体が止まるということは、$v=0$ ということであるから、⑥で $v=0$ とおくと、

$$0 = v_0 - \mu'gt$$

$$\therefore t = \frac{v_0}{\mu'g} \quad \cdots\cdots ⑦$$

となって時刻 t (これは、時刻 0 から時間 t だけ後の時刻を意味する) を求めるための式が導かれた。　　　　　　　　　　(答) $\dfrac{v_0}{\mu'g}$

(ii) 距離 x を求める公式 $x = v_0 t + \dfrac{1}{2}at^2$ を適用する。この式の a に⑤を代入すると、

$$x = v_0 t - \frac{1}{2}\mu'gt^2 \quad \cdots\cdots ⑧$$

となるので、この式⑧に、物体が止まるまでの時間 t を表わす式⑦を代入して、進む距離 x を求める式を導くと次のようである。

$$\begin{aligned}
x &= v_0 \frac{v_0}{\mu'g} - \frac{1}{2}\mu'g\left(\frac{v_0}{\mu'g}\right)^2 \\
&= \frac{v_0^2}{\mu'g} - \frac{1}{2}\mu'g\frac{v_0^2}{\mu'^2g^2} \\
&= \frac{v_0^2}{\mu'g} - \frac{1}{2}\cdot\frac{v_0^2}{\mu'g} = \frac{v_0^2}{\mu'g} - \frac{v_0^2}{2\mu'g} \\
&= \frac{(2)v_0^2}{(2)\mu'g} - \frac{v_0^2}{2\mu'g} = \frac{2v_0^2 - v_0^2}{2\mu'g} = \frac{v_0^2}{2\mu'g}
\end{aligned}$$

↑　　　↑
通分するため　　　　　　　　　　(答) $\dfrac{v_0^2}{2\mu'g}$

(例題2) 水平な直線道路を 48 [km/h] の速さで走っていた質量 1000 [kg] の自動車が、ブレーキをかけ始めたときから後、等加速度運動をして 25 [m] 先で止まった。次問に答えよ。

(i) ブレーキをかけてから、自動車が地面から受ける摩擦力の大きさは何 [N] か。

(ii) 自動車と地面との間の動摩擦係数はいくらか。

(解説) (i) 等加速度直線運動の公式 $2ax = v^2 - v_0^2$ から加速度 a の値を求めた後、運動方程式 $F = ma$ から動摩擦力の大きさ F' の値を求める。ただし、自動車の進む向きを＋の向きと決めれば、a の値には－符号が付くことになる（a の向きは、自動車の進む向きと逆向き）。

(ii) 地面から自動車に働く垂直抗力の大きさは、自動車に働いている重力の大きさ（重さ）に等しい。$F' = \mu' N$ に(i)で求めた F' の値を代入すれば μ' が求められる。

あるいはまた、$a = -\mu' g$ から、加速度 a を g で割っても μ' が求められる。

(解答) (i) 等加速度直線運動の時間 t を含まない公式 $2ax = v^2 - v_0^2$ を使って、加速度 a を求める。この式に、自動車の初速度（ブレーキをかける直前の速度）$v_0 = 48$ [km/h] $= 48 \times \dfrac{1 \text{[km]}}{1 \text{[h]}} = 48 \times \dfrac{1000 \text{[m]}}{60 \times 60 \text{[s]}} = \dfrac{40}{3}$ [m/s]、自動車の終速度 $v = 0$（自動車が止まったから）、および、自動車の進行距離（これはブレーキをかける直前の自動車の位置を原点としたときの、その場所からの移動距離）$x = +25$ [m] を代入して a を求めると、

22. 摩擦力の働く面上での物体の運動

$$2a \times (+25) \text{[m]} = 0^2 - \left(\frac{40}{3} \text{[m/s]}\right)^2$$

$$\therefore a = \frac{-\dfrac{1600}{9} \text{[m}^2\text{/s}^2\text{]}}{2 \times 25 \text{[m]}} = -\frac{32}{9} \text{[m/s}^2\text{]}$$

注 −符号は、加速度 a の向きが、自動車の動いている向きとは逆向きであるという意味を持つ。

従って、動摩擦力の大きさ F' は、運動方程式 $\vec{F} = m\vec{a}$ の $\vec{F}$ に $-F'$ を代入したものであるから、(自動車の質量 $m = 1000$ [kg])

$$-F' = 1000 \text{[kg]} \times \frac{-32}{9} \text{[m/s}^2\text{]} \quad [\text{力} = \text{質量} \times \text{加速度}]$$

$$\therefore F' = 3555 \text{[kg·m/s}^2\text{]} = 3555 \times 1 \text{[kg·m/s}^2\text{]}$$
$$= 3555 \text{[}\overset{\text{ニュートン}}{\text{N}}\text{]} \fallingdotseq 3600 \text{[N]} \quad \text{(答) } 3600 \text{[N]}$$

(ii) 動摩擦力の大きさ $F' = \mu' N$ から、動摩擦係数 $\mu' = \dfrac{F'}{N}$、そして、垂直抗力 N は、自動車に働く重力に等しいから、

$$\overset{\text{エヌ}}{N} = mg = 1000 \text{[kg]} \times 9.8 \text{[m/s}^2\text{]}$$

そして、F' は(i)の答から、

$$F' = 1000 \text{[kg]} \times \frac{32}{9} \text{[m/s}^2\text{]} \quad \text{であるから、}$$

$$\mu' = \frac{F'}{N} = \frac{1000 \text{[kg]} \times \dfrac{32}{9} \text{[m/s}^2\text{]}}{1000 \text{[kg]} \times 9.8 \text{[m/s}^2\text{]}} = 0.36$$

(答) 0.36

(ii)の別解

$$a = -\mu' g \text{ から } \mu' = -\frac{a}{g} = -\frac{-\dfrac{32}{9} \text{[m/s}^2\text{]}}{9.8 \text{[m/s}^2\text{]}} = 0.36$$

（8）摩擦力が働く斜面上での物体の運動

前述の（4）の項では、斜面上に静止している物体についての静止摩擦力について述べたが、ここでは、斜面上で運動している物体についての動摩擦力に関することを考える。

右図のように、水平面とθの角をなす粗い斜面上を、斜面に沿って物体が滑り落ちているとき、物体と斜面との間の動摩擦係数をμ'とする。そして物体の質量をmとすると、この物体に働く重力の大きさはmgである。

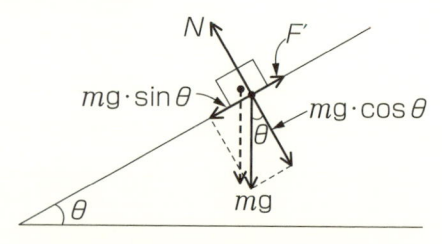

注）物体に働く重力mgを表示する力の矢印は、物体の重心（ここが力の作用点）を基点とした破線の矢印で描くべきであるが、この図では、分力との関係をわかりやすく表わすために、少しずらして描いてある。

このmgを斜面に垂直および平行な2つの力に分解すると、

斜面に $\begin{cases} 垂直な分力 = mg\cdot\cos\theta \\ 平行な分力 = mg\cdot\sin\theta \end{cases}$

である。そして、この物体は斜面に平行な方向に滑り落ちるのであるから、これと直角な方向即ち、斜面に垂直な方向の力はつり合っているはずであるから、面から物体に働く垂直抗力の大きさをNとして、力のつり合いの式を書くと、

$$N = mg\cdot\cos\theta$$

となる。他方、動摩擦力の大きさF'は、$F' = \mu' N$であるから、これら2つの式から、

$$F' = \mu'\cdot mg\cdot\cos\theta$$

という式が得られる。

そこで、この物体が滑り落ちる方向を x 軸にとり、その斜面下向きを x 軸の正（＋）の向きに決めて考えると、斜面方向に働く力としては、次の２力、即ち、物体に働いている重力の分力である、（＋）$mg \cdot \sin\theta$ と物体に働く動摩擦力 $F' = (-)\mu' mg \cdot \cos\theta$（これは、物体が滑り落ちる向きとは反対向き、即ち、x 軸の負（－）の向きに働くから － 符号が付く）との２力である。つまり、物体に対して、斜面方向に働いている力は、（＋）$mg\sin\theta$ と（－）$\mu' mg\cos\theta$ との合力である。

ここで、物体に生じている加速度の大きさを a として、運動方程式を書くと、（質量 × 加速度 ＝ 力 ということから）

$$m \cdot a = (+mg \cdot \sin\theta) + (-\mu' mg \cdot \cos\theta)$$
$$= mg \cdot \sin\theta - \mu' mg \cdot \cos\theta$$

［この右辺は、物体に働いている力の合計である。］

この式の両辺を m で割ると、

$$a = g \cdot \sin\theta - \mu' g \cdot \cos\theta$$

即ち、$a = g(\sin\theta - \mu' \cdot \cos\theta)$ ……（式7）

となる。（式7）の g, μ', θ はどれもみな決まった値で一定であるから、加速度 a の値は一定である。

つまり、摩擦力のある斜面（水平面との角 θ）上を一直線に滑り落ちる物体は、等加速度運動をするということである。

従って、この場合にも、等加速度直線運動の３つの公式を適用することができる。

(例題)水平面と30°の角をなす粗い斜面上を滑り落ちている物体がある。物体と斜面との間の動摩擦係数が0.2であるとして、この物体の加速度を求めよ。

(解答)物体の加速度aは、(式7)の$a = g(\sin\theta - \mu' \cdot \cos\theta)$に $g = 9.8$ [m/s²]、$\theta = 30°$、$\mu' = 0.2$を代入すると、

$$a = 9.8 \text{ [m/s}^2\text{]} \times (\sin 30° - 0.2 \times \cos 30°)$$
$$= 9.8 \text{ [m/s}^2\text{]} \times \left(\frac{1}{2} - 0.2 \times \frac{\sqrt{3}}{2}\right)$$
$$= 9.8 \text{ [m/s}^2\text{]} \times \left(\frac{1}{2} - 0.2 \times \frac{1.73}{2}\right)$$
$$= 3.2 \text{ [m/s}^2\text{]} \quad\quad\quad (答) 3.2 \text{ [m/s}^2\text{]}$$

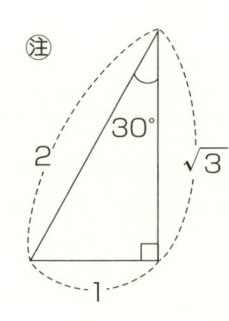

注

$$\sin 30° = \frac{高さ}{斜辺} = \frac{1}{2}$$

$$\cos 30° = \frac{底辺}{斜辺} = \frac{\sqrt{3}}{2}$$

$\sqrt{3} = 1.73$ の計算

```
              1.732
      1  | 3
   +) 1  | 1      (-
      27 | 2 0 0
   +)  7 | 1 8 9  (=27×7)(-
      343| 1 1 0 0
   +)  3 | 1 0 2 9 (=343×3)(-
      3462| 7 1 0 0
   +)   2 | 6 9 2 4 (=3462×2)(-
           1 7 6
```

以上で、物体の運動に関する記述を終ることとする。私にできることは、せいぜいここまでであり、限界だからである。

予備知識

1. 分数の計算

（1）普通の割り算について

10 ÷ 5 には次の 2 つの意味がある。

① 10 の中には 5 がいくつ分あるか。

② 10 を 5 等分㋐すると、その等分された 1 つ分はいくつか。

　　㋐等分……或る量（または数）の物を幾つかの部分に分けるとき、分けた各部分の量（または数）が互いに等しくなるように分けること。

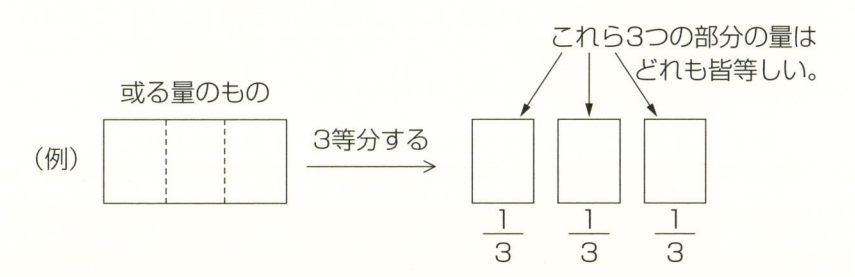

（例）或る量のもの → 3等分する → これら3つの部分の量はどれも皆等しい。$\frac{1}{3}$　$\frac{1}{3}$　$\frac{1}{3}$

㊟ 10 ÷ 5 のことを $\frac{10}{5}$ のように分数の形でも書く。

（2）分数の意味

「或る物の $\frac{1}{3}$ 」とは、「或る物を3等分したものの1つ分のこと」をいう。

上の（例）の場合には、⟶の右側の□の1つひとつがそれぞれ元の或る物の $\frac{1}{3}$ である。

また、或る物の $\frac{3}{5}$ とは、或る物を5等分したもののうちの3つ分のことである。従って、或る物の $\frac{5}{5}$ と言えば、それは或る物を5等分したもののうちの5つ分のことであるから、元の或る物と量は全く同じ量であり、ただ単に5つに分けただけであって、その5つの部分全部のことを指している。

（3）分数のたし算と引き算

(1) 分母が同じ数である場合

> 分母は同じ数のままにしておき、分子だけをたしたり、引いたりすればよい。

（例1） $\frac{1}{3} + \frac{2}{3} = \frac{1+2}{3} = \frac{3}{3} = 1$ （即ち、$3 \div 3 = 1$）

なぜならば、或る物を3等分したものの1つ分と2つ分とをたし合わせるということは、元の或る物と同量になるからである。このように「或る物の全量は1で表わされる」ことになる。

（例2） $\frac{3}{5} - \frac{2}{5} = \frac{3-2}{5} = \frac{1}{5}$

1. 分数の計算

(2) 分母が異なる数である場合

> 分母を通分㋐してから（1）と同様にすればよい。

㋐通分……どちらの分数も分母が同じ数の分数に直すこと。もちろん直した後の分数の値は、元の分数の値と同じでなくてはならない。

$$\frac{2}{3} = \frac{2 \times 2}{3 \times 2} = \frac{2 \times 3}{3 \times 3} = \frac{2 \times 4}{3 \times 4} = \frac{2 \times 5}{3 \times 5} = \cdots\cdots$$

のように、或る分数（ここでは $\frac{2}{3}$ を指す）の分子にも分母にも同じ数を掛けた分数は、元の分数と等しい。このことを利用して、分母が異なる分数どうしを通分する。

(例1) $\frac{1}{2} + \frac{1}{3} = \frac{1 \times ③}{2 \times ③} + \frac{1 \times ②}{3 \times ②} = \frac{3}{\boxed{6}} + \frac{2}{\boxed{6}}$
$= \frac{3+2}{6} = \frac{5}{6}$ （答）

(例2) $\frac{2}{5} - \frac{4}{15} = \frac{2 \times ③}{5 \times ③} - \frac{4 \times 1}{15 \times 1} = \frac{6}{\boxed{15}} - \frac{4}{\boxed{15}}$
$= \frac{6-4}{15} = \frac{2}{15}$

注 $\frac{2}{5} - \frac{4}{15} = \frac{2 \times ⑥}{5 \times ⑥} - \frac{4 \times ②}{15 \times ②} = \frac{12}{\boxed{30}} - \frac{8}{\boxed{30}} = \frac{12-8}{30}$
$= \frac{4}{30} = \frac{2}{15}$ としてもよいし、
$= \frac{2 \times ⑨}{5 \times ⑨} - \frac{4 \times ③}{15 \times ③} = \frac{18}{\boxed{45}} - \frac{12}{\boxed{45}} = \frac{18-12}{45}$
$= \frac{6}{45} = \frac{2}{15}$ としてもよい。

（例2の別解）

$$\frac{2}{5} - \frac{4}{15} = \frac{2 \times ⑮}{5 \times ⑮} - \frac{4 \times ⑤}{15 \times ⑤} = \frac{30}{75} - \frac{20}{75}$$
$$= \frac{30 - 20}{75} = \frac{10}{75} = \frac{2}{15} \quad (答)$$

としても同じ答が得られるが、よりやっかいな計算になってしまう。そこで最小公倍数なるものを用いるわけであるが、もし、最小公倍数の見つけ方がわからないときは、この別解のように、分母どうしを掛け合わせて通分すればよい。

（例2）では15が、5と15との最小公倍数である。

$$\frac{2 \times ③}{5 \times ③} - \frac{4 \times ①}{15 \times ①} = \frac{6}{\boxed{15}} - \frac{4}{\boxed{15}} \quad \text{ということである。}$$

5と15の最小公倍数

（4）分数の掛け算

（1）分数×整数（または、整数×分数）の場合

「5×3」というのは「5を3つたし合わせること」である。

　　即ち、$5 \times 3 = 5 + 5 + 5$

　　従って、もし、$\frac{1}{8} \times 3$ であれば、$\frac{1}{8}$ を3回たすことで、

$$\frac{1}{8} \times 3 = \frac{1}{8} + \frac{1}{8} + \frac{1}{8}$$
$$= \left(\frac{1}{8} + \frac{1}{8}\right) + \frac{1}{8} = \left(\frac{1+1}{8}\right) + \frac{1}{8}$$
$$= \left(\frac{2}{8}\right) + \frac{1}{8} = \frac{2+1}{8} = \frac{3}{8}$$

ということである。つまり、

$$\frac{1}{8} \times 3 = \frac{3}{8}$$

であり、この掛ける順序を逆に書いて $3 \times \frac{1}{8}$ としても同じことである。このように、

> 「分数 × 整数」の場合には、分母の数はそのままで、分子に整数を掛ければよい。

(例1) $\frac{3}{7} \times 2 = \frac{3 \times 2}{7} = \frac{6}{7}$

$\qquad\qquad\qquad$ (これは $\frac{3}{7} + \frac{3}{7} = \frac{3+3}{7} = \frac{6}{7}$ のこと)

(例2) $2 \times \frac{3}{7} = \frac{2 \times 3}{7} = \frac{6}{7}$

(2) 分数 × 分数の場合

例 $\frac{3}{5} \times \frac{1}{3}$ の計算

$\frac{3}{5}$ とは、或る物を 5 等分したものの 3 つ分のことである。そして、その 3 つ分の更に $\frac{1}{3}$ が、$\frac{3}{5} \times \frac{1}{3}$ の意味である。

㊟「$\frac{3}{5}$ の $\frac{1}{3}$」とは「$\frac{3}{5} \times \frac{1}{3}$」のことである。なぜならば、「A の $\frac{m}{n}$」と「A × $\frac{m}{n}$」との関係は次のようだからである。

今、或る物 A (この A は、ようかん 1 本でもよいし、砂糖 500 〔g〕であってもよい。) があるときに、A の $\frac{m}{n}$ とは、A を n 等分したものの m 個分のことである。即ち、$\frac{A}{n}$ を m 個だけ加え合わせたもののことであるから、

$$\underbrace{\frac{A}{n} + \frac{A}{n} + \cdots\cdots + \frac{A}{n}}_{m \text{個}} = \frac{A}{n} \times m$$

つまり、「Aの$\frac{m}{n}$」とは、「$A \times \frac{m}{n}$」のことである。

或る物（これが 10 という数であるとする）の$\frac{3}{5}$の$\frac{1}{2}$は、どれだけであるかを考えてみる。

10 の$\frac{3}{5}$とは、10 を 5 等分したもの（即ち 2）の 3 つ分であるから 6 である。そして、この 6 の$\frac{1}{2}$とは、6 を 2 等分したものの 1 つ分であるから、3 である。つまり、

10 の$\frac{3}{5}$の$\frac{1}{2}$は、3 である。

他方、「10 の$\frac{3}{5}$の$\frac{1}{2}$」は、「$10 \times \frac{3}{5} \times \frac{1}{2}$」のことであるから、これは 3 でなければならない。即ち、

$$10 \times \frac{3}{5} \times \frac{1}{2} = 3$$

ということになる。この式の両辺を 10 で割ると、

$$\frac{\cancel{10} \times \frac{3}{5} \times \frac{1}{2}}{\cancel{10}} = \frac{3}{10}$$

$$\therefore \frac{3}{5} \times \frac{1}{2} = \frac{3}{10}$$

この式の左辺の値が右辺の値$\frac{3}{10}$と等しくなるためには、

「$\frac{3}{5} \times \frac{1}{2}$」を「$\frac{3 \times 1}{5 \times 2}$」$= \frac{3}{10}$

のように、分子は分子どうし掛け合わせ、また、分母は分母どうし掛け合わせればよいことになる。

(他の例) 28 (これを或る物とする) の $\frac{1}{2}$ の $\frac{3}{7}$ はいくつかというと、

28 の $\frac{1}{2}$ は、$28 \times \frac{1}{2} = 14$、

この 14 の $\frac{3}{7}$ は、$14 \times \frac{3}{7} = \frac{14 \times 3}{7} = \frac{42}{7} = 6$

他方、或る数 $28 \times \left(\frac{1}{2} \times \frac{3}{7} \right) = 6$

この式の両辺を 28 で割ると、$\frac{1}{2} \times \frac{3}{7} = \frac{6}{28} = \frac{3}{14}$

そしてこの $\frac{1}{2} \times \frac{3}{7}$ の値が $\frac{3}{14}$ であるためには、$\frac{1}{2} \times \frac{3}{7}$ を $\frac{1 \times 3}{2 \times 7}$ としてやれば、$\frac{3}{14}$ となって、上の値と一致する。このように、

> 分数 × 分数 を計算する場合には、分母は分母どうし掛け合わせ、分子は分子どうし掛け合わせればよい。

(例) $\frac{5}{16} \times \frac{8}{15} = \frac{5 \times 8}{16 \times 15} = \frac{40}{240} = \frac{1}{6}$ (答)

(別解) $\frac{\cancel{5}^1}{\cancel{16}_2} \times \frac{\cancel{8}^1}{\cancel{15}_3} = \frac{1 \times 1}{2 \times 3} = \frac{1}{6}$ (答)

(5) 分数の割り算

(1) 分数 ÷ 整数 の場合

(例 1) $\frac{2}{5} \div 3$ の計算

$\frac{2}{5} \div 3$ とは、「$\frac{2}{5}$ を 3 等分したものの 1 つ分」のことである。

この「　」の中味(なかみ)は $\frac{2}{5} \times \frac{1}{3}$ のことである。すると、

$$\frac{2}{5} \div 3 = \frac{2}{5} \times \frac{1}{3} = \frac{2 \times 1}{5 \times 3} = \frac{2}{5 \times 3} \quad \left(\text{答は } \frac{2}{15}\right)$$

(例2) $\frac{5}{18} \div 4$ とは、「$\frac{5}{18}$ を4等分したものの1つ分」のことであるから、

$$\frac{5}{18} \div 4 = \frac{5}{18} \times \frac{1}{4} = \frac{5 \times 1}{18 \times 4} = \frac{5}{18 \times 4} \quad \left(\text{答は } \frac{5}{72}\right)$$

である。このように、

> 分数 ÷ 整数 を計算する場合には、分数の分母に整数を掛ければよい。

(2)　或る数 ÷ 分数の場合
　　　　↑　　　　　↑
　　　被除数　　　除数
　　　(ひじょすう)　(じょすう)
　　(割られる方の数)　(割る方の数)

注 被とは、「～される」という意味。

即ち、これは、除数が分数の場合である。

これから述べることは、眉に唾をつけて(眉に唾をつけておくと狐や狸に化かされないという昔からの俗信があるが、唾をつけたのでは、きたならしくていけないから、せめて冷水でもつけて頭脳明晰の状態にしておいてから)、次の内容を読み進めていただきたい。

① 単に $\frac{1}{2}$ と言うと、これは、「周囲から独立して存在している或る1つの物(または1つの集団)を2等分した(即ち、全く等しい量の2つの部分に分けた)ときにできる等しい2つの部分のうちの1つの部分のこと」を意味している。

また、もし、$\frac{3}{4}$ と言えば、それは、周囲から独立して存在している或る1つの物(または、1つの集団)を4等分したときにできる等

しい 4 つの部分のうちの 3 つの部分を指す。

　従って、今ここに同種の 8 個のまんじゅうがあって、その $\frac{3}{4}$ はいくつであるか、と言えば、それは、8 個のまんじゅう（これが或る 1 つの集団）を 4 等分すると、まんじゅう 2 個ずつの部分が 4 つできる。この 4 つの部分のうちの 3 つの部分は、幾つであるかと言えば、2 個 × 3 ＝ 6 個である。即ち、8 の $\frac{3}{4}$ は 6 である。

　また、30 人の $\frac{2}{3}$ は、30 人を 3 等分（人数で等分）したときにできる 10 人ずつの 3 つの部分のうちの 2 つの部分であるから 20 人である。即ち、30 の $\frac{2}{3}$ は 20 である。

　尚、或る 1 つの物（または 1 つの集団）、例えば 40 個のまんじゅうについて考えてみると、その $\frac{4}{4}$ 即ち 40 個の $\frac{4}{4}$ も、また 40 個の $\frac{5}{5}$ も、40 個の $\frac{8}{8}$ も、どれも皆 40 個で、元のまんじゅうと同じ個数である。つまり、1 つの物（または 1 つの集団）を幾等分かして一旦分けても、それら分けた部分を再び全部集めれば、元の即ち、等分する前の量と同じになるということである。

　40 個を 4 等分すれば、10 個ずつの部分が 4 つできる。その部分の 4 つ分は、10 個 × 4 ＝ 40 個で、等分する前と同じ個数である。また、40 個を 5 等分した部分の 5 つ分もやはり 40 個であるし、40 個を 8 等分した部分の 8 つ分もやはり 40 個である。

②次に「4 ÷ 2」とは、いったいどういうことかというと、「4 の中には 2 が幾つ分あるか」という意味である。その答えは 2 つ分、つまり 2 である。

　また、15 ÷ 3 とは、「15 の中に 3 が幾つ分あるか」ということであって、答は 5 つ分、つまり 5 である。

そして、$4 \div 2$ のことを $\frac{4}{2}$ とも書き、$15 \div 3$ のことを $\frac{15}{3}$ とも書くのである。

③「$\frac{1}{2}$」とは、上の②で述べたことと同様「$1 \div 2$」であると同時に上の①で述べたように、「或る１つの物（または、１つの集団）を２等分したときにできる等しい２つの部分のうちの１つの部分のこと」を意味する。そして、この「$\frac{1}{2}$」というのは、「或る１つの物を２等分したときにできる２つの部分のうちの１つの部分のこと」という意味が大切なことである。

例えば、或る１本の羊かんの $\frac{1}{2}$ とは、左図のように、２等分した（ちょうど半分に切った）ときにできる２つの部分のうちの、どちらの方も $\frac{1}{2}$ である。

④さて、そこで、「$3 \div \frac{1}{2}$」の意味を、羊かんの図を使って考えてみることにする。

　　注 $3 \div \frac{1}{2}$ は、$\dfrac{3}{\left(\frac{1}{2}\right)}$ とも書く。

このとき、被除数の３は、同じ大きさの３本の羊かんに相当し、除数の $\frac{1}{2}$ は「１本の羊かんの $\frac{1}{2}$」（これは、前の３本の羊かんと大きさが同じの、１本の羊かんを２等分したときにできる２つの部分のうちの１つの部分のことであるから、１本の羊かんの半分のこと）に相当する。

そうすると、$3 \div \frac{1}{2}$ ということは、「３本の羊かんの中には、１本の羊かんの $\frac{1}{2}$ の部分が幾つ分あるか。」ということと同じ意味であると考えてよい。

これを図を使って考えてみると次のようである。

1. 分数の計算

3本の羊かん

左の3本の羊かんの中には、1本の羊かんの $\frac{1}{2}$ の部分、即ち、右図の斜線をほどこした部分が幾つ分あるか

1本の羊かん

$\frac{1}{2}$

というと、次図から明らかなように6つ分ある。

$\frac{1}{2}$ ①　$\frac{1}{2}$ ②　$\frac{1}{2}$ ③　$\frac{1}{2}$ ④　$\frac{1}{2}$ ⑤　$\frac{1}{2}$ ⑥

これは、とりもなおさず、

$$3 \div \frac{1}{2} = 6 \qquad \cdots\cdots (式1)$$

ということである。そして、これとは別に、

$$3 \times \frac{2}{1} = 6 \qquad \cdots\cdots (式2)$$

でもある。なぜならば $3 \times \frac{2}{1} = \frac{3 \times 2}{1} = \frac{6}{1} = 6$

それでは、$3 \div \frac{3}{4}$ ならば、どうであろうか。これについても羊かんを例にとって考えてみると、「3本の羊かんの中には、『1本の羊かんを4等分したときにできる4つの部分のうちの3つの部分（これが $\frac{3}{4}$ の意味）』が幾つ分あるか」ということになる。

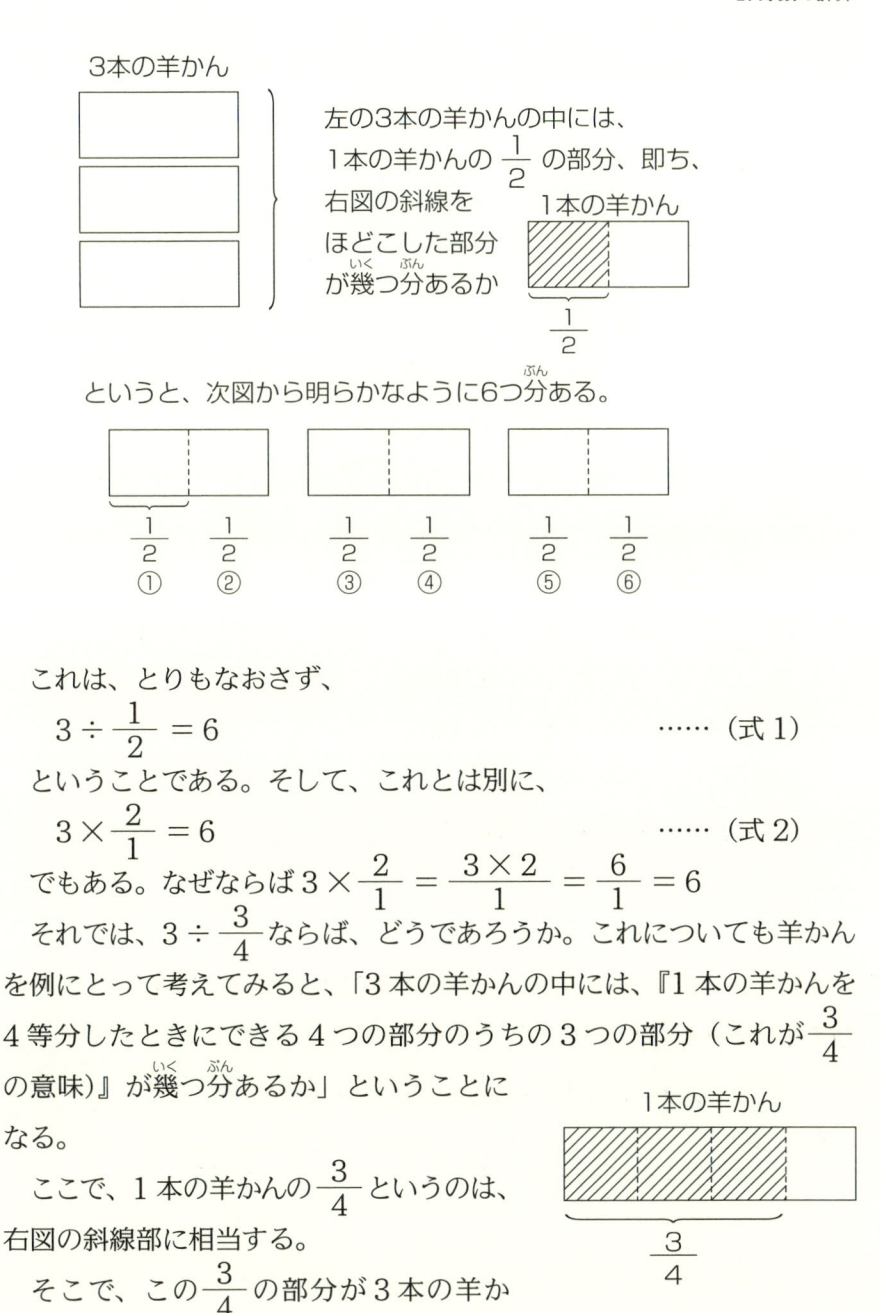

ここで、1本の羊かんの $\frac{3}{4}$ というのは、右図の斜線部に相当する。

そこで、この $\frac{3}{4}$ の部分が3本の羊か

1本の羊かん

$\frac{3}{4}$

455

んの中には、幾つ分あるかというと、次図のように4つ分ある。

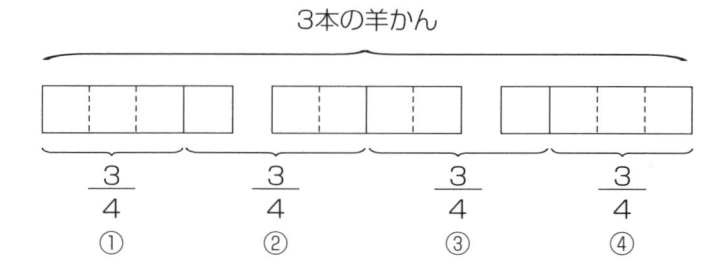

3本の羊かん

$$\underbrace{\square}_{\frac{3}{4} \ ①} \underbrace{\square}_{\frac{3}{4} \ ②} \underbrace{\square}_{\frac{3}{4} \ ③} \underbrace{\square}_{\frac{3}{4} \ ④}$$

このことは、
$$3 \div \frac{3}{4} = 4 \qquad \cdots\cdots (式3)$$
ということである。そして、これとは別に、
$$3 \times \frac{4}{3} = 4 \qquad \cdots\cdots (式4)$$
でもある。なぜならば、$3 \times \frac{4}{3} = \frac{3 \times 4}{3} = \frac{12}{3} = 4$

さて、（式1）と（式2）の右辺は、どちらも6で等しい。従って、それぞれの左辺どうしも等しい。即ち、
$$3 \div \frac{1}{2} = 3 \times \frac{2}{1}$$

また、（式3）と（式4）の右辺どうしは4で等しいから左辺どうしも等しい。即ち、
$$3 \div \frac{3}{4} = 3 \times \frac{4}{3}$$

そして、このようなことは、3を分数で割るときだけでなく、他の整数や小数あるいは分数のときであっても言えることである。

例えば、
$$\begin{cases} 18 \div \frac{3}{4} = 18 \div 0.75 = 24 \\ 18 \times \frac{4}{3} = \frac{18 \times 4}{3} = \frac{72}{3} = 24 \end{cases}$$

また、$\begin{cases} \dfrac{12}{5} \div \dfrac{5}{8} = 2.4 \div 0.625 = 3.84 \\ \dfrac{12}{5} \times \dfrac{8}{5} = \dfrac{12 \times 8}{5 \times 5} = \dfrac{96}{25} = 3.84 \end{cases}$

以上のように、

> 或る数 A を「分数 $\dfrac{C}{B}$ で割る」ときは、除数である分数 $\dfrac{C}{B}$ の分母と分子とを置き換えた分数 $\dfrac{B}{C}$ を、被除数 A に掛ければよい。
> 即ち、
> $$A \div \dfrac{C}{B} = A \times \dfrac{B}{C}$$
> として計算すればよい。

このことを一言で言ってしまえば、次のようである。

「除数が分数の場合には、その分数をひっくりかえして掛ければよい。」

2. 比例式

（1）比例とは

2つの変わる量 x と y があって、x の変化につれて y も変化するときに、

　　x が2倍になると y も2倍になり、
　　〃　3倍　　〃　　〃　3倍　〃
　　〃　4倍　　〃　　〃　4倍　〃
　　　　⋮　　　　　　　　⋮
　　〃　n 倍　〃　　〃　n 倍　〃
　　〃　$\frac{1}{2}$ 倍　〃　　〃　$\frac{1}{2}$ 倍　〃
　　〃　$\frac{1}{3}$ 倍　〃　　〃　$\frac{1}{3}$ 倍　〃
　　　　⋮　　　　　　　　⋮
　　〃　$\frac{1}{m}$ 倍　〃　　〃　$\frac{1}{m}$ 倍になる、

というような x と y との関係があるときには、「y は x に比例する」という。

（例）同種のまんじゅうについて、その1個の値段が80円であれば、

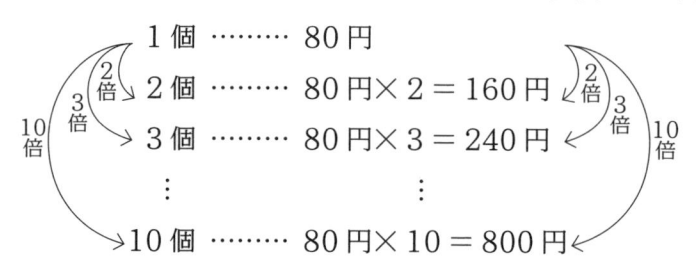

　　　　　1個　………　80円
　　　　　2個　………　80円×2＝160円
　　　　　3個　………　80円×3＝240円
　　　　　　⋮　　　　　　⋮
　　　　10個　………　80円×10＝800円

このように、まんじゅうの値段は、個数に比例する。

2. 比例式

（参考）反比例

（例1）〔物価〕の値上がりと（あるいは値下がりと）

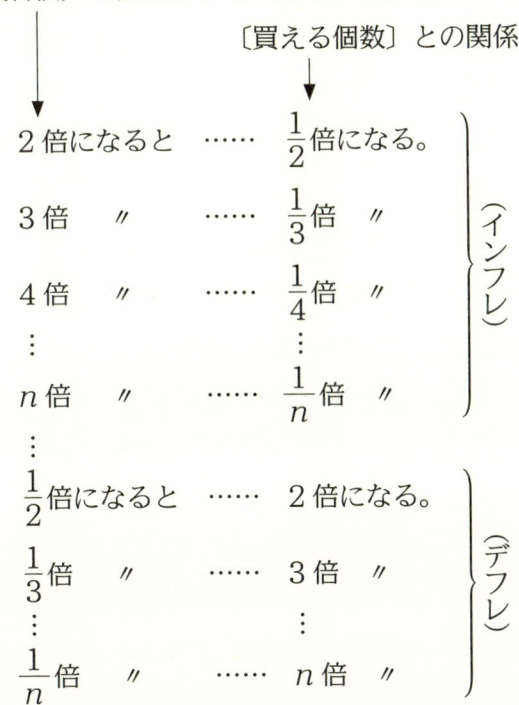

〔買える個数〕との関係

$$
\left.\begin{array}{l}
2\text{倍になると} \cdots\cdots \dfrac{1}{2}\text{倍になる。} \\
3\text{倍} \quad 〃 \quad \cdots\cdots \dfrac{1}{3}\text{倍} \quad 〃 \\
4\text{倍} \quad 〃 \quad \cdots\cdots \dfrac{1}{4}\text{倍} \quad 〃 \\
\vdots \qquad\qquad\qquad\qquad \vdots \\
n\text{倍} \quad 〃 \quad \cdots\cdots \dfrac{1}{n}\text{倍} \quad 〃
\end{array}\right\}\text{（インフレ）}
$$

$$
\left.\begin{array}{l}
\dfrac{1}{2}\text{倍になると} \cdots\cdots 2\text{倍になる。} \\
\dfrac{1}{3}\text{倍} \quad 〃 \quad \cdots\cdots 3\text{倍} \quad 〃 \\
\vdots \qquad\qquad\qquad\qquad \vdots \\
\dfrac{1}{n}\text{倍} \quad 〃 \quad \cdots\cdots n\text{倍} \quad 〃
\end{array}\right\}\text{（デフレ）}
$$

（例2）目的地までの一定距離（今、これを 6 〔km〕とする）を歩いて行くとき、

〔歩く速さ〕 と 〔所要時間〕との関係

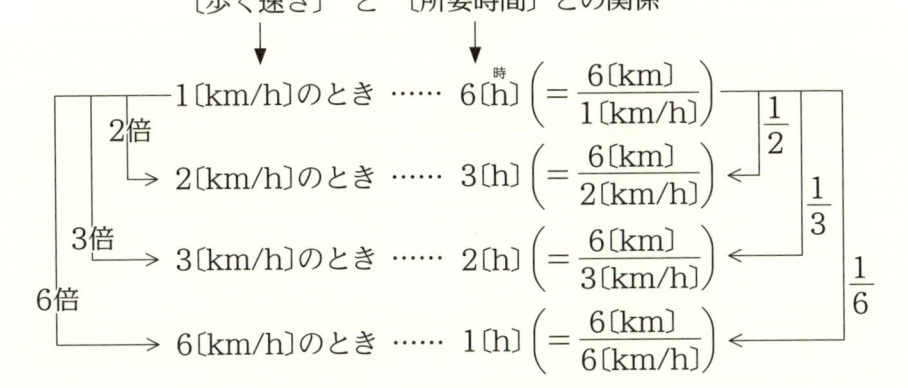

- 1〔km/h〕のとき …… 6〔h〕$\left(=\dfrac{6\text{〔km〕}}{1\text{〔km/h〕}}\right)$
- 2〔km/h〕のとき …… 3〔h〕$\left(=\dfrac{6\text{〔km〕}}{2\text{〔km/h〕}}\right)$ ← $\dfrac{1}{2}$
- 3〔km/h〕のとき …… 2〔h〕$\left(=\dfrac{6\text{〔km〕}}{3\text{〔km/h〕}}\right)$ ← $\dfrac{1}{3}$
- 6〔km/h〕のとき …… 1〔h〕$\left(=\dfrac{6\text{〔km〕}}{6\text{〔km/h〕}}\right)$ ← $\dfrac{1}{6}$

（2倍、3倍、6倍）

㊟　速さ ＝ $\dfrac{距離}{時間}$　ゆえに、時間 ＝ $\dfrac{距離}{速さ}$

(以上（参考）終り)

(2) 比

物の量を対比する（即ち、2つの物を比べて、その間の違いを見る）には、次のようにする。

例えば、お金の1万円と3万円とを対比してみると、

　　1円硬貨で対比すると、　10000枚と30000枚とである (1)。
　10円硬貨ならば、　　　　　1000枚と3000枚とである (2)。
　100円硬貨では、　　　　　　100枚と300枚とである (3)。
　1000札なら、　　　　　　　　10枚と30枚とである (4)。
　10000札なら、　　　　　　　　1枚と3枚とである (5)。

そして、この1万円と3万円との金額の対比のことを「1万円対3万円」と表現し、この「対」を「：」という記号で表わすことにし、その読み方は「たい」と読むことに約束すれば、次の㋐及び㋑のように、

㋐　同一のお金の種類の枚数で対比することができる。

㋑　それをただ単に、数値だけで対比することができる。

(例) 1万円：3万円は、1：3である。

以上のことを整理すると、次のように表現できる。

　　1万円：3万円
　＝ 10000：30000　……(1)
　＝ 　1000：3000　 ……(2)
　＝ 　 100：300　　……(3)
　＝ 　　10：30　　 ……(4)
　＝ 　　 1：3　　　……(5)

このことは、(1) の：の両側の数を、どちらも 10 で割ると (2) となり、(2) の：の両側数を、どちらも 10 で割ると (3) が得られる。以下順次、(3) 及び (4) を、それぞれ 10 で割ると (4) 及び (5) となる。

従って、1 万円と 3 万円とを対比して、その関係を最も簡単な整数の値で表現すると、「1：3」であると言ってしまうことができることになる。即ち、

$$1 万円：3 万円 = 1：3$$

このように、2 つの物の量を対比したものを「：」という記号を使って表わした 2 つの数の組のことを「比」という。

> 注 新明解国語辞典によると、数学で「比」とは、「同種類の二つの量の間で、一方が他方の幾倍に当たるかという関係（式）」とある。

（例題 1）赤玉と白玉とを合わせて 20 個ある。そのうちの 8 個が赤玉である。このときの赤玉と白玉との個数の割合を最も簡単な整数比で表わせ。

（解答）白玉の個数 ＝ 全体の個数 － 赤玉の個数
　　　　　　　　　＝ 20 個 － 8 個 ＝ 12 個

よって、赤玉の個数：白玉の個数 ＝ 8 個：12 個
　　　　　　　　　　　　　　　＝ 8：12
　　　　　　　　　　　　　　　＝ 2：3

　　　　　　　　　　　　（答）2：3

> 注1 8：12 ＝ 2：3 としたわけは、8 と 12 の両方とも 4 で割って、その結果 2：3 としたものである。

(注2) 8と12の両方とも、もし8で割ると、$\frac{8}{8} : \frac{12}{8} = 1 : 1.5$ となるが、1.5は整数ではないので、最も簡単な整数比としては 2 : 3 である。

(3) 割合の表わし方

前述のまんじゅうの例の場合について考えると、

　　1個の値段：2個の値段 ＝ 80円：(80円×2) ＝ 1 : 2
　　1個の値段：3個の値段 ＝ 80円：(80円×3) ＝ 1 : 3
　　1個の値段：n個の値段 ＝ 80円：(80円×n) ＝ 1 : n

という関係にある。

　このような、A : B ＝ C : Dのように2つの比㋐を等号（＝）で結んだ式のことを「比例式」という。

　㋐比……同種類の2つの量の間で、一方が他方の幾倍に当たるかという関係（または式）。比を表示するときは、2つ（または、それ以上の）の数値の間に「 : 」なる記号を付けて、これを「対」と読む。（例）2 : 3

　㋑割合……数や量を比べる方法の1つである。「AはBの何倍か」または「BはAの何分のいくつか」という表わし方が割合である。

　　割合で比べるときには、どちらか一方を基準にして考える。

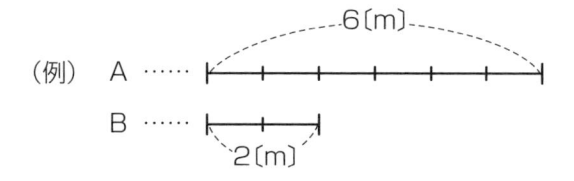

（例）　A ……｜─────6〔m〕─────｜
　　　　B ……｜──2〔m〕──｜

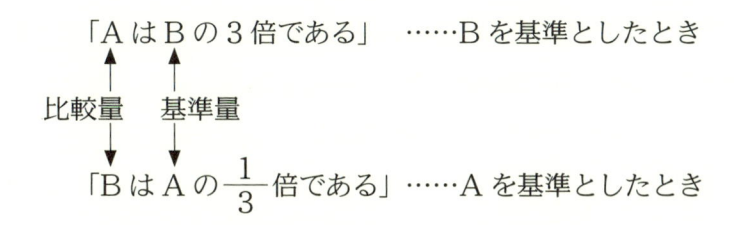

2. 比例式

「ＡはＢの３倍である」　……Ｂを基準としたとき

比較量　基準量

「ＢはＡの $\frac{1}{3}$ 倍である」……Ａを基準としたとき

このときＡはＢの３倍ということは、基準量のＢを１としたときには、Ａは３であるということを表わしている。また、ＢがＡの $\frac{1}{3}$ 倍ということは、基準量のＡを１としたときにはＢは $\frac{1}{3}$ であるということを表わしている。つまり、

$$割合 = 比較量 \div 基準量 = \frac{比較量}{基準量}$$

ということである。

従って、割合の表わし方は３倍、$\frac{1}{5}$ 倍、0.7 倍などのように、整数、分数、小数などで表わされる。

その他、割合の特別な表わし方として、比、歩合㋒、百分率（パーセント）㋓などがある。

㋒歩合……割合を、割・分・厘などで表わす方法。割は基準量を 10 とみなす表わし方であり、全体を 10 割とするものである。例えば野球で、安打（ヒット）の割合が３割ということは、打数 10 のうちの３が安打という割合のことである。

㋓パーセント

パーセントとは、per cent のことで、per というのは「○○当たり」とか、「○○につき」とか、「○○毎に」などという意味である。cent は 100 を意味する。従って、per cent（即ち、パーセント）とは、「100 当たり〜」、「100 につき〜」、「100 毎に〜」などという意味である。つまり、「或る物の全体の量を 100 であると見なしたときに、そ

の中の着目成分の量（以後、これを「部分の量」と呼ぶことにする）は幾つ分であるか」という割合の表わし方である。つまり、常に全体の量は100パーセントであるとするのである。

　　注　着目成分とは、或る物が幾種類かの構成成分でできているときに、そのうちの特に目を付けた構成成分のこと。

そうすると、次のような関係式を導くことができる。

{ 全体の量で100％であるから、
　部分の量では部分の％であると表現すれば、

比例関係（後述の比例式を参照）から、

　　（全体の量）：（部分の量）＝（100％）：（部分の％）

ここで、外項の積＝内項の積ということから、

　　（全体の量）×（部分の％）＝（部分の量）×（100％）

この式の両辺を（部分の量 × 部分の％）で割っても、やはり等式が成り立つから（例えば、10＝10という等式の両辺を5で割っても、やはり2＝2という等式が成り立つ）、

$$\frac{(全体の量) \times (部分の\%)}{(部分の量 \times 部分の\%)} = \frac{(部分の量) \times (100\%)}{(部分の量 \times 部分の\%)}$$

$$\frac{全体の量}{部分の量} = \frac{100\%}{部分の\%} \quad 〔覚えておく式〕$$

という関係式が得られる。この式は大切な式であるから、本書においては「％の基本式」と呼ぶことにする。

以上のことをまとめると、次のようである。

（全体の量）：（部分の量）＝（100％）：（部分の％）

即ち、$\dfrac{全体の量}{部分の量} = \dfrac{100\%}{部分の\%}$

この「％の基本式」の4つの項のうち、どれでも3つの値がわかれば、残りの1つの項の値が計算で求められる。

(例題1) 男女あわせて60人のうち、18人が女子であるとき (1) 女子は何％か。(2) 男子は何％か。

(解答)(1) ％の基本式 $\dfrac{\text{全体の量}}{\text{部分の量}} = \dfrac{100\,\%}{\text{部分の\%}}$ において、全体の量が60人で、それで100％である。部分の量は女子の人数18人であり、その割合（即ち、部分の％）をx％とおけば、

$$\dfrac{60\,\text{人}}{18\,\text{人}} = \dfrac{100\,\%}{x\,\%} \quad \therefore x\,\% = \dfrac{18\,\text{人}}{60\,\text{人}} \times 100\,\% = 30\,\%$$

(答) 30 ％

(2) 男子の人数 ＝ 全体の人数 － 女子の人数 ＝ 60人 － 18人
　　　　　　　　　　　　　　　　　　　　　　　＝ 42人

ここで、％の基本式を使って、男子の％のy％を求めると、

$$\dfrac{60\,\text{人}}{42\,\text{人}} = \dfrac{100\,\%}{y\,\%} \quad \therefore y\,\% = \dfrac{42\,\text{人}}{60\,\text{人}} \times 100\,\% = 70\,\%$$

(答) 70 ％

(別解) 男子の％ ＝ (全体の％) － (女子の％) ＝ 100 ％ － 30 ％
　　　　　　　　　　　　　　　　　　　　　　　＝ 70 ％　　(答) 70 ％

(例題2) 男女あわせて60人のうち、その30％が女子であれば、女子は何人か。

(解答) ％の基本式に、それぞれの値を代入すると、

$$\dfrac{60\,\text{人}}{x\,\text{人}} = \dfrac{100\,\%}{30\,\%} \quad (\text{ただし、女子を}x\,\text{人とする})$$

$$\therefore x\,\text{人} = 60\,\text{人} \times \dfrac{30\,\%}{100\,\%} = 18\,\text{人} \quad (\text{答})\,18\,\text{人}$$

(4) 比例式

A：B＝C：Dのように、2組の比を等号で結んだ式を比例式という。この式は、エー対ビー、イコール、シー対ディーと読む。

このA：B＝C：Dのことを $\dfrac{A}{B} = \dfrac{C}{D}$ と書いても、全く同じことを意味する。なぜならば、

$\dfrac{A}{B} = \dfrac{C}{D} = k$ とおくと、A＝Bk、C＝Dk であるから、

A：B＝Bk：B＝$\dfrac{Bk}{B}$：$\dfrac{B}{B}$＝k：1

C：D＝Dk：D＝$\dfrac{Dk}{D}$：$\dfrac{D}{D}$＝k：1

　　　　　　　　　　　　　　　　　　［Bk：Bの両項をBで割ったものの比 $\dfrac{Bk}{B}$：$\dfrac{B}{B}$ は、やはり、元の比に等しい。］

∴ A：B＝k：1＝C：D　つまり、A：B＝C：Dである。

よって、$\dfrac{A}{B} = \dfrac{C}{D}$ と、A：B＝C：Dとは同じことである。

例えば、2：3＝4：6 (これは、2と3のどちらも2倍したもの) のことを $\dfrac{2}{3} = \dfrac{4}{6}$ と書いてもよい。

そして、この分数の式の両辺の分子と分母とをタスキガケに掛け合わせたものどうしは等しい。即ち、$\dfrac{2}{3} \times \dfrac{4}{6}$

「2×6」と「3×4」とは、どちらも12で等しい。

このとき、比例式の内側の項を内項(ないこう)、また、外側の項を外項(がいこう)と呼ぶので、

　　　内項の積(せき) ＝ 外項の積

　　　㊟ 積とは、掛け合わせたもののこと。

であるという。つまり、

2：3＝4：6
　　↑↑
　　内項
↑　　　　↑
外項

A：B＝C：D $\left(\dfrac{A}{B} = \dfrac{C}{D}$ と書いてもよい$\right)$ であるときには、
　　B×C＝A×Dである。

3. 物理量とその単位

(1) 物理量

時速 50 キロメートル即ち、50 [km/h](キロメートル毎時) というのは、「速さ」と呼ばれる物理量である。物理量は次のように表わされる。

$$\boxed{\text{物理量} = \text{数値} \times \text{単位}}$$

(例)　50 [km/h] ＝ 50 × [km/h]

　　　　↑　　　　　　↑　　　　　↑
　　速さという　　　　　　　速さの
　　「物理量」　＝「数値」×　「単位」

速さの単位としては、そのほかに、[m/s](メートル毎秒)、[m/min](メートル毎分)、[km/s](キロメートル毎秒)、[km/min](キロメートル毎分)、[mm/h](ミリメートル毎時)、[cm/s](センチメートル毎秒) など沢山ある。

[km/h] は、$\left[\dfrac{\text{km}}{\text{h}}\right]$ と書いても同じことで、ただ、ノート 2 行分(ぎょうぶん)の幅(はば)をとるだけのことである。そして、50 [km/h] というのは、「50 [km]／1 [h]」のことで、分母の単位の前には 1 という数値があるのだが、普通は省略して書かない。

$$50\,[\text{km/h}] = 50\,[\text{km}]/1\,[\text{h}] = 50\,[\text{km}]/[\text{h}]$$
$$= 50\,\frac{[\text{km}]}{[\text{h}]} = 50\left[\frac{\text{km}}{\text{h}}\right]$$

など、どれも皆、同じことを表わしている。

今、時速の、いろいろな大きさを代表して v(ブイ) で表わすと、即ち、v(ブイ) [km/h](キロメートル毎時) と表示するときには、

この $\begin{cases} v \text{のことを「量記号」といい、「斜体文字」で書き、} \\ \text{km/h のことを「単位記号」といい、「立体文字」で書くのが普} \end{cases}$

通である。

その他の物理量についても同様に、次のように書く。

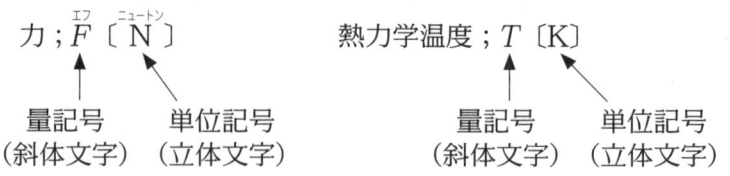

力；F〔N〕　　　　　熱力学温度；T〔K〕

量記号　単位記号　　　　量記号　単位記号
（斜体文字）（立体文字）　（斜体文字）（立体文字）

注単位記号に付けた〔　〕は、付けても付けなくてもよい。本書では、単位記号であることを、はっきり表示するために、〔　〕を付けている。

尚、単位の換算を行う場合には、次のような順序を踏んで行うと、よい。50〔km/h〕を x〔m/s〕に換算する場合には、

この書き直しが大切

$$50 〔\text{km/h}〕 = 50 \left[\frac{\text{km}}{\text{h}}\right] = 50 \times \frac{1〔\text{km}〕}{1〔\text{h}〕}$$

$$= 50 \times \frac{1000〔\text{m}〕}{60 \times 60〔\text{s}〕} = 50 \times \frac{1000}{3600}\left[\frac{\text{m}}{\text{s}}\right]$$

$$= 13.8\left[\frac{\text{m}}{\text{s}}\right] \fallingdotseq 14〔\text{m/s}〕$$

更に、　　　50〔km/h〕の意味であるが、次のようである。

（意味）50キロメートル ⇐ { 当たり / につき / 毎に } ⇐ 1時間

つまり、「1時間当たり50キロメートル」という速さを意味している。読み方は、「50キロメートル毎時」とか「50キロメーター・パー・アワー」などと読む。

4. SI（国際単位系）

　これは、世界各国の代表者が一堂に会して、単位をとり決めたものである。その必要なところだけ簡単に述べると次のようである。

　基本単位というものを7つと、補助単位というものを2つ決めて、その他の単位については、それらを組み合わせて表わすことにする。即ち、組立単位で表わす。ただし、複雑な組立単位については、「固有な名称と記号をもつSI組立単位」と呼ばれる1個の別な単位記号で表わしてしまう。（例）〔kg·m/s²〕を〔N〕で表わすなど。

4の（1）　SI基本単位

物理量の名称	単位の名称	単位の記号
長さ	メートル	m
質量	キログラム	kg
時間	秒	s
電流	アンペア	A
熱力学温度	ケルビン	K
物質量	モル	mol
光度	カンデラ	cd

4の（2）　SI組立単位

物理量の名称	組立単位の読み方	組立単位の記号	組立の内容
面積	平方メートル	m²	m×m
体積	立方メートル	m³	m×m×m
速さ	メートル毎秒	m/s	m÷s

加速度	メートル毎秒毎秒	m/s²	(m÷s)÷s
力	キログラム・メートル毎秒毎秒	kg·m/s²	kg×(m÷s²)
密度	キログラム毎立方メートル	kg/m³	kg÷m³
圧力	キログラム毎メートル毎秒毎秒	kg/(m·s²)	(kg·m/s²)÷m²

4の(3) 特別な名称と記号をもつ SI 組立単位

これは、基本単位を組み立てて表わした単位では複雑になってしまって、何の単位であるかわかりにくいような単位をたった1つの単位記号で表わしてしまうものである。

物理量の名称	固有の組立単位の読み方	単位の記号	物理量の定義	SI基本単位を組み立てた単位
力	ニュートン	N	質量×加速度	kg·m/s²
圧力	パスカル	Pa	力÷面積	kg/(m·s²)
仕事、エネルギー	ジュール	J	力×距離	kg·m²/s²
仕事率	ワット	W	仕事÷時間	kg·m²/s³
電気量	クーロン	C	電流×時間	A·s (アンペア・秒)

例えば、kg·m/s² という単位を、N と表わしてしまうのである。

4の(4) 大きな量や、小さな量を表わすときには、「SI単位の10の整数倍乗(せいすうばいじょう)」を表わす「接頭語(せっとうご)」を付けて表わす。

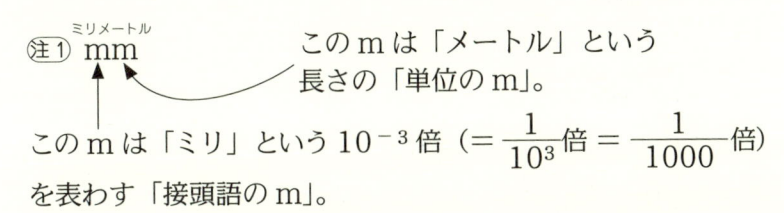

倍数	接頭語	接頭語の記号	例
10倍	デカ	da	1 dam（デカメートル）= 10 m（メートル）
100倍	ヘクト	h	1 hPa（ヘクトパスカル）= 100 Pa（パスカル）
1000倍	キロ	k	1 kg（キログラム）= 1000 g（グラム）
百万倍	メガ	M	1 Mt（メガトン）= 百万 t（トン）
$\frac{1}{10}$	デシ	d	1 dL（デシリットル）= 0.1 L（リットル）
$\frac{1}{100}$	センチ	c	1 cm（センチメートル）= $\frac{1}{100}$ m（メートル）
$\frac{1}{1000}$	ミリ	m	1 mm（ミリメートル）= $\frac{1}{1000}$ m（メートル）
$\frac{1}{百万}$	マイクロ	μ	1 μg（マイクログラム）= $\frac{1}{百万}$ g（グラム）
$\frac{1}{10億}$	ナノ	n	1 nm（ナノメートル）= $\frac{1}{10億}$ m（メートル）

注(1) mm（ミリメートル）

このmは「メートル」という長さの「単位のm」。

このmは「ミリ」という10^{-3}倍（= $\frac{1}{10^3}$倍 = $\frac{1}{1000}$倍）を表わす「接頭語のm」。

注(2) Pa（パスカル）というのは、SI組立単位のうち「固有の名称と記号をもつ単位」のうちの1つであり、これは「圧力の単位」である。

1〔Pa〕は、或る面を、面積1〔m²〕当たり1〔N〕の力で垂直に押すときに、その面に働く圧力（面が受ける圧力）のことをいう。即ち、

1〔Pa〕＝1〔N/m²〕

　1〔Pa〕という圧力をもっと具体的に述べると、次のようである。

体積0.1〔L〕（即ち、100〔mL〕）の水に働いている重力の大きさ（即ち、重さ）は、ほぼ0.1〔kgw〕である。そして、1〔kgw〕≒9.8〔N〕という力の大きさの関係があるから、0.1〔kgw〕≒0.98〔N〕≒1〔N〕である。

　そこで、1〔Pa〕という大きさの圧力は、どの位のものなのかということを日常的な例で考えてみる。

　いま、底面の面積が1〔m²〕であるような容器の中に約100〔mL〕＝0.1〔L〕の水を入れたときに、その水に働く重力の大きさは約1〔N〕である。つまり、この容器内の底面が水の重さによって受ける圧力が1〔Pa〕であるということである。

　それでは、このとき、容器内底面に一様な厚さに広がった水の厚さ（即ち、水の高さ）は、どれだけであろうか、ということを考えてみることにする。

　右図のように底面が水平で、その縦、横の長さがそれぞれ1〔m〕の正方形（即ち、底面の面積が1〔m²〕）の直方体形をした容器内に、水0.1〔L〕を入れると、容器の底面1〔m²〕全体を鉛直下方に、この水が押す重力の大きさは、ほぼ1〔N〕である。即ち、面積1〔m²〕を垂直に1〔N〕の力で押すのであるから、このとき、容器の底面が水から受ける圧力は1〔Pa〕である。それでは、このとき、底面上に一様に広がっている水の厚さは、

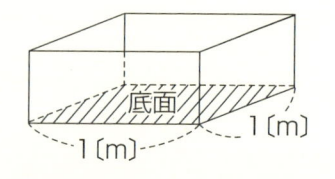

どれだけかというと、その水の厚さ（深さ、と言ってもよいが）を x 〔m〕であるとおくと、0.1〔L〕の体積の水が底面 1〔m²〕の上に同じ厚さに広がっているわけであるから、

　　　　底面積 × 高さ（即ち、ここでは厚さ）＝ 体積

ということから、

$$1 \,[\mathrm{m}^2] \times x \,[\mathrm{m}] = 0.1 \,[\mathrm{L}]$$
$$= 0.1 \times 1 \,[\mathrm{L}]$$
$$= \left(0.1 \times \frac{1}{1000}\right)[\mathrm{m}^3]$$

∵ 1000〔L〕＝ 1〔m³〕

$$\therefore x \,[\mathrm{m}] = \frac{\left(0.1 \times \dfrac{1}{1000}\right)[\mathrm{m}^3]}{1 \,[\mathrm{m}^2]}$$
$$= 0.1 \times \frac{1}{1000} \,[\mathrm{m}]$$
$$= 0.1 \times 1 \,[\mathrm{mm}]\overset{\text{ミリメートル}}{} = 0.1 \,[\mathrm{mm}]$$

つまり、この容器内の水の厚さ（即ち、深さ、または高さ）は 0.1〔mm〕である。この 0.1〔mm〕の厚さの水などというものは、「なるほど！　面が水でぬれているなあ」と思われる程度の厚さの水である。

このことは、0.1〔mm〕の高さの水の柱（はしら）に働く重力によって、その水の下に接している面は、1〔Pa〕（パスカル）の圧力を受けるということを意味する。即ち、0.1〔mmH₂O〕（水柱ミリメートル）≒ 1〔Pa〕（パスカル）ということになる。

従って、1〔Pa〕（＝ 1〔N/m²〕）という圧力というものは、非常に小さい圧力なのである。

気象関係でよく使う〔hPa〕（ヘクト・パスカル）という大気の圧力を表わす単位は、1〔hPa〕＝ 100〔Pa〕のことをいう。

ヘクト（記号h）は、SIの接頭語で、すぐその後に書く単位の100倍を意味する。
　この1〔hPa〕は、その昔、使っていた1〔mbar〕(ミリ・バール)に等しい。
　尚、高さ760〔mm〕の水銀（Hg）の柱(はしら)が、それに働く重力によって、その柱の底面を押す圧力のことを標準大気圧（または単に気圧）と呼んで1〔atm〕(アトモスフィア(気圧))と書く。

$$\boxed{\text{標準大気圧} 1〔\text{atm}〕(気圧) = 760〔\text{mmHg}〕(水銀柱ミリメートル) = 1013.25〔\text{hPa}〕(\text{ヘクト・パスカル})}$$

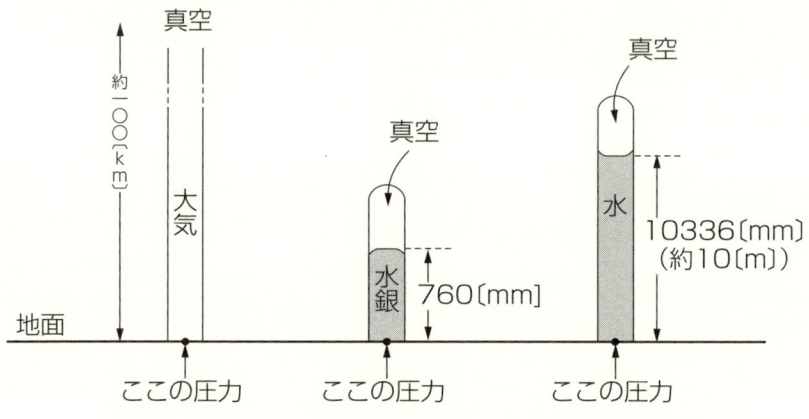

標準値1〔atm〕= 760〔mmHg〕= 10336〔mmH$_2$O〕
　　　　　= 101325〔Pa〕(≒1013〔hPa〕)

　台風の中心気圧が940〔hPa〕近辺(きんぺん)のような低い場合には、これは非常に強い台風である。近年このようなものが、いくつか来たことがある。

　(注)先程の計算（概算(がいさん)）では、0.1〔mmH$_2$O〕≒ 1〔Pa〕としたが、もっとくわしく計算すると、10336〔mmH$_2$O〕= 101325〔Pa〕である。
　　尚、病院などで測る血圧の単位は〔mmHg〕。

注3 力と質量及び加速度との関係

ニュートンの運動の第2法則「物体に力が働いたとき、物体に生ずる加速度は力の向きと同じ向きであり、このとき生ずる加速度の大きさは、物体に加えた力の大きさに比例し、物体の質量に反比例する」から、

力 ＝ 質量 × 加速度

即ち、$F = m \times a$

と表わされる。

このとき力を表わす単位として〔N〕を使うことが多い。

1〔N〕（ニュートン）という力は、「質量1〔kg〕の物体に、1〔m/s²〕という加速度を生じさせる力」のことをいう。

1〔N〕 ＝ 1〔kg〕× 1〔m/s²〕 ＝ 1〔kg·m/s²〕

つまり、質量が1〔kg〕の物体に、1〔m/s²〕という加速度を生じさせる力を1〔N〕（ニュートン）という。

ところで、地球表面やその付近にある物体と、地球との間には、万有引力が働いている。従って地表付近の物体は、地球の中心に向かう力で、地球に引き付けられている。そのため、地表付近の物体には、この力によって約9.8〔m/s²〕の加速度が生じることが測定により、わかっている。この地表の物体に生ずる9.8〔m/s²〕という加速度のことを、「地球の重力加速度」といい、g（ジー）という特別な記号で表わす約束になっている。即ち、

g ≒ 9.8〔m/s²〕

従って、地表付近にある質量が1〔kg〕の物体を地球が引いている力（これを、物体に働く重力という）は、「力 ＝ 質量 × 加速度」ということから、

4. SI

475

質量1〔kg〕の物体に働く重力
= 1〔kg〕× 9.8〔m/s²〕
= 9.8〔kg·m/s²〕 ← 1〔kg·m/s²〕= 1〔N〕
= 9.8〔N〕　　　　であるから。

即ち、地表付近にある質量1〔kg〕の物体には、地球の中心に向かう9.8〔N〕の重力が働いていることになる。そして、私達は、質量1〔kg〕の物体に働く重力のことを1〔kgw〕(キログラム重(重量キログラム))ということにしているから、

1〔kgw〕= 9.8〔N〕

このように物体に働く重力の大きさのことを、「重さ」とか「重量」あるいは「目方(めかた)」などといい、1〔kgw〕と書き、「キログラム重(じゅう)」または「重量(じゅうりょう)キログラム」と読む。つまり、地上付近にある「質量が1〔kg〕(キログラム)」の物体に働く重力は、1〔kgw〕(キログラム重)であり、これはまた9.8〔N〕(ニュートン)である。

質量1〔kg〕の物体

質量 m〔kg〕の物体

地表

重力の大きさ(重さ)
1〔kgw〕
=9.8〔N〕=1g〔N〕(いちジー)
↓
地球の中心に向かう力

重力の大きさ(重さ)
m〔kgw〕
=9.8m〔N〕=mg〔N〕(エムジー)
注 g=9.8〔m/s²〕
↓
地球の中心に向かう力

(以上注終り)

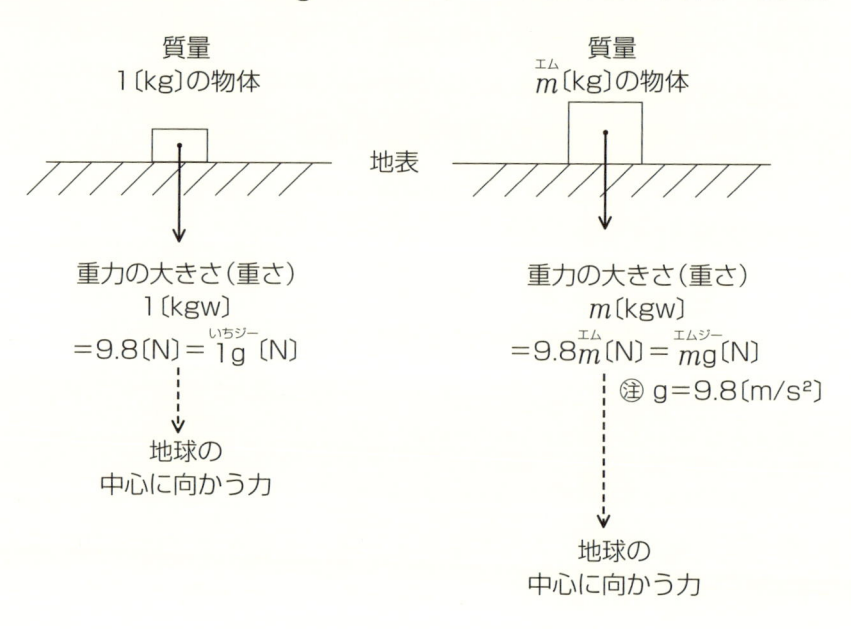

476

5. 式の変形のしかた

$\frac{6}{3} = 2$ であることはすぐわかる。そして、その3と2を入れ替えて、$\frac{6}{2} = 3$ としてよいこともすぐわかる。また、$3 \times 2 = 6$ という関係にあることも直ちにわかることである。

以上のことをもっと一般的に言うと、次のようである。

$a = \frac{c}{b}$ であれば、$b = \frac{c}{a}$ であり、また、$c = a \times b$ である。

しかし、このことを実際の式の変形の際に利用するときには、むしろ初めの、

$$2 = \frac{6}{3} \quad \text{ということから} \begin{cases} 3 = \frac{6}{2} \\ 6 = 2 \times 3 \end{cases}$$

という関係を使うのがわかりやすい。

(例1) 密度 $= \frac{質量}{体積}$ (即ち、密度とは、単位体積当たりの質量のこと)

から、 体積 $= \frac{質量}{密度}$ (密度と体積を入れ替えてよい)

また、 質量 $=$ 密度 $\times$ 体積

(例2) 圧力 $= \frac{力}{面積}$ (即ち、圧力とは、単位面積当たりの面を垂直に押す力のこと)

から、 面積 $= \frac{力}{圧力}$ (圧力と面積を入れ替えてよい)

また、 力 $=$ 圧力 $\times$ 面積

6. 等式の性質

(ⅰ) 等式の両辺に同じ数を加えても、やはり等式が成り立つ。
　（例）等式 5 ＝ 5 の両辺に、それぞれ 2 という同じ数を加えても、5 ＋ 2 ＝ 5 ＋ 2 のように、やはり 7 ＝ 7 という等式が成り立つ。
(ⅱ) 等式の両辺から同じ数を引いても、やはり等式が成り立つ。
　（例）5 ＝ 5 の両辺からそれぞれ 2 を引いても、5 － 2 ＝ 5 － 2 となって、やはり 3 ＝ 3 という等式が成り立つ。
(ⅲ) 等式の両辺に同じ数を掛けても、やはり等式が成り立つ。
　（例）5 ＝ 5 の両辺に 2 を掛けても 5 × 2 ＝ 5 × 2 となって、やはり 10 ＝ 10 という等式が成り立つ。
(ⅳ) 等式の両辺を同じ数で割っても、やはり等式が成り立つ。
　（例）5 ＝ 5 の両辺を 2 で割っても $\frac{5}{2} = \frac{5}{2}$ となり、やはり 2.5 ＝ 2.5 という等式が成り立つ。

〔(ⅰ) の応用例〕$x － 3 ＝ 4$ という等式から x の値を求めたいときには、左辺に x だけを残しておいて、$x ＝ \bigcirc$ という形にすればよい。そこで、左辺の $x － 3$ に 3 を加えてやれば、$x － 3 ＋ 3 ＝ x$ となって、左辺に x だけを残しておくことができる。しかし、左辺にだけ 3 を加えて右辺をそのままでは不公平であるから、右辺の 4 にも 3 を加えて 4 ＋ 3 ＝ 7 としてやる必要がある。するとその結果、左辺は x、右辺は 7 となるから、$x ＝ 7$ となる。つまり、$x － 3 ＝ 4$ という等式の両辺にそれぞれ 3 という同じ数を加えても、やはり $x － 3 ＋ 3 ＝ 4 ＋ 3$ という等式が成り立ち、その結果 $x ＝ 7$ という等式が得られるのである。

6. 等式の性質

　ところで、いちいちこのようなことをしているのは実にめんどうである。そこで、普通は、もっと簡単な「移項する」という方法を用いるのである。そしてこの移項という操作をしても、上の計算方法と全く同じ意味の計算をしていることになるのである。ただし、移項を行うときに忘れてはならないことが一つある。それは、「移項するときには、移項する項の＋,－の符号を逆にしてから加える」ということである。即ち、移項前の符号が＋であれば、それを－の符号に変え、また、－だったものは＋に変える必要がある。

　例えば、$x-3=4$ という等式があるとき、これはもっとくわしく書くと、

　　　$x+(-3)=(+4)$

ということであるから、この等式の左辺にある「－3」という項を右辺に移項するには、符号を変えた「＋3」を右辺に加えればよいから、

　　　$x=(+4)+(+3)=+7=7$

とすればよい。

　このようにすると、$x-3=4$ という等式の両辺に 3 を加えて $x-3+3=4+3$ としたことと、全く同じことをしたことになるのである。

　移項という操作によって計算が楽になるわけである。

479

7. 特別な角（30°，45°，60°）の三角関数の値

注① 関数……或る量が変化すると、それにともなって他の量も変化する関係にあるときに、この或る量のうちの1つの値を x と定めると、他の量の方もただ1つの値 y に定まる、という関係のことを「y は x の関数である」という。

注② 三角関数……与えられた角に、その角の三角比を対応させる規則の関係。

三角比……直角三角形の3辺のうちから、取り出した2辺の長さの比 $\left(\dfrac{高さ}{斜辺の長さ}、\dfrac{底辺の長さ}{斜辺の長さ}、\dfrac{高さ}{底辺の長さ}\right.$ などの値 $\left.\right)$ のこと。

右図のような直角三角形において、着目した角 θ（シータ）の対辺の長さを「高さ」と呼び、角 θ で作る2辺のうちの「斜辺」（AB）でない辺（BC）のことを「底辺」と呼ぶことにする。このとき、$\dfrac{高さ\ AC}{斜辺の長さ\ AB}$ の比の値のことを $\sin\theta$（サインシータ）といい、$\dfrac{底辺の長さ\ BC}{斜辺の長さ\ AB}$ の比の値のことを $\cos\theta$（コサインシータ）という。また、$\dfrac{高さ\ AC}{底辺の長さ\ BC}$ の比のことを $\tan\theta$（タンジェント・シータ）という。

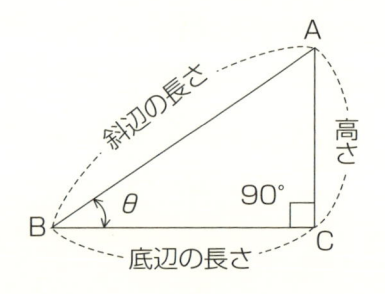

7. 特別な角の三角関数の値

以上のことをまず頭において、角 θ の値が $30°$、$45°$、$60°$ という特別な大きさのときには、$\sin\theta$、$\cos\theta$ および $\tan\theta$ の値はいくつであるかを知る方法を述べることにする。

1. $\theta = 45°$ の場合

右の〔図1〕のような直角を挟(はさ)む2辺の長さが、それぞれ1であるような直角二等辺三角形を考える。

三角形の3つの内角の和は $180°$ であるから、直角以外の角はどちらも等しく $45°$ である〔図2〕。

このとき、斜辺の長さはいくら（x とおく）か、というと、直角三角形であるから、三平方の定理（最大辺の平方＝他の2辺の平方の和）が成り立つから、

$$x^2 = 1^2 + 1^2 = 1 + 1 = 2$$

$$\therefore x = \pm\sqrt{2}$$

ただし、長さには負（－）はないから、

$$x = +\sqrt{2} = \sqrt{2} \quad 〔図4〕$$

すると、

$$\sin 45° = \frac{高さ}{斜辺の長さ} = \frac{1}{\sqrt{2}}$$

$$\cos 45° = \frac{底辺の長さ}{斜辺の長さ} = \frac{1}{\sqrt{2}}$$

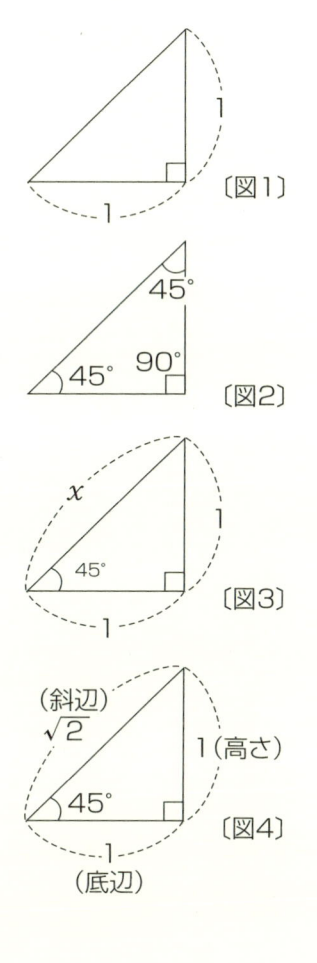

$$\tan\theta = \frac{高さ}{底辺の長さ} = \frac{1}{1} = 1$$

2. $\theta = 60°$ の場合

右の〔図5〕のように、1辺の長さが2の正三角形を考える。

三角形の内角の和は180°であるから、それぞれの1つの角は $\dfrac{180°}{3} = 60°$ である。

〔図6〕のように、1つの頂点からその対辺に垂線を下ろすと、頂角は2等分されて、それぞれ30°となり、また、対辺の長さも2等分されて、それぞれ1となる。このときの垂線の長さを y とすれば、三平方の定理から、

$$2^2 = y^2 + 1^2$$
$$\therefore y^2 = 2^2 - 1^2 = 4 - 1 = 3$$
$$\therefore y = \pm\sqrt{3}$$

であるが、長さ y は+の値であるから、$y = +\sqrt{3} = \sqrt{3}$

従って〔図8〕から、

$$\sin 60° = \dfrac{高さ}{斜辺の長さ} = \dfrac{\sqrt{3}}{2}$$
$$\cos 60° = \dfrac{底辺の長さ}{斜辺の長さ} = \dfrac{1}{2}$$
$$\tan 60° = \dfrac{高さ}{底辺の長さ} = \dfrac{\sqrt{3}}{1} = \sqrt{3}$$

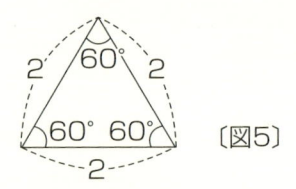

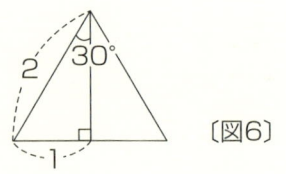

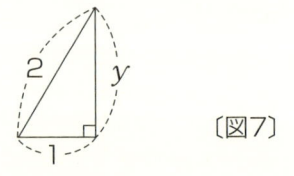

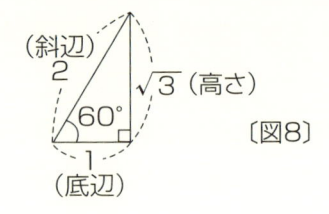

3. $\theta = 30°$ の場合

〔図9〕のように、今度は30°の対辺が高さとなり、30°という角度を作っている2辺のうち、斜辺でない辺が底辺となる。すると、

$$\sin 30° = \frac{\text{高さ}}{\text{斜辺の長さ}} = \frac{1}{2}$$

$$\cos 30° = \frac{\text{底辺の長さ}}{\text{斜辺の長さ}} = \frac{\sqrt{3}}{2}$$

$$\tan 30° = \frac{\text{高さ}}{\text{底辺の長さ}} = \frac{1}{\sqrt{3}}$$

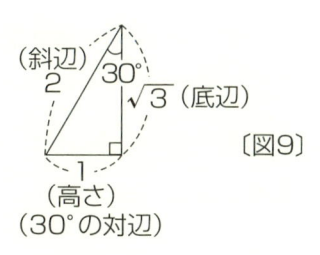

㊟これら、30°、45°、60°の三角比の値は、上のような考え方で、図を描き、自分ですぐに求められるようにしておくことが必要である。

8. 単位の換算のしかた

　単位の換算(かんさん)とは、或る単位の付いた物理量を別の単位で表わす数量に計算し直(なお)すことをいう。

（例題1）速さ 4km/h は、何 m/s か。
（解説）km/h（キロメートル毎時）という単位で表わすと 4 という数値である速さ（という物理量）を、同じく速さを表わす単位である m/s（メートル毎秒）という単位で表わすと、どういう数値で表わされることになるか、ということを問われている。

　4km/h というのは、「時速 4 キロメートル」のこと、即ち、「1 時間当(あ)たり、4 キロメートル進む」という速さのことであるから、単位記号 km/h の分母の h の前には、1 という数値があるのだが、これは省略して書かない。つまり、

$$4\text{km/h} = 4\text{km}/1\text{h} = \frac{4\text{km}}{1\text{h}}$$

のことである。

　従って、4km/h を $\frac{4\text{km}}{1\text{h}}$ と書いても、また $4\frac{\text{km}}{\text{h}}$ と書いてもよいのであるが、これら後の方の 2 つの書き方をすると、書く行数(ぎょうすう)が 2 行になってしまう。それでは紙のむだ使いになるし、行と行の間もすっきりと一様に書けなくなるので、4km/h のような書き方をするわけである。

　そして、この 4km/h とは、次のことを意味する。

$$4\text{km/h} = 4\text{km} \;/\; 1\text{h}$$

4 キロメートル ⟸ $\left\{\begin{array}{l}\text{当たり}\\ \text{につき}\\ \text{毎に}\end{array}\right.$ ⟸ 1 時間

即ち、

1 時間 $\left\{\begin{array}{l}\text{当たり}\\ \text{につき}\\ \text{毎に}\end{array}\right.$ 4 キロメートル

ずつ、進むような速さである。

4km/h の読み方は、「4 キロメートル毎時」(英語式なら、4 キロメーター・パー・アワー) である。

つまり、単位 km/h の斜線／は、パーセント (percent. 百につき。百分率 (記号%)。) のパーper と同じで、「～当たり」「～につき」「～毎に」のことを表わすものである。

尚、本書では、はっきりわかりやすくするために、単位は〔 〕で囲んで表わすことにする。

(解) $4\,[\text{km/h}] = x\,[\text{m/s}]$ の x の値を求めたいのであるから、左辺を次のように書き直していくとよい。

$$4\,[\text{km/h}] = 4 \times 1\,[\text{km/h}] = 4 \times 1\,[\text{km}]/1\,[\text{h}]$$
$$= 4 \times \frac{1\,[\text{km}]}{1\,[\text{h}]} = 4 \times \frac{1000\,[\text{m}]}{3600\,[\text{s}]}$$
$$= 4 \times \frac{1000}{3600} \times \frac{[\text{m}]}{[\text{s}]}$$
$$\fallingdotseq 1.1\,[\text{m/s}] \qquad (答) 約 1.1\,[\text{m/s}]$$

㊟ $1\,[\text{km}] = 1000\,[\text{m}]$、$1\,[\text{m}] = 100\,[\text{cm}]$、$1\,[\text{cm}] = 10\,[\text{mm}]$、$1\,[\text{h}] = 60\,[\text{min}] = 60 \times 1\,[\text{min}] = 60 \times 60\,[\text{s}] = 3600\,[\text{s}]$ などのような基本的なことは、当然覚えておくべきことである。

(例題 2) 鉄の密度は 7900 〔kg/m³〕である。これを〔g/cm³〕単位に換算せよ。

(解)
7900 〔kg/m³〕 = 7900 × 1 〔kg/m³〕 = 7900 × $\frac{1 〔kg〕}{1 〔m^3〕}$

$= 7900 × \frac{1 〔kg〕}{1 〔m〕 × 1 〔m〕 × 1 〔m〕}$

$= 7900 × \frac{1000 〔g〕}{100 〔cm〕 × 100 〔cm〕 × 100 〔cm〕}$

$= 7900 × \frac{1000 〔g〕}{100 × 100 × 100 × 〔cm^3〕}$

$= 7900 × \frac{1000}{1000000} × \frac{〔g〕}{〔cm^3〕}$

$= 7.9$ 〔g/cm³〕   (答) 7.9 〔g/cm³〕

㊟ 7.9 〔g/cm³〕というのは、7.9 〔g〕/1 〔cm³〕のことであるから、1 〔cm³〕当たり 7.9 〔g〕ということである。これは、「単位体積当たりの質量」のことを表わしているから、「密度」のことである。

$$密度 = \frac{質量}{体積}$$

(例題 3) 7.9 〔g/cm³〕を〔kg/m³〕単位に換算せよ。

(解) これは (例題 2) の逆の換算である。

7.9 〔g/cm³〕 = 7.9 × 1 〔g/cm³〕 = 7.9 × 1 〔g〕/1 〔cm³〕

$= 7.9 × \frac{1 〔g〕}{1 〔cm^3〕}$

$$= 7.9 \times \frac{1 \ [\mathrm{g}]}{1 \ [\mathrm{cm}] \times 1 \ [\mathrm{cm}] \times 1 \ [\mathrm{cm}]}$$

$$= 7.9 \times \frac{\frac{1}{1000} \ [\mathrm{kg}]}{\frac{1}{100} \ [\mathrm{m}] \times \frac{1}{100} \ [\mathrm{m}] \times \frac{1}{100} \ [\mathrm{m}]}$$

$$= 7.9 \times \frac{\frac{1}{1000} \ [\mathrm{kg}]}{\frac{1}{100} \times \frac{1}{100} \times \frac{1}{100} \times [\mathrm{m}^3]}$$

$$= 7.9 \times \frac{\frac{1}{1000}}{\frac{1}{1000000}} \times \frac{[\mathrm{kg}]}{[\mathrm{m}^3]}$$

$$= 7.9 \times \frac{1}{1000} \div \frac{1}{1000000} \times \frac{[\mathrm{kg}]}{[\mathrm{m}^3]}$$

$$= 7.9 \times \frac{1}{1000} \times \frac{1000000}{1} \times \frac{[\mathrm{kg}]}{[\mathrm{m}^3]}$$

$$= 7900 \ [\mathrm{kg/m^3}] \qquad (答) \ 7900 \ [\mathrm{kg/m^3}]$$

(例題 4) $9.8 \ [\mathrm{kg \cdot m/s^2}]$ を $[\mathrm{g \cdot cm/s^2}]$ 単位に換算せよ。

(解) 単位の分母の s^2 は変わりないので、分子の部分の換算をすればよい。

$$9.8 \ [\mathrm{kg \cdot m/s^2}] = 9.8 \times 1 \ [\mathrm{kg \cdot m/s^2}]$$

$$= 9.8 \times \frac{1 \ [\mathrm{kg}] \times 1 \ [\mathrm{m}]}{1 \ [\mathrm{s}^2]}$$

$$= 9.8 \times \frac{1000 \ [\mathrm{g}] \times 100 \ [\mathrm{cm}]}{1 \ [\mathrm{s}^2]}$$

$$= 9.8 \times \frac{1000 \times 100}{1} \times \frac{[\mathrm{g}] \times [\mathrm{cm}]}{[\mathrm{s}^2]}$$

$$= 980000 \ [\mathrm{g \cdot cm/s^2}] = 9.8 \times 10^5 \ [\mathrm{g \cdot cm/s^2}]$$

$$(答) \ 9.8 \times 10^5 \ [\mathrm{g \cdot cm/s^2}]$$

(参考1) 力 ＝ 質量 × 加速度であるから、力1〔kg·m/s²〕とは、1〔kg〕× 1〔m/s²〕のことで、これは、質量1〔kg〕の物体に1〔m/s²〕という加速度を生じさせる力のことである。この1〔kg·m/s²〕という力のことを単に1〔N〕と言ってしまうのである。つまり、〔N〕という単位は、SIの組立単位に特に名付けられた「固有の名称をもつSI単位」のうちの1つである。〔kg·m/s²〕などという長たらしくて読み書きのしにくい組立単位を〔N〕の一言で片付けてしまうわけである。

それにまた、ニュートン（人名）の運動の第2法則を式で表わすと、

$$a \propto \frac{F}{m} \quad または、 a = k\frac{F}{m} \quad (k は比例数)$$

と書けるが、この k の値を1にするために考えられた力の単位が〔N〕である。これによってニュートンの運動の第2法則は、

$$F = m \times a$$
　　力〔N〕　質量〔kg〕　加速度〔m/s²〕

と表わしてしまうことができるのである。そして、この式 $F = ma$ のことを「運動方程式」と呼んでいる。

地球の表面付近の場所で物体を静かに手放すと、物体は地面に向かって、即ち、地球の中心に向かって落下し、しかもその落下速度は時間の経過と共に増して行く。物体は本来、慣性（物体が現在の状態を保ち続けようとする性質）を持っているため、物体に外部から力が働かない限り、その物体は静止したままでいるか、あるいは等速直線運動を続けるかのどちらかである（これが慣性の法則。ニュートンの運動の第1法則）。ところが、初め手の中で静止していた物体が、手から力を加えることな

く静かに手放したにもかかわらず、地面に向かって動き出し、且つ、だんだん、その速さを増して行くということは、物体に加速度を生じているということであり、この加速度を生ずる原因は、物体に力が加わっているからである。これは、運動の第2法則

$$F = m \times a$$

（力）（質量）（加速度）

の関係にある力 F が、物体に働いているからである。つまり、物体は地面に向かう向きの力を地球から受けているわけである。この地球が物体に及ぼす力は、万有引力（2つの物体の間には必ず引き合う力が働いており、この力のことを万有引力という）によって生ずるものである。そしてこのとき「物体を地球が引く力」のことを「重力」という。万有引力は、2つの物体が互いに引き合う力であるから、作用・反作用の法則から考えてみると、地球の表面付近（もちろん物体と地球とがくっついていてもよい）に存在している物体が、地球から引っ張られているということは、同時に地球も物体から引っ張られているということである。それにもかかわらず、落下して行くのは物体の方であって、地球がこの物体に向かって落下して行くことはない。なぜであろうか。このことは、運動方程式 $F = m \times a$ から考えると、F の値に相当する力が、物体と地球との間に生ずる万有引力である。

　いま、地球（質量 M）と地球上の物体（質量 m）との間の万有引力 F は、作用・反作用の法則によると、地球が物体を引く力 F ＝物体が地球を引く力 F であり、このとき、

①地球が物体を引く力によって「物体に生ずる加速度」a' は、$F = ma'$ から

$$a' = \frac{F}{m} \qquad \cdots\cdots 式①$$

②物体が地球を引く力によって「地球に生ずる加速度」a は、$F = Ma$ から

$$a = \frac{F}{M} \qquad \cdots\cdots 式②$$

式①と式②のそれぞれの右辺の値 $\frac{F}{m}$ と $\frac{F}{M}$ とを比べてみると、分子の値は同じであるが、分母の値は、$m \ll M$、即ち、m は M に比べて非常に小さい。従って、$\frac{F}{m} \gg \frac{F}{M}$ 即ち、$\frac{F}{m}$ は $\frac{F}{M}$ に比べて非常に大きい。即ち、$a' \gg a$ ということで、「大きな加速度を生ずるのは物体の方であって、それに比べて地球に生ずる加速度は、ほとんどゼロである」から、地球は、物体に引き寄せられることはない、と言ってよいわけである。

$$万有引力 F = G \times \frac{M \times m}{r^2} 〔N〕$$

ただし、G は万有引力定数 6.67×10^{-11} 〔N·m²/kg²〕、また、物体と地球との間の万有引力の場合には、

r は、地球の中心と物体の中心との間の距離。単位は〔m〕。

M は、地球の質量で、6.0×10^{24} 〔kg〕。

m は、物体の質量〔kg〕。

ところで、地球表面に存在する物体に働いている力は、物体と地球との万有引力だけではなく、もう一つ、地球の自転による遠心力が働いている。この遠心力は、地軸と直角の方向で地球の外側に物体が投げ出される向きに働いている。この遠心力の大きさは、赤道上で最大であり、北極や南極では 0 である。赤道上における遠心力は万有引力の約 $\frac{1}{300}$ の大きさである。

8. 単位の換算のしかた

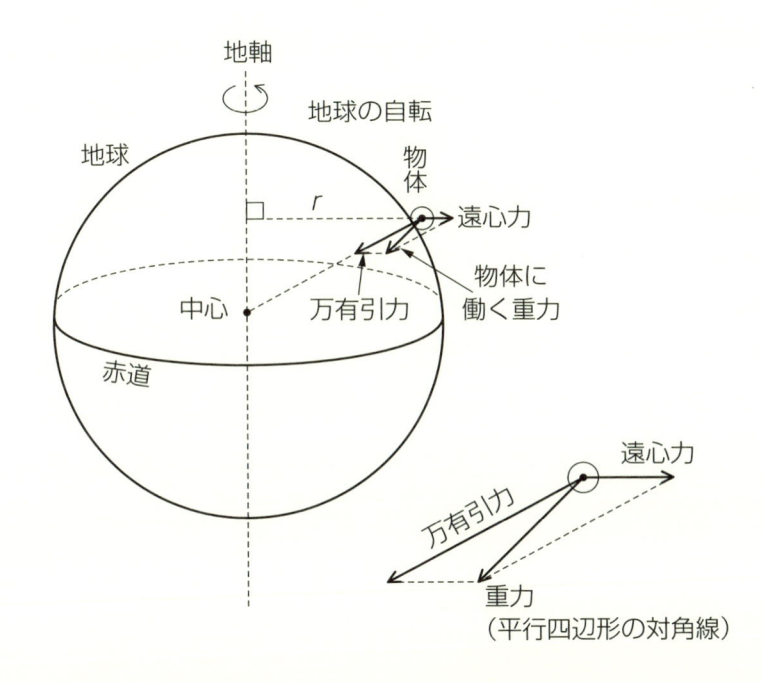

　従って、「重力」と呼ばれる、地球上の物体を地球が、その中心に向かって引く力は、物体に働く2つの力である万有引力と遠心力との合力である。この「物体に働く重力」は、上図では、はっきりわかるように誇張（実際よりも大げさなこと）して描いてあるが、実際には「ほぼ地球の中心に向かっている力」である。
　「重力の大きさ」のことを「重さ」というが、そのほかにも、「重量」とか「目方」などと言うこともある。

(参考２) 遠心力

自動車や電車が急カーブを走るとき、その中に乗っている人は、外側に投げ出されるような力を受ける。これが遠心力である。

右の〔図１〕のように、遠心力の向きは、円運動の半径方向の外向きであり、その大きさ

$$F = mr\omega^2 = m\frac{v^2}{r^2} \text{〔N〕}$$

である。

ただし、$\begin{cases} m \text{ は物体の質量〔kg〕} \\ r \text{ は円運動の半径〔m〕} \\ \omega \text{ は円運動の角速度〔rad/s〕} \\ v \text{ は物体の速さ〔m/s〕} \end{cases}$

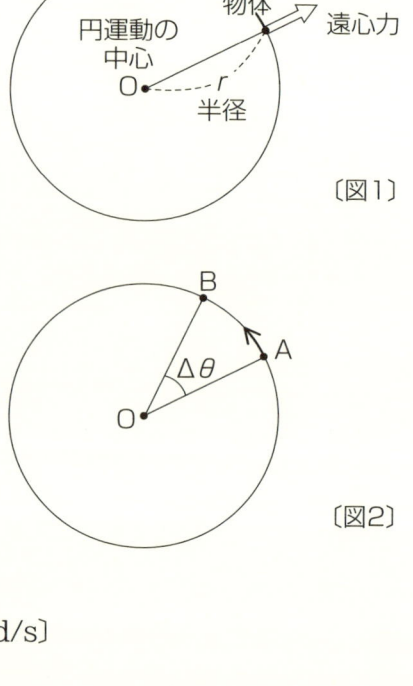

〔図１〕

〔図２〕

注1 角速度とは、〔図２〕のように、物体がOを中心とする円運動をしていて、AからBまで回転（中心角で言うと、$\Delta\theta$ だけ回転）するのに、Δt の時間がかかったとすると、$\omega = \dfrac{\Delta\theta}{\Delta t}$ 〔rad/s〕のことを角速度という。

注2 radとは、ラジアンというのは、円運動における中心角の大きさを表わすときに使われる角の大きさの単位である。〔図３〕のように、1〔rad〕とは、半

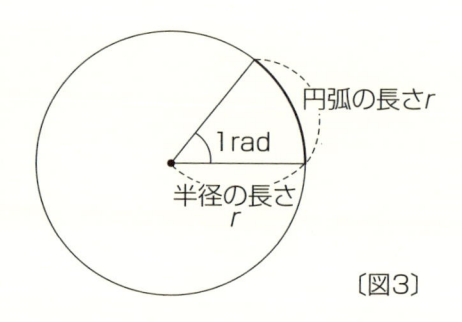

〔図３〕

492

径 r の長さと等しい長さの円弧(えんこ)に対する中心角の大きさのことである。従って $360°$ は何〔rad〕であるかというと、円周の長さは $2\pi r$ であるから、これに対する中心角（即ち、$360°$）を x〔rad〕とすると、

$$r : 2\pi r = 1 \text{〔rad〕} : x \text{〔rad〕}$$

∴ x〔rad〕$= 1$〔rad〕$\times \dfrac{2\pi r}{r} = 2\pi$〔rad〕

即ち、$360° = 2\pi$〔rad〕（ただし、$\pi = 3.1416\cdots\cdots$）である。

(以上（参考）終り)

9. 量記号（斜体で書く）

加速度	a	(acceleration　アクセラレーション)
直径	d	(diameter　ダイアメタァ)
力	F	(Force　フォース)
高さ	h	(height　ハイト)
長さ	l	(length　レングス)
質量	m	(mass　マス)
個数	n	(number　ナンバー)
力の垂直成分	N	(Normal component　ノーマル コンポウネント)
半径	r	(radius　レイディアス)
面積	S	(Square　スクウェア)
時間（時刻）	t	(time　タイム)
張力	T	(Tension　テンション)
速度	v	(velocity　ベロシティ)
体積	V	(Volume　ヴァリュム)
重さ	W	(Weight　ウェイト)
仕事	W	(Work　ワーク)

参考図書 （あいうえお順、敬称略）

1. 化学工学（教科書）　　　　　藤田重文監修　　実教出版
2. 技法解明物理　　　　　　　　佐々木貞造他　　研数書院
3. 技法数学Ⅰ　　　　　　　　　児玉一成　　　　研数書院
4. くもん中学ドリル（中1～3）　　　　　　　　くもん出版
5. くわしい理科（中1～3）　　　　　　　　　　文英堂
6. 研究物理Ⅰ・Ⅱ　　　　　　　阿部龍蔵他　　　旺文社
7. 小学館学習百科事典　　　　　　　　　　　　小学館
8. 新数学Ⅰ（教科書）　　　　　古屋茂　　　　　実教出版
9. 親切な物理Ⅰ・Ⅱ　　　　　　渡辺久夫　　　　正林書院
10. 新訂新しい科学1分野上・下（教科書）　　　東京書籍
11. 新訂理科1分野上・下（教科書）　　　　　　啓林館
12. 新理科Ⅰ（教科書）　　　　　　　　　　　　啓林館
13. 数学中学事典　　　　　　　　　　　　　　　教学研究社
14. 単位のしくみ　　　　　　　　高田誠二　　　　ナツメ社
15. 単位の小辞典　　　　　　　　高木仁三郎　　　岩波ジュニア新書
16. 力がつく中1～3理科　　　　　　　　　　　　教学研究社
17. チャート式新物理Ⅰ・Ⅱ　　　力武常次他　　　数研出版
18. チャート式新物理Ⅰ・Ⅱ　　　都築嘉弘　　　　数研出版
19. チャート式中学数学1年　　　　　　　　　　　数研出版
20. 中学理科の精解と資料　　　　永田武　　　　　文英堂
21. ニューコース中1～3理科　　　　　　　　　　学研
22. 橋本の物理ⅠBをはじめから　橋本淳一郎　　　東進ブックス
　　ていねいに（力学編）

23. PSSC物理（第2版）	山内恭彦他	岩波書店
24. 必出ハンドブック物理Ｉ	田中雅英他	旺文社
25. 物理A（教科書）	茅 誠司	好学社
26. 物理が苦手になる前に	竹内淳	岩波ジュニア新書
27. 理解しやすい物理Ｉ・Ⅱ	近角聰信	文英堂
28. 忘れてしまった高校の物理を復習する本	為近和彦	中経出版
29. 化学と物理の基礎の基礎がよくわかる本	飯出良朗	文芸社

終りに

　私の生い立ちを主とした経歴を少し述べておきたいと思う。私は、群馬県の南西の端に位置する上野村西部の堂所という集落で1938年に生まれ、中学卒業まで、そこで育った。そこは関東山地の最奥部にあたる所であり、あちらこちらに小集落が散在している村で、私の生まれ育った堂所には、家が5軒あるだけであった。

　家業は半農半林で、農業の部分は、いわゆる水飲み百姓的な規模に過ぎなかった。現金収入源は、昔は養蚕が主であったようであるが、私が子供の頃には、養蚕よりもむしろ、コンニャク栽培と、炭焼きやマキ作りが多くなっていた。私の兄弟姉妹は、姉が1人、その下に男4人で、私は末っ子である。そのため、やや、甘やかされて育ったところもある。昭和20年、太平洋戦争が終った年に小学1年生であった。ラジオで放送される大本営発表も耳にしたことを覚えている。

　当時の村内の子供達の服装は、そまつな"きもの"が多かった。小学2・3年生頃までは、キモノの下に、パンツを着けていないのが普通であったから、小用をたすときには、はなはだ好都合であった。そういうわけで、学校で年1回行われる身体測定の前日には、先生から「明日は、身体検査をするから、みんなパンツをはいてきなさい」と言われるのが常であった。今にして思えば正に、うそと思われそうな本当の話である。

　村は、ほとんどが急斜面な山であるため田んぼはなく、斜面の（平らでない）段々畑であり、作物の中心は、大麦と小麦とコンニャクであった。戦後は、麦の裏作としてサツマイモを栽培した。従って、食事は麦

飯が主食であり、その麦飯の中には、ヤミで買った米粒が、ポツン・ポツンと入っていた。ふかしたサツマイモもよく食べた。野菜はいろいろとれたので、おかずは野菜のふんだんなみそ汁が主で、他に冬は白菜漬けやタクアン漬け、夏はキウリもみなどであり、たまに、煮物（ジャガイモ、ニンジン、ゴボウ、大根など）やホウレンソウのおひたしなどが、お膳(ぜん)に載(の)った。節分などの物日(ものび)には、イワシかサンマが食べられた。お正月やお盆(ぼん)には、白い米の飯が食べられるだけで、無上(むじょう)の幸せであった。秋にサツマイモが掘れた頃には、学校に持って行く弁当は、ふかしたサツマイモを1本か2本、新聞紙にごろんとくるんで行くことが多かった。お昼の時間になると、それをがぶついて食べるので、喉(のど)につかえてしまうことが多く、教室内のあちこちで苦しがる光景がよく見られたものである。終戦前後の何年間かは、砂糖も買えなかったので、甘い食べ物と言えば、サツマイモのほかには、山や畠の隅(すみ)に植えられている果物類であった。幸いにも私の家では、父や先祖が、そういうものを植えておいてくれたのだった。ユスラウメ、グミ、山桃(やまもも)、山梨(やまなし)、アマメ（豆柿）、柿などは、私達兄弟や近所の子供達にとっては、何ともありがたい食べ物であった。山桃も山梨も梅と同じくらいの大きさしかなく、しかも硬い実であったが、桃は表面の毛を、着ている衣服でこすり取って、がりがりと食べた。

　山へ行くとアケビや山ブドウもあったので、木に登っては取って食べた。

　このような、あたかも縄文(じょうもん)時代の子供でもあるかのような行動は、2歳年上の兄といつも一緒に行ない、それに近所の年下の子供が1〜2人加わることもあった。

　そのような果物類のない季節には、学校から帰宅すると、冷えた麦飯

に、冷えたみそ汁をかけて食べるのが、オヤツ代わりであった。

　私の兄弟は、胃腸があまり丈夫ではなく、とりわけ私は虚弱体質ぎみであった。或る夏のこと、未だ風邪が全快しないうちに、兄と川に遊びに行った。その帰り道に、私は体がだるくて歩けなくなってしまった。家までの長い登り坂を2歳しかちがわない兄におぶってもらい途中で休みながら、やっと帰宅した。そして直ちに昏睡状態に陥った。近所のおばや、いとこなどが家に集まって来て、母にもう諦めろと言っていたそうであるが、母は、どうしても諦めきれず、私の耳元で名前を呼び続けていると、そのうち、ふうーと息を吹き返したのだそうで、今、私が生きているのは、三途の川を渡りかけた私を、必死に呼び戻してくれた母のおかげである。

　そんなわけで、私は小学4年までは、1年間につき約50日ほど学校を欠席した。病みあがりに再び学校へ行くのは実に気が重かった。登校してみると、同級生達が、地球の自転だの公転だのと言っているので、私は、ただ困惑するばかりであった。

　その頃の学校から帰宅後の私の仕事といえば、大した手伝いごとはなく、ウサギの草取りや風呂焚きぐらいのものであった。ところが、小学5年のときから本格的に家業の手伝いをするようになった。学校が休みの日、即ち、日曜・祭日・夏休み・冬休み・春休みには、マキ作りやマキ背負いの手伝いである。マキ作りで、私の志願した仕事は、重いマサカリで、太めの木を直立させておいて、それを割る役割りである。1日中マサカリを力いっぱい振り下ろして丸太を割る仕事である。始めのうちは、手にマメができて、それがつぶれたりした。栗・楢・ソロなどの木は1度でパカッと割れるのでよいが、ミネバリの木や、ツルにからまれてこじくれて育った木を割るのは容易でなく、マサカリを10回ぐ

らい振り下ろして徐々に割っていくより仕方なかった。正に人間と同様である。このマキ割りはおもしろみがあったのであるが、マキ背負いの方は非常に苦痛であった。背負子という道具に、マキを幾把かくくり付けて、わきに積んであるマキにつかまって、やっとこ立ち上がり、足場の悪い山道を１日中何往復もするのである。重みが肩にくい込んで、つらい重労働であった。県道まで出て荷をおろすと、急に肩が、すうっとして、空身でいることが、こんなにも楽なことなのかと、その都度感じたものである。それは、人が病気になると、健康のありがたみがしみじみわかるのと、同様である。

　しかし、このような身体を動かす労働は、私の身体には大変幸いし、どんどん丈夫になってゆき、以前の体質が嘘のように変わっていった。その結果、小６から中３を卒業するまでの４年間、学校を１日も休むことなく皆勤であった。身体は鍛えれば鍛えるほど強くなるものだということを身をもって知った。

　中１のとき、今で言う、いわゆるイジメのようなものを受けた。町場育ちで、村では見かけられない品のある、女子高を卒業したてで、おサゲ髪の美人の先生が、新任で赴任して来られたのである。その先生から私が贔屓されていると、クラスで勘繰られたことによるものであった。この先生は、私達の国語の授業を担当された。或る時、漢字の書き取りテストで私が良い点を取り、返却された答案用紙には、赤ペンで、よくできました、今後も頑張りますように、というような励ましの言葉が書き添えてあった。それを、他人の成績を知りたがる生徒に要求されるままに見せ合ったのが良くなかった。その生徒は、或る関係で新学年早々から、新任の先生方までもが、その名前と顔を知っていたのである。従って、授業の際に、先ず指名されるのは、その生徒（○○とする）で

あり、他の生徒が指名されるときには、○○さんの隣りの人、とか、○○さんの後ろの人などというぐあいに、○○を基準にしていたので、その生徒は有頂天になっていたと思われた。しかもその生徒は、その先生の熱烈なファンであった。赤ペンのことは、その日のうちに、クラス中に広まった。クラスの生徒達は、特に男子生徒は、誰もが、その美人先生に憧れの気持ちを抱き、可愛がられようとしているのであるから、授業で先生が私を指名しようものなら、女子生徒も含めたクラスの全員が、ワァーという声をあげて非難するので、授業が中断される状態になってしまった。私は、うつむいたまま小さくなっていた。あまりにも、おとなし過ぎたのである。今にして思えば、何故、あの時に勇気を出して、みんなに立ち向かわなかったのか、先生に申し訳なかったと、自分のふがいなかったことに対して、あきれはてるばかりである。しかし、そのことを親にも、兄達にも話すことはなかった。それが、イジメを受けている者の心理なのである。じっと耐えるより仕方がなかった。それでも学校は１日も欠席しなかった。母に似て、我慢強かったのかも知れない。

　ところで、そんな私でありながら、小学生時代に、他の生徒をいじめたことがあった。大人になってから、その私がした行為を思い出すたびに、自分は何とバカだったことか。その人に対して何と申し訳ないことをしたものであるかと、身の縮む思いで反省している。

　学校の授業は、その学年の教科書の内容を、その学年のうちに完了することは、ほとんどないのが普通であった。進度を遅くしないと、私達には理解できず、消化不良を起こすからであったろうと思う。そして、新学年になれば、新学年の教科書で授業が行われるのであるから、相当部分の抜け落ちがあった。村には東西に分かれてそれぞれ小・中学校が１校ずつあった。私が通学したのは、より山奥の方の西校であった。終

戦後のどさくさの時であったから、師範学校卒業の先生は希であった。中１のとき、村の東校出身で珍らしいことに、早稲田大学を出た先生が新任で来られた。私達はその先生から、多くの感化を受けた。他の先生の出張の穴うめの時間には、本の読み聞かせをして下さった。「坊っちゃん」「吾輩は猫である」「レ・ミゼラブル」「モンテクリスト伯」などの本であった。私達が読む本といえば、学校で教科書の一部を読みかじる程度に過ぎなかったから、それらの本は私達に深い感銘を与えてくれた。
　レ・ミゼラブルの朗読のときなどでは、ジャンバルジャン、コゼット、ジャベールなどの人物のそれらしい声色で読み分けて下さったので、一層、私達の心にしみわたったのである。私達は懸命に涙をこらえながら、静かに聞き入ったものである。続きを早く読んでくださいと先生にせがむと、先生は、放課後に残っていれば読んでやるよ、と言われると、私達は掃除当番でない者までもが全員、居残って待っていたものである。そのほか、レコードプレーヤーをわざわざ持参されて、「ドナウ川のさざ波」など、私達にとっては、初めての曲を聞かせてくれたり、体育の時間には、ソフトボールやバスケットボールを教えて下さった。それらは、私達のような山奥育ちの子供にとっては、大変な啓蒙となることがらであった。しかし、先生は、２年間たつと横浜の方に赴任して行かれた。新任で町場の方から来られた先生方は、２年過ぎると、決まって町場へ転勤となるのが慣例らしかった。
　私が小学６年で、すぐ上の兄が中学２年のとき、野球のグローブを買いたいから、山の木をもらいたいと父に頼んだところ、家の上方の山の向うのボサヤブの中の山栗の木を切ってもよいということになった。早速２人で、学校から帰宅後、それぞれ使い古しのノコギリとナタを

携えて、その山に行き、幾本かの栗の木を山道まで切り出して、そこでマキを作り、幾日かかけて県道まで背負い出した。それを10歳以上年上のトラック持ちの従兄弟に買ってもらった。そのお金を、高校に行っている次兄が休暇で帰省したときに託して町で、布製のグローブ1個と軟球1個を買って送ってもらった。それは兄と2人の大切な共有物であり、平日の帰宅後（休日は家業の手伝いなので）、自宅の広くもない庭でキャッチボールをした。1つしかないグローブを兄と2人で交互に使い、素手の方へは、ワンバウンドでボールを返すキャッチボールであった。そのうちに、バットも欲しくなったが、お金がないので、近くの山のホウノキの枝を1本切ってきて、ナタとカンナでバットを手作りした。少し曲がったバットができあがったが、それで、がまんした。私達兄弟は、そのようなことをして少年時代を送ってきたのである。

　中学校では部活は、男子は野球部、女子はバレーボール部があり、男女合同の合奏部と合わせて合計3部だけであった。私は、おとなしくて消極的な生徒だったので、中2までは部に所属せず、もっぱら、帰宅後に兄とのキャッチボールやボールを打つことを楽しんだ。中3になったとき、野球部のキャプテンから、ショートを守る者が居ないから入部してくれと言われて入った。7月に行なわれる地区予選までの約4ヶ月間、放課後は野球に没頭した。その間、東校と何回か練習試合をした。そのときには、授業に出なくてもよかったので、野球部員は皆喜んで、東校まで自転車で行き来した。打順は、その度ごとに組み変えられ、私は1番から3番で打った。その頃は、視力が1.5であったので、選球眼が良かった。マキ割りで鍛えられたために、腕力がつき、ライナー性の打球を遠くまで飛ばした。

　地区予選は5校によるトーナメント戦で行なわれ、私達は1勝1敗

で、地区代表とはなれなかった。私の部活はそれで終りであった。学校が休みの日は相変らず、マキ作りやマキ背負い、それに畠の草取りやコンニャクの消毒の手伝いなどをした。

　中3の秋に初恋をした。私達の中学校では、学校で請け負い仕事として、年に2日間ほど、炭の背負い出しや、山へ杉や檜などの植林をし、稼いだお金で図書室の本を買った。ただ、それらの本を読む生徒は、まれなぐらいしかいなかったようである。なにしろ、漢字の読みは、おおかた苦手であったため、漫画本以外には、興味を持たなかったのである。私もその1人であった。中3のとき、その植林のお金の一部を使って、全校生が1室に集まって茶話会が行なわれた。そのとき、私の斜め前の席に座っていた女の子を、ひと目で好きになった。それからというもの、寝てもさめても、その子の顔が、まぶたから離れなかった。それまでの私は、学校は決して行きたい所ではなかったが、それ以来、学校に行くのが大変楽しくなった。その子を見るだけで幸せだった。しかし、片思いのまま、何を話すこともなく中学を卒業した。

　高校は寮から通学したが、寮から田んぼの向こうの見渡せる所に新築の女子高校があり、男子寮生は毎朝、仲町という通りを歩いて来る女子高生と対面通交であった。或る雨の朝のこと、普通私達は3〜5人ぐらいで一緒に登校するのであったが、その朝に限り私は1人で仲町通りの左側を歩いていた。ふと、前方の傘の下に女学生の靴が見えたので、はっとして傘を上げると、その子も傘を上げ、互いに見つめ合うこととなった。そして、その日の下校時にも同じ仲町通りで再びその子と出会った。相手も私を覚えていたらしかった。やがて、私にとって2番目の恋とも言えるものに変わっていった。会うと互いに意識しつつも、ただの一言も言葉を交わすことなく2年半が過ぎて、高校を卒業した。

当時の田舎町の高校生のほとんどは、そのくらい、うぶだったのである。
　そういう私が入学した高校は、私の生家から行くのには、一番、便の良い所にある学校なのであったのだが、家から最寄りのバス停まで行くのに１時間半ほど歩かなければならず、更に、そこからバスを２回乗り継いで、つまり３台のバスに乗って行く所にあった。従って自宅からの通学は困難であるため寮に入って通学した。学費は、自宅通学生のそれと比べると、格段に多額を要した。父母及び長兄夫婦は、粗衣、粗食に耐えて、私達３人を高校や大学に進学させてくれたのである。母は自身が小学１年生のとき、その母、即ち、私達の祖母が病床に伏してしまったので、その時から学校に行かずに看病をしていたために、ひら仮名の読み書きが、やっとできるだけであったので、つらい思いをしたらしく、子供達には、是非、学問を身に付けさせたいと、時々言っていた。小学１年の女の子（母のこと）が、親の看病をしながら、定期的に遠い隣村の医者の家まで薬をもらいに、ただ１人で、とぼとぼと歩いたであろう姿を想像すると、どんなにか心細かったに相違なかったであろうと思う。母から聞いたその話を思い出すたびに、私はいつも涙があふれてきてしかたがない。
　我が家の山林を炭やマキにして切り尽くしてしまってからは、今度は、他の林業経営者の行なっている賃仕事、即ち、マキ１把を作ると何円という仕事をするようになった。父が、その人から、前借りをしつつ、兄達に送金するのを中学生の私は知っていた。私の先祖は、約１千年前から、そこに住みついていたことを、つい先年、私は、寺の過去帳から知った。それで夜逃げをする恐れもないし、父はひとから信頼されていたので、そのような借金にも応じてもらえたのであろうと思う。
　次兄から私までの３人は、長期休暇で帰省すると、毎日手分けして、

505

コンニャク栽培やマキ作りの手伝いをした。町場の同級生達は、勉強する時間が充分あっていいだろうなあ、と、うらやましかった。しかし、それと同時に、父母や長兄夫婦は、こんなつらい仕事を毎日続けて、私達に学資を送ってくれているのだなあと、つくづく思わずにはいられなかった。

　私の入学した高校のある市は、入学の４月に町から市に変わったばかりであった。入学して、まず驚いたことは、同級生達の体が大きいことであった。麦飯と米飯の育ちのちがいかなあと思った。それと、皆、利口そうな洗練された顔をしていて、言うことも、大人びた、むずかしそうなことを言うことであった。そのため自分がすごく子供っぽく感じられた。しかし、環境とは不思議なもので、慣れてくると、それらの驚きは、消えていった。

　夏休みに帰省すると、マキ作りの仕事が待っていた。朝、小雨が降っている位の日なら山に行った。夕方泥まみれになったシャツの袖などを沢水で洗い落とし、濡れたまま歩いて帰宅すると、いつの間にか乾いてしまう。もしも、現在の私が、そのようなことをしようものなら、すぐに風邪を引いて寝込んでしまうことであろうが、若くて体が鍛えられていると、そんなことは何でもないことであった。

　私が高校３年のとき、長兄夫婦と、その子供達と、他の２人の兄も加えて、東京の板橋区に引越して仕事をすることになった。私も高卒後、そこに住み、浪人をした後、或る大学の工業教員養成所（３年制）の工業化学科に入り、工業高校の教員免許を取得した。

　大学３年の夏休みに帰省したときには、林業会社の仕事の請負人に頼んでアルバイトに雇ってもらった。杉や檜の植林地の下草刈りの仕事である。柄の長い両手用の草刈り鎌を１日中振るって植木のまわり

の草を刈る仕事である。朝、私の家から坂道を下って県道に出ていると、小型トラックが1台来るので、その荷台に、他集落から来る作業員の人達と一緒に乗って、山の奥の植林地に行くのである。

　持参した弁当は、日陰になる木の枝に掛けておく。水筒に沢の水を満たし、同時に飲み得るだけ沢山の水を飲む。その水筒と共に雨合羽と砥石を腰にくくりつける。そして菅笠をかぶり、前日の仕事終了後、念入りに研いでおいた鎌を持ち、これから刈り上げて行く山のふもとに男女合わせて20人余りの作業員が横一列に並んだ後、いっせいに、高く生長した草を刈りつつ、山上に向かって登って行くのである。時には、ハチに刺される人が出る。蜂は巣を雨のかからない葉の裏側などに作るので、気づかずに草を刈ると、人間の光る眼をねらって飛んで来て刺すので眼の近くの顔を刺されることが多いので、翌日には、その人が誰であるかわからない位、はれてしまう。私は都会に出てから視力が低下して、眼鏡を掛けていたので、蜂の攻撃を何回か避けることができた。草刈り中、今、何かレンズに、こつんと当たったなと思うと、それは蜂であったのだが、刺されずにすんだ。また、石ごつの場所には、マムシが居ることもあり、私は一匹取り、家へ持ち帰り、焼いて食べた。もし取らずにそのままにしておくと、翌年の草刈りで、誰かがかまれないとも限らないので、見つけ次第取ってしまうのである。

　草刈り作業の2日目の朝は非常につらい。朝、目ざめると、両腕の筋肉が木の棒のようにつっぱっていて、少しでも動かすと、激痛がはしる。それでも、がまんして山に行き、痛みをこらえて、少しずつ慣らすようにしながら鎌を振るっていると、20〜30分もすると、痛みがやわらいできて、まともに草を刈れるようになる。3日目も痛いのであるが前日程ではなくなる。4〜5日で、痛みは感じなくなる。1日中、鎌を

力いっぱい振るっても、大丈夫になる。若者の筋肉は素晴らしいもので、鍛えれば鍛えるほど強くなっていくもののようである。

　一緒に働いている人達の多くは、お互いに、どこの集落の誰であるかがわかっているので、サボッているわけにはいかない。そんなことをしたら親を辱めることになるし、まして、私の場合には、大学に行っているという青二才が、どんな仕事ぶりをするかと、みんなが注目しているであろうからである。私は、そこで働いている誰にも、ひけを取らない働きをしようと、毎日、全力をつくして働いた。鎌が切れなくなると、すぐに砥石で研いで、すぱすぱに切れるようにして、ばりばりと草を刈った。そうしていた或る日のこと、そこで最も働き者の１人である人が「兄い、やるなあ！」と私に声をかけた。すると、その言葉を聞いた別の人が、「○○さん（と私の父の名を呼んで）の仕込みだからなあ」と、その言葉に同調したことを言った。やはり、みんな見ないようなふりをしていたが、私の仕事ぶりを背後から見ていたのであった。

　この草刈りの仕事の中で、一番つらかったのは、実は、筋肉の疲れより以上に、喉の乾きであった。真夏のじりじりと照りつける太陽のもとで、草いきれのむんむんする中で、力いっぱい大鎌を振り続けるのであるから、噴き出す汗で、シャツもズボンも、どこにも乾いたところがなくなる状態になる。従って異常に喉が乾く。腰につけた元軍隊用の水筒の水は、午前11時になる前に完全に空っぽになってしまう。草を刈る手を少し休めて、今、登って来た遥か下方を振りむいて見ると、白く泡立って流れる沢の水が見える。からからに乾いた喉をして、水が見えているにもかかわらず飲むことのできない状況というのは、大変うらめしいものである。こういうことは、自分で体験してみて初めてわかるものである。これを30日間行なった。

このアルバイトで得たお金は、服を１つ買い、他は通学定期代や大学食堂の昼食代などにあてた。
　私の大学での勉強は、小学生時代からの基礎学力の欠如(けつじょ)もあって、充実したものであったとは言い得ない。成績は、恐らく、クラスの最下位のあたりをさまよっていたに相違ない。別に、マージャンやパチンコをしていたわけではないのだが。砂上の楼閣とも言うべき学習だったのである。
　就職については、群馬県教委に問い合わせたところ、化学系は充足しているとのことであった。そこで或る県の工業教員採用試験を受けたところ、面接のみの試験であり、受験者控室に試験官が予(あらかじ)め来て、雑談をして帰ったが、その時点で無口な私は、不合格とされたのであろうと思う。その後、福島県から、わざわざ大学まで採用に来られたので、受験し採用された。太平洋側の工業高校の工業化学科・化学工学科の教諭になった。その学校の用務員さんご夫妻(ふさい)には、食事から風呂まで、第２の親とも思えるくらいのお世話になった。故郷の群馬から遠く離れた見知らぬ土地での温かい人情に触(ふ)れて本当にありがたい思いがした。
　校務分掌(ぶんしょう)は、化学工学科の授業と、生徒指導部の会計であった。会計には大変気を使い、１年後の決算では１円の間違いもなかった。
　私は極度の話しべたである上に基礎学力の不足であったことの自覚から、退勤後、アパートで毎夜遅くまで、教材研究をした。そうしないと翌日の授業で生徒達に理解させることはできないからであった。冬の夜、小さな電気ごたつに足を入れたまま、少時、休憩のつもりで、あお向けに寝ころぶと、ついそのまま眠り込んでしまい、午前３時頃になって、寒さで目覚(めざ)め、あわてて布団(ふとん)を敷いて寝るということを、こりもせず繰り返した。そのためか、朝起床後の冷水での洗顔時に毎朝、鼻血が流れ

落ちた。あんパンをかじり、生玉子を割って飲んで学校に出かけた。

　私の授業について、生徒に無記名アンケートを取ったところ、ほとんど全員の生徒が、「もっとスムーズに話して欲しい」という意味の返答であった。予想通りの結果であった。職員会議で理路整然と意見を述べる先生をうらやましく思うと共に、私には一生かかっても、そのように話すことはできないであろうと想像した。

　大学時代までの私は、遅刻の常習犯であった。しかし、教員になると同時に、絶対に遅刻をしないことに改めた。生徒に対して恥じない行動を心掛けると共に、いかにして、わかりやすい授業を行うか、ということに三十余年の間努めた。

　私には、人のいやがるような校務分掌がよく当てられたが、それも仕事だと思って全力をつくした。教頭・校長になる登竜門といわれる講習を受けるようにと、2校の校長から勧められたが、2回とも辞退した。私は、自分が校長の柄でないぐらいのことは、自分自身で一番よくわかっていたからである。父の生前に、「おれは校長になることはないからね」と言ったら、父は何も言わなかったが、少し寂しそうな顔をしたのを覚えている。

　ところで、私ごとき物理を大の苦手とする者が、このような本を書かなくても、日本には、もっとずっとわかりやすく、且つ正確に書き得る方々が、ごまんとおられることは、私もよく承知している。しかし、私が高校時代から欲しいと思っていた、このような本を書店で見かけたことはない。

　全くの曲がりなりにであるが、それを自分の手で書くことになろうとは、誠に奇妙である。自費出版の費用の関係もあり、遅くなってしまった。もしも、本書に共感され、読んでくださる方がおられるならば、実

にうれしいことである。

　山また山の山奥で育った私は、都会では味わうことのできないような、いろいろな体験をすることができたのは本当に幸せだったと思っている。そして、何よりも私の人生が、両親を初めとして、孫に至るまで、よき家族に恵まれたことに感謝している。

2013年
福島県郡山市の自宅にて
飯出良朗

索　引

アンダーラインの数は、くわしい説明の頁

あ行

圧力	29, 31, 477
位置	42, <u>89</u>
移項	215
位置と変位	235
移動距離	15, 43, <u>227</u>
運動	11
運動の基準	11
運動の第1法則	286
運動の第2法則	149, <u>288</u>
運動の第3法則	295
運動の観測	129
運動方程式	<u>292</u>, 304
SI（エスアイ）	23, <u>469</u>
SI 基本単位	469
SI 組立単位	469
x 軸	91, 96
x 成分	111, 115
x-t 図（グラフ）	48
遠心力	303, 491, 492
鉛直投射	333
鉛直投げ上げ	338
鉛直方向	310
重さ	306, 491
終りの位置	163
終りの速度	147

か行

加速	200
加速度	<u>142</u>, 144, 151, 178
加速度の単位	<u>144</u>, 156, 174
加速度と力	147, 150
関数	45, 480
慣性の法則	286
観測者	129, 132
気圧〔atm〕	474
基本単位	22, 469
極限（値）	50, 155
距離	15
キロ	22, 471
キログラム重〔kgw〕（重量キログラム）	<u>307</u>, 476
組立単位	23, 469
減速	200

原点	13, 41, 164	自由落下の公式	314
抗力	416	重心	301
合力	71	終速度	188
国際単位系（SI）	469	終点	96, 99, 105
コサイン（cos）	480	重量	491

さ行

		重量キログラム〔kgw〕	476
		重力	302, 307, 491
最高到達点	341	重力加速度 g	304, 313, 316, 475
最大静止摩擦力	365, 411		
サイン（sin）	480	重力の大きさ	198, 306
座標	41, 90	瞬間の加速度	153, 155, 175（図）, 177（図）, 178
作用	295		
作用と反作用	297, 416		
作用反作用の法則	295	瞬間の速さ	19, 44, 48
作用反作用及びつり合う力	297	除数	452
三角比の値	480	初速度	188, 311
三平方の定理	112, 122	所要時間	18
時間	40, 61, 180	垂直抗力	363, 419
式の変形	18, 477	水平方向	310
時刻	40, 61, 180	水平到達距離	398
時速	25	水平投射	376, 383
質量	198, 291, 292, 306	数直線	41, 89
		スカラー量	21, 66
始点	96, 99, 105	静止	11
斜体文字	467	静止摩擦力	409
斜方投射	390	静止摩擦係数	412
斜面上の落下	362	接線	49
自由落下	310, 317（図）	絶対値	85

索 引

接頭語	22, 471
センチ	22, 471
線分	68
相対速度	131
速度	66, 100, 105
速度の大きさ	159
速度の合成	119
速度の分解	110, 127
速度の変化	142, 151
速度ベクトル	27, 68, 101

た行

対角線	74
台形の面積	225, 261
単位記号	467
単位時間	15
単位〇〇当たりの△△	30
単位の換算	33, 484
タンジェント (tan)	480
力	289, 291, 308
力と加速度	147, 150
力の合成	71
力のつり合い	296
力の分解	81
直線	68
直線運動	40
通分	447
つり合う力	368

等加速度直線運動	185
〃 の速度	189, 211
〃 の加速度	196, 203
〃 の公式	201, 211, 218, 231, 233
〃 の図示	201
〃 の変位	205, 218
等式の性質	478
等速運動	45, 54
等速直線運動	55
等分する	445
動摩擦係数	412, 430
動摩擦力	365, 409, 430
特別な角 (30°, 45°, 60°) の三角比の値	480
特別な名称と記号を持つ SI 組立単位	23, 470

な行

滑らかな	362
ニュートン 〔N〕	291, 309, 475, 488
ニュートンの運動の 3 法則	286
ノット	23

は行

パーセント (%)	463
パスカル 〔Pa〕	472

515

速さ	14, <u>17</u>, 21, <u>26</u>, 66, 100, 104, 106, 159	平均の加速度	<u>152</u>, 155, 169, 176, 177（図）, 181
速さの単位	21	平均の速さ	19, <u>24</u>, 43, 54
始めの位置	163	平均の速度	223
始めの速度	147	平行	76
反作用	295	平行四辺形	76
半直線	68	〃　法則	120
反比例	459	ヘクト	471
万有引力	301, <u>490</u>	ベクトルの和	82
万有引力定数	490	ベクトルの差	86
比	460, 462	ベクトル量	27, 66
被除数	452	〃　の表示方法　157	
等しい速度	107	変位	<u>92</u>, 94, 98, 105, <u>162</u>, 164, 221
標準重力加速度	308		
秒速	25	変位ベクトル	96, 163
比例	458	方向	108
比例式	458, <u>466</u>	放物運動	396
歩合	463	放物線のグラフ	386
v–t 図（グラフ）	45, 60, 183, 216, 272		

ま行

物体	15
物理量	467
＋, −の向き	97, 160, 208
分数	445, <u>446</u>
分速	25
分力	81, 369, 440

摩擦角	427
摩擦係数	367
摩擦力	364, <u>409</u>
マッハ	23
密度	29, 31, 477
ミリ	22, 471

mm（ミリメートル）	471
mmHg（水銀柱ミリメートル）	474
mmH$_2$O（水柱ミリメートル）	474
向き	108

ら行

ラジアン〔rad〕	492
落下速度	305
力学	11
立体文字	467
量記号	467, 494
量記号の表示変更	206

わ行

y 軸	312
y 成分	111, 115
割合	462

〔著者プロフィール〕
飯出　良朗（いいで　よしろう）

1938年群馬県上野村に生まれる。一女四男の末子。家業は水飲百姓と林業であったため、小学5年生より、日曜・祭日・長期休暇には、まき作り、まき背負い、畠仕事などをして手伝う。高校は寮生活。
東京工業大学工業教員養成所・工業化学科卒業後、福島県立・小高工業高校・郡山西工業高校・郡山北工業高校・聾学校各教諭を経て、1999年定年退職。福島県郡山市在住。
趣味は、庭の木と花づくり、釣り、山菜採り、読書（歴史小説）、テレビ（時代劇・相撲・野球など）、書道・将棋・空手・水泳・バッティング・スキー等は初歩。
著書に『化学と物理の基礎の基礎がよくわかる本―増補版―』がある。

よくわかる物理　物体の運動の基本

2013年9月15日　初版第1刷発行
2013年9月20日　初版第2刷発行

著　者　飯出　良朗
発行者　瓜谷　綱延
発行所　株式会社文芸社
　　　　〒160-0022　東京都新宿区新宿1−10−1
　　　　　　　電話　03-5369-3060（編集）
　　　　　　　　　　03-5369-2299（販売）

印刷所　日経印刷株式会社

©Yoshirou Iide 2013 Printed in Japan
乱丁本・落丁本はお手数ですが小社販売部宛にお送りください。
送料小社負担にてお取り替えいたします。
ISBN978-4-286-14089-6